U0371148

粗糙集的数学结构

吴伟志　米据生　著

科学出版社
北　京

内 容 简 介

粗糙集理论是20世纪80年代初提出的用于知识发现和数据挖掘的数学分支. 本书主要介绍基于二元关系的粗糙集的数学结构, 内容包括经典环境下、模糊环境下和直觉模糊环境下的粗糙近似算子的构造性定义及其性质、近似算子的公理化刻画、粗糙集理论与拓扑空间的关系、粗糙集理论与Dempster-Shafer证据理论的关系等.

本书可作为数学、计算机、信息科学、系统科学等专业高年级本科生及研究生教材, 也可作为从事相关专业的科研工作者的参考书.

图书在版编目(CIP)数据

粗糙集的数学结构/吴伟志, 米据生著. —北京: 科学出版社, 2019.7
ISBN 978-7-03-061876-4

Ⅰ. ①粗… Ⅱ. ①吴…②米… Ⅲ.①集论-高等学校-教材 Ⅳ. ①O144

中国版本图书馆CIP数据核字 (2019) 第146024号

责任编辑: 王胡权 / 责任校对: 杨聪敏
责任印制: 张 伟 / 封面设计: 陈 敬

科学出版社出版
北京东黄城根北街16号
邮政编码: 100717
http://www.sciencep.com

北京虎彩文化传播有限公司印刷

科学出版社发行 各地新华书店经销
*
2019年7月第 一 版 开本: 720×1000 B5
2022年1月第四次印刷 印张: 17
字数: 343 000

定价:99.00元

(如有印装质量问题, 我社负责调换)

作 者 简 介

吴伟志 男, 1964 年 3 月生, 浙江海洋大学二级教授, 博士生导师, 全国优秀博士学位论文提名奖获得者, 国务院政府津贴获得者. 1986 年于浙江师范大学数学专业获得学士学位, 1992 年于华东师范大学基础数学专业获得硕士学位, 2002 年于西安交通大学应用数学专业获得博士学位. 先后完成西安交通大学和香港中文大学博士后研究工作, 多次应邀到香港中文大学进行合作访问研究. 任中国人工智能学会粒计算与知识发现专业委员会名誉主任委员、中国系统工程学会模糊数学与模糊系统理事会常务理事、中国人工智能学会理事、国际粗糙集学会会士(Fellow). 担任杂志 *International Journal of Machine Learning and Cybernetics* 副编辑、*Transactions on Rough Sets* 等 6 个国际学术期刊以及中文核心期刊《计算机科学》与《模糊系统与数学》的编委. 主要研究方向: 粗糙集、概念格、随机集、粒计算、数据挖掘等. 发表学术论文 200 多篇, 获省部级及以上科研成果奖共 5 项, 其中国家科学技术进步奖二等奖 1 项. 2014~2018 年连续五年入选爱思唯尔发布的中国高被引学者榜单. (E-mail: wuwz@zjou.edu.cn, wuwz8681@sina.com)

米据生 男, 1966 年 3 月生, 博士, 河北师范大学二级教授, 博士生导师. 1986 年于河北师范大学数学专业获得学士学位, 1992 年于华东师范大学基础数学专业获得硕士学位, 2003 年于西安交通大学应用数学专业获得博士学位. 2006 年 3 月在香港中文大学完成博士后研究工作, 多次应邀到香港中文大学进行合作访问研究. 现任中国人工智能学会粒计算与知识发现专业委员会副主任、国际粗糙集联合会常务委员、中国数学会理事、河北省数学会副理事长兼秘书长. 主要研究方向: 粗糙集、粒计算、概念格、数据挖掘与近似推理. 发表学术论文 150 余篇, 获得省级自然科学奖 3 项. 2014~2018 年连续五年入选爱思唯尔发布的中国高被引学者榜单. (E-mail: mijsh@hebtu.edu.cn, mijsh@263.net)

序

大数据和人工智能是目前最活跃的研究领域之一, 引起了众多科学工作者的高度关注, 而知识发现正是大数据和人工智能的核心课题. 波兰数学家 Pawlak 于 1982 年提出了粗糙集理论, 他从数据库出发, 通过对对象集的划分, 给出了下近似算子和上近似算子两个重要概念, 正好反映了人们认知过程中的充分性认识和必要性认识, 从而粗糙集理论为知识发现提供了一种有效的数学方法.

爱因斯坦指出“一切科学的伟大目标, 即要从尽可能少的假设或者公理出发, 通过逻辑的演绎, 概括尽可能多的经验事实”. 因此将 Pawlak 从数据库提出的粗糙集理论, 特别是下近似算子和上近似算子两个重要概念公理化有着重要的科学意义.

20 世纪 90 年代初, 我国有少数学者开始进行粗糙集研究, 里贾那 (Regina) 大学姚一豫教授也曾来西安交通大学讲学介绍粗糙集理论研究进展, 我在香港中文大学访学期间该校的梁怡教授也多次谈到开展粗糙集研究. 在遗传算法研究告一段落之后, 我于 90 年代末开始关注粗糙集, 并招收从事粗糙集研究的博士生. 吴伟志于 1999 年春开始做我的博士研究生, 是我学生中第一个做有关粗糙集方向研究的, 于 2002 年获得博士学位, 博士论文《粗糙集近似算子与随机集理论研究》获得了陕西省优秀博士学位论文和教育部优秀博士学位论文的提名奖. 米据生于 2000 年秋跟我攻读博士并于 2003 年获得博士学位, 他们两人攻读博士学位期间在粗糙集数学结构方面已做了很好的研究工作.

吴伟志和米据生在获得博士学位之后, 仍然致力于粗糙集数学结构的研究, 进一步拓展了他们的研究成果, 有多篇 SCI 论文发表后进入 ESI 高被引论文. 迄今为止，吴伟志教授和米据生教授连续五年 (2014 ~2018) 被列入由爱思唯尔发布的中国高被引学者榜单. 他们共获得省部级及以上科研成果奖 6 项, 吴伟志教授还获得了国家科学技术进步奖二等奖 1 项.

吴伟志教授和米据生教授有关粗糙集数学结构方面的研究成果, 在信息科学界产生了很大的影响. 他们于 2003 年合作的第一篇在 SCI 期刊上发表的有关近似算子公理化刻画的论文已经被 SCI 论文引用 390 多次, 其中 SCI 他引 320 多次, 被谷歌学术搜索引用 580 多次. 十多年来, 他们两人坚持粗糙集的数学结构研究, 共发表有关的学术论文 25 篇, 其中 SCI 论文 20 篇, 这些论文被 SCI 引用近 1550 次, SCI 他引 1300 多次, 被谷歌学术搜索引用 2470 余次. 关于粗糙集与证据理论之间的关系, 可以说做到了比较完美的刻画, 证明了在较弱的条件下由各种近似空间导出的集合的下近似概率和上近似概率是该集合由某个信任结构导出的信任函数与似然函数. 反之, 各种信任结构及其导出的信任函数与似然函数一定可以表示为某个概率近似空间的下近似的概率和上近似的概率. 这些结果为基于证据理论的属性约简和知识发现方法提供了坚实的理论基础.

该书主要汇集了他们多年来有关粗糙集数学结构方面的研究成果. 特别是粗糙集理论中近似算子的构造性定义与公理化刻画、粗糙集的拓扑结构、粗糙集与证据理论之间的关系等, 这些研究成果为基于粗糙集的知识发现研究提供了新的视野. 全书逻辑清晰, 推理严密, 步步拓展, 层层深入, 是一本国内外少见的深入研究粗糙集的得力著作.

一个好的数学结构是简单的, 只由少数几条思想规定构成, 但又是非常本质的. 它使我们犹如站在高山之巅, 俯瞰广阔的视野, 看到了所有经验结果之间的内在联系, 产生出一个丰富的理论体系. 它不仅能够演绎出已有的从实际中得到的所有结果, 还能够演绎出许多原来没有的有价值的结果. 该书在粗糙集的数学结构研究方面已经做了很好的研究工作, 但是还有许多内容的研究需要进一步深入, 有许多理论需要进一步完善, 有许多应用需要进一步拓展. 相信作者和有兴趣的专家, 以及数学与计算机科学等相关领域的研究生, 能够在这样的一个数学结构上做出更优秀的研究成果.

张文修
西安交通大学
2019 年 5 月

前　　言

粗糙集作为一种处理不精确、不确定与不完全数据的数学理论, 最初是由波兰数学家 Pawlak[84] 于 1982 年提出的, 其主要思想是利用已知的不完全信息或知识去近似刻画不精确或不确定的概念, 或者依据观察、度量到的结果去处理不分明的现象和问题. 从数学角度来看, 粗糙集理论不像大多数现代数学理论那样具有高度的复杂性和抽象性, 掌握此理论也不需要过多的现代数学方面的预备知识. 但是简单易行正是粗糙集理论的优点, 在许多实际问题中, 这一理论所涉及的数学工具已经足以完成表示和挖掘知识的任务. 经过三十余年的不懈研究, 粗糙集在理论上不断完善, 在应用上广泛扩展, 目前已经在信息系统分析、机器学习与知识发现、数据挖掘、决策支持系统、过程控制、故障检测、模式识别等方面取得了成功的应用.

粗糙集的基本思想是近似, 这种思想来源于数学的很多分支. 在拓扑学中, 一个集合可以由它的一对内部和闭包近似; 在测度论中, 内测度和外测度大致反映了任意集合的度量; 而可测函数是由阶梯函数来近似的; 在逼近论中, 连续函数是由多项式一致地近似表示的. 因此, 粗糙集理论中的下近似算子与上近似算子借鉴了上述这些概念的思想, 并且和证据理论中的信任函数与似然函数、拓扑空间中的内部算子与闭包算子、模态逻辑中的必然性算子与可能性算子有着密切的关系.

受冷战思想的影响和语言的限制, 在 20 世纪 80 年代初, 粗糙集理论的研究人员主要局限在东欧一些国家, 当时并没有引起国际学术界的重视. 20 世纪 80 年代末 90 年代初, 由于该理论在人工智能领域得到成功的应用, 特别是 1991 年, Pawlak 出版了专著*Rough Sets: Theoretical Aspects of Reasoning about Data*[86], 从此, 这一理论引起了各国学者的广泛关注. 1992 年第一届粗糙集方面的国际研讨会在波兰召开, 着重讨论了集合近似定义的基本思想和应用, 以及粗糙环境下的机器学习基础问题. 从此每年都召开以粗糙集为主题的国际研讨会, 还成立了国际粗糙集学会 (International Rough Set Society, IRSS), 并定期在 Internet 上发布电子公告, 加速了粗糙集理论的发展与交流.

我国在粗糙集理论与应用研究方面起步较晚, 较早从事这方面研究的有南昌大学的刘清教授、四川理工大学的曾黄麟教授、同济大学的苗夺谦教授、河北大学的王熙照教授和重庆邮电大学的王国胤教授等. 2001 年中国人工智能学会粗糙集与软计算专业委员会在重庆邮电大学成立, 并召开了第一届学术年会. 此后, 越来越多的数学与计算机学者加入到这一研究领域, 并取得了众多在国际上有影响的研究成果. 2017 年, 为了扩大该研究领域在人工智能研究方面的影响力, 专业委员会名称更改为中国人工智能学会粒计算与知识发现专业委员会, 2018 年专业委员会年会参会人数超过了 500 人, 由此可见粗糙集理论与应用在我国已经成为很活跃的研究领域.

从 20 世纪末开始, 我们的导师张文修教授开始关注粗糙集方面的研究, 并于 1999 年春开始招收从事这方面研究的博士研究生. 作者吴伟志有幸成为张先生第一个做有关粗糙集方向研究的博士生. 在西安交通大学理学院张文修教授组织的博士生讨论班上, 吴伟志、梁吉业和李德玉差不多同时转入该领域的研究, 三人在读博士期间又分别到香港中文大学和香港城市大学进行为期半年的合作访问研究, 研究很快进入到国际前沿. 2000 年以后随着米据生、魏玲、李同军、邵明文、徐伟华、张红英、马建敏、袁修久、王虹、李鸿儒、魏立力、宋笑雪、王霞、周磊等博士生以及陈德刚与安秋生博士后的加入, 这个研究团队越来越壮大, 并且这些成员大多数都有在香港中文大学和香港理工大学进行合作访问研究的经历, 该团队的研究一直处于国际前沿, 张文修教授还进入了国际计算机领域的高被引学者榜单. 博士们毕业后到各地高校继续从事粗糙集方面的研究, 又组织了更多的研究团队, 张文修教授团队第三代出现了李金海、解滨、冯涛、钱婷、万青、马周明等优秀博士生. 迄今为止, 张老师培养出几十位粗糙集研究方面的专家, 取得了一大批在国内外有影响的研究成果. 目前, 该团队成员每年组织多次学术活动来报告各自的最新研究成果, 讨论最新的研究动态. 这个团队已经成为国内甚至国际上粗糙集领域有影响的研究力量, 其成员每年都能获得若干项国家自然科学基金等项目的资助.

Pawlak 粗糙集模型的推广一直是粗糙集理论研究的主要方向之一. 事实上, 粗糙集理论大多数成功的应用都从不同侧面对粗糙集模型进行了扩展. 粗糙集理论推广的核心是近似算子的定义问题, 主要有两种方法: 构造性方法与公理化方法. 构造性方法的主要思路是从给定的近似空间出发, 以论域上的二元关系、邻域系统或布尔代数作为基本要素, 构造性地定义近似算子, 建立粗糙集代数系统来研究粗糙集的数学结构和性质. 由于二元关系常常用来表示信息系统中的可利用信息, 目前, 粗糙集在数据分析中的应用基本上利用构造性方法定义近似算子. 公理化方法也称为算子方法, 与构造性方法相反, 这种方法是通过一组公理定义一对近似算子, 建立粗糙集代数系统, 然后再去找相应的近似空间, 使得由该近似空间导出的近似算子恰好就是给定的由公理刻画的近似算子. 这种方法的优点是能够深刻地了解近似算子的数学结构, 其缺点是应用性不够强. 公理化方法最早是由 Lin 与 Liu 在 1994 年提出的 [58], 后来, 许多学者从多个方面研究了多种粗糙近似算子的公理刻画. 吴伟志和米据生从 2001 年开始这方面的研究, 并与 2002 年发表了第一篇这方面的研究成果. 开始的时候, 我们热衷于研究经典粗糙集、模糊粗糙集、粗糙模糊集的推广与公理刻画, 分别利用 max 与 min 算子、三角模与反三角模、一般蕴涵算子等对多种形式的粗糙近似算子的构造与公理刻画进行了研究, 发表了 20 余篇高水平研究成果, 解决了一些专家提出的公开问题. 受文献 [62] 的启发, 作者吴伟志等自 2014 年之后, 致力于将我们前期的公理化研究成果发展到用一条公理刻画近似算子, 取得了形式上更为简洁的研究成果. 拓扑学是数学的一个重要分支, 其概念出现在几乎所有的数学分支中, 拓扑结构也是知识表示和信息处理的重要基础, 因此, 对粗糙集拓扑结构的研究自然成为粗糙集理论的关键问题之一. 事实上, 对粗糙集与拓扑空间之间关系的研究在 20 世纪 80 年代末就有文献报道. 早期的研究主要集中在经典粗糙近似算子与经典拓扑空间之间的关系 [14,15,119]. 早在 2000 年, Boixader 等 [8] 就对模糊粗糙集与模糊拓扑空间之间的关系开展研究, 但文献 [8] 所研究的模糊粗糙近似算子是定义在 T-等价模糊关系基础上的, 退化在经典情形就是 Pawlak 近似算子. Qin 等在文献 [90, 91] 中给出了在非等价关系下模糊粗糙集和经典粗糙集与拓扑空间之间的关系, 但文献 [90] 的模糊粗糙集只是限于特殊的三角模 $T = \min$. 作者对于模糊环境下和直觉模糊环境下基于一般三角模以及更一般的蕴涵算子下的粗糙集与拓扑空间之间的关系进行了研究, 给出了由近似空间生成拓扑的条件, 以及一个拓扑由近似空间生成的条件. 关于粗糙集与证据理论方面的研究, Pawlak[85] 最早证明了 Pawlak 近似空间中集合的下近似的概率和上近似的概率分别为该集合的信任测度与似然测度. Skowron 进一步将这一结构推广到更加一般的近似空间 [100−102]. Yao 发表于 1998 年的文献 [160] 是关于经典粗糙集与证据理论之间关系的最有影响的成果, 给出了各种近似空间导出的下近似与上近似和信任结构导出的信任函数与似然函数之间的相互关系与解释. 其后, 作者就对多种模糊近似算子与模糊证据理论之间的关系开展了研究, 证明了在较弱的条件下由各种近似空间导出的集合的下近似概率和上近似概率分别是该集合在某个信任结构导出的信任函数与似然函数. 反之, 各种信任结构及其导出的信任函数与似然函数一定可以表示为某个概率近似空间的下近似的概率和上近似的概率. 这就给出了这两个理论之间的相互表示与解释. 这些结果为基于证据理论的属性约简和知识发现方法提供了坚实的理论基础.

本书主要汇集了我们多年来在上述研究领域有关粗糙集数学结构的研究成果, 是自攻读博士学位至今发表的相关成果的汇总, 部分研究结果尚未正式发表. 这些研究成果为基于粗糙集的知识发现研究提供了理论支撑. 由于作者知识背景的限制, 书中章节选择可能存在不成熟之处, 内容难免有不妥与纰漏之处, 还望读者批评指正.

本书的写作得到了恩师张文修教授的鼓励与大力支持, 在此表示衷心感谢. 同时也感谢多年来一直支持和帮助我们的朋友和师兄弟们, 特别感谢香港中文大学梁怡教授多次提供我们赴港合作访问研究的机会.

本书出版得到了国家自然科学基金项目 (61573321, 41631179, 61170107,

61573127) 和浙江省自然科学基金项目 (LY18F030017) 的资助, 在此一并表示感谢.

作　者

2019 年 5 月

目　　录

第 1 章　一般关系下的粗糙集

本章给出无限论域中基于一般二元关系的粗糙近似算子的构造性定义和公理化刻画.

1.1　Pawlak 粗糙集的基本概念

本节介绍 Pawlak 粗糙近似的概念及基本性质, 详细内容见文献 [86].

设 U 是非空集合, U 中的子集全体 (即 U 的幂集) 记为 $\mathcal{P}(U)$. 对于 $X, Y \in \mathcal{P}(U)$, 记 $X - Y = \{x \in X | x \notin Y\}$, 称为集合 X 与 Y 的差, 特别地, 记 $\sim X = U - X = \{x \in U | x \notin X\}$, 称 $\sim X$ 为 X 在 U 中的补集. 若 X 是有限集, 则记 $|X|$ 为集合 X 的基数, 即 X 中的元素个数.

定义 1.1　设 U 和 W 是两个非空论域, 称 $R \subseteq U \times W$ 是从 U 到 W 的一个二元关系. 若 $(x, y) \in R$, 则记 xRy, 称 y 为 x 关于关系 R 的后继, 简称为后继, x 为 y 的前继. $\forall x \in U$, 记

$$R_s(x) = \{y \in W | (x, y) \in R\},$$

$R_s(x)$ 称为 x 关于关系 R 的后继邻域. 若 $\forall x \in U$, $R_s(x) \neq \varnothing$, 则称 R 是串行的 (serial)(有的文献称双论上的这种关系为区间关系 (interval relation), 而单论域上的这种关系为串行关系 [156]). 若 $U = W$, 则称 $R \subseteq U \times U$ 为 U 上的一个二元关系. 对于 U 上的二元关系 R, 称关系 R 是逆串行的, 若 $\forall x \in U$, 存在 $y \in U$ 使 yRx, 即 $\bigcup\limits_{x \in U} R_s(x) = U$; 称关系 R 是自反的, 若 $\forall x \in U$, 有 xRx, 即 $x \in R_s(x)$; 称关系 R 是对称的, 若 $\forall (x, y) \in U \times U$, xRy 蕴涵 yRx; 称关系 R 是传递的, 若 $\forall x, y, z \in U$, xRy 与 yRz 蕴涵 xRz; 称关系 R 是欧几里得的, 若 $\forall x, y, z \in U$, xRy 和 xRz 蕴涵 yRz; 称关系 R 是相容的, 若 R 是自反和对称的; 称关系 R 是预序关系 (preorder), 若 R 是自反和传递的; 称关系 R 是等价的, 若 R 是自反、对称和传递的二元关系.

若 R 是 U 上的等价关系, 对于 $x \in U$, 记 $[x]_R = \{y \in U | (x, y) \in R\}$, $[x]_R$ 称为 x 的 R-等价类. U/R 是 U 上由 R 生成的等价类全体, 也称商集, 它构成了 U 上一个分划. 可以证明, U 上的分划可以与 U 上的二元等价关系之间建立一一对应.

定义 1.2　设 U 是非空有限论域, $R \subseteq U \times U$ 是 U 上的二元等价关系, R 称为不可分辨关系, 序对 (U, R) 称为 Pawlak 近似空间. $\forall (x, y) \in U \times U$, 若 $(x, y) \in R$,

则称对象 x 与 y 在近似空间 (U,R) 中是不可分辨的. U/R 中的集合与空集称为基本集或原子集. 若将 U 中的集合称为概念或表示知识, 则 (U,R) 称为知识库, 原子集表示基本概念或知识模块. 对于 U 上任意一个集合 X, 若它能表示为基本集的并, 则称 X 为可定义集, 否则称 X 为不可定义的. 可定义集也称为精确集, 它可以在知识库中被精确地定义或描述, 可表示已知的知识. 对于论域 U 上任意一个子集 X, X 不一定能用知识库中的知识来精确地描述, 即 X 可能为不可定义集, 这时就用 X 关于近似空间 (U,R) 的一对下近似 $\underline{R}(X)$ 和上近似 $\overline{R}(X)$ 来近似地描述:

$$\underline{R}(X)=\{x\in U|[x]_R\subseteq X\},\quad \overline{R}(X)=\{x\in U|[x]_R\cap X\neq\varnothing\}. \tag{1.1}$$

$\underline{R},\overline{R}:\mathcal{P}(U)\to\mathcal{P}(U)$ 分别称为下近似算子和上近似算子, 简称 Pawlak 近似算子, 也称为由近似空间 (U,R) 导出的近似算子; $\underline{R}(X)$ 又称为 X 关于近似空间 (U,R) 的正域, 记作 $\mathrm{POS}_R(X)$, 它解释为由那些根据现有知识判断出肯定属于 X 的对象所组成的集合, $\overline{R}(X)$ 解释为由那些根据现有知识判断出可能属于 X 的对象所组成的集合; $\sim\overline{R}(X)$ 称为 X 关于 (U,R) 的负域, 记作 $\mathrm{NEG}_R(X)$, 它解释为由那些根据现有知识判断出肯定不属于 X 的对象所组成的集合; $\overline{R}(X)-\underline{R}(X)$ 称为 X 关于 (U,R) 的边界域, 记作 $\mathrm{BN}_R(X)$, 它解释为由那些根据现有知识判断出可能属于 X 但不能完全肯定是否一定属于 X 的对象所组成的集合.

由于 R 是等价关系, 可以证明, X 关于近似空间 (U,R) 的近似集可以等价地定义为如下形式:

$$\underline{R}(X)=\cup\{[x]_R|[x]_R\subseteq X\},\quad \overline{R}(X)=\cup\{[x]_R|[x]_R\cap X\neq\varnothing\}. \tag{1.2}$$

从 (1.2) 式可以看出, 下近似 $\underline{R}(X)$ 是 (U,R) 中含在 X 中的最大可定义集, 而上近似 $\overline{R}(X)$ 是 (U,R) 中包含 X 的最小可定义集, 因此, X 是可定义的当且仅当 $\underline{R}(X)=\overline{R}(X)$, 而 X 是不可定义的当且仅当 $\underline{R}(X)\neq\overline{R}(X)$, 这时称 X 关于 (U,R) 是粗糙的, 称序对 $(\underline{R}(X),\overline{R}(X))$ 是一个 Pawlak 粗糙集. 称系统 $(\mathcal{P}(U),\cap,\cup,\sim,\underline{R},\overline{R})$ 为一个 Pawlak 粗糙集代数系统, 简称为 Pawlak 粗糙集代数.

定理 1.1[86,179] 设 (U,R) 为一个 Pawlak 近似空间, $\underline{R}$ 与 $\overline{R}$ 是由它导出的 Pawlak 近似算子, 则以下性质成立: $\forall X,Y\in\mathcal{P}(U)$,

(L1) $\underline{R}(X)=\sim\overline{R}(\sim X)$.

(U1) $\overline{R}(X)=\sim\underline{R}(\sim X)$.

(L2) $\underline{R}(U)=U$.

(U2) $\overline{R}(\varnothing)=\varnothing$.

(L3) $\underline{R}(X\cap Y)=\underline{R}(X)\cap\underline{R}(Y)$.

(U3) $\overline{R}(X\cup Y)=\overline{R}(X)\cup\overline{R}(Y)$.

(L4) $X \subseteq Y \Rightarrow \underline{R}(X) \subseteq \underline{R}(Y)$.

(U4) $X \subseteq Y \Rightarrow \overline{R}(X) \subseteq \overline{R}(Y)$.

(L5) $\underline{R}(X \cup Y) \supseteq \underline{R}(X) \cup \underline{R}(Y)$.

(U5) $\overline{R}(X \cap Y) \subseteq \overline{R}(X) \cap \overline{R}(Y)$.

(L6) $\underline{R}(X) \subseteq X$.

(U6) $X \subseteq \overline{R}(X)$.

(L7) $X \subseteq \underline{R}(\overline{R}(X))$.

(U7) $\overline{R}(\underline{R}(X)) \subseteq X$.

(L8) $\underline{R}(X) = \underline{R}(\underline{R}(X))$.

(U8) $\overline{R}(\overline{R}(X)) = \overline{R}(X)$.

(L9) $\overline{R}(X) = \underline{R}(\overline{R}(X))$.

(U9) $\overline{R}(\underline{R}(X)) = \underline{R}(X)$.

(L10) $\underline{R}(\varnothing) = \varnothing$.

(U10) $\overline{R}(U) = U$.

性质 (L1) 与 (U1) 表明近似算子是一对对偶算子, 常称为对偶性质, 具有相同数字标号的性质也可以看成对偶性质.

X 关于 (U, R) 的近似质量定义为

$$\gamma_R(X) = \frac{|\underline{R}(X)|}{|U|}.$$

近似质量反映了知识 X 中肯定在知识库中的部分在现有知识中的百分比. X 关于 (U, R) 的粗糙性测度定义为

$$\rho_R(X) = 1 - \frac{|\underline{R}(X)|}{|\overline{R}(X)|}.$$

显然, $0 \leqslant \rho_R(X) \leqslant 1$, X 是可定义的当且仅当 $\rho_R(X) = 0$, 粗糙性测度反映了知识的不完全程度.

X 关于 (U, R) 的近似精度定义为

$$\alpha_R(X) = \frac{|\underline{R}(X)|}{|\overline{R}(X)|},$$

它反映了根据现有知识对 X 的了解程度.

粗糙集理论还对于集合类关于近似空间定义了下近似和上近似, 从而该理论可应用于分类问题. 设 $\mathcal{F} = \{X_1, X_2, \cdots, X_n\}$ 是由 U 的子集所构成的集类, 则 $\mathcal{F}$ 关于近似空间 (U, R) 的下近似 $\underline{R}(\mathcal{F})$ 和上近似 $\overline{R}(\mathcal{F})$ 分别定义为

$$\underline{R}(\mathcal{F}) = \{\underline{R}(X_1), \underline{R}(X_2), \cdots, \underline{R}(X_n)\},$$
$$\overline{R}(\mathcal{F}) = \{\overline{R}(X_1), \overline{R}(X_2), \cdots, \overline{R}(X_n)\}.$$

这时, $\mathcal{F}$ 关于 (U,R) 的近似精度 $\alpha_R(\mathcal{F})$ 和近似质量 $\gamma_R(\mathcal{F})$ 分别定义为

$$\alpha_R(\mathcal{F})=\frac{\left|\bigcup_{i=1}^{n}\underline{R}(X_i)\right|}{\left|\bigcup_{i=1}^{n}\overline{R}(X_i)\right|},\quad \gamma_R(\mathcal{F})=\frac{\left|\bigcup_{i=1}^{n}\underline{R}(X_i)\right|}{|U|}.$$

特别地, 当 $\mathcal{F}$ 也是 U 的分划时, $\mathcal{F}$ 关于 (U,R) 的近似质量在判断一个决策表是否协调以及在规则提取中有重要的应用.

粗糙集理论中的知识表达方式一般采用信息表或称为信息系统的形式, 它可以表示为四元有序组 $S=(U,A,V,\rho)$(有时简记为二元组 (U,A)), 其中 U 是有限非空对象全体, 即论域; A 是有限非空属性全体; $V=\{V_a|a\in A\}$, V_a 是属性 a 的值域; $\rho:U\times A\to V$ 是信息函数, $\rho(x,a)\in V_a$, 反映了对象 x 在 S 中的完全信息.

对于这样的信息系统, 每个属性子集定义了论域 U 上的一个二元等价关系, 即 $\forall B\subseteq A$, 定义 R_B 如下:

$$R_B=\{(x,y)\in U\times U|\rho(x,a)=\rho(y,a),\ \forall a\in B\}.$$

由此可见, 信息系统类似于关系数据库模型的表达方式. 有时属性集 A 还可分为条件属性集 C 和决策属性 d, 这时的信息系统称为决策表或决策系统, 记为 $(U,C\cup\{d\},V,\rho)$, 其中 $d\notin C$.

无决策的数据分析和有决策的数据分析是粗糙集理论在数据分析中的两个主要应用. 粗糙集理论给出了对知识 (或数据) 的约简和求核的方法, 从而提供了从信息系统中分析多余属性的能力. 设 $S=(U,A,V,\rho)$ 是一个信息系统, 记由属性集 $B\subseteq A$ 所导出的等价关系为 R_B. $\forall a\in A$, 若 $R_A=R_{A-\{a\}}$, 则称属性 a 是多余的; 若在系统中没有多余属性, 则称 A 是独立的; 属性子集 $B\subseteq A$ 称为 A 的约简, 若 $R_B=R_A$ 且 B 中没有多余属性, 约简的全体记为 $red(A)$; A 的所有约简的交集称为 A 的核, 记作 $core(A)$. 一般属性的约简不唯一而核是唯一的.

粗糙集数据分析方法除了给出对知识 (或数据) 的约简和求核的方法外, 还提供从决策表中抽取规则的能力, 该方法可以做到在保持决策一致的条件下将多余属性删除.

在一个决策表 $S=(U,C\cup\{d\},V,\rho)$ 中, 记

$$R_d=\{(x,y)\in U\times U|\rho(x,d)=\rho(y,d)\}.$$

若 $R_C\subseteq R_d$, 即 $\forall x\in U$ 有 $[x]_C\subseteq[x]_d$, 则称决策表 $S=(U,C\cup\{d\},V,\rho)$ 是协调的, 否则称为不协调的.

从协调的决策表中可以提取确定性规则; 而从不协调的决策表中只能抽出不确定性规则或广义决策规则, 这是因为在不协调的系统中存在着矛盾的事例.

决策表中的决策规则一般可以表示为

$$\wedge(c,v) \to (d,w),$$

其中 $c \in C$, $v \in V_c$, $w \in V_d$. $\wedge(c,v)$ 称为规则的条件部分, 而 (d,w) 称为规则的决策部分. 决策规则即使是最优的也不一定唯一.

在决策表中抽取规则的一般方法为

(1) 在决策表中将信息相同 (即具有相同描述) 的对象及其信息删除只留其中一个得到压缩后的信息表, 即删除多余的重复事例;

(2) 删除多余的属性;

(3) 在每一个对象及其信息中将多余的属性值删除;

(4) 求出属性约简;

(5) 根据最小约简, 求出逻辑规则.

1.2 二元关系导出的邻域算子系统

本节从一个一般二元关系出发构造由它生成的邻域算子系统与粗糙近似算子系统, 并讨论这些算子系统的性质.

定义 1.3 设 U 是非空论域, R 是 U 上任意二元关系, 关系 R^k 称为由关系 R 导出的第 k-步关系, 定义如下:

$$\begin{aligned}
R^1 =& R, \\
R^k =& \{(x,y) \in U \times U \mid \exists\, y_1, y_2, \cdots, y_i \in U,\ i \in \{1,2,\cdots,k-1\}, \\
& [xRy_1, y_1Ry_2, \cdots, y_iRy]\} \cup R^1, \quad k \geqslant 2, \quad k \in \mathbb{N}.
\end{aligned}$$

其中 $\mathbb{N}$ 表示正整数集.

显然,

$$R^{k+1} = R^k \cup \{(x,y) \in U \times U \mid \exists\, y_1, y_2, \cdots, y_k \in U[xRy_1, y_1Ry_2, \cdots, y_kRy]\}.$$

很明显, $R^k \subseteq R^{k+1}$. 当 U 是有限论域时, 若 $|U| = n$, 则对于 $k \geqslant n$ 有 $R^k = R^n$. 事实上, R^n 就是 R 的传递闭包, 当然 R^n 是传递的.

由 U 上任意一个二元关系 R, 可导出三个关系 [157]:

$$\begin{aligned}
R^{-1} &= \{(x,y) \in U \times U \mid yRx\}, \\
R_* &= \{(x,y) \in U \times U \mid xRy \text{ 且 } yRx\} = R \cap R^{-1}, \\
R^* &= \{(x,y) \in U \times U \mid xRy \text{ 或 } yRx\} = R \cup R^{-1}.
\end{aligned}$$

显然, 关系 R_* 和 R^* 都是对称的, 并且

$$R_* \subseteq R \subseteq R^*, \quad R_* \subseteq R^{-1} \subseteq R^*.$$

定理 1.2　设 R 是 U 上的任意一个二元关系, 则: $\forall k \in \mathbb{N}$,

(1) 若 R 是传递的, 则 R^k 也是传递的, 并且 $R^k = R$.

(2) 若 R 是对称的, 则 R^k 也是对称的.

(3) 若 R 是自反的, 则 R^k 也是自反的.

(4) 若 R 是串行的, 则 R^k 也是串行的.

(5) 若 R 是逆串行的, 则 R^k 也是逆串行的.

(6) 若 R 是欧几里得的, 则 R^k 也是欧几里得的.

证明　(1)—(5) 的成立显然, 我们只需证明 (6) 成立. 设 R 是欧几里得关系, 我们先证 R^2 也是欧几里得关系.

设任意的 $x, y, z \in U$ 满足 xR^2y 和 xR^2z, 则由定义知, 存在 $y', z' \in U$ 使 xRy 或 $xRy', y'Ry$, xRz 或 $xRz', z'Rz$.

(a) 假如 xRy 且 xRz, 由 R 的欧几里得性知 yRz, 从而由定义得 yR^2z.

(b) 假如 xRy 且 xRz', $z'Rz$. 结合 xRy 和 xRz', 我们有 $z'Ry$. 从而结合 $z'Ry$ 和 $z'Rz$ 得 yRz, 于是 yR^2z 成立.

(c) 假如 $xRy', y'Ry$ 且 xRz. 类似于 (b) 可证 yR^2z 成立.

(d) 假如 $xRy', y'Ry$ 且 $xRz', z'Rz$. 结合 xRy' 和 xRz' 得 $y'Rz'$, 从而再结合 $y'Rz'$ 和 $y'Ry$ 可得 $z'Ry$, 这样由 $z'Ry$ 和 $z'Rz$ 可得 yRz, 于是 yR^2z 成立.

由上述 (a)—(d) 知 yR^2z 成立, 即证 R^2 是欧几里得的.

对于一般情形, 注意到若 xR^my 且 $xR^lz, m, l \in \mathbb{N}$, 则由 R 的欧几里得性可得 yRz, 从而由定义知 yR^kz 对任意 $k \in \mathbb{N}$ 成立, 这样利用数学归纳法可证 R^k 是欧几里得关系. □

定理 1.3　设 U 是有限集, 且 $|U| = n$, 若 R 是 U 上串行和对称关系, 则 R^n 是等价关系.

证明　由于 R 是串行的, 于是由定理 1.2 知 R^n 也是串行的. 则对任意 $x \in U$, 存在 $y \in U$ 使 xR^ny, 又由 R 的对称性可知 R^n 也是对称的, 从而 yR^nx. 再由 R^n 的传递性知 xR^nx, 即证 R^n 是自反的. 这样证明了 R^n 是自反、对称和传递的二元关系, 即 R^n 是等价关系. □

引理 1.1　若 R 和 S 是 U 上二元关系, 则

(1) $R \subseteq S \Leftrightarrow R^{-1} \subseteq S^{-1}$.

(2) $(R^{-1})^k = (R^k)^{-1}$, $\forall k \in \mathbb{N}$.

证明　(1) 显然.

(2) 若 $(x,y)\in(R^{-1})^k$, 则存在 $x_1,x_2,\cdots,x_i\in U$, $i\in\{1,2,\cdots,k-1\}$, 使

$$xR^{-1}x_1,x_1R^{-1}x_2,\cdots,x_iR^{-1}y \text{ 或 } xR^{-1}y,$$

这就是说,

$$yRx_i,x_iRx_{i-1},\cdots,x_1Rx \text{ 或 } yRx,\ i\in\{1,2,\cdots,k-1\}.$$

由定义得 yR^kx, 即 $x(R^k)^{-1}y$, 等价地, $(x,y)\in(R^k)^{-1}$, 从而

$$(R^{-1})^k\subseteq(R^k)^{-1}. \tag{1.3}$$

反之, 若 $(x,y)\in(R^k)^{-1}$, 即 yR^kx, 则存在 $y_1,y_2,\cdots,y_i\in U$, $i\in\{1,2,\cdots,k-1\}$, 使

$$yRy_1,y_1Ry_2,\cdots,y_iRx \text{ 或 } yRx,$$

这就是说,

$$xR^{-1}y_i,y_iR^{-1}y_{i-1},\cdots,y_1R^{-1}y \text{ 或 } xR^{-1}y,\ i\in\{1,2,\cdots,k-1\}.$$

由定义得 $x(R^{-1})^ky$, 即 $(x,y)\in(R^{-1})^k$, 从而

$$(R^k)^{-1}\subseteq(R^{-1})^k. \tag{1.4}$$

结合 (1.3) 式和 (1.4) 式即知 (2) 成立. □

由引理 1.1 我们可记 $R^{-k}:=(R^{-1})^k=(R^k)^{-1}$. 现在从 U 上任意一个二元关系 R, 可以导出三个关系 R^{-1}, R_* 和 R^*, 进一步又可导出关系 R^k, R^{-k}, $R_{*k}:=(R_*)^k$ 和 $R^{*k}:=(R^*)^k$. 合成 R^k 与 R^{-k}, R_{*k} 与 R^{*k}, 又可得到另外两个关系 $R_{k*}:=(R^k)_*$ 和 $R^{k*}:=(R^k)^*$. 这样 U 上任意一个二元关系可以导出六个关系序列: $\{R^k|\ k\in\mathbb{N}\}$, $\{R^{-k}|\ k\in\mathbb{N}\}$, $\{R^{k*}|\ k\in\mathbb{N}\}$, $\{R^{*k}|\ k\in\mathbb{N}\}$, $\{R_{*k}|\ k\in\mathbb{N}\}$ 与 $\{R_{k*}|\ k\in\mathbb{N}\}$.

下述定理给出了它们之间的联系.

定理 1.4 设 R 是 U 上任意一个二元关系, 则

(1) $R_{*k}\subseteq R_{k*}\subseteq R^k\subseteq R^{k*}\subseteq R^{*k}$, $k\in\mathbb{N}$.

(2) $R_{*k}\subseteq R_{k*}\subseteq R^{-k}\subseteq R^{k*}\subseteq R^{*k}$, $k\in\mathbb{N}$.

证明 (1) 若 $(x,y)\in R_{*k}$, 则存在 $y_1,y_2,\cdots,y_i$, $i\in\{1,2,\cdots,k-1\}$, 使

$$xR_*y_1,y_1R_*y_2,\cdots,y_iR_*y \text{ 或 } xR_*y.$$

由于 $R_*\subseteq R$, 因此

$$xRy_1,y_1Ry_2,\cdots,y_iRy \text{ 或 } xRy,\ i\in\{1,2,\cdots,k-1\}.$$

由定义得 $xR^k y$. 同样地, $x(R^{-1})^k y$, 从而由引理 1.1 知 $x(R^k)^{-1} y$ 成立. 这样就有 $xR_{k*}y$, 即 $(x,y)\in R_{k*}$, 于是

$$R_{*k}\subseteq R_{k*}.$$

包含关系 $R_{k*}\subseteq R^k\subseteq R^{k*}$ 是显然的. 现在往证 $R^{k*}\subseteq R^{*k}$ 成立.

对任意 $(x,y)\in R^{k*}$, 即 $(x,y)\in R^k$ 或 $(x,y)\in (R^k)^{-1}$. 若 $(x,y)\in R^k$, 则存在 $y_1,y_2,\cdots,y_i,\ i\in\{1,2,\cdots,k-1\}$, 使

$$xRy_1, y_1Ry_2,\cdots,y_iRy \text{ 或 } xRy.$$

由于 $R\subseteq R^*$, 因此

$$xR^*y_1, y_1R^*y_2,\cdots,y_iR^*y \text{ 或 } xR^*y,\ i\in\{1,2,\cdots,k-1\}.$$

这意味 $xR^{*k}y$, 即 $(x,y)\in R^{*k}$.

同样地, 如果 $(x,y)\in (R^k)^{-1}$, 那么也可以推得 $(x,y)\in R^{*k}$. 这样就证明了

$$R^{k*}\subseteq R^{*k}.$$

(2) 注意到 $R_{k*},\ R_{*k},\ R^{k*}$ 和 R^{*k} 都是对称的, 很明显

$$(R_{k*})^{-1}=R_{k*} \text{ 且 } (R_{*k})^{-1}=R_{*k},$$
$$(R^{k*})^{-1}=R^{k*} \text{ 且 } (R^{*k})^{-1}=R^{*k}.$$

从而利用 (1) 和引理 1.1 即知 (2) 成立. □

当 R 是对称关系时, 定理 1.4 中的包含关系 "$\subseteq$" 可以用等式 "$=$" 来代替, 但是一般情况下是不可以的, 见下例.

例 1.1　设 $U=\{1,2,3\}$, 令

$$R=\{(1,1),\ (1,2),\ (2,3),\ (3,1)\}.$$

则可以验证

$$R_{*2}=\{(1,1)\}\subset R_{2*}=\{(1,1),\ (1,2),\ (1,3),\ (2,1),\ (2,3),\ (3,1),\ (3,2)\},$$

并且

$$R^{2*}=\{(1,1),\ (1,2),\ (1,3),\ (2,1),\ (2,3),\ (3,1),\ (3,2)\}\subset R^{*2}=U\times U.$$

当 U 是有限论域, 且 $|U|=n$ 时, 二元关系及其导出的关系序列之间的关系见表 1.1, 其中 "(n)" 表示对应项中的性质只有当 $k\geqslant n$ 才能成立.

表 1.1 二元关系及其导出的关系序列之间的关系

R	R_{*k}	R_{k*}	R^k	R^{-k}	R^{k*}	R^{*k}
任意	对称	对称	传递 (n)	传递 (n)	对称	对称
—	传递 (n)	传递 (n)	—	—	—	传递 (n)
串行	—	—	串行	逆串行	(逆) 串行	(逆) 串行
逆串行	—	—	逆串行	串行	(逆) 串行	(逆) 串行
自反	自反	自反	自反	自反	自反	自反
对称	对称	对称	对称	对称	对称	对称
传递	传递	传递	传递	传递	—	传递 (n)
欧几里得	欧几里得	欧几里得	欧几里得	—	—	—

定义 1.4 设 U 是有限非空论域, 若对任意 $x \in U$, 有 U 中的一个子集 $n(x) \subseteq U$ 与之对应, 则称 $n(x)$ 为 x 的一个邻域, 这样, 邻域可以用一个集合算子 $n: U \to \mathcal{P}(U)$ 来描述, 称为邻域算子, x 的一个邻域可以包含 x 也可以不包含 x, x 的邻域系统 $\mathrm{NS}(x)$ 是指 x 的一族邻域.

定义 1.5 设 $n: U \to 2^U$ 是一个邻域算子, 称 n 是串行的, 若 $\forall x \in U$, 存在 $y \in U$ 使 $y \in n(x)$, 即 $\forall x \in U$, $n(x) \neq \varnothing$; 称 n 是逆串行的, 若 $\forall x \in U$, 存在 $y \in U$ 使 $x \in n(y)$, 即 $\bigcup\limits_{x \in U} n(x) = U$; 称 n 是自反的, 若 $\forall x \in U$, $x \in n(x)$; 称 n 是对称的, 若 $\forall x, y \in U$, $x \in n(y)$ 蕴涵 $y \in n(x)$; 称 n 是传递的, 若 $\forall x, y, z \in U$, $y \in n(x)$ 与 $z \in n(y)$ 蕴涵 $z \in n(x)$; 称 n 是欧几里得的, 若 $\forall x, y, z \in U$, $y \in n(x)$ 与 $z \in n(x)$ 蕴涵 $z \in n(y)$.

通过对这些特殊性质的合成, 可以刻画不同的邻域系统. 若一个邻域算子是自反、对称和传递的, 则称它是 Pawlak 邻域算子 [157], 它可以被等价地用自反性与欧几里得性来刻画.

任何一个 U 上的邻域算子 n 可以延拓为从 $\mathcal{P}(U)$ 到 $\mathcal{P}(U)$ 的算子

$$n(X) = \bigcup_{x \in X} n(x).$$

下面引入由二元关系 R 导出的邻域算子系统.

设 R 是 U 上的一个二元关系, 对于 $x, y \in U$, $k \in \mathbb{N}$, 若 xR^ky, 则称 y 是 x 的 R^k-后继, x 是 y 的 R^k-前继. 对给定的二元关系 R, 记由关系 R^k, R_{*k} 和 R^{*k} 导出的 x 的后继与前继邻域为 $r_{ks}(x)$, $r_{kp}(x)$, $r_{k*}(x)$, $r_{*k}(x)$, $r^{k*}(x)$, $r^{*k}(x)$, 它们分别定义为

$$\begin{aligned}
r_{ks}(x) &= \{y \in U | xR^ky\}, \\
r_{kp}(x) &= \{y \in U | yR^kx\}, \\
r_{k*}(x) &= \{y \in U | xR^ky \text{ 且 } yR^kx\} = r_{ks}(x) \cap r_{kp}(x),
\end{aligned}$$

$$
\begin{aligned}
r_{*k}(x) &= \{y \in U | xR_{*k}y \text{ 且 } yR_{*k}x\} = \{y \in U | xR_{*k}y\}, \\
r^{k*}(x) &= \{y \in U | xR^{k}y \text{ 或 } yR^{k}x\} = r_{ks}(x) \cup r_{kp}(x), \\
r^{*k}(x) &= \{y \in U | xR^{*k}y \text{ 或 } yR^{*k}x\} = \{y \in U | xR^{*k}y\}.
\end{aligned} \tag{1.5}
$$

很多学者对基于邻域的二元关系进行了研究, Yao 和 Lin[159] 将 $r_{1s}(x)$ 视为 x 的邻域, Yao 在文献 [157] 中研究了 x 的各种 1-步邻域. 但 1-步邻域不能直接提供信息系统中的某些可利用信息, 这可能限制粗糙近似算子的应用, 因此无论从应用背景出发还是从理论完整的角度出发都有必要对由 R 导出的 k-步邻域进行研究.

对于 U 上二元关系 R, 可以得到 x 的六个邻域系统, 它们是

$$
\begin{aligned}
&\{r_{*k}(x)|k \in \mathbb{N}\},\ \{r_{k*}(x)|k \in \mathbb{N}\},\ \{r_{ks}(x)|k \in \mathbb{N}\}, \\
&\{r_{kp}(x)|k \in \mathbb{N}\},\ \{r^{k*}(x)|k \in \mathbb{N}\},\ \{r^{*k}(x)|k \in \mathbb{N}\}.
\end{aligned} \tag{1.6}
$$

(1.6) 式中的每个邻域算子系统关于 k 都是单调递增的. 对任意两个关系 R 与 R', 显然

$$
R \subseteq R' \Leftrightarrow r_{1s}(x) \subseteq r'_{1s}(x), \forall x \in U \Leftrightarrow r_{1p}(x) \subseteq r'_{1p}(x), \forall x \in U.
$$

易见

$r_{ks}(x) = \{y \in U | \exists\, y_1, y_2, \cdots, y_i \in U[xRy_1, y_1Ry_2, \cdots, y_iRy, i \in \{1, 2, \cdots, k-1\}$ 或 $xRy]\}$.

当然, 对于 $A, B \in \mathcal{P}(U)$,

$$
A \subseteq B \Rightarrow r_{ks}(A) \subseteq r_{ks}(B). \tag{1.7}
$$

下述定理给出了邻域系统之间的关系, 它可直接由定理 1.4 导出.

定理 1.5　设 R 是 U 上的二元关系, 则

(1) $r_{*k}(x) \subseteq r_{k*}(x) \subseteq r_{ks}(x) \subseteq r^{k*}(x) \subseteq r^{*k}(x),\ \forall x \in U, \forall k \in \mathbb{N}$.

(2) $r_{*k}(x) \subseteq r_{k*}(x) \subseteq r_{kp}(x) \subseteq r^{k*}(x) \subseteq r^{*k}(x),\ \forall x \in U, \forall k \in \mathbb{N}$.

类似于定理 1.4, 这些包含关系可以是真包含, 而当 R 是对称关系时, 这些包含关系可以被等式代替. 若 U 是有限论域, 且 $|U| = n$, 则表 1.2 给出了定义在论域 U 上二元关系与其导出的邻域算子系统之间的联系.

定理 1.6　设 R 是 U 上的二元关系, 则

$$
r_{ls}(r_{ks}(x)) \subseteq r_{(k+l)s}(x), \quad \forall k, l \in \mathbb{N}. \tag{1.8}
$$

若 R 是欧几里得关系, 则

$$
r_{ls}(r_{ks}(x)) = r_{(k+l)s}(x), \quad \forall k, l \in \mathbb{N}. \tag{1.9}
$$

证明　(1.8) 式成立是显然的.

表 1.2　二元关系与其导出的邻域算子系统之间的联系

R	r_{*k}	r_{k*}	r_{ks}	r_{kp}	r^{k*}	r^{*k}
任意	对称	对称	传递 (n)	传递 (n)	对称	对称
—	传递 (n)	传递 (n)	—	—	—	传递 (n)
串行	—	—	串行	逆串行	(逆) 串行	(逆) 串行
逆串行	—	—	逆串行	串行	(逆) 串行	(逆) 串行
自反	自反	自反	自反	自反	自反	自反
对称	对称	对称	对称	对称	对称	对称
传递	传递	传递	传递	传递	—	传递 (n)
欧几里得	欧几里得	欧几里得	欧几里得	—	—	—

假如 R 是欧几里得关系, 欲证 (1.9) 式成立, 由 (1.8) 式知只需证

$$r_{(k+l)s}(x) \subseteq r_{ls}(r_{ks}(x)). \tag{1.10}$$

首先来证 (1.10) 式对于 $l=1$ 和任意的 $k \in \mathbb{N}$ 成立, 即欲证

$$r_{(k+1)s}(x) \subseteq r_{1s}(r_{ks}(x)). \tag{1.11}$$

(用数学归纳法)A. 当 $k=1$ 时, 易见 $r_{2s}(x)=r_{1s}(r_{1s}(x)) \cup r_{1s}(x)$, 因此只需验证

$$r_{1s}(x) \subseteq r_{1s}(r_{1s}(x)).$$

事实上, 对任给 $y \in r_{1s}(x)$, 由关系 R 的欧几里得性和 (1.7) 式有

$$r_{1s}(x) \subseteq r_{1s}(y) \subseteq r_{1s}(r_{1s}(x)). \tag{1.12}$$

这样当 $k=1$ 时 (1.11) 式成立.

B. 假设 (1.11) 式对于所有 $k \in \{1,2,\cdots,m\}$ 成立.

C. 当 $k=m+1$ 时, $\forall y \in r_{(m+2)s}(x)$, 即 $xR^{m+2}y$, 则 $\exists\ y_1,y_2,\cdots,y_i \in U, i \in \{1,2,\cdots,m+1\}$, 使

$$xRy_1, y_1Ry_2, \cdots, y_iRy \text{ 或 } xRy.$$

(a) 如果 $xRy_1, y_1Ry_2, \cdots, y_iRy$, $1 \leqslant i \leqslant m+1$, 且如果 $i=m+1$, 那么易见 $y_{m+1} \in r_{(m+1)s}(x)$ 且 $y \in r_{1s}(y_{m+1})$. 利用 (1.7) 式, 可得 $y \in r_{1s}(r_{(m+1)s}(x))$, 从而推得 (1.11) 式成立.

(b) 如果 $xRy_1, y_1Ry_2, \cdots, y_iRy$, 并且如果 $i \in \{1,2,\cdots,m\}$, 那么由第二步的假设 B 和 (1.7) 式有

$$y \in r_{(m+1)s}(x) \subseteq r_{1s}(r_{ms}(x)) \subseteq r_{1s}(r_{(m+1)}(x)),$$

这时 (1.11) 式成立.

(c) 如果 xRy, 即 $y \in r_{1s}(x)$, 那么由第一步 A 和 (1.7) 式可得

$$r_{1s}(x) \subseteq r_{1s}(r_{1s}(x)) \subseteq r_{1s}(r_{(m+1)s}(x)),$$

这时 (1.11) 式仍然成立.

综合以上的 (a), (b), (c) 知 (1.11) 式对于 $k=m+1$ 也成立. 于是由数学归纳法知 (1.11) 式对任意的 $k \in \mathbb{N}$ 均成立.

下面来证 (1.10) 式成立, 我们再对 l 作归纳.

A′. 当 $l=1$ 时, 由 (1.11) 式知 (1.10) 式成立.

B′. 假设 (1.10) 式对所有 $l \in \{1,2,\cdots,m\}$ 都成立.

C′. 当 $l=m+1$ 时, 对任意 $y \in r_{(k+m+1)s}(x)$, 存在 $y_1, y_2, \cdots, y_i$, $i \in \{1,2,\cdots,m+k\}$ 使

$$xRy_1, y_1Ry_2, \cdots, y_iRy \text{ 或 } xRy.$$

(d) 如果 $xRy_1, y_1Ry_2, \cdots, y_iRy$ 且 $i=m+k$, 那么易见 $y_k \in r_{ks}(x)$ 且 $y \in r_{(m+1)s}(y_k)$, 从而

$$y \in r_{(m+1)s}(r_{ks}(x)).$$

(e) 如果 $xRy_1, y_1Ry_2, \cdots, y_iRy$ 且 $i \in \{1,2,\cdots,m+k-1\}$, 那么很明显 $y \in r_{(m+k)s}(x)$, 从而由假设 B′ 知

$$y \in r_{(m+k)s}(x) \subseteq r_{ms}(r_{ks}(x)) \subseteq r_{(m+1)s}(r_{ks}(x)).$$

(f) 如果 xRy, 那么由 (1.12) 式和 (1.7) 式可得 $y \in r_{(m+1)s}(r_{ks}(x))$.

综合 (d), (e), (f) 知, (1.10) 式对于 $l=m+1$ 也成立, 从而由数学归纳法知 (1.10) 式对任意 $l, k \in \mathbb{N}$ 成立, 于是 (1.9) 式成立. □

1.3　一般关系下的粗糙近似

定义 1.6　设 U 和 W 是两个非空论域, 若 R 是从 U 到 W 上的二元关系, 则称 (U,W,R) 为 (广义) 近似空间. 对于 $A \subseteq W$, A 关于近似空间 (U,W,R) 的下近似 $\underline{R}(A)$ 和上近似 $\overline{R}(A)$ 是 U 的一对子集, 定义如下:

$$\underline{R}(A) = \{x \in U | R_s(x) \subseteq A\},$$
$$\overline{R}(A) = \{x \in U | R_s(x) \cap A \neq \varnothing\}.$$

序对 $(\underline{R}(A), \overline{R}(A))$ 称为 A 关于近似空间 (U,W,R) 的 (广义) 粗糙集, $\underline{R}$, $\overline{R}$: $\mathcal{P}(W) \to \mathcal{P}(U)$ 分别称为 (广义) 下近似算子和 (广义) 上近似算子, 称系统 $(\mathcal{P}(W),$

$\mathcal{P}(U), \cap, \cup, \sim, \underline{R}, \overline{R})$ 是一个粗糙集代数系统, 特别地, 当 $U = W$ 时, 称 $(\mathcal{P}(U), \cap, \cup, \sim, \underline{R}, \overline{R})$ 是一个粗糙集代数系统.

由定义 1.6 可以直接得到如下定理.

定理 1.7 对于广义近似空间 (U, W, R), 由定义 1.6 所给出的近似算子满足以下性质: $\forall A, B, A_i \in \mathcal{P}(W), i \in J, J$ 是任意指标集,

(LD) $\underline{R}(A) = \sim \overline{R}(\sim A)$.

(UD) $\overline{R}(A) = \sim \underline{R}(\sim A)$.

(L1) $\underline{R}(W) = U$.

(U1) $\overline{R}(\varnothing) = \varnothing$.

(L2) $\underline{R}\left(\bigcap\limits_{i\in J} A_i\right) = \bigcap\limits_{i\in J} \underline{R}(A_i)$.

(U2) $\overline{R}\left(\bigcup\limits_{i\in J} A_i\right) = \bigcup\limits_{i\in J} \overline{R}(A_i)$.

(L3) $A \subseteq B \Rightarrow \underline{R}(A) \subseteq \underline{R}(B)$.

(U3) $A \subseteq B \Rightarrow \overline{R}(A) \subseteq \overline{R}(B)$.

(L4) $\underline{R}\left(\bigcup\limits_{i\in J} A_i\right) \supseteq \bigcup\limits_{i\in J} \underline{R}(A_i)$.

(U4) $\overline{R}\left(\bigcap\limits_{i\in J} A_i\right) \subseteq \bigcap\limits_{i\in J} \overline{R}(A_i)$.

性质 (LD) 和 (UD) 表明近似算子 $\underline{R}$ 与 $\overline{R}$ 是相互对偶的. 性质 (L2) 和 (U2) 表明下近似算子 $\underline{R}$ 关于交运算封闭, 上近似算子 $\overline{R}$ 关于并运算封闭. 性质 (L3) 和 (U3) 表明 $\underline{R}$ 和 $\overline{R}$ 关于集合包含是单调递增的. 性质 (L4) 和 (U4) 表明 $\underline{R}$ 关于集合并运算不封闭, $\overline{R}$ 关于集合交运算不封闭. 易证, 性质 (L2) 蕴涵性质 (L3) 与 (L4), 对偶地, 性质 (U2) 蕴涵性质 (U3) 与 (U4).

下面我们讨论二元关系与近似算子的特征联系.

定理 1.8 对于广义近似空间 (U, W, R), 则 R 是串行的当且仅当下列性质之一成立:

(L0) $\underline{R}(\varnothing) = \varnothing$.

(U0) $\overline{R}(W) = U$.

(LU0) $\underline{R}(A) \subseteq \overline{R}(A), \forall A \in \mathcal{P}(W)$.

证明 首先证明 "(L0)⇔(LU0)". 事实上, 由定理 1.7 的对偶性质 (LD) 和 (L2) 知, 对任意 $A \in \mathcal{P}(W)$,

$$\underline{R}(A) \subseteq \overline{R}(A) \Leftrightarrow \underline{R}(A) \cap (\sim \overline{R}(A)) = \varnothing$$

$$
\begin{aligned}
&\Leftrightarrow \underline{R}(A) \cap \underline{R}(\sim A) = \varnothing \\
&\Leftrightarrow \underline{R}(A \cap (\sim A)) = \varnothing \\
&\Leftrightarrow \underline{R}(\varnothing) = \varnothing.
\end{aligned}
$$

其次证明 “(L0)$\Leftrightarrow$(U0)”. 事实上, 由定理 1.7 的对偶性质知

$$
\begin{aligned}
\underline{R}(\varnothing) = \varnothing &\Leftrightarrow \sim \underline{R}(\varnothing) = \sim \underline{R}(\sim W) = \sim \varnothing = U \\
&\Leftrightarrow \overline{R}(W) = U.
\end{aligned}
$$

最后证明 R 是串行的当且仅当 (LU0) 成立. 若 R 是串行的, 则对任意 $A \in \mathcal{P}(W)$ 和 $x \in \underline{R}(A)$, 由定义知 $R_s(x) \subseteq A$, 由 R 的串行性可知 $R_s(x) \neq \varnothing$, 因此, $R_s(x) \cap A \neq \varnothing$, 从而 $x \in \overline{R}(A)$, 即 $\underline{R}(A) \subseteq \overline{R}(A)$, 即 (LU0) 成立.

反之, 若 (LU0) 成立, 则 R 一定是串行的. 反证, 若不然, 则存在 $x \in U$ 使 $R_s(x) = \varnothing$, 于是对任意 $A \subseteq W$ 有 $R_s(x) \subseteq A$, 即 $x \in \underline{R}(A)$, 但是 $R_s(x) \cap A = \varnothing$, 即 $x \notin \overline{R}(A)$, 这与 (LU0) 成立矛盾! □

引理 1.2　设 R 是从 U 到 W 上的二元关系, 则对任意 $x \in W$ 有

$$
\overline{R}(\{x\}) = R_s^{-1}(x) = R_p(x) = \{y \in U | x \in R_s(y)\}. \tag{1.13}
$$

证明　对任意 $y \in \overline{R}(\{x\})$, 由定义知 $R_s(y) \cap \{x\} \neq \varnothing$, 即 $x \in R_s(y)$, 也就是说 $y \in R_p(x)$, 从而 $\overline{R}(\{x\}) \subseteq \{y \in U | x \in R_s(y)\}$. 反之亦然, 故 (1.13) 式成立. □

定理 1.9　设 R 是 U 上的二元关系, 则 R 是自反的当且仅当下列性质之一成立:

(LR) $\underline{R}(A) \subseteq A, \forall A \in \mathcal{P}(U)$.

(UR) $A \subseteq \overline{R}(A), \forall A \in \mathcal{P}(U)$.

证明　首先, R 是自反的蕴涵性质 (LR) 成立. 事实上, 若 R 是自反的, 对任意 $A \in \mathcal{P}(U)$, 设 $x \in \underline{R}(A)$, 由定义得 $R_s(x) \subseteq A$, 由于 R 是自反的, 因此 $x \in R_s(x)$, 从而 $x \in A$, 即 $\underline{R}(A) \subseteq A$, 即 (LR) 成立.

其次, 性质 (LR) 蕴涵性质 (UR). 事实上, 若 (LR) 成立, 对任意 $A \in \mathcal{P}(U)$, 由 (LR) 可得 $\underline{R}(\sim A) \subseteq \sim A$, 从而由定理 1.7 的对偶性知 $A = \sim (\sim A) \subseteq \sim \underline{R}(\sim A) = \overline{R}(A)$, 即 (UR) 成立.

最后, 性质 (UR) 蕴涵 R 是自反的. 若 (UR) 成立, 则对任意 $x \in U$, 有 $x \in \overline{R}(\{x\})$, 由引理 1.2 可得 $x \in R_p(x)$, 从而 $x \in R_s(x)$, 即 R 是自反的. □

定理 1.10　设 R 是 U 上的二元关系, 则 R 是对称的当且仅当下列性质之一成立:

(LS) $A \subseteq \underline{R}(\overline{R}(A)), \forall A \in \mathcal{P}(U)$.

(US) $\overline{R}(\underline{R}(A)) \subseteq A, \forall A \in \mathcal{P}(U)$.

证明 首先, R 是对称的蕴涵性质 (LS) 成立. 事实上, 对于 $A \in \mathcal{P}(U)$, 设 $x \in A$, 对任意 $y \in R_s(x)$, 由 R 的对称性可知 $x \in R_s(y)$, 于是 $x \in R_s(y) \cap A$, 这说明 $R_s(y) \cap A \neq \varnothing$, 从而由上近似的定义得 $y \in \overline{R}(A)$. 由 $y \in R_s(x)$ 的任意性知 $R_s(x) \subseteq \overline{R}(A)$, 再由下近似的定义得 $x \in \underline{R}(\overline{R}(A))$, 故 $A \subseteq \underline{R}(\overline{R}(A))$, 即 (LS) 成立.

其次, 由定理 1.7 的对偶性即得 (LS) 与 (US) 等价.

最后, 性质 (LS) 蕴涵 R 是对称的. 事实上, 若 (LS) 成立, 对任意 $x, y \in U$ 且满足 $y \in R_s(x)$, 由 (LS) 知 $x \in \underline{R}(\overline{R}(\{x\}))$, 于是由下近似的定义得 $R_s(x) \subseteq \overline{R}(\{x\})$, 从而结合 $y \in R_s(x)$ 知 $y \in \overline{R}(\{x\})$, 进一步由上近似的定义得 $R_s(y) \cap \{x\} \neq \varnothing$, 这样就有 $x \in R_s(y)$, 因此 R 是对称的. □

定理 1.11 设 R 是 U 上的二元关系, 则 R 是传递的当且仅当下列性质之一成立:

(LT) $\underline{R}(A) \subseteq \underline{R}(\underline{R}(A)), \forall A \in \mathcal{P}(U)$.

(UT) $\overline{R}(\overline{R}(A)) \subseteq \overline{R}(A), \forall A \in \mathcal{P}(U)$.

证明 首先, R 是传递的蕴涵性质 (LT) 成立. 事实上, 对任意 $A \in \mathcal{P}(U)$ 和 $x \in \underline{R}(A)$, 由下近似的定义得 $R_s(x) \subseteq A$. 对任意 $y \in R_s(x)$, 由 R 的传递性可得 $R_s(y) \subseteq R_s(x)$, 从而 $R_s(y) \subseteq A$, 由下近似的定义知 $y \in \underline{R}(A)$, 于是由 $y \in R_s(x)$ 的任意性得 $R_s(x) \subseteq \underline{R}(A)$, 进一步由下近似的定义得 $x \in \underline{R}(\underline{R}(A))$, 故 $\underline{R}(A) \subseteq \underline{R}(\underline{R}(A))$, 即 (LT) 成立.

其次, 由定理 1.7 的对偶性即得 (LT) 与 (UT) 等价.

最后, 性质 (UT) 蕴涵 R 是传递的. 事实上, 若 (UT) 成立, 假设对任意 $x, y, z \in U$ 满足 $y \in R_s(x)$ 和 $z \in R_s(y)$, 由 $z \in R_s(y)$ 和引理 1.2 知 $y \in \overline{R}(\{z\})$, 于是结合 $y \in R_s(x)$ 得 $y \in R_s(x) \cap \overline{R}(\{z\})$, 这说明 $R_s(x) \cap \overline{R}(\{z\}) \neq \varnothing$, 从而由上近似的定义知 $x \in \overline{R}(\overline{R}(\{z\}))$, 由 (UT) 成立推得 $x \in \overline{R}(\{z\})$, 再进一步由上近似的定义可得 $z \in R_s(x)$, 因此 R 是传递的. □

定理 1.12 设 R 是 U 上的二元关系, 则 R 是欧几里得的当且仅当下列性质之一成立:

(LE) $\overline{R}(A) \subseteq \underline{R}(\overline{R}(A)), \forall A \in \mathcal{P}(U)$.

(UE) $\overline{R}(\underline{R}(A)) \subseteq \underline{R}(A), \forall A \in \mathcal{P}(U)$.

证明 首先, R 是欧几里得的蕴涵性质 (LE) 成立. 事实上, 对任意 $A \in \mathcal{P}(U)$ 和 $x \in \overline{R}(A)$, 由上近似的定义知 $R_s(x) \cap A \neq \varnothing$, 对任意 $y \in R_s(x)$, 由 R 的欧几里得性得 $R_s(x) \subseteq R_s(y)$, 结合 $R_s(x) \cap A \neq \varnothing$ 可得 $R_s(y) \cap A \neq \varnothing$, 从而由上近似的定义知 $y \in \overline{R}(A)$. 再由 $y \in R_s(x)$ 的任意性得 $R_s(x) \subseteq \overline{R}(A)$, 于是由下近似的定义得 $x \in \underline{R}(\overline{R}(A))$, 这样就证明了 $\overline{R}(A) \subseteq \underline{R}(\overline{R}(A))$, 即 (LE) 成立.

其次, 性质 (LE) 蕴涵 R 是欧几里得的. 事实上, 若 (LE) 成立, 假设对任意 $x, y, z \in U$ 满足 $y \in R_s(x)$ 和 $z \in R_s(x)$, 由 $z \in R_s(x)$ 和引理 1.2 可得 $x \in \overline{R}(\{z\})$.

从而由 (LE) 成立得 $x \in \underline{R}(\overline{R}(\{z\}))$, 于是由下近似的定义得 $R_s(x) \subseteq \overline{R}(\{z\})$, 再结合 $y \in R_s(x)$ 得 $y \in \overline{R}(\{z\})$, 再进一步由引理 1.2 得 $z \in R_s(y)$, 因此 R 是欧几里得的.

最后, 由定理 1.7 的对偶性即得 (LE) 与 (UE) 等价. □

1.4 基于邻域算子系统的近似算子系统

本节讨论基于 k-步邻域算子系统的粗糙近似算子系统.

从不同的邻域算子出发可以定义各种不同的近似算子, 对于等价关系 R 来说, 可以将对象 x 所在的 R-等价类 $[x]_R$ 看成 x 的一个特殊的邻域. 设 r 为 U 上的任意一个邻域算子, $r(x)$ 为 x 的邻域, 对于集合 $X \subseteq U$, 定义 X 关于 r 的一对近似如下:

$$\begin{aligned} \underline{apr}_r(X) &= \{x \in U | r(x) \subseteq X\} \\ &= \{x \in U | \forall\, y \in U[y \in r(x) \ \Rightarrow \ y \in X]\}, \\ \overline{apr}_r(X) &= \{x \in U | r(x) \cap X \neq \varnothing\} \\ &= \{x \in U | \exists\, y \in U[y \in r(x) \text{ 且 } y \in X]\}. \end{aligned} \tag{1.14}$$

它们可以看成是 Pawlak 近似算子的推广. 称系统 $(\mathcal{P}(U), \cap, \cup, \sim, \underline{apr}_r, \overline{apr}_r)$ 为邻域粗糙集代数.

对任意的邻域算子 r, 由 (1.14) 式定义的近似算子满足以下性质[157]: $\forall X, Y \subseteq U$,

(NLD) $\underline{apr}_r(X) = \sim \overline{apr}_r(\sim X)$.

(NUD) $\overline{apr}_r(X) = \sim \underline{apr}_r(\sim X)$.

(NL1) $\underline{apr}_r(U) = U$.

(NU1) $\overline{apr}_r(\varnothing) = \varnothing$.

(NL2) $\underline{apr}_r(X \cap Y) = \underline{apr}_r(X) \cap \underline{apr}_r(Y)$.

(NU2) $\overline{apr}_r(X \cup Y) = \overline{apr}_r(x) \cup \overline{apr}_r(Y)$.

(NL3) $\underline{apr}_r(X \cup Y) \supseteq \underline{apr}_r(X) \cup \underline{apr}_r(Y)$.

(NU3) $\overline{apr}_r(X \cap Y) \subseteq \overline{apr}_r(X) \cap \overline{apr}_r(Y)$.

(NL4) $X \subseteq Y \Rightarrow \underline{apr}_r(X) \subseteq \underline{apr}_r(Y)$.

(NU4) $X \subseteq Y \Rightarrow \overline{apr}_r(X) \subseteq \overline{apr}_r(Y)$.

(NL5) $\underline{apr}_r(X) = \bigcap_{x \notin X} \underline{apr}_r(\sim \{x\})$.

(NU5) $\overline{apr}_r(X) = \bigcup_{x \in X} \overline{apr}_r(\{x\})$.

具有相同序号的性质可以看成对偶性质. 由特殊二元关系生成的邻域算子还满足以下性质 [157]: $\forall X \subseteq U$,

串行	(NLU6)	$\underline{apr}_r(X) \subseteq \overline{apr}_r(X)$.
逆串行	(NU7)	$\forall x \in U, \underline{apr}_r(\{x\}) \neq \varnothing$.
自反	(NL8)	$\underline{apr}_r(X) \subseteq X$.
	(NU8)	$X \subseteq \overline{apr}_r(X)$.
对称	(NL9)	$X \subseteq \underline{apr}_r(\overline{apr}_r(X))$.
	(NU9)	$\overline{apr}_r(\underline{apr}_r(X)) \subseteq X$.
传递	(NL10)	$\underline{apr}_r(X) \subseteq \underline{apr}_r(\underline{apr}_r(X))$.
	(NU10)	$\overline{apr}_r(\overline{apr}_r(X)) \subseteq \overline{apr}_r(X)$.
欧几里得	(NL11)	$\overline{apr}_r(X) \subseteq \underline{apr}_r(\overline{apr}_r(X))$.
	(NU11)	$\overline{apr}_r(\underline{apr}_r(X)) \subseteq \underline{apr}_r(X)$.

设 R 是有限论域 U 上的二元关系, 其中 $|U| = n$, 则对任意 $X \subseteq U$ 和 $k \in \mathbb{N}$, 可以定义由 R 导出的六个邻域系统的六对近似算子:

(DA1) $\underline{apr}_{*k}(X) = \{x \in U | r_{*k}(x) \subseteq X\}$,
$\overline{apr}_{*k}(X) = \{x \in U | r_{*k}(x) \cap X \neq \varnothing\}$.

(DA2) $\underline{apr}_{k*}(X) = \{x \in U | r_{k*}(x) \subseteq X\}$,
$\overline{apr}_{k*}(X) = \{x \in U | r_{k*}(x) \cap X \neq \varnothing\}$.

(DA3) $\underline{apr}_{ks}(X) = \{x \in U | r_{ks}(x) \subseteq X\}$,
$\overline{apr}_{ks}(X) = \{x \in U | r_{ks}(x) \cap X \neq \varnothing\}$.

(DA4) $\underline{apr}_{kp}(X) = \{x \in U | r_{kp}(x) \subseteq X\}$,
$\overline{apr}_{kp}(X) = \{x \in U | r_{kp}(x) \cap X \neq \varnothing\}$.

(DA5) $\underline{apr}^{k*}(X) = \{x \in U | r^{k*}(x) \subseteq X\}$,
$\overline{apr}^{k*}(X) = \{x \in U | r^{k*}(x) \cap X \neq \varnothing\}$.

(DA6) $\underline{apr}^{*k}(X) = \{x \in U | r^{*k}(x) \subseteq X\}$,
$\overline{apr}^{*k}(X) = \{x \in U | r^{*k}(x) \cap X \neq \varnothing\}$.

引理 1.3　设 r 和 r' 是论域 U 上的两个邻域算子, 若 $r \subseteq r'$, 即 $r(x) \subseteq r'(x), \forall x \in U$, 则

(NL12) $\underline{apr}_{r'}(X) \subseteq \underline{apr}_r(X),\ X \subseteq U$.

(NU12) $\overline{apr}_r(X) \subseteq \overline{apr}_{r'}(X),\ X \subseteq U$.

证明　对任意 $x \in \underline{apr}_{r'}(X)$, 由下近似的定义知 $r'(x) \subseteq X$, 从而 $r(x) \subseteq r'(x) \subseteq X$, 于是 $x \in \underline{apr}_r(X)$, 因此性质 (NL12) 成立.

类似可证性质 (NU12) 成立. □

由引理 1.3 和定理 1.4 可以直接得到下述定理.

定理 1.13　设 R 是 U 上的二元关系, 则: $\forall X \subseteq U$, $\forall k \in \mathbb{N}$,

(LAk) $\underline{apr}^{*k}(X) \subseteq \underline{apr}^{k*}(X) \subseteq \underline{apr}_{ks}(X)$(且 $\underline{apr}_{kp}(X)$)
$\subseteq \underline{apr}_{k*}(X) \subseteq \underline{apr}_{*k}(X)$.

(UAk) $\overline{apr}_{*k}(X) \subseteq \overline{apr}_{k*}(X) \subseteq \overline{apr}_{ks}(X)$(且 $\overline{apr}_{kp}(X)$)
$\subseteq \overline{apr}^{k*}(X) \subseteq \overline{apr}^{*k}(X)$.

(Lk)　$\underline{apr}_{k+1}(X) \subseteq \underline{apr}_{k}(X)$.

(Uk)　$\overline{apr}_{k}(X) \subseteq \overline{apr}_{k+1}(X)$.

其中性质 (Lk) 与 (Uk) 中的近似算子是指定义 (DA1)—(DA6) 中的任何一对.

对于 Pawlak 近似算子来说, 由于 R 是等价关系, 因此 (1.5) 式中的所有邻域算子都是相同的, 即 $r_{*k}(x) = r_{k*}(x) = r_{ks}(x) = r_{kp}(x) = r^{k*}(x) = r^{*k}(x) = [x]_R$. 这样, 定义 (DA1)—(DA6) 不但对于某个固定的 k 是相同的, 而且对于不同的 $k \in \mathbb{N}$ 也是相同的. Yao[157] 证明了当 $k = 1$ 时, 定义式 (DA2)—(DA5) 中近似算子全部相等当且仅当 R 是对称的 (注意此时定义 (DA1) 与 (DA2) 相同, 定义 (DA5) 与 (DA6) 也相同).

然而, 即使 R 是对称的, 我们仍可得到不同的近似算子对, 它们满足性质 (Lk) 和 (Uk). 如果 R 不是对称关系, 那么我们可以得到不同的近似算子序列, 它们之间满足基本关系 (LAk) 和 (UAk).

以下讨论由特殊二元关系导出的近似算子系统的性质.

定理 1.14　设 R 是 U 上的二元关系, 若 R 是对称的, 则对任意 $k \geqslant l \geqslant 1$ 和 $X \subseteq U$, 有

(NL9)′ $X \subseteq \underline{apr}_{ls}(\overline{apr}_{ks}(X))$.

(NU9)′ $X \supseteq \overline{apr}_{ls}(\underline{apr}_{ks}(X))$.

证明　对任意 $x \in X$, 如果 $r_{ls}(x) = \varnothing$, 那么很明显 $r_{ls}(x) \subseteq \overline{apr}_{ks}(X)$, 因此可以推得 (NL9)′ 成立. 如果 $r_{ls}(x) \neq \varnothing$, 那么任取 $y \in r_{ls}(x)$, 由 R 的对称性可得 $x \in r_{ls}(y)$, 这意味着 $r_{ls}(y) \cap X \neq \varnothing$. 由上近似的定义和引理 1.3 可得 $y \in \overline{apr}_{ls}(X) \subseteq \overline{apr}_{ks}(X)$, 从而 $r_{ls}(x) \subseteq \overline{apr}_{ks}(X)$, 于是由下近似的定义得 $x \in \underline{apr}_{ls}(\overline{apr}_{ks}(X))$. 这样由 $x \in X$ 的任意性即知性质 (NL9)′ 成立.

对任意 $x \in \overline{apr}_{ls}(\underline{apr}_{ks}(X))$, 由上近似的定义有 $r_{ls}(x) \cap \underline{apr}_{ks}(X) \neq \varnothing$, 从而存在 $y \in r_{ls}(x)$ 使得 $y \in \underline{apr}_{ks}(X)$, 由 R 的对称性以及下近似的定义可得 $x \in r_{ls}(y)$ 且 $r_{ks}(y) \subseteq X$, 因此由 $k \geqslant l$ 可得 $x \in r_{ls}(y) \subseteq r_{ks}(y) \subseteq X$, 即性质 (NU9)′ 成立. □

注 1.1　若在定理 1.14 中令 $l = k = 1$, 则性质 (NL9)′ 和 (NU9)′ 分别退化为 (NL9) 和 (NU9), 即 (NL9)′ 与 (NU9)′ 分别推广了性质 (NL9) 与 (NU9). 另外, 由

于 (NL9) 或 (NU9) 都蕴涵 R 是对称关系, 这表明性质 (NL9)′ 或 (NU9)′ 成立当且仅当 R 是对称的.

定理 1.15 若 R 是 U 上的二元关系, $k,l\in\mathbb{N}$, $X\subseteq U$, 则

(NL10)′ $\underline{apr}_{(l+k)s}(X)\subseteq\underline{apr}_{ls}(\underline{apr}_{ks}(X))$.

(NU10)′ $\overline{apr}_{(l+k)s}(X)\supseteq\overline{apr}_{ks}(\overline{apr}_{ls}(X))$.

如果进一步假设 R 是欧几里得关系, 那么

(NL13) $\underline{apr}_{(l+k)s}(X)=\underline{apr}_{ls}(\underline{apr}_{ks}(X))$.

(NU13) $\overline{apr}_{(l+k)s}(X)=\overline{apr}_{ks}(\overline{apr}_{ls}(X))$.

证明 对任意 $x\in\underline{apr}_{(k+l)s}(X)$, 由下近似定义知 $r_{(k+l)s}(x)\subseteq X$, 从而由 (1.8) 式知 $r_{ks}(r_{ls}(x))\subseteq r_{(k+l)s}(x)\subseteq X$, 于是再由下近似的定义可得 $r_{ls}(x)\subseteq\underline{apr}_{ks}(X)$, 即 $x\in\underline{apr}_{ls}(\underline{apr}_{ks}(X))$, 因此性质 (NL10)′ 成立.

对于 $y\in\overline{apr}_{ks}(\overline{apr}_{ls}(X))$, 由上近似定义得

$$r_{ks}(y)\cap\overline{apr}_{ls}(X)\neq\varnothing.$$

这样可以选取 $z\in r_{ks}(y)$ 使 $z\in\overline{apr}_{ls}(X)$, 于是由上近似定义得 $r_{ls}(z)\cap X\neq\varnothing$. 结合 $\{z\}\subseteq r_{ks}(y)$ 和定理 1.6 可得

$$r_{ls}(z)\cap X\subseteq r_{ls}(r_{ks}(y))\cap X\subseteq r_{(k+l)s}(y)\cap X.$$

这说明 $r_{(k+l)s}(y)\cap X\neq\varnothing$, 从而由上近似的定义得 $y\in\overline{apr}_{(k+l)s}(X)$, 因此性质 (NU10)′ 成立.

以下假设 R 是欧几里得关系.

对任意 $x\in\underline{apr}_{ls}(\underline{apr}_{ks}(X))$, 由下近似定义得, $r_{ls}(x)\subseteq\underline{apr}_{ks}(X)$, 这就是说对任意 $y\in r_{ls}(x)$ 有 $r_{ks}(y)\subseteq X$, 从而 $r_{ks}(r_{ls}(x))\subseteq X$, 再由定理 1.6 知 $r_{(k+l)s}(x)=r_{ks}(r_{ls}(x))\subseteq X$, 于是由下近似定义得 $x\in\underline{apr}_{(k+l)s}(X)$, 这样就有

$$\underline{apr}_{ls}(\underline{apr}_{ks}(X))\subseteq\underline{apr}_{(k+l)s}(X).\tag{1.15}$$

结合性质 (NL10)′ 与 (1.15) 式即知性质 (NL13) 成立.

对任意 $x\in\overline{apr}_{(k+l)s}(X)$, 由上近似定义得 $r_{(k+l)s}(x)\cap X\neq\varnothing$, 从而存在 $y\in r_{(k+l)s}(x)$ 使得 $y\in X$. 由定理 1.6 可知 $y\in r_{ls}(r_{ks}(x))$, 于是存在 $z\in r_{ks}(x)$ 使得 $y\in r_{ls}(z)$, 且 $r_{ls}(z)\cap X\neq\varnothing$, 这就是说 $z\in\overline{apr}_{ls}(X)$. 又由于 $\{z\}\subseteq r_{ks}(x)$, 因此

$$r_{ks}(x)\cap\overline{apr}_{ls}(X)\neq\varnothing,$$

于是由上近似定义知 $x\in\overline{apr}_{ks}(\overline{apr}_{ls}(X))$. 这样就有

$$\overline{apr}_{(k+l)s}(X)\subseteq\overline{apr}_{ks}(\overline{apr}_{ls}(X)).\tag{1.16}$$

结合性质 (NU10)′ 与 (1.16) 式即知性质 (NU13) 成立. □

注 1.2　当 R 是传递关系时, 这时对任意 $k \in \mathbb{N}$ 有 $R^k = R$ 且 $r_{ks} = r_{1s}$, 如果取 $k = l$, 那么

$$\underline{apr}_{ks}(X) = \underline{apr}_{(k+l)s}(X) \subseteq \underline{apr}_{ks}(\underline{apr}_{ks}(X)),$$
$$\overline{apr}_{ks}(X) = \overline{apr}_{(k+l)s}(X) \supseteq \overline{apr}_{ks}(\overline{apr}_{ks}(X)).$$

这时, 性质 (NL10)′ 与 (NU10)′ 分别退化为 (NL10) 与 (NU10), 即性质 (NL10)′ 与 (NU10)′ 推广了 (NL10) 与 (NU10). 另外, 性质 (NL13) 与 (NU13) 表明 k 与 l 是可交换的, 而且 $\underline{apr}_{ks}(X)$ 与 $\overline{apr}_{ks}(X)$ 可以分别经逐步合成得到.

定理 1.16　设 R 是 U 上的二元关系, 若 R 是欧几里得关系, $1 \leqslant l \leqslant k \leqslant m$, $X \subseteq U$, 则

(NL11)′ $\overline{apr}_{ks}(X) \subseteq \underline{apr}_{ls}(\overline{apr}_{ms}(X))$.

(NU11)′ $\underline{apr}_{ks}(X) \supseteq \overline{apr}_{ls}(\underline{apr}_{ms}(X))$.

证明　对任意 $x \in \overline{apr}_{ks}(X)$, 由上近似定义知 $r_{ks}(x) \cap X \neq \varnothing$. 任取 $y \in r_{ks}(x)$, 由 R 的欧几里得性知 $r_{ks}(x) \subseteq r_{ks}(y)$, 因此 $r_{ks}(y) \cap X \neq \varnothing$. 又由上近似定义与引理 1.3 可得 $y \in \overline{apr}_{ks}(X) \subseteq \overline{apr}_{ms}(X)$, 这蕴涵着 $r_{ks}(x) \subseteq \overline{apr}_{ms}(X)$, 从而 $r_{ls}(x) \subseteq r_{ks}(x) \subseteq \overline{apr}_{ms}(X)$, 这样由下近似定义得 $x \in \underline{apr}_{ls}(\overline{apr}_{ms}(X))$, 由 $x \in \overline{apr}_{ks}(X)$ 的任意性即知性质 (NL11)′ 成立.

对任意 $x \in \overline{apr}_{ls}(\underline{apr}_{ms}(X))$, 由上近似定义与引理 1.3 得 $r_{ks}(x) \cap \underline{apr}_{ms}(X) \neq \varnothing$. 任取 $y \in r_{ks}(x)$ 使 $y \in \underline{apr}_{ms}(X)$, 由 R 的欧几里得性与下近似定义可得 $r_{ks}(x) \subseteq r_{ks}(y)$ 且 $r_{ms}(y) \subseteq X$. 由于 $m \geqslant k$, 因此

$$r_{ks}(x) \subseteq r_{ks}(y) \subseteq r_{ms}(y) \subseteq X,$$

于是由下近似定义得 $x \in \underline{apr}_{ks}(X)$, 从而由 $x \in \overline{apr}_{ls}(\underline{apr}_{ms}(X))$ 的任意性即知性质 (NU11)′ 成立. □

注 1.3　若在定理 1.16 中取 $l = k = m = 1$, 则性质 (NL11)′ 与 (NU11)′ 分别退化为性质 (NL11) 与 (NU11), 因此, 性质 (NL11)′ 与 (NU11)′ 分别为性质 (NL11) 与 (NU11) 的推广形式. 另一方面, 由于 (NL11) 或 (NU11) 蕴涵 R 是欧几里得关系, 因此定理 1.16 表明 R 是欧几里得关系当且仅当性质 (NL11)′ 与 (NU11)′ 之一成立.

1.5　粗糙近似算子的公理化刻画

本节讨论一般关系所对应的粗糙近似算子的公理化刻画. 在公理化方法中, 系统 $(\mathcal{P}(W), \mathcal{P}(U), \cap, \cup, \sim, L, H)$ 是基本要素, 其中 $L, H : \mathcal{P}(W) \to \mathcal{P}(U)$ 是从 $\mathcal{P}(W)$

到 $\mathcal{P}(U)$ 的抽象算子, 它们通过公理集来定义. 公理化方法的基本思想是, 寻找 L 与 H 需要满足的条件 (公理), 保证存在经典二元关系 R 使得由 R 通过构造性方法按定义 1.2 所给出的近似算子恰好满足 $\underline{R} = L$ 与 $\overline{R} = H$. 本节给出各种粗糙近似算子的公理集刻画.

定义 1.7 设 U 和 W 是两个非空论域, 两个集合算子 $L, H : \mathcal{P}(W) \to \mathcal{P}(U)$ 称为相互对偶的, 若对任意 $A \in \mathcal{P}(W)$, 以下性质成立:

(ALD) $L(A) =\sim H(\sim A)$;

(AUD) $H(A) =\sim L(\sim A)$.

由近似算子的对偶性知, 只需定义其中的一个算子, 另一个则可以由对偶性得到, 例如有了 H 后, 可以通过 $L =\sim H(\sim)$ 得到 L.

定理 1.17 设 $L, H : \mathcal{P}(W) \to \mathcal{P}(U)$ 是对偶算子, 则存在从 U 到 W 上的二元关系 R 使得对任意 $A \in \mathcal{P}(W)$ 有

$$L(A) = \underline{R}(A), \quad H(A) = \overline{R}(A) \tag{1.17}$$

当且仅当 L 满足公理 (AL1) 与 (AL2), 或等价地, H 满足公理 (AU1) 与 (AU2):

(AL1) $L(W) = U$.

(AL2) $L\left(\bigcap\limits_{i \in J} A_i\right) = \bigcap\limits_{i \in J} L(A_i), \forall A_i \in \mathcal{P}(W), \forall i \in J$, J 是任意指标集.

(AU1) $H(\varnothing) = \varnothing$.

(AU2) $H\left(\bigcup\limits_{i \in J} A_i\right) = \bigcup\limits_{i \in J} H(A_i), \forall A_i \in \mathcal{P}(W), \forall i \in J$, J 是任意指标集.

证明 "$\Rightarrow$" 由定义 1.7 和定理 1.7 即得.

"$\Leftarrow$" 若 H 满足公理 (AU1) 与 (AU2). 利用 H 定义从 U 到 W 上的二元关系 R 如下:

$$(x, y) \in R \Leftrightarrow x \in H(\{y\}). \tag{1.18}$$

显然

$$R_s(x) = \{y \in W | x \in H(\{y\})\}, \quad x \in U. \tag{1.19}$$

于是对任意 $y \in W$ 有

$$\begin{aligned} \overline{R}(\{y\}) &= \{x \in U | R_s(x) \cap \{y\} \neq \varnothing\} = \{x \in U | y \in R_s(x)\} \\ &= \{x \in U | x \in H(\{y\})\} = H(\{y\}). \end{aligned} \tag{1.20}$$

从而对任意 $A \in \mathcal{P}(W)$, 由定理 1.7 的性质 (U2) 与公理 (AU2) 得

$$\overline{R}(A) = \bigcup_{y \in A} \overline{R}(\{y\}) = \bigcup_{y \in A} H(\{y\}) = H\left(\bigcup_{y \in A} \{y\}\right) = H(A).$$

由对偶性可得 $L(A) = \underline{R}(A)$. □

根据定理 1.17, 可以得到定义 1.6 在公理框架下的等价定义.

定义 1.8　设 U 和 W 是两个非空论域, $L, H : \mathcal{F}(W) \to \mathcal{P}(U)$ 是一对对偶算子. 若 L 满足公理集 $\{$(AL1), (AL2)$\}$, 或等价地, H 满足公理集 $\{$(AU1), (AU2)$\}$, 则称系统 $(\mathcal{P}(W), \mathcal{P}(U), \cap, \cup, \sim, L, H)$ 为一个粗糙集代数, L 和 H 为粗糙近似算子. 特别地, 当 $U = W$ 时, 称 $(\mathcal{P}(U), \cap, \cup, \sim, L, H)$ 是一个粗糙集代数, 进一步, 若存在 U 上的 P 关系 R 使得对任意 $A \in \mathcal{P}(U)$ 有 $L(A) = \underline{R}(A)$ 和 $H(A) = \overline{R}(A)$ 成立, 则称 $(\mathcal{P}(U), \cap, \cup, \sim, L, H)$ 是一个 P 粗糙集代数, 这里 P 可以是串行、自反、对称、传递、欧几里得、等价之一以及它们的合成等.

公理 (ALD) 与 (AUD) 表明在粗糙集代数中算子 L 与 H 是相互对偶的. 易证公理 (AL2) 蕴涵以下公理 (AL3) 与 (AL4); 对偶地, 由公理 (AU2) 可推得以下公理 (AU3) 与 (AU4):

(AL3) $L\left(\bigcup_{j\in J} A_j\right) \supseteq \bigcup_{j\in J} L(A_j), \forall A_j \in \mathcal{P}(W), j \in J, J$ 是任意指标集,

(AL4) $A \subseteq B \Rightarrow L(A) \subseteq L(B), \forall A, B \in \mathcal{P}(W)$,

(AU3) $H\left(\bigcap_{j\in J} A_j\right) \subseteq \bigcap_{j\in J} H(A_j), \forall A_j \in \mathcal{P}(W), j \in J, J$ 是任意指标集,

(AU4) $A \subseteq B \Rightarrow H(A) \subseteq H(B), \forall A, B \in \mathcal{P}(W)$.

下文中, 当 $W = U$ 时, 对于 $A \in \mathcal{P}(U)$, 记

$LL(A) = L(L(A)), \qquad HL(A) = H(L(A)),$

$HH(A) = H(H(A)), \quad LH(A) = L(H(A)),$

$S_{LL} = (\mathcal{P}(U), \cap, \cup, \sim, LL, HH)$.

为了表示方便, 以下在多个算子复合时, 将算子后面的括号省去, 如 $HHL(A)$ 表示 $H(H(L(A)))$.

定理 1.18　若 $S_L = (\mathcal{P}(U), \cap, \cup, \sim, L, H)$ 是粗糙集代数, 则 S_{LL} 也是粗糙集代数.

证明　首先, 对任意 $A \in \mathcal{P}(U)$, 由于 H 满足公理 (AU1), 于是

$$HH(\varnothing) = H(H(\varnothing)) = H(\varnothing) = \varnothing.$$

因此, 算子 HH 满足公理 (AU1). 对偶地, 可以证明算子 LL 满足公理 (AL1).

其次, 由于 H 满足公理 (AU2), 重复利用 (AU2), 则易证 HH 也满足公理 (AU2). 对偶地, 可以证明算子 LL 满足公理 (AL2).

最后, 对任意 $A \in \mathcal{P}(U)$, 由 L 和 H 满足 (ALD) 和 (AUD) 可得

$$\sim HH(\sim A) =\sim H(\sim L(A)) =\sim\sim L(L(A)) = LL(A),$$

即 LL 与 HH 满足 (ALD). 同理可证它们也满足 (AUD). 故 S_{LL} 也是粗糙集代数.
□

下述定理给出了串行粗糙集代数的公理化刻画.

定理 1.19 设 $S=(\mathcal{P}(W),\mathcal{P}(U),\cap,\cup,\sim,L,H)$ 是粗糙集代数, 即 L, H :$\mathcal{P}(W)\to\mathcal{P}(U)$ 是对偶集合算子, 且 L 满足公理集 {(AL1), (AL2)}, H 满足公理集 {(AU1), (AU2)}, 则 S 是串行粗糙集代数当且仅当 L 或 H 满足以下等价公理之一:

(AL0) $L(\varnothing)=\varnothing$.

(AU0) $H(W)=U$.

(ALU0) $L(A)\subseteq H(A), \quad \forall A\in\mathcal{P}(W)$.

证明 "⇒" 由定义 1.6 和定理 1.8 即得.

"⇐" 由定理 1.17 和定理 1.8 即得. □

定理 1.20 若 $S_L=(\mathcal{P}(U),\cap,\cup,\sim,L,H)$ 是串行粗糙集代数, 则 $S_{LL}=(\mathcal{P}(U),\cap,\cup,\sim,LL,HH)$ 也是串行粗糙集代数.

证明 由定理 1.18, 只需证 LL 满足公理 (AL0) 即可. 事实上, 由于 L 满足 (AL0), 因此 $LL(\varnothing)=L(L(\varnothing))=L(\varnothing)=\varnothing$. 故 LL 满足 (AL0). □

定理 1.21 设 $S=(\mathcal{P}(U),\cap,\cup,\sim,L,H)$ 是粗糙集代数, 即 L, $H:\mathcal{P}(U)\to\mathcal{P}(U)$ 是对偶集合算子, 且 L 满足公理集 {(AL1), (AL2)}, H 满足公理集 {(AU1), (AU2)} (其中 $W=U$, 以后不再赘述), 则 S 是自反粗糙集代数当且仅当 L 或 H 满足以下等价公理之一:

(ALR) $L(A)\subseteq A, \ \forall A\in\mathcal{P}(U)$.

(AUR) $A\subseteq H(A), \ \forall A\in\mathcal{P}(U)$.

证明 "⇒" 由定义 1.6 和定理 1.9 即得.

"⇐" 由定理 1.17 和定理 1.9 即得. □

定理 1.22 若 $S_L=(\mathcal{P}(U),\cap,\cup,\sim,L,H)$ 是自反粗糙集代数, 则 $S_{LL}=(\mathcal{P}(U),\cap,\cup,\sim,LL,HH)$ 也是自反粗糙集代数.

证明 由定理 1.18, 只需证 LL 满足公理 (ALR) 即可. 事实上, 由于 L 满足公理 (ALR), 因此对任意 $A\in\mathcal{P}(U)$ 有 $LL(A)=L(L(A))\subseteq L(A)\subseteq A$. 故 LL 满足 (ALR). □

定理 1.23 设 $S=(\mathcal{P}(U),\cap,\cup,\sim,L,H)$ 是粗糙集代数, 则 S 是对称粗糙集代数当且仅当 L 与 H 满足以下等价公理之一:

(ALS) $A\subseteq L(H(A)), \ \forall A\in\mathcal{P}(U)$.

(AUS) $H(L(A))\subseteq A, \ \forall A\in\mathcal{P}(U)$.

证明 "⇒" 由定义 1.6 和定理 1.10 即得.

"⇐" 由定理 1.17 和定理 1.10 即得. □

性质 1.1　设 $S=(\mathcal{P}(U),\cap,\cup,\sim,L,H)$ 是对称粗糙集代数, 则

$$HLH(A)=H(A),\quad LHL(A)=L(A),\quad \forall A\in\mathcal{P}(U).\tag{1.21}$$

证明　由于 S_L 是对称粗糙集代数, 由 (ALS) 与 H 的单调性 (AU4) 得

$$H(A)\subseteq HLH(A),\quad \forall A\in\mathcal{P}(U).$$

另一方面, 用 $H(A)$ 代替 (AUS) 中的 A 得

$$HLH(A)\subseteq H(A),\quad \forall A\in\mathcal{P}(U).$$

于是

$$HLH(A)=H(A),\quad \forall A\in\mathcal{P}(U).$$

类似地, 可得

$$LHL(A)=L(A),\quad \forall A\in\mathcal{P}(U).$$ □

性质 1.2　若 $S=(\mathcal{P}(U),\cap,\cup,\sim,L,H)$ 是对称粗糙集代数, 则: $\forall A,B\in\mathcal{P}(U)$,

$$H(A)\subseteq B\Leftrightarrow A\subseteq L(B).\tag{1.22}$$

证明　由于 S_L 是对称粗糙集代数, 对任意 $A,B\in\mathcal{P}(U)$, 由 H 的单调性以及 L 与 H 的对偶性得,

$$\begin{aligned}H(A)\subseteq B&\Leftrightarrow\sim L(\sim A)\subseteq B\\&\Leftrightarrow\sim B\subseteq L(\sim A)\\&\Rightarrow H(\sim B)\subseteq HL(\sim A)\subseteq\sim A\\&\Rightarrow A\subseteq\sim H(\sim B)=L(B).\end{aligned}$$

从而

$$H(A)\subseteq B\Rightarrow A\subseteq L(B).$$

另一方面,

$$\begin{aligned}A\subseteq L(B)&\Leftrightarrow A\subseteq\sim H(\sim B)\Leftrightarrow H(\sim B)\subseteq\sim A\\&\Rightarrow LH(\sim B)\subseteq L(\sim A)\\&\Leftrightarrow\sim HL(B)\subseteq L(\sim A)=\sim H(A)\\&\Rightarrow H(A)\subseteq HL(B)\subseteq B.\end{aligned}$$

故 (1.22) 式成立. □

定理 1.24 若 $S_L = (\mathcal{P}(U), \cap, \cup, \sim, L, H)$ 是对称粗糙集代数, 则 $S_{LL} = (\mathcal{P}(U), \cap, \cup, \sim, LL, HH)$ 也是对称粗糙集代数.

证明 由定理 1.18, 只需证 LL 满足 (ALS) 即可. 事实上, 由于 L 与 H 满足 (ALS) 与 (AUS), 因此, 对任意 $A \in \mathcal{P}(U)$, 由 (ALS) 可得

$$H(A) \subseteq L(H(H(A))),$$

再次利用 (ALS) 和近似算子的单调性质 (AL4) 可得

$$A \subseteq L(H(A)) \subseteq L(L(H(H(A)))) = LL(HH(A)).$$

故 LL 满足 (ALS). □

定理 1.25 设 $S = (\mathcal{P}(U), \cap, \cup, \sim, L, H)$ 是粗糙集代数, 则 S 是传递粗糙集代数当且仅当 L 或 H 满足以下等价公理之一:

(ALT) $L(A) \subseteq L(L(A)), \quad \forall A \in \mathcal{P}(U)$.

(AUT) $H(H(A)) \subseteq H(A), \quad \forall A \in \mathcal{P}(U)$.

证明 "⇒" 由定义 1.6 和定理 1.11 即得.

"⇐" 由定理 1.17 和定理 1.11 即得. □

定理 1.26 若 $S_L = (\mathcal{P}(U), \cap, \cup, \sim, L, H)$ 是传递粗糙集代数, 则 $S_{LL} = (\mathcal{P}(U), \cap, \cup, \sim, LL, HH)$ 也是传递粗糙集代数.

证明 由定理 1.18, 只需证 LL 满足 (ALT) 即可. 事实上, 对任意 $A \in \mathcal{P}(U)$, 由 L 满足 (ALT) 和单调性 (AL4) 可得

$$LL(A) = L(L(A)) \subseteq L(L(L(A))) \subseteq L(L(L(L(A)))) = LL(LL(A)).$$

故 LL 满足 (ALT). □

定理 1.27 设 $S = (\mathcal{P}(U), \cap, \cup, \sim, L, H)$ 是粗糙集代数, 则 S 是欧几里得粗糙集代数当且仅当 L 或 H 满足以下等价公理之一:

(ALE) $H(A) \subseteq L(H(A)), \quad \forall A \in \mathcal{P}(U)$.

(AUE) $H(L(A)) \subseteq L(A), \quad \forall A \in \mathcal{P}(U)$.

证明 "⇒" 由定义 1.6 和定理 1.12 即得.

"⇐" 由定理 1.17 和定理 1.12 即得. □

定理 1.28 若 $S_L = (\mathcal{P}(U), \cap, \cup, \sim, L, H)$ 是欧几里得粗糙集代数, 则 $S_{LL} = (\mathcal{P}(U), \cap, \cup, \sim, LL, HH)$ 是欧几里得传递粗糙集代数.

证明 由定理 1.18, 只需证 LL 和 HH 满足 (ALE) 即可. 事实上, 对任意 $A \in \mathcal{P}(U)$, 由于 L 与 H 满足 (ALE) 与 (AUE), 将 $H(A)$ 代入 (ALE) 中的 A 得

$$HH(A) = H(H(A)) \subseteq L(H(H(A))).$$

再利用 L 的单调性质 (AL4) 与 (ALE), 得

$$HH(A) = H(H(A)) \subseteq L(H(H(A))) \subseteq L(L(H(H(A)))) = LL(HH(A)).$$

故 LL 满足 (ALT). □

由定理 1.21、定理 1.23 和定理 1.25 即得刻画 Pawlak 粗糙近似算子的公理集.

定理 1.29　设 $S = (\mathcal{P}(U), \cap, \cup, \sim, L, H)$ 是粗糙集代数, 则 S 是 Pawlak 粗糙集代数当且仅当 L 满足公理集 {(ALR), (ALS), (ALT)}, 或等价地, H 满足公理集 {(AUR), (AUS), (AUT)}.

注 1.4　由于 U 上的二元关系 R 是等价的当且仅当 R 是自反和欧几里得的, 因此, 定理 1.29 中的公理集 {(ALR), (ALS), (ALT)} 可以等价地被公理集 {(ALR), (ALE)} 代替, 对偶地, 公理集 {(AUR), (AUS), (AUT)} 也可以被公理集 {(AUR), (AUE)} 代替.

定理 1.30　若 $S_L = (\mathcal{P}(U), \cap, \cup, \sim, L, H)$ 是 Pawlak 粗糙集代数, 则 $S_{LL} = (\mathcal{P}(U), \cap, \cup, \sim, LL, HH)$ 也是 Pawlak 粗糙集代数, 且 $S_{LL} = S_L$.

证明　首先, 由定理 1.22、定理 1.24、定理 1.26 知, $S_{LL} = (\mathcal{P}(U), \cap, \cup, \sim, LL, HH)$ 也是 Pawlak 粗糙集代数.

其次, 易证公理 (ALR) 和 (ALT) 蕴涵以下等式

$$LL(A) = L(A), \quad \forall A \in \mathcal{P}(U).$$

同理, 公理 (AUR) 和 (AUT) 蕴涵

$$HH(A) = H(A), \quad \forall A \in \mathcal{P}(U).$$

故 $S_{LL} = S_L$. □

第 2 章　粗糙模糊集

粗糙模糊集是模糊集关于经典近似空间的近似结果. 在数据分析应用中, 粗糙模糊集模型主要应用于带有模糊决策的经典信息系统的知识表示和知识获取问题. 本章用构造性与公理化方法研究粗糙模糊近似算子. 在构造性方法中, 从一般的经典关系出发构造性地定义一对对偶的粗糙模糊近似算子, 给出粗糙模糊近似算子的性质, 并进一步讨论由各种特殊类型的二元关系生成的粗糙模糊集代数. 在公理化方法中, 用公理形式定义粗糙模糊近似算子, 阐明近似算子的公理集可以保证找到相应的经典关系, 使得由该经典关系通过构造性方法定义的粗糙模糊近似算子恰好就是用公理形式定义的近似算子.

2.1　模糊集的基本概念

模糊集 (fuzzy set) 的概念是 Zadeh[164] 于 1965 年提出的, 它用于反映在知识中的概念与命题的不确定性. 在确定性的概念中, 概念属性与属性所反映的对象完全一致. 也就是说, 在概念属性所反映的对象集中, 必然具备概念属性; 具备概念属性的对象必然在对象集中, 这种对象集是一个经典集合.

设 U 是一个论域, 若 A 是 U 的经典子集, 即 $A \in \mathcal{P}(U)$, 则对于任意 $x \in U$, 要么 $x \in A$, 要么 $x \notin A$, 二者必居其一, 也仅居其一. 经典集合 A 与其特征函数 $1_A(\cdot)$ 对应, $x \in A$ 当且仅当 $1_A(x) = 1$; $x \notin A$ 当且仅当 $1_A(x) = 0$. 于是 $A(\cdot)$ 是 $U \to \{0,1\}$ 的映射. U 中的任何一个特征函数也完全确定了 U 上的一个经典子集, 即

$$A = \{x \in U | 1_A(x) = 1\}.$$

将 $U \to \{0,1\}$ 的映射拓展到 $U \to [0,1]$ 的映射, 则可得到 U 上模糊集的概念.

定义 2.1　设 U 是非空论域, 若 $A: U \to [0,1]$, 则称 A 是 U 上的一个模糊集, $A: U \to [0,1]$ 称为模糊集 A 的隶属函数, 对于 $x \in U$, $A(x)$ 表示 x 隶属于模糊集 A 的程度, 简称为隶属度. U 上的模糊集全体称为 U 的模糊幂集, 记为 $\mathcal{F}(U)$.

显然, 经典集是模糊集的特殊情况. 对于论域 U 的一个对象 x 和 U 上的一个模糊集 A, 我们不能简单地问 x 是 "绝对" 属于还是不属于 A, 而只能问 x 在多大程度上属于 A. 隶属度 $A(x)$ 正是 x 属于 A 的程度的数量指标. 若 $A(x) = 0$, 则认为 x 完全不属于 A; 若 $A(x) = 1$, 则认为 x 完全属于 A; 若 $0 < A(x) < 1$, 则说 x

依程度 $A(x)$ 属于 A, 这时在完全属于和完全不属于 A 之间呈现出一种中间的过渡状态.

通常确定一个模糊集应该具备三个要素: 确定的论域、模糊概念及其确定的隶属函数, 在实际问题中三者缺一不可. 在抽象数学问题的研究中一般用大写字母 A, B, C 等来表示模糊集合及其对应的隶属函数, 而用 $A(x)$, $B(x)$, $C(x)$ 等表示相应的隶属度.

一般地, 一个 U 上的模糊集 A 可以表示为

$$A = \{(x, A(x)) | x \in U\}.$$

如果论域 U 是有限集或可数集, 那么 A 可以表示为

$$A = \sum x_i / A(x_i).$$

如果论域 U 是无限不可数集, 那么 A 可以表示为

$$A = \int x / A(x).$$

在许多实际问题中, 所涉及的模糊集往往具有解析表达式, 如模糊分析中的模糊数和模糊控制中三角形或 Gauss 型隶属函数, 因此解析函数表示法是模糊集的主要方法. 关于模糊集的具体例子请读者参考其他模糊数学的专著或教材, 这里为了节省篇幅就不一一举例了.

利用隶属函数可以将经典集的“并”“交”“补”运算和“包含”关系等推广到模糊集上.

定义 2.2 设 U 是非空论域, $A, B \in \mathcal{F}(U)$, 则记 $A \cup B$ 为模糊集 A 与 B 的并, 其隶属函数定义为

$$(A \cup B)(x) = A(x) \vee B(x) = \max\{A(x), B(x)\}, \quad x \in U.$$

记 $A \cap B$ 为模糊集 A 与 B 的交, 其隶属函数定义为

$$(A \cap B)(x) = A(x) \wedge B(x) = \min\{A(x), B(x)\}, \quad x \in U.$$

记 $\sim A$ 或 A^c 为 A 的补集, 其隶属函数定义为

$$(\sim A)(x) = 1 - A(x), \quad x \in U.$$

对于 $A_j \in \mathcal{F}(U)$, $j \in J$, J 为任意指标集, 则 $\bigcup\limits_{j\in J} A_j$ 和 $\bigcap\limits_{j\in J} A_j$ 分别定义如下:

$$\left(\bigcup_{j\in J} A_j\right)(x) = \bigvee_{j\in J} A_j(x), \quad x \in U,$$

$$\left(\bigcap_{j\in J} A_j\right)(x) = \bigwedge_{j\in J} A_j(x), \quad x \in U,$$

其中 $\vee = \sup$ 是指取上确界, $\wedge = \inf$ 是指取下确界.

若对任意 $x \in U$, 有 $A(x) \leqslant B(x)$, 则称 A 包含于 B 或 B 包含 A, 记作 $A \subseteq B$ 或 $B \supseteq A$. 若 $A \subseteq B$ 且 $B \subseteq A$, 则称 A 与 B 相等, 记作 $A = B$.

对于 $\alpha \in [0,1]$, 记 $\widehat{\alpha}$ 为隶属度恒取 α 的常数模糊集, 即: $\widehat{\alpha}(x) = \alpha, \forall x \in U$. 特别地, 空集 $\varnothing$ 表示隶属函数取值恒为 0 的模糊集, 而论域 U 表示隶属函数取值恒为 1 的模糊集.

模糊集的并、交、补的运算满足绝大部分经典集的运算规律, 但是互补律对模糊集的运算不成立. 例如, 取 $U = [0,1]$, $A(x) = x$, 则 $A \cup A^{\mathrm{c}} \neq U$, $A \cap A^{\mathrm{c}} \neq \varnothing$. 事实上, 容易证明对于模糊集 A 互补律成立当且仅当 $A \in \mathcal{P}(U)$.

对于 $A \in \mathcal{F}(U)$, 记

$$A_\alpha = \{x \in U | A(x) \geqslant \alpha\}, \quad \alpha \in [0,1],$$
$$A_{\alpha+} = \{x \in U | A(x) > \alpha\}, \quad \alpha \in [0,1).$$

称 A_α 为 A 的 α-水平集或 α-截集, $A_{\alpha+}$ 为 A 的 α-强水平集或 α-强截集. 可以验证

$$A(x) = \sup\{\alpha \in [0,1] | x \in A_\alpha\} = \sup\{\alpha \in [0,1) | x \in A_{\alpha+}\}.$$

引理 2.1 (分解定理)[175] 设 U 是非空论域, $A \in \mathcal{F}(U)$, 则

$$A = \bigcup_{\alpha\in[0,1]} (\widehat{\alpha} \cap 1_{A_\alpha}) = \bigcup_{\alpha\in[0,1)} (\widehat{\alpha} \cap 1_{A_{\alpha+}}) = \bigcup_{\alpha\in[0,1]} (\widehat{\alpha} \cap 1_{A_{\alpha+}}).$$

原定理中只有前面两个是等式, 由于对任意模糊集 A 都有 $A_{1+} = \varnothing$, 因此, 上述分解定理中最后等式也是成立的. 为了方便起见, 在不至于引起混淆的情况下, 我们有时将经典集 A 与它的特征函数 1_A 视为同一. 这样引理 2.1 中分解定理公式又可以表示为

$$A = \bigcup_{\alpha\in[0,1]} (\widehat{\alpha} \cap A_\alpha) = \bigcup_{\alpha\in[0,1)} (\widehat{\alpha} \cap A_{\alpha+}) = \bigcup_{\alpha\in[0,1]} (\widehat{\alpha} \cap A_{\alpha+}).$$

引理 2.2[175] U 上模糊集 A 的 α-水平集与 α-强水平集具有以下性质:

(1) $A_0 = U, A_{\alpha+} \subseteq A_\alpha, \alpha \in [0,1)$.

(2) $0 \leqslant \alpha_1 < \alpha_2 < 1 \Rightarrow A_{\alpha_2} \subseteq A_{\alpha_1}, A_{\alpha_2+} \subseteq A_{\alpha_1+}$.

(3) $A_\alpha = \bigcap\limits_{\lambda<\alpha} A_{\lambda+}, A_{\alpha+} = \bigcup\limits_{\lambda>\alpha} A_\lambda, \alpha \in [0,1)$.

定义 2.3 集值映射 $N:[0,1] \to \mathcal{P}(U)$ 称为 U 上的一个集合套, 若对任意 $\alpha, \beta \in [0,1]$,

$$\alpha \leqslant \beta \Rightarrow N(\beta) \subseteq N(\alpha).$$

若定义在 U 上的全体集合套记为 $\mathcal{N}(U)$, 则有以下表现定理成立.

引理 2.3 (表现定理)[175] 若 $N \in \mathcal{N}(U)$, 定义映射 $f:\mathcal{N}(U) \to \mathcal{F}(U)$ 如下:

$$A(x) := f(N)(x) = \bigvee_{\alpha\in[0,1]} [\alpha \wedge 1_{N(\alpha)}(x)], \quad x \in U,$$

其中 $1_{N(\alpha)}$ 是集合 $N(\alpha)$ 的特征函数, 则 f 是同态满射, 且满足以下性质:

(1) $A_{\alpha+} \subseteq N(\alpha) \subseteq A_\alpha, \alpha \in [0,1)$.

(2) $A_\alpha = \bigcap\limits_{\lambda<\alpha} N(\lambda), \alpha \in [0,1]$.

(3) $A_{\alpha+} = \bigcup\limits_{\lambda>\alpha} N(\lambda), \alpha \in [0,1)$.

(4) $A = \bigcup\limits_{\alpha\in[0,1)} (\widehat{\alpha} \cap 1_{A_{\alpha+}}) = \bigcup\limits_{\alpha\in[0,1]} (\widehat{\alpha} \cap 1_{A_\alpha})$.

引理 2.4 若 $N \in \mathcal{N}(U)$, 则

$$\bigcap_{\alpha\in[0,1]} [\widehat{\alpha} \cup 1_{N(\alpha)}] = \bigcup_{\alpha\in[0,1]} [\widehat{\alpha} \cap 1_{N(\alpha)}].$$

证明 直接验证即可. □

2.2 粗糙模糊集的定义与经典表示

定义 2.4 设 (U,W,R) 是广义经典近似空间, 即 R 是从 U 到 W 上的一个一般经典二元关系. 对于 $A \in \mathcal{F}(W)$, A 关于近似空间 (U,W,R) 的下近似 $\underline{RF}(A)$ 与上近似 $\overline{RF}(A)$ 是 U 上的一对模糊子集, 其隶属函数分别定义如下:

$$\underline{RF}(A)(x) = \bigwedge_{y\in R_s(x)} A(y), \quad x \in U,$$

$$\overline{RF}(A)(x) = \bigvee_{y\in R_s(x)} A(y), \quad x \in U.$$

序对 $(\underline{RF}(A), \overline{RF}(A))$ 称为 (广义) 粗糙模糊集, 算子 $\underline{RF}$, $\overline{RF}:\mathcal{F}(W) \to \mathcal{F}(U)$ 分别称为 (广义) 粗糙模糊下、上近似算子, 称系统 $(\mathcal{F}(W), \mathcal{F}(U), \cap, \cup, \sim, \underline{RF}, \overline{RF})$ 为粗糙模糊集代数.

注 2.1 显然, 当 $A\in\mathcal{P}(W)$ 时, 对于 $x\in U$,

$$\underline{RF}(A)(x)=1\Leftrightarrow R_s(x)\subseteq A,$$
$$\overline{RF}(A)(x)=1\Leftrightarrow R_s(x)\cap A\neq\varnothing.$$

故当 $A\in\mathcal{P}(W)$ 时, 有 $\underline{RF}(A)=\underline{R}(A)$ 且 $\overline{RF}(A)=\overline{R}(A)$, 即粗糙模糊近似算子是一般关系下近似算子的推广形式.

设 (U,W,R) 是一个广义经典近似空间, 对任意 $A\in\mathcal{F}(W)$, A 的 α-截集 A_α 与 α-强截集 $A_{\alpha+}$ 关于近似空间 (U,W,R) 的下、上近似分别定义为

$$\begin{aligned}\underline{R}(A_\alpha)&=\{x\in U|R_s(x)\subseteq A_\alpha\},\quad \alpha\in[0,1],\\ \overline{R}(A_\alpha)&=\{x\in U|R_s(x)\cap A_\alpha\neq\varnothing\},\quad \alpha\in[0,1],\\ \underline{R}(A_{\alpha+})&=\{x\in U|R_s(x)\subseteq A_{\alpha+}\},\quad \alpha\in[0,1),\\ \overline{R}(A_{\alpha+})&=\{x\in U|R_s(x)\cap A_{\alpha+}\neq\varnothing\},\quad \alpha\in[0,1).\end{aligned}\tag{2.1}$$

引理 2.5 设 (U,W,R) 是广义经典近似空间, 若 $A\in\mathcal{F}(W)$, 则集合族 $\{\overline{R}(A_\alpha)|\alpha\in[0,1]\}$, $\{\overline{R}(A_{\alpha+})|\alpha\in[0,1)\}$, $\{\underline{R}(A_\alpha)|\alpha\in[0,1]\}$, $\{\underline{R}(A_{\alpha+})|\ \alpha\in[0,1)\}$ 都是 U 上的集合套.

证明 设 $0\leqslant\alpha\leqslant\beta\leqslant1$, 则 $A_\beta\subseteq A_\alpha$ 且 $A_{\beta+}\subseteq A_{\alpha+}$, 从而由定理 1.7 中的性质 (L3) 与 (U3) 得 $\underline{R}(A_\beta)\subseteq\underline{R}(A_\alpha)$, $\overline{R}(A_\beta)\subseteq\overline{R}(A_\alpha)$, $\underline{R}(A_{\beta+})\subseteq\underline{R}(A_{\alpha+})$ 且 $\overline{R}(A_{\beta+})\subseteq\overline{R}(A_{\alpha+})$. 引理得证. □

定理 2.1 设 (U,W,R) 是广义经典近似空间, 若 $A\in\mathcal{F}(W)$, 则

(1) $\underline{R}(A)=\bigcup\limits_{\alpha\in[0,1]}[\widehat{\alpha}\cap\underline{R}(A_\alpha)]=\bigcup\limits_{\alpha\in[0,1)}[\widehat{\alpha}\cap\underline{R}(A_{\alpha+})]$.

(2) $\overline{R}(A)=\bigcup\limits_{\alpha\in[0,1]}[\widehat{\alpha}\cap\overline{R}(A_\alpha)]=\bigcup\limits_{\alpha\in[0,1)}[\widehat{\alpha}\cap\overline{R}(A_{\alpha+})]$.

(3) $[\underline{R}(A)]_{\alpha+}\subseteq\underline{R}(A_{\alpha+})\subseteq\underline{R}(A_\alpha)\subseteq[\underline{R}(A)]_\alpha,\forall\alpha\in[0,1)$.

(4) $[\overline{R}(A)]_{\alpha+}\subseteq\overline{R}(A_{\alpha+})\subseteq\overline{R}(A_\alpha)\subseteq[\overline{R}(A)]_\alpha,\forall\alpha\in[0,1)$.

证明 (1) 对任意 $x\in U$,

$$\begin{aligned}\left(\bigcup_{\alpha\in[0,1]}[\widehat{\alpha}\cap\underline{R}(A_\alpha)]\right)(x)&=\bigvee_{\alpha\in[0,1]}[\alpha\wedge\underline{R}(A_\alpha)(x)]\\&=\sup\{\alpha\in[0,1]|\underline{R}(A_\alpha)(x)=1\}\\&=\sup\{\alpha\in[0,1]|x\in\underline{R}(A_\alpha)\}\\&=\sup\{\alpha\in[0,1]|R_s(x)\subseteq A_\alpha\}\end{aligned}$$

$$
\begin{aligned}
&= \sup\{\alpha \in [0,1] | \forall y \in R_s(x), A(y) \geqslant \alpha\} \\
&= \sup\left\{\alpha \in [0,1] | \bigwedge_{y \in R_s(x)} A(y) \geqslant \alpha\right\} \\
&= \bigwedge_{y \in R_s(x)} A(y) = \underline{R}(A)(x).
\end{aligned}
$$

因此,

$$
\underline{R}(A) = \bigcup_{\alpha \in [0,1]} [\widehat{\alpha} \cap \underline{R}(A_\alpha)].
$$

同理可得,

$$
\underline{R}(A) = \bigcup_{\alpha \in [0,1)} [\widehat{\alpha} \cap \underline{R}(A_{\alpha+})].
$$

故 (1) 成立.

(2) 对任意 $x \in U$,

$$
\begin{aligned}
\left(\bigcup_{\alpha \in [0,1]} [\widehat{\alpha} \cap \overline{R}(A_\alpha)]\right)(x) &= \bigvee_{\alpha \in [0,1]} [\alpha \wedge \overline{R}(A_\alpha)(x)] \\
&= \sup\{\alpha \in [0,1] | \overline{R}(A_\alpha)(x) = 1\} \\
&= \sup\{\alpha \in [0,1] | x \in \overline{R}(A_\alpha)\} \\
&= \sup\{\alpha \in [0,1] | R_s(x) \cap A_\alpha \neq \varnothing\} \\
&= \sup\{\alpha \in [0,1] | \exists y \in R_s(x), A(y) \geqslant \alpha\} \\
&= \sup\left\{\alpha \in [0,1] | \bigvee_{y \in R_s(x)} A(y) \geqslant \alpha\right\} \\
&= \bigvee_{y \in R_s(x)} A(y) = \overline{R}(A)(x).
\end{aligned}
$$

因此,

$$
\overline{R}(A) = \bigcup_{\alpha \in [0,1]} [\widehat{\alpha} \cap \overline{R}(A_\alpha)].
$$

同理可得,

$$
\overline{R}(A) = \bigcup_{\alpha \in [0,1)} [\widehat{\alpha} \cap \overline{R}(A_{\alpha+})].
$$

故 (2) 成立.

由引理 2.3 以及结论 (1) 与 (2) 可知结论 (3) 与 (4) 成立. □

2.3 粗糙模糊近似算子的性质

本节讨论粗糙模糊近似算子的一般性质以及在各种特殊经典二元关系下的性质.

定理 2.2 设 R 是从 U 到 W 上的一个二元经典关系, 则粗糙模糊近似算子 $\underline{RF}$ 与 $\overline{RF}$ 满足性质: $\forall A,B\in\mathcal{F}(W)$, $\forall A_j\in\mathcal{F}(W),\forall j\in J, J$ 是任意指标集, $\forall M\in\mathcal{P}(W)$, $\forall(x,y)\in U\times W$, $\forall\alpha\in[0,1]$,

(RFLD) $\underline{RF}(A)=\sim\overline{RF}(\sim A)$.

(RFUD) $\overline{RF}(A)=\sim\underline{RF}(\sim A)$.

(RFL1) $\underline{RF}(A\cup\widehat{\alpha})=\underline{RF}(A)\cup\widehat{\alpha}$.

(RFU1) $\overline{RF}(A\cap\widehat{\alpha})=\overline{RF}(A)\cap\widehat{\alpha}$.

(RFL2) $\underline{RF}\left(\bigcap\limits_{j\in J}A_j\right)=\bigcap\limits_{j\in J}\underline{RF}(A_j)$.

(RFU2) $\overline{RF}\left(\bigcup\limits_{j\in J}A_j\right)=\bigcup\limits_{j\in J}\overline{RF}(A_j)$.

(RFL3) $A\subseteq B\Rightarrow\underline{RF}(A)\subseteq\underline{RF}(B)$.

(RFU3) $A\subseteq B\Rightarrow\overline{RF}(A)\subseteq\overline{RF}(B)$.

(RFL4) $\underline{RF}\left(\bigcup\limits_{j\in J}A_j\right)\supseteq\bigcup\limits_{j\in J}\underline{RF}(A_j)$.

(RFU4) $\overline{RF}\left(\bigcap\limits_{j\in J}A_j\right)\subseteq\bigcap\limits_{j\in J}\overline{RF}(A_j)$.

(RFL5) $\underline{RF}(1_{W-\{y\}})(x)=1-R(x,y)$.

(RFU5) $\overline{RF}(1_y)(x)=R(x,y)$.

证明 (1) 对于 $A\in\mathcal{F}(W)$ 和任意 $x\in U$, 由定义得

$$\overline{RF}(\sim A)(x)=\bigvee_{y\in R_s(x)}(1-A(y))=1-\bigwedge_{y\in R_s(x)}A(y)=1-\underline{RF}(A)(x).$$

因此,

$$(\sim\overline{RF}(\sim A))(x)=1-\overline{RF}(\sim A)(x)=\underline{RF}(A)(x).$$

由 $x\in U$ 的任意性即得 (RFLD) 成立. 同理可证 (RFUD) 成立.

(2) 设 $A\in\mathcal{F}(W)$ 和 $\alpha\in[0,1]$, 对任意 $x\in U$, 由定义得

$$\begin{aligned}\underline{RF}(A\cup\widehat{\alpha})(x) &= \bigwedge_{y\in R_s(x)}(A\cup\widehat{\alpha})(y) = \bigwedge_{y\in R_s(x)}(A(y)\vee\alpha)\\ &= \left(\bigwedge_{y\in R_s(x)}A(y)\right)\vee\alpha = \underline{RF}(A)(x)\vee\alpha\\ &= \big(\underline{RF}(A)\cup\widehat{\alpha}\big)(x).\end{aligned}$$

故由 $x\in U$ 的任意性得 (RFL1) 成立. 同理可证 (RFU1) 成立.

(3) 设 $A_j\in\mathcal{F}(W), j\in J$, 其中 J 是任意指标集, 对任意 $x\in U$, 由定义得

$$\begin{aligned}\underline{RF}\left(\bigcap_{j\in J}A_j\right)(x) &= \bigwedge_{y\in R_s(x)}\left(\bigcap_{j\in J}A_j\right)(y) = \bigwedge_{y\in R_s(x)}\left(\bigwedge_{j\in J}A_j(y)\right)\\ &= \bigwedge_{j\in J}\left(\bigwedge_{y\in R_s(x)}A_j(y)\right) = \bigwedge_{j\in J}\big(\underline{RF}(A_j)(x)\big)\\ &= \left(\bigcap_{j\in J}\underline{RF}(A_j)\right)(x).\end{aligned}$$

故由 $x\in U$ 的任意性得 (RFL2) 成立. 同理可证 (RFU2) 成立.

(RFL3) 与 (RFL4) 可直接由 (RFL2) 推得. 同理, (RFU3) 与 (RFU4) 可直接由 (RFU2) 推得.

(RFL5) 与 (RFU5) 可直接由定义得到. □

性质 (RFLD) 与 (RFUD) 称为粗糙模糊近似算子的对偶性质, 有时也称有相同数字标号的一对性质为对偶性质.

显然, 性质 (RFL1) 与 (RFU1) 蕴涵以下性质 (RFL1)′ 与 (RFU1)′:

(RFL1)′ $\underline{RF}(W)=U$.

(RFU1)′ $\overline{RF}(\varnothing)=\varnothing$.

定理 2.3　设 R 是从 U 到 W 上的二元经典关系, 则 R 是串行的当且仅当下列性质之一成立:

(RFL0) $\underline{RF}(\varnothing)=\varnothing$.

(RFU0) $\overline{RF}(W)=U$.

(RFL0)′ $\underline{RF}(\widehat{\alpha})=\widehat{\alpha}, \forall\alpha\in[0,1]$.

(RFU0)′ $\overline{RF}(\widehat{\alpha})=\widehat{\alpha}, \forall\alpha\in[0,1]$.

(RFLU0) $\underline{RF}(A)\subseteq\overline{RF}(A), \forall A\in\mathcal{F}(W)$.

证明　首先, 由定理 2.2 的对偶性易知, (RFL0) 与 (RFU0) 等价, (RFL0)′ 与 (RFU0)′ 也等价. 并且由注 2.1 和定理 1.8 知

$$R\text{是串行的}\Leftrightarrow \text{(RFL0)}\Leftrightarrow \text{(RFU0)}.$$

其次, 显然 (RFL0)′ 蕴涵 (RFL0). 反之, 若 (RFL0) 成立, 则在性质 (RFL1) 中取 $A=\varnothing$ 即得性质 (RFL0)′, 故 (RFL0) 与 (RFL0)′ 等价.

另一方面, 将经典集看成一个特殊的模糊集, 由定理 1.8 知

$$R\text{是串行的} \Leftrightarrow \text{(RFL0)} \Leftrightarrow \text{(RFL0)} \Leftrightarrow \text{(LU0)}.$$

最后, 显然 (RFLU0) 蕴涵 (LU0), 于是 (RFLU0) 蕴涵 R 是串行的. 因此, 只需证明 R 是串行的蕴涵 (RFLU0) 即可. 事实上, 若 R 是串行的, 则对任意 $A\in\mathcal{F}(W)$ 和任意 $x\in U$, 由 R 的串行性知, 存在 $y_0\in W$, 使得 $y_0\in R_s(x)$, 因此

$$\underline{RF}(A)(x)=\bigwedge_{y\in R_s(x)}A(y)\leqslant A(y_0)\leqslant\bigvee_{y\in R_s(x)}A(y)=\overline{RF}(A)(x).$$

由 $x\in U$ 的任意性即得 $\underline{RF}(A)\subseteq\overline{RF}(A)$, 即 (RFLU0) 成立. 从而定理得证. □

定理 2.4 设 R 是 U 上经典二元关系, 则 R 是自反的当且仅当下列性质之一成立:

(RFLR) $\underline{RF}(A)\subseteq A,\forall A\in\mathcal{F}(U)$.

(RFUR) $A\subseteq\overline{RF}(A),\forall A\in\mathcal{F}(U)$.

证明 由粗糙模糊近似算子的对偶性易得 (RFLR) 与 (RFUR) 是等价的.

显然, 性质 (RFLR) 蕴涵定理 1.9 中的性质 (LR), 因此由定理 1.9 知, 性质 (RFLR) 蕴涵 R 是自反的. 反之, 若 R 是自反的, 则对任意 $A\in\mathcal{F}(U)$ 和任意 $x\in U$, 由于 R 的自反性, 有 $x\in R_s(x)$, 因此

$$\underline{RF}(A)(x)=\bigwedge_{y\in R_s(x)}A(y)\leqslant A(x).$$

由 $x\in U$ 的任意性即得 $\underline{RF}(A)\subseteq A$, 即 (RFLR) 成立. □

定理 2.5 设 R 是 U 上经典二元关系, 则 R 是对称的当且仅当下列性质之一成立:

(RFLS) $\underline{RF}(1_{U-\{x\}})(y)=\underline{RF}(1_{U-\{y\}})(x),\forall(x,y)\in U\times U$.

(RFUS) $\overline{RF}(1_x)(y)=\overline{RF}(1_y)(x),\forall(x,y)\in U\times U$.

(RFLS)′ $A\subseteq\underline{RF}(\overline{RF}(A)),\forall A\in\mathcal{F}(U)$.

(RFUS)′ $\overline{RF}(\underline{RF}(A))\subseteq A,\forall A\in\mathcal{F}(U)$.

证明 首先, 由粗糙模糊近似算子的对偶性易得 (RFLS) 与 (RFUS) 等价, (RFLS)′ 与 (RFUS)′ 也等价.

其次, 由定理 2.2 的性质 (RFL5) 与 (RFU5) 知, R 是对称的当且仅当性质 (RFLS) 成立.

最后, 显然, 性质 (RFLS)′ 蕴涵定理 1.10 中的性质 (LS), 因此由定理 1.10 知, 性质 (RFLS)′ 蕴涵 R 是对称的. 反之, 若 R 是对称关系, 则可证 (RFLS)′ 成立. (用反证法) 若不然, 则存在 $A \in \mathcal{F}(U)$ 和 $x_0 \in U$ 使得

$$\begin{aligned} A(x_0) &> \underline{RF}(\overline{RF}(A))(x_0) \\ &= \bigwedge_{y \in R_s(x_0)} (\overline{RF}(A))(y) \\ &= \bigwedge_{y \in R_s(x_0)} \bigvee_{z \in R_s(y)} A(z). \end{aligned} \tag{2.2}$$

记 $a = \bigwedge_{y \in R_s(x_0)} \bigvee_{z \in R_s(y)} A(z)$, 令 $\varepsilon_0 = (A(x_0) - a)/2$, 显然, $\varepsilon_0 > 0$, 从而由 (2.2) 式及下确界的定义知, 存在 $y_0 \in R_s(x_0)$ 使得对任意 $z \in R_s(y_0)$ 有

$$A(z) < a + \varepsilon_0 = (a + A(x_0))/2 < A(x_0). \tag{2.3}$$

由于 R 是对称的, 因此由 $y_0 \in R_s(x_0)$ 可得 $x_0 \in R_s(y_0)$, 这样由 (2.3) 式推得 $A(x_0) < A(x_0)$, 矛盾! 从而由 R 的对称性可推得性质 (RFLS)′ 成立. □

定理 2.6　设 R 是 U 上经典二元关系, 则 R 是传递的当且仅当下列性质之一成立:

(RFLT) $\underline{RF}(A) \subseteq \underline{RF}(\underline{RF}(A)), \forall A \in \mathcal{F}(U)$.

(RFUT) $\overline{RF}(\overline{RF}(A)) \subseteq \overline{RF}(A), \forall A \in \mathcal{F}(U)$.

证明　首先, 由粗糙模糊近似算子的对偶性易得 (RFLT) 与 (RFUT) 等价.

其次, 显然 (RFLT) 蕴涵定理 1.11 中的性质 (LT), 因此由定理 1.11 知, (RFLT) 蕴涵 R 是传递的. 反之, 若 R 是传递的, 对任意 $A \in \mathcal{F}(U)$ 和任意 $x \in U$, 记

$$\underline{RF}(\underline{RF}(A))(x) = b.$$

由定义知

$$b = \bigwedge_{y \in R_s(x)} \underline{RF}(A)(y) = \bigwedge_{y \in R_s(x)} \bigwedge_{z \in R_s(y)} A(z).$$

由下确界的定义知, 对任意 $\varepsilon > 0$, 存在 $y_0 \in R_s(x)$ 使得

$$\bigwedge_{z \in R_s(y_0)} A(z) < b + \varepsilon.$$

由于 R 是传递的, 因此由 $y_0 \in R_s(x)$ 知, $R_s(y_0) \subseteq R_s(x)$. 于是

$$\bigwedge_{y \in R_s(x)} A(y) \leqslant \bigwedge_{z \in R_s(y_0)} A(z) < b + \varepsilon.$$

由 $\varepsilon > 0$ 的任意性即得

$$\bigwedge_{y \in R_s(x)} A(y) \leqslant b,$$

即

$$\underline{RF}(A)(x) \leqslant \underline{RF}(\underline{RF}(A))(x).$$

由 $x \in U$ 的任意性即知性质 (RFLT) 成立. □

定理 2.7 设 R 是 U 上的经典二元关系, 则 R 是欧几里得的当且仅当下列性质之一成立:

(RFLE) $\overline{RF}(\underline{RF}(A)) \subseteq \underline{RF}(A), \forall A \in \mathcal{F}(U)$.

(RFUE) $\overline{RF}(A) \subseteq \underline{RF}(\overline{RF}(A)), \forall A \in \mathcal{F}(U)$.

证明 首先, 由粗糙模糊近似算子的对偶性知性质 (RFLE) 与 (RFUE) 等价.

其次, 显然性质 (RFUE) 蕴涵定理 1.12 中的性质 (UE), 因此由定理 1.12 知, 性质 (RFUE) 蕴涵 R 是欧几里得关系. 故只需证

$$R \text{ 是欧几里得关系} \Rightarrow \text{(RFUE)}.$$

(用反证法) 若 R 是欧几里得关系, 但性质 (RFUE) 不成立, 则存在 $A \in \mathcal{F}(U)$ 和 $x_0 \in U$ 使

$$\overline{RF}(A)(x_0) > \underline{RF}(\overline{RF}(A))(x_0),$$

即

$$\bigvee_{y \in R_s(x_0)} A(y) > \bigwedge_{y \in R_s(x_0)} \bigvee_{z \in R_s(y)} A(z).$$

上式表明, 存在 $y_0 \in R_s(x_0)$, 并且存在 $z_0 \in R_s(x_0)$ 使得对任意 $z \in R_s(z_0)$, 有 $A(y_0) > A(z)$. 但由于 R 是欧几里得关系, 从而由 $y_0 \in R_s(x_0)$ 与 $z_0 \in R_s(x_0)$ 可得 $y_0 \in R_s(z_0)$, 这样便推得了 $A(y_0) > A(y_0)$ 的矛盾结论. 故性质 (RFUE) 成立. □

2.4 粗糙模糊近似算子的公理刻画

在粗糙模糊近似算子的公理化刻画中, 基本要素是系统 $(\mathcal{F}(U), \mathcal{F}(W), \cap, \cup, \sim, L, H)$, 其中 $L, H : \mathcal{F}(W) \to \mathcal{F}(U)$ 是一元集合算子. 目标是寻找 L 与 H 需要满足的条件 (公理), 保证存在经典二元关系 R 使得由 R 导出的粗糙模糊下近似算子就是 L, 而粗糙模糊上近似算子就是 H. 本节给出各种粗糙模糊近似算子的公理集刻画.

定义 2.5 设 $L, H : \mathcal{F}(W) \to \mathcal{F}(U)$ 是两个模糊集合算子, 称它们为对偶算子, 若 $\forall A \in \mathcal{F}(W)$,

(AFLD) $L(A) = \sim H(\sim A)$.

(AFUD) $H(A) = \sim L(\sim A)$.

类似于经典集合算子的对偶性, 由模糊集合算子的对偶性我们只需定义其中的一个算子, 而另一个则可以由对偶性得到, 例如有了 H 后, 可以通过 $L = \sim H(\sim)$ 去得到 L.

定理 2.8 设 $L, H : \mathcal{F}(W) \to \mathcal{F}(U)$ 是对偶算子, 则存在从 U 到 W 上的二元经典关系 R, 使得对任意 $A \in \mathcal{F}(W)$ 有

$$L(A) = \underline{RF}(A),\ H(A) = \overline{RF}(A) \tag{2.4}$$

当且仅当 L 满足公理集 {(ARFL), (AFL1), (AFL2)}, 或等价地, H 满足公理集 {(ARFU), (AFU1), (AFU2)}:

(ARFL) $L(1_{W-\{y\}}) \in \mathcal{P}(U), \forall y \in W$.

(AFL1) $L(A \cup \widehat{\alpha}) = L(A) \cup \widehat{\alpha},\ \forall A \in \mathcal{F}(W),\ \forall \alpha \in [0, 1]$.

(AFL2) $L\left(\bigcap_{j \in J} A_j\right) = \bigcap_{j \in J} L(A_j), \forall A_j \in \mathcal{F}(W), j \in J, J$ 是任意指标集.

(ARFU) $H(1_y) \in \mathcal{P}(U), \forall y \in W$.

(AFU1) $H(A \cap \widehat{\alpha}) = H(A) \cap \widehat{\alpha},\ \forall A \in \mathcal{F}(W),\ \forall \alpha \in [0, 1]$.

(AFU2) $H\left(\bigcup_{j \in J} A_j\right) = \bigcup_{j \in J} H(A_j), \forall A_j \in \mathcal{F}(W), j \in J, J$ 是任意指标集.

证明 “⇒” 由粗糙模糊近似算子的定义和定理 2.2 即得.

“⇐” 若 H 满足公理集 {(ARFU), (AFU1), (AFU2)}. 由公理 (ARFU) 并利用 H, 可定义从 U 到 W 上的经典二元关系 R 如下:

$$(x, y) \in R \Leftrightarrow R(x, y) = 1 \Leftrightarrow H(1_y)(x) = 1, \quad (x, y) \in U \times W,$$

$$(x, y) \notin R \Leftrightarrow R(x, y) = 0 \Leftrightarrow H(1_y)(x) = 0, \quad (x, y) \in U \times W.$$

显然,

$$y \in R_s(x) \Leftrightarrow H(1_y)(x) = 1, \quad y \notin R_s(x) \Leftrightarrow H(1_y)(x) = 0.$$

对任意 $A \in \mathcal{F}(W)$, 注意到

$$A = \bigcup_{y \in W} (1_y \cap \widehat{A(y)}). \tag{2.5}$$

这样对任意 $x \in U$, 由 $\overline{RF}$ 的定义、公理 (AFU1) 与 (AFU2), (2.5) 式得

$$\overline{RF}(A)(x) = \bigvee_{y \in R_s(x)} A(y) = \bigvee_{y \in W} [R(x, y) \wedge A(y)]$$

$$
\begin{aligned}
&= \bigvee_{y\in W} [H(1_y)(x) \wedge A(y)] \\
&= \bigvee_{y\in W} [H(1_y) \cap \widehat{A(y)}](x) \\
&= \bigvee_{y\in W} [H(1_y \cap \widehat{A(y)})](x) \\
&= H\left(\bigcup_{y\in W} (1_y \cap \widehat{A(y)})\right)(x) = H(A)(x).
\end{aligned}
$$

从而由 $x \in U$ 的任意性得 $H(A) = \overline{RF}(A)$.

由对偶性可得 $L(A) = \underline{RF}(A)$. □

由定理 2.8 知, {(AFLD), (ARFL), (AFL1), (AFL2)}, 或 {(AFUD), (ARFU), (AFU1), (AFU2)} 是刻画对偶粗糙模糊近似算子的公理集, 由此可得以下粗糙模糊集代数的定义.

定义 2.6 设 $L, H : \mathcal{F}(W) \to \mathcal{F}(U)$ 是一对对偶算子. 若 L 满足公理集 {(ARFL), (AFL1), (AFL2)}, 或等价地, H 满足公理集 {(ARFU), (AFU1), (AFU2)}, 则系统 $(\mathcal{F}(W), \mathcal{F}(U), \cap, \cup, \sim, L, H)$ 称为粗糙模糊集代数, L 与 H 分别称为下、上粗糙模糊近似算子. 特别地, 当 $U = W$ 时, 称系统 $(\mathcal{F}(U), \cap, \cup, \sim, L, H)$ 是一个粗糙模糊集代数, 进一步, 若存在 U 上的 P 关系 R 使得对任意 $A \in \mathcal{F}(U)$ 有 $L(A) = \underline{R}(A)$ 和 $H(A) = \overline{R}(A)$ 成立, 则称系统 $(\mathcal{F}(U), \cap, \cup, \sim, L, H)$ 是一个 P 粗糙模糊集代数, 这里 P 可以是串行、自反、对称、传递、欧几里得、等价等经典二元关系之一以及它们的合成等, 对应地, L 与 H 称为 P 粗糙模糊近似算子.

注 2.2 显然, 粗糙模糊近似算子满足性质: $A, B \in \mathcal{F}(W), A_j \in \mathcal{F}(W), \forall j \in J$, J 是任意指标集,

(FL3) $A \subseteq B \Rightarrow L(A) \subseteq L(B)$.

(FU3) $A \subseteq B \Rightarrow H(A) \subseteq H(B)$.

(FL4) $L\left(\bigcup_{j\in J} A_j\right) \supseteq \bigcup_{j\in J} L(A_j)$.

(FU4) $H\left(\bigcap_{j\in J} A_j\right) \subseteq \bigcap_{j\in J} H(A_j)$.

且有

$$H(\varnothing) = \varnothing \Leftrightarrow L(W) = U.$$

定理 2.9 设 $L, H : \mathcal{F}(W) \to \mathcal{F}(U)$ 是一对对偶的粗糙模糊近似算子, 即 L 满足公理 (ARFL), (AFL1), (AFL2), 或等价地, H 满足公理 (ARFU), (AFU1),

(AFU2), 则存在从 U 到 W 上串行经典关系 R 使

$$L(A) = \underline{RF}(A), \quad H(A) = \overline{RF}(A), \quad \forall A \in \mathcal{F}(W)$$

当且仅当 L 满足公理 (AFL0), 或等价地, H 满足公理 (AFU0):

(AFL0) $L(\widehat{\alpha}) = \widehat{\alpha}$, $\forall \alpha \in [0,1]$.

(AFU0) $H(\widehat{\alpha}) = \widehat{\alpha}$, $\forall \alpha \in [0,1]$.

证明 由定理 2.8 和定理 2.3 即得. □

注 2.3 由定理 2.3 知, 公理 (AFL0) 与 (AFU0) 可以被以下任一公理所代替:

(AFL0)′ $L(\varnothing) = \varnothing$.

(AFU0)′ $H(W) = U$.

(AFLU) $L(A) \subseteq H(A)$, $\forall A \in \mathcal{F}(W)$.

显然, 若 $W = U$, 则由 (AFLU) 可知, 串行粗糙模糊近似算子满足性质 (以下当算子后面的括号省去时是指从右到左结合进行运算, 下同):

$$LLA \subseteq LHA \subseteq HHA, \quad \forall A \in \mathcal{F}(U).$$
$$LLA \subseteq HLA \subseteq HHA, \quad \forall A \in \mathcal{F}(U).$$

定理 2.10 设 $S = (\mathcal{F}(U), \cap, \cup, \sim, L, H)$ 是粗糙模糊集代数, 则它是自反粗糙模糊集代数当且仅当 L 满足公理 (AFLR), 或等价地, H 满足公理 (AFUR):

(AFLR) $LA \subseteq A$, $\forall A \in \mathcal{F}(U)$.

(AFUR) $A \subseteq HA$, $\forall A \in \mathcal{F}(U)$.

证明 由定理 2.8 和定理 2.4 即得. □

注 2.4 显然, 自反粗糙模糊近似算子满足性质:

$$LLA \subseteq LA \subseteq A \subseteq HA \subseteq HHA, \quad \forall A \in \mathcal{F}(U).$$
$$LLA \subseteq LA \subseteq LHA \subseteq HHA, \quad \forall A \in \mathcal{F}(U).$$
$$LLA \subseteq HLA \subseteq HA \subseteq HHA, \quad \forall A \in \mathcal{F}(U).$$

定理 2.11 设 $S = (\mathcal{F}(U), \cap, \cup, \sim, L, H)$ 是粗糙模糊集代数, 则它是对称粗糙模糊集代数当且仅当 L 满足公理 (AFLS), 或等价地, H 满足公理 (AFUS):

(AFLS) $L(1_{U-\{y\}})(x) = L(1_{U-\{x\}})(y)$, $\forall (x,y) \in U \times U$.

(AFUS) $H(1_y)(x) = H(1_x)(y)$, $\forall (x,y) \in U \times U$.

证明 由定理 2.8 和定理 2.5 即得. □

注 2.5 由定理 2.5 知, 对称粗糙模糊近似算子可以等价地被以下公理之一所刻画:

(AFLS)′ $A \subseteq LHA$, $\forall A \in \mathcal{F}(U)$.

(AFUS)′ $HLA \subseteq A, \forall A \in \mathcal{F}(U)$.

注 2.6 当用 (AFLS)′ 与 (AFUS)′ 来刻画对称粗糙模糊集代数时, 公理 (ARFL) 与 (ARFU) 是多余的, 事实上, 在 L 与 H 满足公理 (AFL1), (AFL2), (AFU1), (AFU2) 的前提下, (AFLS)′ 与 (AFUS)′ 分别蕴涵 (ARFL) 与 (ARFU), 即有以下定理.

定理 2.12 设 $L, H : \mathcal{F}(U) \to \mathcal{F}(U)$ 是一对对偶算子, 且 L 满足公理 (AFL1) 与 (AFL2), 或等价地, H 满足公理 (AFU1) 与 (AFU2), 则

(1) $HLA \subseteq A, \forall A \in \mathcal{F}(U) \Rightarrow H(1_y) \in \mathcal{P}(U), \forall y \in U$.

(2) $A \subseteq LHA, \forall A \in \mathcal{F}(U) \Rightarrow L(1_{U-\{y\}}) \in \mathcal{P}(U), \forall y \in U$.

证明 (1) 注意到 $\forall A \in \mathcal{F}(U)$ 有

$$A = \bigcup_{y \in U} [1_y \cap \widehat{A(y)}].$$

从而由公理 (AFU1) 和 (AFU2) 可得

$$HA = \bigcup_{y \in U} [H(1_y) \cap \widehat{A(y)}]. \tag{2.6}$$

再由 L 与 H 的对偶性可得

$$LA = \bigcap_{y \in U} [(\sim H(1_y)) \cup \widehat{A(y)}]. \tag{2.7}$$

$\forall z \in U$, 令 $A = 1_{U-\{z\}}$, 则由 (2.7) 式得

$$\begin{aligned} LA &= \bigcap_{y \in U} [(\sim H(1_y)) \cup \widehat{A(y)}] \\ &= \bigcap_{y \in U} [(\sim H(1_y)) \cup \widehat{1_{U-\{z\}}(y)}] \\ &= \sim H(\sim A) = \sim H(1_z), \end{aligned}$$

从而再次利用 (2.6) 式得

$$HLA = \bigcup_{y \in U} [H(1_y) \cap (\sim \widehat{H(1_z)}(y))].$$

于是由条件得

$$HLA(x) = \bigvee_{y \in U} [H(1_y)(x) \wedge (1 - H(1_z)(y))] \leqslant A(x) = 1_{U-\{z\}}(x), \quad \forall x \in U.$$

在上式中取 $x = z$, 则得

$$\bigvee_{y \in U} [H(1_y)(z) \wedge (1 - H(1_z)(y))] = 0.$$

这说明

$$H(1_y)(z) \wedge (1 - H(1_z)(y)) = 0, \quad \forall (y, z) \in U \times U. \tag{2.8}$$

故或者 $H(1_y)(z) = 0$, 或者 $H(1_z)(y) = 1$. 假设 $H(1_y)(z) \neq 0$, 则 $H(1_z)(y) = 1$, 由 (2.8) 式知

$$H(1_z)(y) \wedge (1 - H(1_y)(z)) = 0.$$

因此 $H(1_y)(z) = 1$.

这样证明了对任意 $(y, z) \in U \times U$, 或者 $H(1_y)(z) = 0$, 或者 $H(1_y)(z) = 1$, 即 $H(1_y) \in \mathcal{P}(U)$.

(2) 由对偶性即得. □

注 2.7　定理 2.12 表明, 公理集 {(AFLD), (AFL1), (AFL2), (AFLS)}, 或等价地, 公理集 {(AFUD), (AFU1), (AFU2), (AFUS)} 可以刻画对称粗糙模糊近似算子. 可以验证, 对称粗糙模糊近似算子还满足以下性质:

$$LA = LHLA, \quad HA = HLHA, \quad \forall A \in \mathcal{F}(U).$$

$$HA \subseteq B \Leftrightarrow A \subseteq LB, \ \forall A, B \in \mathcal{F}(U).$$

定理 2.13　设 $S = (\mathcal{F}(U), \cap, \cup, \sim, L, H)$ 是粗糙模糊集代数, 则它是传递粗糙模糊集代数当且仅当 L 满足公理 (AFLT), 或等价地, H 满足公理 (AFUT):

(AFLT) $LA \subseteq LLA, \ \forall A \in \mathcal{F}(U)$.

(AFUT) $HHA \subseteq HA, \ \forall A \in \mathcal{F}(U)$.

证明　由定理 2.8 和定理 2.6 即得. □

注 2.8　可以验证, 传递粗糙模糊近似算子还满足以下性质:

$$LA \subseteq B \Rightarrow LA \subseteq LB, \qquad A, B \in \mathcal{F}(U).$$
$$A \subseteq HB \Rightarrow HA \subseteq HB, \quad A, B \in \mathcal{F}(U).$$

定理 2.14　设 $S = (\mathcal{F}(U), \cap, \cup, \sim, L, H)$ 是粗糙模糊集代数, 则它是欧几里得粗糙模糊集代数当且仅当 L 满足公理 (AFLE), 或等价地, H 满足公理 (AFUE):

(AFLE) $HLA \subseteq LA, \ \forall A \in \mathcal{F}(U)$.

(AFUE) $HA \subseteq LHA, \ \forall A \in \mathcal{F}(U)$.

证明　由定理 2.8 和定理 2.7 即得. □

注 2.9 可以验证, 欧几里得粗糙模糊近似算子还满足以下性质:

$$A \subseteq LB \Rightarrow HA \subseteq LB, \qquad A, B \in \mathcal{F}(U).$$
$$HA \subseteq B \Rightarrow HA \subseteq HB, \qquad A, B \in \mathcal{F}(U).$$
$$HLA \subseteq LLA, \quad HHA \subseteq LHA, \qquad A, B \in \mathcal{F}(U).$$

第 3 章　模糊粗糙集

本章讨论模糊集关于模糊近似空间的粗糙近似问题, 建立一般模糊关系下用 min 合成的模糊粗糙集的概念与经典表示, 讨论各种特殊的模糊关系与模糊粗糙近似算子的等价刻画, 最后给出模糊粗糙近似算子的公理化方法.

3.1　模糊粗糙集的定义与经典表示

定义 3.1　设 U 与 W 是两个非空论域, 称模糊子集 $R \in \mathcal{F}(U \times W)$ 是从 U 到 W 上的一个模糊二元关系 (以后简称模糊关系), $R(x, y)$ 表示对象 x 与 y 之间有关系 R 的程度, 其中 $(x, y) \in U \times W$. 若 $\forall x \in U$, $\bigvee\limits_{y \in W} R(x, y) = 1$, 则称 R 是从 U 到 W 上的串行模糊关系 (serial fuzzy relation).

引理 3.1　设 R 是从 U 到 W 上的模糊关系, 若 U 和 W 都是有限集, 则 R 为串行模糊关系当且仅当 $\forall \alpha \in [0, 1]$, R_α 是串行经典关系.

证明　由定义直接可证. □

定义 3.2　设 R 是 U 上模糊关系, 称 R 是自反的, 若 $\forall x \in U$, $R(x, x) = 1$; 称 R 是对称的, 若 $\forall x, y \in U$, $R(x, y) = R(y, x)$; 称 R 是传递的, 若 $\forall x, z \in U$, $R(x, z) \geqslant \vee_{y \in U}(R(x, y) \wedge R(y, z))$; 称 R 为等价 (相似) 模糊关系, 若 R 是自反、对称和传递的模糊关系.

易证以下引理成立.

引理 3.2　设 R 是 U 上的模糊关系, 则 R 是自反模糊关系当且仅当对任意 $\alpha \in [0, 1]$, R_α 是自反经典关系; R 是对称模糊关系当且仅当对任意 $\alpha \in [0, 1]$, R_α 是对称经典关系; R 是传递模糊关系当且仅当对任意 $\alpha \in [0, 1]$, R_α 是传递经典关系; R 是等价模糊关系当且仅当对任意 $\alpha \in [0, 1]$, R_α 是等价经典关系.

定义 3.3　设 R 是从 U 到 W 上的一个模糊关系, 称三元组 (U, W, R) 为模糊近似空间, 对于 $A \in \mathcal{F}(W)$, A 关于模糊近似空间 (U, W, R) 的下近似 $\underline{R}(A)$ 与上近似 $\overline{R}(A)$ 是 U 的一对模糊子集, 其隶属函数分别定义如下:

$$
\begin{aligned}
\underline{R}(A)(x) &= \bigwedge_{y \in W} [(1 - R(x, y)) \vee A(y)], \quad x \in U, \\
\overline{R}(A)(x) &= \bigvee_{y \in W} [R(x, y) \wedge A(y)], \qquad\qquad x \in U.
\end{aligned} \tag{3.1}
$$

$\underline{R}, \overline{R}$ 是 $\mathcal{F}(W)$ 到 $\mathcal{F}(U)$ 的集合算子, 分别称为模糊粗糙下近似算子与模糊粗糙上近似算子, 当 $\underline{R}(A)=\overline{R}(A)$ 时, 称 A 关于 (U,W,R) 是可定义的, 称 $(\underline{R}(A),\overline{R}(A))$ 是一个模糊粗糙集. 若 R 是从 U 到 W 上的串行模糊关系, 则称 (U,W,R) 是串行模糊近似空间, 相应的近似算子称为串行模糊粗糙近似算子; 若 $U=W$ 且 R 是 U 上自反 (对称、传递、等价) 模糊关系, 则称 (U,R) 为自反 (对称、传递、等价) 模糊近似空间, 相应的近似算子称为自反 (对称、传递、等价) 模糊粗糙近似算子.

注 3.1 (1) 在定义 3.3 中, 若 $R\in\mathcal{P}(U\times W)$ 是经典二元关系, 且 $A\in\mathcal{F}(W)$ 是模糊集, 则可以验证

$$\begin{aligned}\underline{R}(A)(x)&=\bigwedge_{y\in R_s(x)}A(y),\quad x\in U,\\ \overline{R}(A)(x)&=\bigvee_{y\in R_s(x)}A(y),\quad x\in U.\end{aligned}\tag{3.2}$$

此时 $\underline{R}, \overline{R}$ 都是 $\mathcal{F}(W)$ 到 $\mathcal{F}(U)$ 的集合算子, 它们分别退化为定义 2.4 所给出的粗糙模糊下近似算子与粗糙模糊上近似算子.

(2) 若 $R\in\mathcal{F}(U\times W)$ 是模糊关系, 而 $A\in\mathcal{P}(W)$ 是经典集, 则有

$$\begin{aligned}\underline{R}(A)(x)&=\bigwedge_{y\notin A}[1-R(x,y)],\quad x\in U,\\ \overline{R}(A)(x)&=\bigvee_{y\in A}R(x,y),\qquad\quad x\in U.\end{aligned}\tag{3.3}$$

设 (U,W,R) 是一个模糊近似空间, 即 R 是从 U 到 W 上的模糊关系, 对于 $\alpha\in[0,1]$, 则 R_α 与 $R_{\alpha+}$ 是从 U 到 W 上的经典关系, 于是 (U,W,R_α) 与 $(U,W,R_{\alpha+})$ 都是经典近似空间. 对任意 $X\in\mathcal{P}(W)$, 可以分别得到 X 关于 (U,W,R_α) 与 $(U,W,R_{\alpha+})$ 的下近似与上近似如下:

$$\begin{aligned}\underline{R_\alpha}(X)&=\{x\in U|F_\alpha(x)\subseteq X\},\\ \overline{R_\alpha}(X)&=\{x\in U|F_\alpha(x)\cap X\neq\varnothing\},\\ \underline{R_{\alpha+}}(X)&=\{x\in U|F_{\alpha+}(x)\subseteq X\},\\ \overline{R_{\alpha+}}(X)&=\{x\in U|F_{\alpha+}(x)\cap X\neq\varnothing\}.\end{aligned}$$

其中 $F_\alpha(x)=\{y\in W|(x,y)\in R_\alpha\}$, $F_{\alpha+}(x)=\{y\in W|(x,y)\in R_{\alpha+}\}$.

引理 3.3 若 R 是从 U 到 W 上的模糊关系, $X\in\mathcal{P}(W)$, $0\leqslant\alpha\leqslant\beta\leqslant1$, 则

(1) $\underline{R_\alpha}(X)\subseteq\underline{R_\beta}(X)$.

(2) $\underline{R_{\alpha+}}(X)\subseteq\underline{R_{\beta+}}(X)$.

(3) $\overline{R_\beta}(X)\subseteq\overline{R_\alpha}(X)$.

(4) $\overline{R_{\beta+}}(X) \subseteq \overline{R_{\alpha+}}(X)$.

证明　(1) 对任意 $x \in \underline{R_\alpha}(X)$, 由下近似的定义知 $F_\alpha(x) \subseteq X$. 又由于 $\alpha \leqslant \beta$, 故 $F_\beta(x) \subseteq F_\alpha(x)$, 从而 $F_\beta(x) \subseteq X$, 于是 $x \in \underline{R_\beta}(X)$, 因此 (1) 成立.

类似地, 可以证明 (2) 成立.

(3) 对任意 $x \in \overline{R_\beta}(X)$, 由上近似的定义知 $F_\beta(x) \cap X \neq \varnothing$. 又由于 $\alpha \leqslant \beta$, 故 $F_\beta(x) \subseteq F_\alpha(x)$, 从而 $F_\alpha(x) \cap X \supseteq F_\beta(x) \cap X \neq \varnothing$, 于是 $x \in \overline{R_\alpha}(X)$, 因此 (3) 成立.

类似地, 可以证明 (4) 成立. □

注 3.2　由引理 3.3 的 (3) 与 (4) 知, 集合族 $\{\overline{R_\alpha}(X)|\alpha \in [0,1]\}$ 与 $\{\overline{R_{\alpha+}}(X)|\alpha \in [0,1)\}$ 构成 U 上的集合套, 因此它们对应于 U 上的模糊集. 需要指出的是, 在一般情况下, 集合族 $\{\underline{R_\alpha}(X)|\alpha \in [0,1]\}$ 与 $\{\underline{R_{\alpha+}}(X)|\alpha \in [0,1)\}$ 不构成 U 上的集合套, 但由引理 3.3 的 (1) 和 (2) 可知, 集合族 $\{\underline{R_{1-\alpha}}(X)|\alpha \in [0,1]\}$ 与 $\{\underline{R_{(1-\alpha)+}}(X)|\alpha \in (0,1]\}$ 构成 U 上的集合套, 这样这两个集合套也对应于 U 上的模糊集. 以下定理表明它们恰好就是 (3.3) 式所定义的下近似与上近似.

定理 3.1　设 (U, W, R) 是模糊近似空间, 若 $X \in \mathcal{P}(W)$, 则

(1) $\overline{R}(X) = \bigcup\limits_{\alpha \in [0,1]} [\widehat{\alpha} \cap \overline{R_\alpha}(X)] = \bigcup\limits_{\alpha \in [0,1)} [\widehat{\alpha} \cap \overline{R_{\alpha+}}(X)]$.

(2) $\underline{R}(X) = \bigcup\limits_{\alpha \in [0,1]} [\widehat{\alpha} \cap \underline{R_{1-\alpha}}(X)] = \bigcup\limits_{\alpha \in (0,1]} [\widehat{\alpha} \cap \underline{R_{(1-\alpha)+}}(X)]$.

(3) $[\overline{R}(X)]_{\alpha+} \subseteq \overline{R_{\alpha+}}(X) \subseteq \overline{R_\alpha}(X) \subseteq [\overline{R}(X)]_\alpha,\ \forall \alpha \in [0,1)$.

(4) $[\underline{R}(X)]_{\alpha+} \subseteq \underline{R_{(1-\alpha)+}}(X) \subseteq \underline{R_{1-\alpha}}(X) \subseteq [\underline{R}(X)]_\alpha,\ \forall \alpha \in (0,1]$.

证明　(1) 对任意 $X \in \mathcal{P}(W)$ 和 $x \in U$, 注意到对任意 $\alpha \in [0,1]$, $\overline{R_\alpha}(X)(x)$ 要么为 1, 要么为 0, 因此

$$\begin{aligned}
\left(\bigcup_{\alpha \in [0,1]} [\widehat{\alpha} \cap \overline{R_\alpha}(X)]\right)(x) &= \bigvee_{\alpha \in [0,1]} [\alpha \wedge \overline{R_\alpha}(X)(x)] \\
&= \sup\{\alpha \in [0,1]|\overline{R_\alpha}(X)(x) = 1\} \\
&= \sup\{\alpha \in [0,1]|x \in \overline{R_\alpha}(X)\} \\
&= \sup\{\alpha \in [0,1]|F_\alpha(x) \cap X \neq \varnothing\} \\
&= \sup\{\alpha \in [0,1]|\exists y \in W[R(x,y) \geqslant \alpha, y \in X]\} \\
&= \sup\left\{\alpha \in [0,1]|\bigvee_{y \in X} R(x,y) \geqslant \alpha\right\} \\
&= \bigvee_{y \in X} R(x,y) = \overline{R}(X)(x).
\end{aligned}$$

故

$$\bigcup_{\alpha\in[0,1]}[\widehat{\alpha}\cap\overline{R_{\alpha}}(X)]=\overline{R}(X).$$

类似地, 可以证明

$$\overline{R}(X)=\bigcup_{\alpha\in[0,1)}[\widehat{\alpha}\cap\overline{R_{\alpha+}}(X)].$$

(2) 由于对任意 $x\in U$ 有

$$\begin{aligned}
&\left(\bigcup_{\alpha\in[0,1]}[\widehat{\alpha}\cap\underline{R_{1-\alpha}}(X)]\right)(x)\\
&=\bigvee_{\alpha\in[0,1]}[\alpha\wedge\underline{R_{1-\alpha}}(X)(x)]\\
&=\sup\{\alpha\in[0,1]|\underline{R_{1-\alpha}}(X)(x)=1\}\\
&=\sup\{\alpha\in[0,1]|F_{1-\alpha}(x)\subseteq X\}\\
&=\sup\{\alpha\in[0,1]|\forall y\in W[y\in F_{1-\alpha}(x)\Rightarrow y\in X]\}\\
&=\sup\{\alpha\in[0,1]|\forall y\in W[R(x,y)\geqslant 1-\alpha\Rightarrow y\in X]\}\\
&=\sup\{\alpha\in[0,1]|\forall y\in W[y\notin X\Rightarrow R(x,y)<1-\alpha]\}\\
&=\sup\{\alpha\in[0,1]|\forall y\in W[y\notin X\Rightarrow 1-R(x,y)>\alpha]\}\\
&=\sup\left\{\alpha\in[0,1]|\bigwedge_{y\notin X}[1-R(x,y)]>\alpha\right\}\\
&=\bigwedge_{y\notin X}[1-R(x,y)]=\underline{R}(X)(x),
\end{aligned}$$

故

$$\underline{R}(X)=\bigcup_{\alpha\in[0,1]}[\widehat{\alpha}\cap\underline{R_{1-\alpha}}(X)].$$

类似地, 可以证明

$$\underline{R}(X)=\bigcup_{\alpha\in(0,1]}[\widehat{\alpha}\cap\underline{R_{(1-\alpha)+}}(X)].$$

(3) 和 (4) 由结论 (1), (2), 引理 2.3 和引理 3.3 即得. □

设 (U,W,R) 是一个模糊近似空间, 即 R 是从 U 到 W 上的一个模糊关系, 则对任意 $\alpha\in[0,1]$, 由 R 可以产生两个经典关系 R_α 与 $R_{\alpha+}$, 从而可以导出两个经典近似空间 (U,W,R_α) 与 $(U,W,R_{\alpha+})$, 另外, 对任意 $A\in\mathcal{F}(W)$ 和任意 $\beta\in[0,1]$,

由 A 可以产生经典集 A_β 与 $A_{\beta+}$, 从而 A_β 与 $A_{\beta+}$ 分别关于近似空间 (U,W,R_α) 与 $(U,W,R_{\alpha+})$ 都有下近似与上近似, 即有

$$\underline{R_\alpha}(A_\beta)=\{x\in U|F_\alpha(x)\subseteq A_\beta\},$$
$$\overline{R_\alpha}(A_\beta)=\{x\in U|F_\alpha(x)\cap A_\beta\neq\varnothing\}.$$
$$\underline{R_\alpha}(A_{\beta+})=\{x\in U|F_\alpha(x)\subseteq A_{\beta+}\},$$
$$\overline{R_\alpha}(A_{\beta+})=\{x\in U|F_\alpha(x)\cap A_{\beta+}\neq\varnothing\}.$$
$$\underline{R_{\alpha+}}(A_\beta)=\{x\in U|F_{\alpha+}(x)\subseteq A_\beta\},$$
$$\overline{R_{\alpha+}}(A_\beta)=\{x\in U|F_{\alpha+}(x)\cap A_\beta\neq\varnothing\}.$$
$$\underline{R_{\alpha+}}(A_{\beta+})=\{x\in U|F_{\alpha+}(x)\subseteq A_{\beta+}\},$$
$$\overline{R_{\alpha+}}(A_{\beta+})=\{x\in U|F_{\alpha+}(x)\cap A_{\beta+}\neq\varnothing\}.$$

引理 3.4　设 R 是从 U 到 W 上的模糊关系, 若 $A\in\mathcal{F}(W)$, 则对任意 $\alpha,\beta\in[0,1)$ 有

(1) $\overline{R_{\alpha+}}(A_{\beta+})\subseteq\overline{R_{\alpha+}}(A_\beta)\subseteq\overline{R_\alpha}(A_\beta)$.

(2) $\overline{R_{\alpha+}}(A_{\beta+})\subseteq\overline{R_\alpha}(A_{\beta+})\subseteq\overline{R_\alpha}(A_\beta)$.

(3) $\underline{R_\alpha}(A_{\beta+})\subseteq\underline{R_{\alpha+}}(A_{\beta+})\subseteq\underline{R_{\alpha+}}(A_\beta)$.

(4) $\underline{R_\alpha}(A_{\beta+})\subseteq\underline{R_\alpha}(A_\beta)\subseteq\underline{R_{\alpha+}}(A_\beta)$.

证明　由定理 1.7 与引理 3.3 即得. □

引理 3.5　若 R 是从 U 到 W 上的模糊关系, $A\in\mathcal{F}(W)$, 则以下八个集合类都构成 U 上的集合套: $\{\underline{R_{1-\alpha}}(A_\alpha)|\alpha\in[0,1]\}$, $\{\underline{R_{1-\alpha}}(A_{\alpha+})|\alpha\in[0,1)\}$, $\{\underline{R_{(1-\alpha)+}}(A_\alpha)|\alpha\in(0,1]\}$, $\{\underline{R_{(1-\alpha)+}}(A_{\alpha+})|\alpha\in(0,1)\}$, $\{\overline{R_\alpha}(A_\alpha)|\alpha\in[0,1]\}$, $\{\overline{R_\alpha}(A_{\alpha+})|\alpha\in[0,1]\}$, $\{\overline{R_{\alpha+}}(A_\alpha)|\alpha\in[0,1)\}$, $\{\overline{R_{\alpha+}}(A_{\alpha+})|\alpha\in[0,1)\}$.

证明　对任意 $0\leqslant\beta\leqslant\alpha\leqslant1$, 易见 $A_\beta\supseteq A_\alpha$, $A_{\beta+}\supseteq A_{\alpha+}$, $F_\beta(x)\supseteq F_\alpha(x)$, $F_{\beta+}(x)\supseteq F_{\alpha+}(x)$, $F_{1-\alpha}(x)\supseteq F_{1-\beta}(x)$, $F_{(1-\alpha)+}(x)\supseteq F_{(1-\beta)+}(x)$.

先证 $\{\underline{R_{1-\alpha}}(A_\alpha)|\alpha\in[0,1]\}$ 构成 U 上的集合套. 设 $x\in\underline{R_{1-\alpha}}(A_\alpha)$, 由下近似的定义知, $F_{1-\alpha}(x)\subseteq A_\alpha$, 从而

$$F_{1-\beta}(x)\subseteq F_{1-\alpha}(x)\subseteq A_\alpha\subseteq A_\beta,$$

于是又由下近似的定义知, $x\in\underline{R_{1-\beta}}(A_\beta)$, 因此,

$$\underline{R_{1-\alpha}}(A_\alpha)\subseteq\underline{R_{1-\beta}}(A_\beta),$$

即 $\{\underline{R_{1-\alpha}}(A_\alpha)|\alpha\in[0,1]\}$ 是 U 上的集合套.

类似可以证明其余三个下近似集合族也构成 U 上的集合套.

其次来证明上近似集合族 $\{\overline{R_\alpha}(A_\alpha)|\alpha\in[0,1]\}$ 构成 U 上的集合套, 其余三个上近似集合族也可以类似地证明.

对于 $0\leqslant\beta\leqslant\alpha\leqslant 1$, 设 $y\in\overline{R_\alpha}(A_\alpha)$, 由上近似的定义知, $F_\alpha(y)\cap A_\alpha\neq\varnothing$. 由于 $F_\alpha(y)\cap A_\alpha\subseteq F_\beta(y)\cap A_\beta$, 因此, $F_\beta(y)\cap A_\beta\neq\varnothing$, 从而又由上近似的定义知 $y\in\overline{R_\beta}(A_\beta)$, 因此, $\overline{R_\alpha}(A_\alpha)\subseteq\overline{R_\beta}(A_\beta)$, 即 $\{\overline{R_\alpha}(A_\alpha)|\alpha\in[0,1]\}$ 也是 U 上的集合套.

□

注 3.3 由引理 2.3 知, 引理 3.5 中的八个集合族对应于八个 U 上的模糊子集, 以下定理表明它们恰好就是 (3.1) 式所定义的模糊粗糙下近似与模糊粗糙上近似.

定理 3.2 设 (U,W,R) 是一个模糊近似空间, $A\in\mathcal{F}(W)$, 则

(1)
$$\overline{R}(A)=\bigcup_{\alpha\in[0,1]}[\widehat{\alpha}\cap\overline{R_\alpha}(A_\alpha)]=\bigcup_{\alpha\in[0,1)}[\widehat{\alpha}\cap\overline{R_\alpha}(A_{\alpha+})]$$
$$=\bigcup_{\alpha\in[0,1)}[\widehat{\alpha}\cap\overline{R_{\alpha+}}(A_\alpha)]=\bigcup_{\alpha\in[0,1)}[\widehat{\alpha}\cap\overline{R_{\alpha+}}(A_{\alpha+})].$$

(2)
$$\underline{R}(A)=\bigcup_{\alpha\in[0,1]}[\widehat{\alpha}\cap\underline{R_{1-\alpha}}(A_\alpha)]=\bigcup_{\alpha\in[0,1)}[\widehat{\alpha}\cap\underline{R_{1-\alpha}}(A_{\alpha+})]$$
$$=\bigcup_{\alpha\in(0,1]}[\widehat{\alpha}\cap\underline{R_{(1-\alpha)+}}(A_\alpha)]=\bigcup_{\alpha\in(0,1)}[\widehat{\alpha}\cap\underline{R_{(1-\alpha)+}}(A_{\alpha+})].$$

并且对于 $\alpha\in(0,1)$ 有

(3) $[\overline{R}(A)]_{\alpha+}\subseteq\overline{R_{\alpha+}}(A_{\alpha+})\subseteq\overline{R_{\alpha+}}(A_\alpha)\subseteq\overline{R_\alpha}(A_\alpha)\subseteq[\overline{R}(A)]_\alpha$.

(4) $[\overline{R}(A)]_{\alpha+}\subseteq\overline{R_{\alpha+}}(A_{\alpha+})\subseteq\overline{R_\alpha}(A_{\alpha+})\subseteq\overline{R_\alpha}(A_\alpha)\subseteq[\overline{R}(A)]_\alpha$.

(5) $[\underline{R}(A)]_{\alpha+}\subseteq\underline{R_{1-\alpha}}(A_{\alpha+})\subseteq\underline{R_{(1-\alpha)+}}(A_{\alpha+})\subseteq\underline{R_{(1-\alpha)+}}(A_\alpha)\subseteq[\underline{R}(A)]_\alpha$.

(6) $[\underline{R}(A)]_{\alpha+}\subseteq\underline{R_{1-\alpha}}(A_{\alpha+})\subseteq\underline{R_{1-\alpha}}(A_\alpha)\subseteq\underline{R_{(1-\alpha)+}}(A_\alpha)\subseteq[\underline{R}(A)]_\alpha$.

证明 (1) 对任意 $A\in\mathcal{F}(W)$ 和 $x\in U$, 注意到对任意 α, $\overline{R_\alpha}(A_\alpha)(x)$ 要么为 1, 要么为 0, 因此

$$\left(\bigcup_{\alpha\in[0,1]}[\widehat{\alpha}\cap\overline{R_\alpha}(A_\alpha)]\right)(x)=\bigvee_{\alpha\in[0,1]}[\alpha\wedge\overline{R_\alpha}(A_\alpha)(x)]$$
$$=\sup\{\alpha\in[0,1]|\overline{R_\alpha}(A_\alpha)(x)=1\}$$
$$=\sup\{\alpha\in[0,1]|x\in\overline{R_\alpha}(A_\alpha)\}$$
$$=\sup\{\alpha\in[0,1]|F_\alpha(x)\cap A_\alpha\neq\varnothing\}$$
$$=\sup\{\alpha\in[0,1]|\exists y\in W[R(x,y)\geqslant\alpha,A(y)\geqslant\alpha]\}$$
$$=\sup\{\alpha\in[0,1]|\exists y\in W[R(x,y)\wedge A(y)\geqslant\alpha]\}$$

$$= \sup\left\{\alpha \in [0,1] \,\middle|\, \bigvee_{y\in W}[R(x,y)\wedge A(y)] \geqslant \alpha\right\}$$
$$= \bigvee_{y\in W}[R(x,y)\wedge A(y)] = \overline{R}(A)(x),$$

故

$$\bigcup_{\alpha\in[0,1]}[\widehat{\alpha}\cap\overline{R_\alpha}(A_\alpha)] = \overline{R}(A).$$

类似地可以证明

$$\overline{R}(A) = \bigcup_{\alpha\in[0,1)}[\widehat{\alpha}\cap\overline{R_\alpha}(A_{\alpha+})] = \bigcup_{\alpha\in[0,1)}[\widehat{\alpha}\cap\overline{R_{\alpha+}}(A_\alpha)]$$
$$= \bigcup_{\alpha\in[0,1)}[\widehat{\alpha}\cap\overline{R_{\alpha+}}(A_{\alpha+})].$$

(2) 由于对任意 $x\in U$ 有

$$\left(\bigcup_{\alpha\in[0,1]}[\widehat{\alpha}\cap\underline{R_{1-\alpha}}(A_\alpha)]\right)(x)$$
$$= \bigvee_{\alpha\in[0,1]}[\alpha\wedge\underline{R_{1-\alpha}}(A_\alpha)(x)]$$
$$= \sup\{\alpha\in[0,1] | \underline{R_{1-\alpha}}(A_\alpha)(x) = 1\}$$
$$= \sup\{\alpha\in[0,1] | F_{1-\alpha}(x)\subseteq A_\alpha\}$$
$$= \sup\{\alpha\in[0,1] | \forall y\in W[y\in F_{1-\alpha}(x)\Rightarrow y\in A_\alpha]\}$$
$$= \sup\{\alpha\in[0,1] | \forall y\in W[R(x,y)\geqslant 1-\alpha\Rightarrow A(y)\geqslant\alpha]\}$$
$$= \sup\{\alpha\in[0,1] | \forall y\in W[1-R(x,y)\leqslant\alpha\Rightarrow A(y)\geqslant\alpha]\}$$
$$= \sup\{\alpha\in[0,1] | \forall y\in W[(1-R(x,y))\vee A(y)\geqslant\alpha]\}$$
$$= \sup\left\{\alpha\in[0,1] \,\middle|\, \bigwedge_{y\in W}[(1-R(x,y))\vee A(y)]\geqslant\alpha\right\}$$
$$= \bigwedge_{y\in W}[(1-R(x,y))\vee A(y)],$$

故

$$\underline{R}(A) = \bigcup_{\alpha\in[0,1]}[\widehat{\alpha}\cap\underline{R_{1-\alpha}}(A_\alpha)].$$

类似地, 可以证明

$$\underline{R}(A)=\bigcup_{\alpha\in[0,1]}[\widehat{\alpha}\cap\underline{R_{1-\alpha}}(A_{\alpha+})]=\bigcup_{\alpha\in(0,1]}[\widehat{\alpha}\cap\underline{R_{(1-\alpha)+}}(A_{\alpha})]$$
$$=\bigcap_{\alpha\in(0,1)}[\widehat{\alpha}\cap\underline{R_{(1-\alpha)+}}(A_{\alpha+})].$$

结合 (1), (2), 引理 2.3 与引理 3.4, 可分别推得 (3)—(6) 成立. □

需要指出的是, 在一般情况下, 下近似序列 $\{\underline{R_{\alpha}}(A_{\alpha})|\alpha\in[0,1]\}$ 不构成集合套, 因此不能形成模糊集.

定理 3.3 设 R 是从 U 到 W 上的模糊关系, 若 $A\in\mathcal{F}(W)$, 则

(1) 当 $0<\beta\leqslant 1/2$ 时, 有

$$\underline{R_{1-\beta}}(A_{\beta_+})\supseteq\underline{R_{\beta}}(A_{\beta+})\cup\underline{R_{1-\beta}}(A_{(1-\beta)+}).$$

(2) 当 $1/2\leqslant\beta<1$ 时, 有

$$\underline{R_{1-\beta}}(A_{\beta+})\subseteq\underline{R_{1-\beta}}(A_{(1-\beta)+})\cap\underline{R_{\beta}}(A_{\beta+}).$$

证明 (1) 当 $0<\beta\leqslant 1/2$ 时, 显然对任意 $y\in U$, 有

$$F_{\beta}(y)\supseteq F_{1-\beta}(y)\ \text{且}\ A_{\beta+}\supseteq A_{(1-\beta)+}.$$

若 $y\in\underline{R_{\beta}}(A_{\beta+})$, 则由下近似定义知, $F_{\beta}(y)\subseteq A_{\beta+}$, 从而 $F_{1-\beta}(y)\subseteq F_{\beta}(y)\subseteq A_{\beta+}$, 又由下近似定义得, $y\in\underline{R_{1-\beta}}(A_{\beta+})$, 即

$$\underline{R_{\beta}}(A_{\beta+})\subseteq\underline{R_{1-\beta}}(A_{\beta+}).$$

若 $y\in\underline{R_{1-\beta}}(A_{(1-\beta)+})$, 由下近似定义可得 $F_{1-\beta}(y)\subseteq A_{(1-\beta)+}\subseteq A_{\beta+}$, 从而, $y\in\underline{R_{1-\beta}}(A_{\beta+})$, 于是

$$\underline{R_{1-\beta}}(A_{(1-\beta)+})\subseteq\underline{R_{1-\beta}}(A_{\beta+}).$$

因此

$$\underline{R_{1-\beta}}(A_{\beta+})\supseteq\underline{R_{\beta}}(A_{\beta+})\cup\underline{R_{1-\beta}}(A_{(1-\beta)+}).$$

(2) 当 $1/2\leqslant\beta<1$ 时, 对任意 $x\in\underline{R_{1-\beta}}(A_{\beta+})$, 由下近似定义知, $F_{1-\beta}(x)\subseteq A_{\beta+}$, 由于 $1/2\leqslant\beta\leqslant 1$, 因而 $A_{\beta+}\subseteq A_{(1-\beta)+}$ 且 $F_{\beta}(x)\subseteq F_{1-\beta}(x)$, 从而 $F_{1-\beta}(x)\subseteq A_{\beta+}\subseteq A_{(1-\beta)+}$ 且 $F_{\beta}(x)\subseteq F_{1-\beta}(x)\subseteq A_{\beta+}$, 由下近似定义得 $x\in\underline{R_{1-\beta}}(A_{(1-\beta)+})\cap\underline{R_{\beta}}(A_{\beta+})$, 即

$$\underline{R_{1-\beta}}(A_{\beta+})\subseteq\underline{R_{1-\beta}}(A_{(1-\beta)+})\cap\underline{R_{\beta}}(A_{\beta+}).$$

□

3.2 模糊粗糙近似算子的性质

本节利用模糊粗糙近似算子的经典表示来讨论模糊粗糙近似算子的性质.

定理 3.4 若 R 是从 U 到 W 上的模糊关系, 则由定义 3.3 所给出的模糊粗糙近似算子满足下列性质:

$\forall A, B \in \mathcal{F}(W), \forall A_j \in \mathcal{F}(W), \forall j \in J, J$ 是任意指标集 , $\forall \alpha \in [0,1]$,

(FLD) $\underline{R}(A) = \sim \overline{R}(\sim A)$.

(FUD) $\overline{R}(A) = \sim \underline{R}(\sim A)$.

(FL1) $\underline{R}(A \cup \widehat{\alpha}) = \underline{R}(A) \cup \widehat{\alpha}$.

(FU1) $\overline{R}(A \cap \widehat{\alpha}) = \overline{R}(A) \cap \widehat{\alpha}$.

(FL2) $\underline{R}\left(\bigcap\limits_{j\in J} A_j\right) = \bigcap\limits_{j\in J} \underline{R}(A_j)$.

(FU2) $\overline{R}\left(\bigcup\limits_{j\in J} A_j\right) = \bigcup\limits_{j\in J} \overline{R}(A_j)$.

(FL3) $A \subseteq B \Rightarrow \underline{R}(A) \subseteq \underline{R}(B)$.

(FU3) $A \subseteq B \Rightarrow \overline{R}(A) \subseteq \overline{R}(B)$.

(FL4) $\underline{R}\left(\bigcup\limits_{j\in J} A_j\right) \supseteq \bigcup\limits_{j\in J} \underline{R}(A_j)$.

(FU4) $\overline{R}\left(\bigcap\limits_{j\in J} A_j\right) \subseteq \bigcap\limits_{j\in J} \overline{R}(A_j)$.

证明 对任意 $A \in \mathcal{F}(W)$, 利用定理 1.7、引理 2.4 和定理 3.2 得

$$
\begin{aligned}
\sim \overline{R}(\sim A) &= \sim \bigcup_{\alpha\in[0,1]} [\widehat{\alpha} \cap \overline{R_\alpha}((\sim A)_\alpha)] \\
&= \sim \bigcup_{\alpha\in[0,1]} [\widehat{\alpha} \cap \overline{R_\alpha}(\sim A_{(1-\alpha)+})] \\
&= \sim \bigcup_{\alpha\in[0,1]} [\widehat{\alpha} \cap (\sim \underline{R_\alpha}(A_{(1-\alpha)+}))] \\
&= \bigcap_{\alpha\in[0,1]} [\widehat{1-\alpha} \cup \underline{R_\alpha}(A_{(1-\alpha)+})] \\
&= \bigcap_{\alpha\in[0,1]} [\widehat{\alpha} \cup \underline{R_{1-\alpha}}(A_{\alpha+})] \\
&= \bigcup_{\alpha\in[0,1]} [\widehat{\alpha} \cap \underline{R_{1-\alpha}}(A_{\alpha+})] \\
&= \underline{R}(A),
\end{aligned}
$$

即性质 (FLD) 成立. 性质 (FUD) 可以由性质 (FLD) 直接导出.

对任意 $A \in \mathcal{F}(W)$ 与 $x \in U$, 由定理 3.2 知

$$\begin{aligned}
\overline{R}(A \cap \widehat{\alpha})(x) &= \left(\bigcup_{\beta \in [0,1]} [\widehat{\beta} \cap \overline{R}(A \cap \widehat{\alpha})]\right)(x) \\
&= \sup\{\beta \in [0,1] | F_\beta(x) \cap (A \cap \widehat{\alpha})_\beta \neq \varnothing\} \\
&= \sup\{\beta \in [0,1] | \exists y \in W[R(x,y) \geqslant \beta, A(y) \geqslant \beta, \alpha \geqslant \beta]\} \\
&= \alpha \wedge \sup\{\beta \in [0,1] | \exists y \in W[R(x,y) \geqslant \beta, A(y) \geqslant \beta]\} \\
&= (\widehat{\alpha} \cap \overline{R}(A))(x),
\end{aligned}$$

因此性质 (FU1) 成立. 类似地, 可证性质 (FL1) 成立.

由定理 1.7 的性质 (U3) 与定理 3.2 知

$$\begin{aligned}
\overline{R}\left(\bigcup_{j \in J} A_j\right) &= \bigcup_{\alpha \in [0,1]} \left[\widehat{\alpha} \cap \overline{R_\alpha}\left(\bigcup_{j \in J} A_j\right)_\alpha\right] \\
&= \bigcup_{\alpha \in [0,1]} \left[\widehat{\alpha} \cap \overline{R_\alpha}\left(\bigcup_{j \in J} (A_j)_\alpha\right)\right] \\
&= \bigcup_{\alpha \in [0,1]} \left[\widehat{\alpha} \cap \left(\bigcup_{j \in J} \overline{R_\alpha}((A_j)_\alpha)\right)\right] \\
&= \bigcup_{\alpha \in [0,1]} \left[\bigcup_{j \in J} (\widehat{\alpha} \cap \overline{R_\alpha}((A_j)_\alpha))\right] \\
&= \bigcup_{j \in J} \left(\bigcup_{\alpha \in [0,1]} (\widehat{\alpha} \cap \overline{R_\alpha}((A_j)_\alpha))\right) \\
&= \bigcup_{j \in J} \overline{R}(A_j),
\end{aligned}$$

因此性质 (FU2) 成立. 结合性质 (FU2) 和性质 (FLD) 与 (FUD) 就可推得性质 (FL2) 成立.

由于

$$\begin{aligned}
A \subseteq B &\Rightarrow A_\alpha \subseteq B_\alpha, \quad \forall \alpha \in [0,1], \\
&\Rightarrow \widehat{\alpha} \cap \overline{R_\alpha}(A_\alpha) \subseteq \widehat{\alpha} \cap \overline{R_\alpha}(B_\alpha), \quad \forall \alpha \in [0,1].
\end{aligned}$$

因此, 由定理 3.2 与性质 (FLD) 与 (FUD) 即得性质 (FU3) 与 (FL3).

性质 (FL4) 与 (FU4) 分别从性质 (FL3) 与 (FU3) 直接推得. □

注 3.4 如同一般经典关系下的粗糙近似算子, 性质 (FLD) 与 (FUD) 表明模糊粗糙近似算子 $\underline{R}$ 与 $\overline{R}$ 是相互对偶的, 定理 3.4 中具有相同数字标号的性质也可以看成对偶的. 另外, 前三对性质是互相独立的, 它们蕴涵了其他性质, 而与定理 1.7 中的性质 (L1) 与 (U1) 相对应的是以下的性质 (FL1)′ 与 (FU1)′, 它们可以由性质 (FL1) 与 (FU1) 直接导出,

(FL1)′ $\underline{R}(W) = U$.

(FU1)′ $\overline{R}(\varnothing) = \varnothing$.

定理 3.5 设 R 是从 U 到 W 上的模糊关系, 则

(1) $\overline{R}(1_y)(x) = R(x,y),\ \forall (x,y) \in U \times W$.

(2) $\underline{R}(1_{W-\{y\}})(x) = 1 - R(x,y),\ \forall (x,y) \in U \times W$.

(3) $\overline{R}(1_X)(x) = \sup\{R(x,y)|y \in X\},\ \forall x \in U, X \in \mathcal{P}(W)$.

(4) $\underline{R}(1_X)(x) = \inf\{1 - R(x,y)|y \notin X\},\ \forall x \in U, X \in \mathcal{P}(W)$.

其中 1_y 表示单点集 $\{y\}$ 的特征函数.

证明 由定义直接可得. □

定理 3.6 设 R 是从 U 到 W 上的模糊关系, 则 R 是串行的当且仅当下列等价性质之一成立:

(FL0) $\underline{R}(\varnothing) = \varnothing$.

(FU0) $\overline{R}(W) = U$.

(FL0)′ $\underline{R}(\widehat{\alpha}) = \widehat{\alpha}, \forall \alpha \in [0,1]$.

(FU0)′ $\overline{R}(\widehat{\alpha}) = \widehat{\alpha}, \forall \alpha \in [0,1]$.

(FLU0) $\underline{R}(A) \subseteq \overline{R}(A),\ \forall A \in \mathcal{F}(W)$.

证明 首先, 由对偶性质 (FLD) 与 (FUD) 可推得 (FL0) 与 (FU0) 是等价的, (FL0)′ 与 (FU0)′ 也是等价的.

其次, (FU0)′ 与 (FU0) 是等价的. 事实上, 若 (FU0)′ 成立, 则在 (FU0)′ 中取 $\alpha = 1$ 即得 (FU0). 反之, 若 (FU0) 成立, 则在性质 (FU1) 中令 $A = W = 1_W$ 即可推得 (FU0)′ 成立.

然后, 证 R 是串行模糊关系当且仅当 (FU0) 成立.

事实上, 由定理 3.5 的性质 (3) 可知, $\overline{R}(W)(x) = \bigvee_{y\in W} R(x,y)$ 对任意 $x \in U$ 成立, 因此, R 是串行模糊关系当且仅当 $\bigvee_{y\in W} R(x,y) = 1 = 1_U(x)$ 对任意 $x \in U$ 成立当且仅当 $\overline{R}(W) = U$.

最后, 证 R 是串行模糊关系当且仅当 (FLU0) 成立.

先证充分性. 若 (FLU0) 成立, 对任意 $x \in U$, 取 $A = W$, 则由定理 3.5 的性质

(3) 和注 3.4 的性质 (FL1)′ 得

$$\bigvee_{y\in W} R(x,y)=\overline{R}(W)(x)\geqslant \underline{R}(W)(x)=U(x)=1,$$

即 R 是串行模糊关系.

再证必要性. 若 R 是串行模糊关系, 下面我们来证 (FLU0) 成立.

事实上, 由定理 3.2 知, 只需证明对任意 $\alpha\in[0,1]$,

$$\underline{R_{1-\alpha}}(A_{\alpha+})\subseteq \overline{R_\alpha}(A_\alpha). \tag{3.4}$$

设 $x\in \underline{R_{1-\alpha}}(A_{\alpha+})$, 由下近似的定义有 $F_{1-\alpha}(x)\subseteq A_{\alpha+}$, 从而对任意 $y\in W$ 有

$$R(x,y)\geqslant 1-\alpha \Rightarrow A(y)>\alpha. \tag{3.5}$$

因为 R 是串行模糊关系, 由定义有 $\bigvee\limits_{y\in W} R(x,y)=1$. 以下分三种情形说明 (3.4) 式成立.

(i) 当 $\alpha\in(0,1)$ 时, 由上确界的定义知, 存在 $y_0\in W$ 使得 $R(x,y_0)\geqslant \max\{\alpha,1-\alpha\}$, 即 $y_0\in F_{1-\alpha}(x)$ 并且 $y_0\in F_\alpha(x)$. 另一方面, 由 (3.5) 式知, $A(y_0)>\alpha$, 于是 $y_0\in A_{\alpha+}\subseteq A_\alpha$, 这样就得到了 $y_0\in F_\alpha(x)\cap A_\alpha$, 从而由上近似的定义得 $x\in \overline{F}_\alpha(A_\alpha)$, 即 (3.4) 式成立.

(ii) 当 $\alpha=0$ 时, 若存在 $y_0\in W$, 满足 $R(x,y_0)=1$, 则 (3.4) 式成立. 若对任意 $y_0\in W$, 有 $R(x,y_0)<1$, 则 $F_1(x)=\varnothing\subseteq A_{0+}$, 这样 $U=\underline{R_1}(A_{0+})=\overline{R_0}(A_0)$, 即 (3.4) 式成立.

(iii) 当 $\alpha=1$ 时, 若存在 $y_0\in W$, 满足 $R(x,y_0)=1$, 则 (3.4) 式成立. 若对任意 $y_0\in W$, 有 $R(x,y_0)<1$, 则 $F_0(x)\neq\varnothing$ 且 $A_{1+}=\varnothing$, 这样 $\varnothing=\underline{R_1}(A_{0+})\subseteq\overline{R_0}(A_0)$, 即 (3.4) 式成立.

综合 (i)—(iii) 说明 (3.4) 式对任意 $\alpha\in[0,1]$ 都成立, 因此 (FLU0) 成立. □

定理 3.7 设 R 是 U 上模糊关系, 则 R 是自反模糊关系当且仅当下列等价性质之一成立:

(FLR) $\underline{R}(A)\subseteq A, \forall A\in\mathcal{F}(U)$.

(FUR) $A\subseteq\overline{R}(A), \forall A\in\mathcal{F}(U)$.

证明 首先由对偶性质 (FLD) 与 (FUD) 易证性质 (FLR) 与 (FUR) 是等价的. 因此, 只需证明 R 的自反性等价于性质 (FUR).

若 R 是自反模糊关系, 则对任意 $A\in\mathcal{F}(U)$ 和任意 $x\in U$, 记 $A(x)=\alpha$, 显然, $x\in A_\alpha$. 由于 R 自反, 因此由引理 3.2 知, R_α 是自反经典关系, 这样 $x\in F_\alpha(x)$, 从而 $x\in F_\alpha(x)\cap A_\alpha$, 即 $x\in\overline{R_\alpha}(A_\alpha)$. 又由定理 3.2 知 $\overline{R_\alpha}(A_\alpha)\subseteq[\overline{R}(A)]_\alpha$, 于是 $x\in[\overline{R}(A)]_\alpha$, 从而 $\overline{R}(A)(x)\geqslant\alpha=A(x)$, 即证性质 (FUR) 成立.

反之, 若性质 (FUR) 成立, 则对任意 $x \in U$, 令 $A = 1_x$, 由定理 3.5 和性质 (FUR) 可得 $1 = 1_x(x) \leqslant \overline{R}(1_x)(x) = R(x,x)$, 因此 $R(x,x) = 1$, 即证 R 是自反的.□

定理 3.8 设 R 是 U 上模糊关系, 则 R 是对称模糊关系当且仅当下列等价性质之一成立:

(FLS) $\underline{R}(1_{U-\{y\}})(x) = \underline{R}(1_{U-\{x\}})(y), \forall (x,y) \in U \times U$.

(FUS) $\overline{R}(1_x)(y) = \overline{R}(1_y)(x), \forall (x,y) \in U \times U$.

证明 由定理 3.5 即得. □

注 3.5 由定理 1.10 和定理 2.5 知, 二元经典关系 R 是对称的当且仅当 (LS) 与 (US) 之一成立当且仅当 (RFLS)$'$ 与 (RFUS)$'$ 之一成立, 但是对于模糊对称关系所导出的模糊粗糙近似算子而言却没有这样的对应性质刻画, 这是因为由定理 2.12 知, 若 $\overline{R}(\underline{R}(A)) \subseteq A$(或等价地, $A \subseteq \underline{R}(\overline{R}(A))$) 对任意 $A \in \mathcal{F}(U)$ 成立, 则 R 一定是经典关系.

定理 3.9 设 R 是 U 上模糊关系, 则 R 是传递模糊关系当且仅当下列性质之一成立:

(FLT) $\underline{R}(A) \subseteq \underline{R}(\underline{R}(A)), \ \forall A \in \mathcal{F}(U)$.

(FUT) $\overline{R}(\overline{R}(A)) \subseteq \overline{R}(A), \ \forall A \in \mathcal{F}(U)$.

证明 首先, 可由对偶性质 (FLD) 与 (FUD) 直接验证性质 (FLT) 与 (FUT) 是等价的. 因此只需证明 R 的传递性等价于性质 (FUT) 即可.

若 R 是传递模糊关系, 则对任意 $A \in \mathcal{F}(U)$, 由定理 3.2 可得

$$\bigcup_{\alpha\in[0,1]} [\widehat{\alpha} \cap (\overline{R}(A))_{\alpha+}] \subseteq \bigcup_{\alpha\in[0,1]} [\widehat{\alpha} \cap (\overline{R_\alpha}(A_{\alpha+}))] \subseteq \bigcup_{\alpha\in[0,1]} [\widehat{\alpha} \cap (\overline{R}(A))_{\alpha}],$$

从而,

$$\bigcup_{\alpha\in[0,1]} [\widehat{\alpha} \cap \overline{R_\alpha}(A_{\alpha+})] = \overline{R}(A). \tag{3.6}$$

结合 (3.6) 式、定理 3.2 和定理 1.11 中的性质 (UT) 得

$$\begin{aligned}
\overline{R}(\overline{R}(A)) &= \bigcup_{\alpha\in[0,1]} [\widehat{\alpha} \cap \overline{R_\alpha}(\overline{R}(A))_{\alpha+}] \\
&\subseteq \bigcup_{\alpha\in[0,1]} [\widehat{\alpha} \cap \overline{R_\alpha}(\overline{R_\alpha}(A_{\alpha+}))] \\
&\subseteq \bigcup_{\alpha\in[0,1]} [\widehat{\alpha} \cap \overline{R_\alpha}(\overline{R_\alpha}(A_{\alpha}))] \\
&\subseteq \bigcup_{\alpha\in[0,1]} [\widehat{\alpha} \cap \overline{R_\alpha}(A_{\alpha})] \\
&= \overline{R}(A).
\end{aligned}$$

因此性质 (FUT) 成立.

反之, 假设性质 (FUT) 成立. 对任意 $x,y,z\in U$, 任取 $\lambda\in(0,1]$ 使其满足 $R(x,y)\geqslant\lambda$ 与 $R(y,z)\geqslant\lambda$. 则一方面,

$$\overline{R}(\overline{R}(1_z))(x)\leqslant\overline{R}(1_z)(x)=R(x,z). \tag{3.7}$$

而另一方面,

$$\begin{aligned}
&\overline{R}(\overline{R}(1_z))(x)\\
&=\sup\{\alpha\in[0,1]|x\in\overline{R_\alpha}(\overline{R}(1_z))_\alpha\}\\
&=\sup\{\alpha\in[0,1]|F_\alpha(x)\cap(\overline{R}(1_z))_\alpha\neq\varnothing\}\\
&=\sup\{\alpha\in[0,1]|\exists u\in U[R(x,u)\geqslant\alpha,\overline{R}(1_z)(u)=R(u,z)\geqslant\alpha]\}\\
&\geqslant\min\{R(x,y),R(y,z)\}\geqslant\lambda,
\end{aligned} \tag{3.8}$$

由 (3.7) 式与 (3.8) 式得 $R(x,z)\geqslant\lambda$, 即证 R 是传递的. □

定理 3.10 设 R 是 U 上的模糊关系, 则 R 是等价模糊关系当且仅当模糊粗糙下近似算子 $\underline{R}$ 满足性质 (FLR), (FLS), (FLT), 或等价地, 模糊粗糙上近似算子 $\overline{R}$ 满足性质 (FUR), (FUS), (FUT).

证明 由定理 3.7、定理 3.8 和定理 3.9 即得. □

定理 3.11 若 R 是 U 上的自反和传递模糊关系, 则以下性质成立:

(FLRT) $\underline{R}(A)=\underline{R}(\underline{R}(A))$, $\forall A\in\mathcal{F}(U)$.

(FURT) $\overline{R}(A)=\overline{R}(\overline{R}(A))$, $\forall A\in\mathcal{F}(U)$.

证明 由对偶性质 (FLD) 与 (FUD) 可证性质 (FLRT) 与 (FURT) 是等价的, 因此只需证明性质 (FURT) 成立. 事实上, 对任意 $A\in\mathcal{F}(U)$, 由于 R 是自反的, 于是由定理 3.7 得 $A\subseteq\overline{R}(A)$, 再利用定理 3.4 的性质 (FU3) 可得 $\overline{R}(A)\subseteq\overline{R}(\overline{R}(A))$, 从而结合定理 3.9 的性质 (FUT) 即得性质 (FURT). □

3.3 模糊粗糙近似算子的公理刻画

本节讨论一般模糊关系所对应的模糊近似算子的公理化刻画. 在这个方法中, 系统 $(\mathcal{F}(U),\mathcal{F}(W),\cap,\cup,\sim,L,H)$ 是基本要素, 其中 $L,H:\mathcal{F}(W)\to\mathcal{F}(U)$ 是从 $\mathcal{F}(W)$ 到 $\mathcal{F}(U)$ 的算子, 然后去找 L 和 H 满足怎么样的条件 (公理) 使得一定存在模糊关系 R 通过构造性方法按定义 3.3 所给出的模糊近似算子恰好满足 $\underline{R}=L$ 与 $\overline{R}=H$.

定理 3.12 设 $L,H:\mathcal{F}(W)\to\mathcal{F}(U)$ 是对偶算子, 则存在从 U 到 W 上的模糊关系 R 使得对任意 $A\in\mathcal{F}(W)$, 由定义 3.3 所给出的模糊粗糙近似算子 $\underline{R}$ 与 $\overline{R}$

有

$$L(A) = \underline{R}(A), \quad H(A) = \overline{R}(A) \tag{3.9}$$

当且仅当 L 满足以下公理 (AFL1) 与 (AFL2), 或等价地, H 满足公理 (AFU1) 与 (AFU2):

(AFL1) $L(A \cup \widehat{\alpha}) = L(A) \cup \widehat{\alpha}, \forall A \in \mathcal{F}(W),\ \forall \alpha \in [0,1]$.

(AFL2) $L\left(\bigcap_{j\in J} A_j\right) = \bigcap_{j\in J} L(A_j), \forall A_j \in \mathcal{F}(W), j \in J, J$ 是任意指标集.

(AFU1) $H(A \cap \widehat{\alpha}) = H(A) \cap \widehat{\alpha}, \forall A \in \mathcal{F}(W),\ \forall \alpha \in [0,1]$.

(AFU2) $H\left(\bigcup_{j\in J} A_j\right) = \bigcup_{j\in J} H(A_j), \forall A_j \in \mathcal{F}(W), j \in J, J$ 是任意指标集.

证明　"$\Rightarrow$" 由定理 3.4 即得.

"$\Leftarrow$" 假设算子 H 满足公理 (AFU1) 与 (AFU2), 则由算子 H 可以定义一个从 U 到 W 的模糊关系 R 如下:

$$R(x,y) = H(1_y)(x), \quad (x,y) \in U \times W. \tag{3.10}$$

显然, 对任意 $A \in \mathcal{F}(W)$, 有

$$A = \bigcup_{y\in W} (1_y \cap \widehat{A(y)}). \tag{3.11}$$

若 $A = \varnothing$, 则由上近似 $\overline{R}$ 的定义及定理 3.4 知

$$\begin{aligned}
\overline{R}(A) &= \bigcup_{\alpha\in[0,1]} (\widehat{\alpha} \cap \overline{R}_\alpha(\varnothing)_a) \\
&= \bigcup_{\alpha\in(0,1]} (\widehat{\alpha} \cap \overline{R}_\alpha(\varnothing)) \\
&= \bigcup_{\alpha\in(0,1]} (\widehat{\alpha} \cap \varnothing) \\
&= \varnothing = H(A).
\end{aligned}$$

若 $A \neq \varnothing$, 则对任意 $x \in U$, 由公理 (AFU1), (AFU2) 以及 (3.11) 式得

$$\begin{aligned}
\overline{R}(A)(x) &= \overline{R}\left(\bigcup_{y\in W} (1_y \cap \widehat{A(y)})\right)(x) \\
&= \left(\bigcup_{y\in W} \overline{R}(1_y \cap \widehat{A(y)})\right)(x)
\end{aligned}$$

$$
\begin{aligned}
&= \bigvee_{y\in W} (\overline{R}(1_y) \cap \widehat{A(y)})(x) \\
&= \bigvee_{y\in W} (\overline{R}(1_y)(x) \wedge A(y)) \\
&= \bigvee_{y\in W} (R(x,y) \wedge A(y)) \\
&= \bigvee_{y\in W} (H(1_y)(x) \wedge A(y)) \\
&= H\left(\bigcup_{y\in W} (1_y \cap \widehat{A(y)})\right)(x) \\
&= H(A)(x),
\end{aligned}
$$

因此, $H(A) = \overline{R}(A)$. $L(A) = \underline{R}(A)$ 可直接由已证之结论 $H(A) = \overline{R}(A)$ 与已知公理假设得到. □

由定理 3.12 知, {(AFLD), (AFL1), (AFL2)} 或 {(AFUD), (AFU1), (AFU2)} 是刻画对偶模糊粗糙近似算子的公理集, 由此可得以下模糊粗糙集代数的定义.

定义 3.4　设 $L, H : \mathcal{F}(W) \to \mathcal{F}(U)$ 是一对对偶算子. 若 L 满足公理集 {(AFL1), (AFL2)}, 或等价地, H 满足公理集 {(AFU1), (AFU2)}, 则系统 $(\mathcal{F}(W), \mathcal{F}(U), \cap, \cup, \sim, L, H)$ 称为模糊粗糙集代数, L 与 H 分别称为下、上模糊粗糙近似算子.

定理 3.13　设 $L, H : \mathcal{F}(W) \to \mathcal{F}(U)$ 是一对对偶模糊粗糙近似算子, 即 L 满足公理 (AFL1) 与 (AFL2), 或等价地, H 满足公理 (AFU1) 与 (AFU2), 则存在从 U 到 W 上串行模糊关系 R 使得

$$
L(A) = \underline{R}(A), \quad H(A) = \overline{R}(A), \quad \forall A \in \mathcal{F}(W)
$$

当且仅当 L 满足公理 (AFL0), 或等价地, H 满足公理 (AFU0):

(AFL0) $L(\widehat{\alpha}) = \widehat{\alpha}$, $\forall \alpha \in [0,1]$.

(AFU0) $H(\widehat{\alpha}) = \widehat{\alpha}$, $\forall \alpha \in [0,1]$.

证明　由定理 3.12 和定理 3.6 即得. □

注 3.6　由定理 3.6 知, 公理 (AFL0) 与 (AFU0) 可以被以下公理之一等价地替代:

(AFL0)′ $L(\varnothing) = \varnothing$.

(AFU0)′ $H(W) = U$.

(AFLU0) $L(A) \subseteq H(A)$, $\forall A \in \mathcal{F}(W)$.

定理 3.14 设 $L, H: \mathcal{F}(U) \to \mathcal{F}(U)$ 是一对对偶模糊粗糙近似算子, 则存在 U 上自反模糊关系 R 使得

$$L(A) = \underline{R}(A), \quad H(A) = \overline{R}(A), \quad \forall A \in \mathcal{F}(U)$$

当且仅当 L 满足公理 (AFLR), 或等价地, H 满足公理 (AFUR):

(AFLR) $LA \subseteq A$, $\forall A \in \mathcal{F}(U)$.

(AFUR) $A \subseteq HA$, $\forall A \in \mathcal{F}(U)$.

证明 由定理 3.7 和定理 3.12 即得. □

定理 3.15 设 $L, H: \mathcal{F}(U) \to \mathcal{F}(U)$ 是一对对偶模糊粗糙近似算子, 则存在 U 上对称模糊关系 R 使得

$$L(A) = \underline{R}(A), \quad H(A) = \overline{R}(A), \quad \forall A \in \mathcal{F}(U)$$

当且仅当 L 满足公理 (AFLS), 或等价地, H 满足公理 (AFUS):

(AFLS) $L(1_{U-\{y\}})(x) = L(1_{U-\{x\}})(y)$, $\forall (x, y) \in U \times U$.

(AFUS) $H(1_y)(x) = H(1_x)(y)$, $\forall (x, y) \in U \times U$.

证明 由定理 3.8 和定理 3.12 即得. □

注 3.7 由定理 2.12 知, 与对称粗糙模糊近似算子不同的是, 对称模糊粗糙近似算子公理刻画不能被以下 (AFLS)′ 或 (AFUS)′ 所代替:

(AFLS)′ $A \subseteq LHA$, $\forall A \in \mathcal{F}(U)$.

(AFUS)′ $HLA \subseteq A$, $\forall A \in \mathcal{F}(U)$.

定理 3.16 设 $L, H: \mathcal{F}(U) \to \mathcal{F}(U)$ 是一对对偶模糊粗糙近似算子, 则存在 U 上传递模糊关系 R 使得

$$L(A) = \underline{R}(A), \quad H(A) = \overline{R}(A), \quad \forall A \in \mathcal{F}(U)$$

当且仅当 L 满足公理 (AFLT), 或等价地, H 满足公理 (AFUT):

(AFLT) $LA \subseteq LLA$, $\forall A \in \mathcal{F}(U)$.

(AFUT) $HHA \subseteq HA$, $\forall A \in \mathcal{F}(U)$.

证明 由定理 3.9 和定理 3.12 即得. □

定理 3.17 设 $L, H: \mathcal{F}(U) \to \mathcal{F}(U)$ 是一对对偶模糊粗糙近似算子, 则存在 U 上等价模糊关系 R 使得

$$L(A) = \underline{R}(A), \quad H(A) = \overline{R}(A), \quad \forall A \in \mathcal{F}(U)$$

当且仅当 L 满足公理集 {(AFLR), (AFLS), (AFLT)}, 或等价地, H 满足公理集 {(AFUR), (AFUS), (AFUT)}.

证明 由定理 3.14、定理 3.15、定理 3.16 即得. □

第 4 章　(S,T)-模糊粗糙集

本章讨论在无限论域中由三角模和反三角模生成的对偶模糊粗糙近似算子的构造性定义及其公理化刻画.

4.1　三角模与反三角模

定义 4.1[46]　一个单位区间 $[0,1]$ 上的二元映射 $T:[0,1]\times[0,1]\to[0,1]$ 称为一个三角模 (又称 t-模), 若 $\forall a,b,c\in[0,1]$, 有

(1) $T(a,b)=T(b,a)$ (交换律);

(2) $T(a,1)=a$ (边界条件);

(3) $b\leqslant c\Rightarrow T(a,b)\leqslant T(a,c)$ (单调性);

(4) $T(T(a,b),c)=T(a,T(b,c))$ (结合律).

$[0,1]$ 上的二元映射 $S:[0,1]\times[0,1]\to[0,1]$ 称为一个反三角模 (又称 t-余模), 若 $\forall a,b,c\in[0,1]$, 有

(1) $S(a,b)=S(b,a)$ (交换律);

(2) $S(a,0)=a$ (边界条件);

(3) $b\leqslant c\Rightarrow S(a,b)\leqslant S(a,c)$ (单调性);

(4) $S(S(a,b),c)=S(a,S(b,c))$ (结合律).

称三角模 T 与反三角模 S 是对偶的, 若满足以下的 De Morgan 律:

$$T(a,b)=1-S(1-a,1-b),\quad a,b\in[0,1], \tag{4.1}$$

$$S(a,b)=1-T(1-a,1-b),\quad a,b\in[0,1]. \tag{4.2}$$

可以证明, 若 S 是反三角模, 则由 (4.1) 式定义的 T 是三角模. 同样, 若 T 是三角模, 则由 (4.2) 式定义的 S 是反三角模.

称三角模 T(反三角模 S) 是左连续的, 若 $T(S)$ 关于每一个变量都是左连续的. 称三角模 T(反三角模 S) 是右连续的, 若 $T(S)$ 关于每一个变量都右连续的.

可以证明, 若 T 与 S 是对偶的, 则 T 是左连续的当且仅当 S 是右连续的.

三个最常见的三角模有

(1) 标准 min 算子: $T_{\mathrm{M}}(\alpha,\beta)=\min\{\alpha,\beta\}$ (最大三角模 [46]).

(2) 代数积: $T_{\mathrm{P}}(\alpha,\beta)=\alpha*\beta$.

(3) Łukasiewicz 三角模：$T_{\mathrm{L}}(\alpha,\beta)=\max\{0,\alpha+\beta-1\}$.

对应地, 三个最常见的反三角模是

(1) 标准 max 算子：$S_{\mathrm{M}}(\alpha,\beta)=\max\{\alpha,\beta\}$ (最小反三角模).

(2) 概率和：$S_{\mathrm{P}}(\alpha,\beta)=\alpha+\beta-\alpha*\beta$.

(3) 有界和：$S_{\mathrm{L}}(\alpha,\beta)=\min\{1,\alpha+\beta\}$.

对于给定的三角模 T 和反三角模 S, 设 A, $B\in\mathcal{F}(U)$, 则可以定义 U 上的两个模糊集 $T(A,B)$ 与 $S(A,B)$:

$$\begin{aligned}T(A,B)(x)&=T\big(A(x),B(x)\big),\quad x\in U.\\S(A,B)(x)&=S\big(A(x),B(x)\big),\quad x\in U.\end{aligned}\tag{4.3}$$

$T(A,B)$ 与 $S(A,B)$ 可以分别看成 A 和 B 的一种广义交与广义并, 有时记为 $A\cap_T B$ 与 $A\cup_S B$.

命题 4.1 设 T 是 $[0,1]$ 上的三角模, 则以下性质成立: $\forall A,B,C,\forall A_j\in\mathcal{F}(U)$, $j\in J$, 其中 J 是任意指标集,

(T1) $T(A,B)=T(B,A)$.

(T2) $A\subseteq B\Rightarrow T(A,C)\subseteq T(B,C)$.

(T3) $T\big(A,T(B,C)\big)=T\big(T(A,B),C\big)$.

(T4) 若 T 是右连续的, 则 $T\left(\bigcap\limits_{j\in J}A_j,B\right)=\bigcap\limits_{j\in J}T\big(A_j,B\big)$.

(T5) 若 T 是左连续的, 则 $T\left(\bigcup\limits_{j\in J}A_j,B\right)=\bigcup\limits_{j\in J}T\big(A_j,B\big)$.

(T6) $T(\widehat{1},A)=T(U,A)=A$.

(T7) $T(\widehat{0},A)=T(\varnothing,A)=\varnothing$.

证明 由三角模的定义可直接得到. □

命题 4.2 设 S 是 $[0,1]$ 上的反三角模, 则以下性质成立: $\forall A,B,C,\forall A_j\in\mathcal{F}(U)$, $j\in J$, 其中 J 是任意指标集,

(S1) $S(A,B)=S(B,A)$.

(S2) $A\subseteq B\Rightarrow S(A,C)\subseteq S(B,C)$.

(S3) $S(A,S(B,C))=S(S(A,B),C)$.

(S4) 若 S 是右连续的, 则 $S\left(\bigcap\limits_{j\in J}A_j,B\right)=\bigcap\limits_{j\in J}S\big(A_j,B\big)$.

(S5) 若 S 是左连续的, 则 $S\left(\bigcup\limits_{j\in J}A_j,B\right)=\bigcup\limits_{j\in J}S\big(A_j,B\big)$.

(S6) $S(\widehat{1},A)=S(U,A)=U$.

(S7) $S(\widehat{0}, A) = S(\varnothing, A) = A$.

证明 由反三角模的定义可直接得到. □

命题 4.3 若 $[0,1]$ 上的反三角模 S 与三角模 T 相互对偶, 则

$$T(A,B) = \sim S(\sim A, \sim B), \quad \forall A,B \in \mathcal{F}(U). \tag{4.4}$$

$$S(A,B) = \sim T(\sim A, \sim B), \quad \forall A,B \in \mathcal{F}(U). \tag{4.5}$$

证明 直接验证即得. □

定义 4.2 设 T 是 $[0,1]$ 上的三角模, 对于 $A, B \in \mathcal{F}(U)$, 模糊集 A 和 B 的 T-内积记为 $(A,B)_T$, 定义如下:

$$(A,B)_T = \bigvee_{x \in U} T\big(A(x), B(x)\big). \tag{4.6}$$

命题 4.4 设 T 是 $[0,1]$ 上的三角模, 则 T-内积运算满足以下性质: $A, B, A_j \in \mathcal{F}(U)$, $j \in J$, 其中 J 是任意指标集, $a \in [0,1]$,

(I1) $(A,B)_T = (B,A)_T$.

(I2) $(\varnothing, B)_T = 0$, $(U,B)_T = \bigvee\limits_{x \in U} B(x)$.

(I3) $A \subseteq B \Rightarrow (A,C)_T \leqslant (B,C)_T$, $\forall C \in \mathcal{F}(U)$.

(I4) $(A,C)_T \leqslant (B,C)_T$, $\forall C \in \mathcal{F}(U) \Rightarrow A \subseteq B$.

(I5) $(A,C)_T = (B,C)_T$, $\forall C \in \mathcal{F}(U) \Rightarrow A = B$.

(I6) 若 T 是左连续的, 则 $\big(T(\widehat{a}, A), B\big)_T = T\big(a, (A,B)_T\big)$.

(I7) 若 T 是左连续的, 则

$$\left(\bigcup_{j \in J} A_j, B\right)_T = \bigvee_{j \in J} (A_j, B)_T.$$

证明 性质 (I1)—(I3) 可以直接验证得到.

(I4) 对任意 $x \in U$, 令 $C = 1_x$, 则

$$(A,C)_T = \bigvee_{y \in U} T\big(A(y), 1_x(y)\big) = \left(\bigvee_{y \neq x} T\big(A(y), 0\big)\right) \vee T\big(A(x), 1\big) = A(x).$$

类似地, 可得 $(B,C)_T = B(x)$. 于是由 $(A,C)_T \leqslant (B,C)_T$ 知, 对任意 $x \in U$ 有 $A(x) \leqslant B(x)$, 从而 $A \subseteq B$.

(I5) 直接由性质 (I4) 可得.

(I6) 对于 $a \in [0,1]$, 由三角模的定义与左连续性得

$$\big(T(\widehat{a}, A), B\big)_T = \bigvee_{x \in U} T\big(T(\widehat{a}, A)(x), B(x)\big)$$

$$= \bigvee_{x\in U} T\big(T\big(a, A(x)\big), B(x)\big) = \bigvee_{x\in U} T\big(a, T\big(A(x), B(x)\big)\big)$$
$$= T\left(a, \bigvee_{x\in U} T\big(A(x), B(x)\big)\right) = T\big(a, (A,B)_T\big).$$

(I7) 直接验证即得. □

定义 4.3 设 S 是 $[0,1]$ 上的反三角模, 对于 $A, B \in \mathcal{F}(U)$, 模糊集 A 和 B 的 S-外积记为 $[A,B]_S$, 定义如下:

$$[A,B]_S = \bigwedge_{x\in U} S\big(A(x), B(x)\big). \tag{4.7}$$

命题 4.5 设 S 是 $[0,1]$ 上的反三角模, 则 S-外积运算满足以下性质: A, $B, A_j \in \mathcal{F}(U)$, $j \in J$, 其中 J 是任意指标集, $a \in [0,1]$,

(O1) $[A,B]_S = [B,A]_S$.

(O2) $[\varnothing, B]_S = \bigwedge\limits_{x\in U} B(x)$, $[U,B]_S = 1$.

(O3) $A \subseteq B \Rightarrow [A,C]_S \leqslant [B,C]_S$, $\forall C \in \mathcal{F}(U)$.

(O4) $[A,C]_S \leqslant [B,C]_S$, $\forall C \in \mathcal{F}(U) \Rightarrow A \subseteq B$.

(O5) $[A,C]_S = [B,C]_S$, $\forall C \in \mathcal{F}(U) \Rightarrow A = B$.

(O6) 若 S 是右连续的, 则 $\big[S(\widehat{a}, A), B\big]_S = S\big(a, [A,B]_S\big)$.

(O7) 若 S 是右连续的, 则 $\left[\bigcap\limits_{j\in J} A_j, B\right]_S = \bigwedge\limits_{j\in J} \left[A_j, B\right]_S$.

(O8) 若 T 是与反三角模 S 对偶的三角模, 则

$$[A,B]_S = 1 - (\sim A, \sim B)_T, \quad (A,B)_T = 1 - [\sim A, \sim B]_S. \tag{4.8}$$

证明 性质 (O1)—(O7) 的证明与命题 4.4 的证明类似. 性质 (O8) 可直接验证得到. □

4.2 (S,T)-模糊粗糙集的定义与性质

定义 4.4 设 U 是一个非空论域, $R \in \mathcal{F}(U \times U)$ 是 U 上的模糊关系, T 是 $[0,1]$ 上的三角模, 若对任意 $x, z \in U$ 有

$$R(x,z) \geqslant \bigvee_{y\in U} T(R(x,y), R(y,z)),$$

则称 R 是 T-传递的. U 上的自反、对称且 T-传递的模糊关系称为 T-等价模糊关系.

定义 4.5 设 U 和 W 是两个非空论域, R 是从 U 到 W 上的模糊关系, T 与 S 是 $[0,1]$ 上一对对偶的三角模与反三角模, 对任意 $A\in\mathcal{F}(W)$, A 关于模糊近似空间 (U,W,R) 的 S-下近似 $\underline{SR}(A)$ 和 T-上近似 $\overline{TR}(A)$ 是 U 上的一对模糊子集, 其隶属函数分别定义如下:

$$\begin{aligned}\underline{SR}(A)(x)&=\bigwedge_{y\in W}S(1-R(x,y),A(y)),\quad x\in U,\\ \overline{TR}(A)(x)&=\bigvee_{y\in W}T(R(x,y),A(y)),\quad x\in U.\end{aligned}\tag{4.9}$$

序对 $(\underline{R}(A),\overline{R}(A))$ 称为 A 关于 (U,W,R) 的 (S,T)-模糊粗糙集, $\underline{SR}$ 与 $\overline{TR}$ 分别称为 S-模糊粗糙下近似算子与 T-模糊粗糙上近似算子, 简称为 (S,T)-模糊粗糙近似算子.

注 4.1 (1) 在定义 4.5 中, 若令 $T=\min$, $S=\max$, 则

$$\begin{aligned}\underline{SR}(A)(x)&=\bigwedge_{y\in W}\big((1-R(x,y))\vee A(y)\big),\quad x\in U,\\ \overline{TR}(A)(x)&=\bigvee_{y\in W}\big(R(x,y)\wedge A(y)\big),\quad x\in U.\end{aligned}$$

即定义 3.3 是定义 4.5 的特例.

(2) 在定义 4.5 中, 若 R 是从 U 到 W 上的经典关系, 则

$$\begin{aligned}\underline{SR}(A)(x)=\underline{RF}(A)(x)&=\bigwedge_{y\in W}S\big(1-R(x,y),A(y)\big)=\bigwedge_{y\in R_s(x)}A(y),\\ \overline{TR}(A)(x)=\overline{RF}(A)(x)&=\bigvee_{y\in W}T\big(R(x,y),A(y)\big)=\bigvee_{y\in R_s(x)}A(y),\end{aligned}$$

即定义 2.4 是也是定义 4.5 的特例.

更特殊地, 若 R 是 U 上等价关系, 则

$$\begin{aligned}\underline{SR}(A)(x)&=\bigwedge_{y\in[x]_R}A(y),\quad x\in U,\\ \overline{TR}(A)(x)&=\bigvee_{y\in[x]_R}A(y),\quad x\in U,\end{aligned}$$

其中 $[x]_R$ 是 x 的 R-等价类.

定理 4.1 设 (U,W,R) 是模糊近似空间, T 与 S 是 $[0,1]$ 上的一对对偶的三角模与反三角模, 且 T 是左连续的, 则 (S,T)-模糊粗糙近似算子满足以下性质: $\forall A,B\in\mathcal{F}(W)$, $\forall A_j\in\mathcal{F}(W),j\in J$, 其中 J 是任意指标集, $\forall(x,y)\in U\times W$, $\forall M\in\mathcal{P}(W)$, $\forall\alpha\in[0,1]$,

(FLD) $\underline{SR}(A) = \sim \overline{TR}(\sim A)$.

(FUD) $\overline{TR}(A) = \sim \underline{SR}(\sim A)$.

(FL1) $\underline{SR}(A) \cup_S \widehat{\alpha} = \underline{SR}\big(A \cup_S \widehat{\alpha}\big)$.

(FU1) $\overline{TR}(A) \cap_T \widehat{\alpha} = \overline{TR}\big(A \cap_T \widehat{\alpha}\big)$.

(FL2) $\underline{SR}\left(\bigcap\limits_{j\in J} A_j\right) = \bigcap\limits_{j\in J} \underline{SR}(A_j)$.

(FU2) $\overline{TR}\left(\bigcup\limits_{j\in J} A_j\right) = \bigcup\limits_{j\in J} \overline{TR}(A_j)$.

(FL3) $A \subseteq B \Rightarrow \underline{SR}(A) \subseteq \underline{SR}(B)$.

(FU3) $A \subseteq B \Rightarrow \overline{TR}(A) \subseteq \overline{TR}(B)$.

(FL4) $\underline{SR}\left(\bigcup\limits_{j\in J} A_j\right) \supseteq \bigcup\limits_{j\in J} \underline{SR}(A_j)$.

(FU4) $\overline{TR}\left(\bigcap\limits_{j\in J} A_j\right) \subseteq \bigcap\limits_{j\in J} \overline{TR}(A_j)$.

(FL5) $\widehat{\alpha} \subseteq \underline{SR}(\widehat{\alpha})$.

(FU5) $\overline{TR}(\widehat{\alpha}) \subseteq \widehat{\alpha}$.

(FL6) $\underline{SR}(W) = U$.

(FU6) $\overline{TR}(\varnothing) = \varnothing$.

(FL7) $\underline{SR}(\widehat{\alpha}) = \widehat{\alpha} \Leftrightarrow \underline{SR}(\varnothing) = \varnothing$.

(FU7) $\overline{TR}(\widehat{\alpha}) = \widehat{\alpha} \Leftrightarrow \overline{TR}(W) = U$.

(FL8) $\underline{SR}\big(1_{W-\{y\}} \cup_S \widehat{\alpha}\big)(x) = S(1 - R(x,y), \alpha)$.

(FU8) $\overline{TR}(1_y \cap_T \widehat{\alpha})(x) = T(R(x,y), \alpha)$.

(FL9) $\underline{SR}\big(1_{W-\{y\}}\big)(x) = 1 - R(x,y)$.

(FU9) $\overline{TR}(1_y)(x) = R(x,y)$.

(FL10) $\underline{SR}\big(1_M\big)(x) = \bigwedge\limits_{y\notin M} \big(1 - R(x,y)\big)$.

(FU10) $\overline{TR}\big(1_M\big)(x) = \bigvee\limits_{y\in M} R(x,y)$.

证明　(FLD). 对任意 $A \in \mathcal{F}(W)$ 与 $x \in U$, 由 T 与 S 的对偶性可得

$$
\begin{aligned}
\big(\sim \overline{TR}(\sim A)\big)(x) &= 1 - \bigvee_{y\in W} T(R(x,y), 1 - A(y)) \\
&= \bigwedge_{y\in W} \big(1 - T(R(x,y), 1 - A(y))\big) \\
&= \bigwedge_{y\in W} S(1 - R(x,y), A(y))
\end{aligned}
$$

$$= \underline{SR}(A)(x).$$

故 (FLD) 成立. 同理可证, (FUD) 成立.

(FU1). 对任意 $x \in U$, 由 T 的左连续性得

$$\begin{aligned}
\overline{TR}(\widehat{\alpha} \cap_T A)(x) &= \bigvee_{y \in W} T(R(x,y), (\widehat{\alpha} \cap_T A)(y)) \\
&= \bigvee_{y \in W} T(R(x,y), T(\alpha, A(y))) \\
&= \bigvee_{y \in W} T(R(x,y), T(A(y), \alpha)) \\
&= \bigvee_{y \in W} T(T(R(x,y), A(y)), \alpha) \\
&= T\left(\bigvee_{y \in W} T(R(x,y), A(y)), \alpha\right) \\
&= T(\overline{TR}(A)(x), \alpha) = T(\alpha, \overline{TR}(A)(x)) \\
&= (\widehat{\alpha} \cap_T \overline{TR}(A))(x).
\end{aligned}$$

因此, $\overline{TR}(\widehat{\alpha} \cap_T A) = \widehat{\alpha} \cap_T \overline{TR}(A)$, 即 (FU1) 成立. 类似可证 (FL1) 成立.

(FU2). 对任意 $x \in U$, 由 T 的左连续性可得

$$\begin{aligned}
\overline{TR}\left(\bigcup_{j \in J} A_j\right)(x) &= \bigvee_{y \in W} T\left(R(x,y), \bigvee_{j \in J} A_j(y)\right) \\
&= \bigvee_{y \in W} \bigvee_{j \in J} T(R(x,y), A_j(y)) \\
&= \bigvee_{j \in J} \bigvee_{y \in W} T(R(x,y), A_j(y)) \\
&= \bigvee_{j \in J} \overline{TR}(A_j)(x) \\
&= \left(\bigcup_{j \in J} \overline{TR}(A_j)\right)(x).
\end{aligned}$$

因此, $\overline{TR}\left(\bigcup_{j \in J} A_j\right) = \bigcup_{j \in J} \overline{TR}(A_j)$, 即 (FU2) 成立. 类似可证 (FL2) 成立.

(FL3) 与 (FL4) 可由 (FL2) 直接推得.

同理, (FU3) 与 (FU4) 可直接由 (FU2) 得到.

(FU5). 对任意 $x\in U$, 由于

$$\begin{aligned}\overline{TR}(\widehat{\alpha})(x)&=\bigvee_{y\in W}T(R(x,y),\alpha)=T\left(\bigvee_{y\in W}R(x,y),\alpha\right)\\&\leqslant T(1,\alpha)=\alpha=\widehat{\alpha}(x),\end{aligned}$$

因此, $\overline{TR}(\widehat{\alpha})\subseteq\widehat{\alpha}$. 类似可证 (FL5) 成立.

(FU6). 在 (FU5) 中令 $\alpha=0$ 即得. 对偶地, 可得 (FL6).

(FU7). "$\Rightarrow$" 令 $\alpha=1$ 即得.

"$\Leftarrow$" 若 $\overline{TR}(1_W)=1_U$, 在 (FU1) 中令 $A=W=1_W$, 则

$$\begin{aligned}\overline{TR}(\widehat{\alpha})&=\overline{TR}(\widehat{\alpha}\cap_T\widehat{1})=\overline{TR}(\widehat{\alpha}\cap_T 1_W)=\widehat{\alpha}\cap_T\overline{TR}(1_W)\\&=\widehat{\alpha}\cap_T 1_U=\widehat{\alpha}\cap_T\widehat{1}=\widehat{\alpha}.\end{aligned}$$

类似地, 可以证明 (FL7) 成立.

(FU8). 由定义得

$$\begin{aligned}\overline{TR}(1_y\cap_T\widehat{\alpha})(x)&=\bigvee_{z\in W}T(R(x,z),T(1_y(z),\alpha))\\&=\bigvee_{z\in W}T(T(R(x,z),1_y(z)),\alpha)\\&=\left(\bigvee_{z\neq y}T(T(R(x,z),0),\alpha)\right)\vee T(T(R(x,y),1),\alpha)\\&=T(R(x,y),\alpha).\end{aligned}$$

即 (FU8) 成立. 同理可得 (FL8).

(FU9). 在 (FU8) 中令 $\alpha=1$ 即得. 同理可得 (FL9).

(FU10). 由定义得

$$\begin{aligned}\overline{TR}(1_M)(x)&=\bigvee_{y\in W}T(R(x,y),1_M(y))\\&=\left(\bigvee_{y\in M}T(R(x,y),1)\right)\vee\left(\bigvee_{y\notin M}T(R(x,y),0)\right)\\&=\bigvee_{y\in M}R(x,y).\end{aligned}$$

即 (FU10) 成立. 同理可得 (FL10). □

定理 4.2 设 (U,W,R) 是一个模糊近似空间, T 与 S 是 $[0,1]$ 上一对对偶的三角模与反三角模, 且 T 是左连续的, 则

(1) R 是串行模糊关系当且仅当以下等价性质之一成立:

(FL0) $\underline{SR}(\varnothing)=\varnothing$.

(FU0) $\overline{TR}(W)=U$.

(FL0)$'$ $\underline{SR}(\widehat{\alpha})=\widehat{\alpha},\ \forall\alpha\in[0,1]$.

(FU0)$'$ $\overline{TR}(\widehat{\alpha})=\widehat{\alpha},\forall\alpha\in[0,1]$.

若 R 是 U 上的模糊关系, $\underline{SR}$ 与 $\overline{TR}$ 是由模糊近似空间 (U,R) 导出的 (S,T)-模糊粗糙近似算子, 则

(2) R 是自反的当且仅当以下等价性质之一成立:

(FLR) $\underline{SR}(A)\subseteq A,\ \forall A\in\mathcal{F}(U)$.

(FUR) $A\subseteq\overline{TR}(A),\ \forall A\in\mathcal{F}(U)$.

(3) R 是对称的当且仅当以下等价性质之一成立:

(FLS) $\underline{SR}(1_{U-\{x\}})(y)=\underline{SR}(1_{U-\{y\}})(x),\ \forall x,y\in U$.

(FUS) $\overline{TR}(1_x)(y)=\overline{TR}(1_y)(x),\ \forall x,y\in U$.

(4) R 是 T-传递的当且仅当以下等价性质之一成立:

(FLT) $\underline{SR}(A)\subseteq\underline{SR}(\underline{SR}(A)),\ \forall A\in\mathcal{F}(U)$.

(FUT) $\overline{TR}(\overline{TR}(A))\subseteq\overline{TR}(A),\ \forall A\in\mathcal{F}(U)$.

证明 (1) 由定理 4.1 的性质 (FU7) 知, 性质 (FU0) 与 (FU0)$'$ 等价, 并且性质 (FL0) 与 (FL0)$'$ 也等价, 又由近似算子的对偶性质知 (FL0) 与 (FU0) 也是等价的. 故只需证明 R 是串行模糊关系当且仅当 (FU0) 成立即可.

事实上, 若 R 是串行的, 则对任意 $x\in U$, 由定义知 $\bigvee_{y\in W}R(x,y)=1$. 从而

$$\overline{TR}(W)(x)=\overline{TR}(1_W)(x)=\bigvee_{y\in W}R(x,y)=1=1_U(x). \tag{4.10}$$

因此, 性质 (FU0) 成立.

反之, 若性质 (FU0) 成立, 则对任意 $x\in U$, 由 (FU0)、定理 4.1 中的性质 (FU10) 与 (4.10) 式可得 $\bigvee\limits_{y\in W}R(x,y)=1$, 即 R 是串行的.

(2) 由定理 4.1 的对偶性质易证, 性质 (FLR) 与 (FUR) 等价, 故只需证明 R 是自反的当且仅当 (FUR) 成立即可.

事实上, 若 R 是自反的, 对任意 $A\in\mathcal{F}(U)$ 与 $x\in U$, 由定义有

$$\begin{aligned}\overline{TR}(A)(x)&=\bigvee_{y\in U}T(R(x,y),A(y))\geqslant T(R(x,x),A(x))\\&=T(1,A(x))=A(x),\end{aligned}$$

因此, 性质 (FUR) 成立.

反之, 若 (FUR) 成立, 则对任意 $x \in U$, 由定理 4.1 的性质 (FU9) 知

$$R(x,x) = \overline{TR}(1_x)(x) \geqslant 1_x(x) = 1,$$

因此, R 是自反模糊关系.

(3) 由定理 4.1 的性质 (FL9) 与 (FU9) 即得.

(4) 由定理 4.1 的对偶性质易证, 性质 (FLT) 与 (FUT) 等价, 故只需证明 R 是 T-传递的当且仅当 (FUT) 成立即可.

事实上, 若 R 是 T-传递的, 则对任意 $A \in \mathcal{F}(U)$ 与 $x \in U$, 由 T 的左连续性得

$$\begin{aligned}
\overline{TR}(\overline{TR}(A))(x) &= \bigvee_{y\in U} T(R(x,y), \overline{TR}(A)(y)) \\
&= \bigvee_{y\in U} T\left(R(x,y), \bigvee_{z\in U} T(R(y,z), A(z))\right) \\
&= \bigvee_{y\in U}\bigvee_{z\in U} T(R(x,y), T(R(y,z), A(z))) \\
&= \bigvee_{y\in U}\bigvee_{z\in U} T(T(R(x,y), R(y,z)), A(z)) \\
&\leqslant \bigvee_{y\in U}\bigvee_{z\in U} T(R(x,z), A(z)) \\
&= \bigvee_{z\in U} T(R(x,z), A(z)) = \overline{TR}(A)(x),
\end{aligned}$$

因此, (FUT) 成立.

反之, 若 (FUT) 成立, 则对任意 $x, z \in U$, 由定理 4.1 的性质 (FU9) 得

$$\begin{aligned}
R(x,z) = \overline{TR}(1_z)(x) &\geqslant \overline{TR}(\overline{TR}(1_z))(x) \\
&= \bigvee_{y\in U} T(R(x,y), \overline{TR}(1_z)(y)) \\
&= \bigvee_{y\in U} T(R(x,y), R(y,z)),
\end{aligned}$$

因此, R 是 T-传递的. □

4.3　(S,T)-模糊粗糙近似算子的公理刻画

本节讨论 (S,T)-模糊粗糙近似算子的公理化刻画.

定理 4.3 设 $L,H:\mathcal{F}(W)\to\mathcal{F}(U)$ 是对偶算子, T 是 $[0,1]$ 上的左连续三角模, S 是与 T 对偶的反三角模, 则存在从 U 到 W 上的模糊关系 R 使得

$$L(A)=\underline{SR}(A),\quad H(A)=\overline{TR}(A),\quad \forall A\in\mathcal{F}(W) \tag{4.11}$$

当且仅当 L 满足以下公理 (AFL1) 与 (AFL2), 或等价地, H 满足公理 (AFU1) 与 (AFU2):

(AFL1) $L(A\cup\widehat{\alpha})=L(A)\cup\widehat{\alpha},\ \forall A\in\mathcal{F}(W),\ \forall\alpha\in[0,1]$.

(AFL2) $L\left(\bigcap_{j\in J}A_j\right)=\bigcap_{j\in J}L(A_j),\forall A_j\in\mathcal{F}(W),j\in J,J$ 是任意指标集.

(AFU1) $H(A\cap\widehat{\alpha})=H(A)\cap\widehat{\alpha},\ \forall A\in\mathcal{F}(W),\ \forall\alpha\in[0,1]$.

(AFU2) $H\left(\bigcup_{j\in J}A_j\right)=\bigcup_{j\in J}H(A_j),\forall A_j\in\mathcal{F}(W),j\in J,J$ 是任意指标集.

证明 “$\Rightarrow$” 由定理 4.1 即得.

“$\Leftarrow$” 设 H 满足公理 (AFU1) 与 (AFU2). 利用 H, 定义从 U 到 W 上的模糊关系 R 如下:

$$R(x,y)=H(1_y)(x),\quad (x,y)\in U\times W. \tag{4.12}$$

对任意 $A\in\mathcal{F}(W)$, 易证

$$A=\bigcup_{y\in W}(\widehat{A(y)}\cap_T 1_y), \tag{4.13}$$

于是, 对任意 $x\in U$ 有

$$\begin{aligned}
\overline{TR}(A)(x)&=\bigvee_{y\in W}T(R(x,y),A(y)) && \text{由 }\overline{TR}\text{ 的定义}\\
&=\bigvee_{y\in W}T(H(1_y)(x),A(y)) && \text{由 (4.12) 式}\\
&=\bigvee_{y\in W}(\widehat{A(y)}\cap_T H(1_y))(x) && \text{由 }T\text{的可交换性}\\
&=\bigvee_{y\in W}H(\widehat{A(y)}\cap_T 1_y)(x) && \text{由 (AFU1)}\\
&=H\left(\bigcup_{y\in W}(\widehat{A(y)}\cap_T 1_y)\right)(x) && \text{由 (AFU2)}\\
&=H(A)(x). && \text{由 (4.13) 式}
\end{aligned}$$

从而, $\overline{TR}(A)=H(A)$. 由对偶性可得, $\underline{SR}(A)=L(A)$. 因此, (4.11) 式成立. □

公理 (AFL1) 与 (AFL2) 是独立的, 公理 (AFU1) 与 (AFU2) 也是独立的, 定理 4.3 表明, {(AFL1), (AFL2)} 和 {(AFU1), (AFU2)} 是分别刻画 S-模糊粗糙下近似算子和 T-模糊粗糙上近似算子的基本公理集. 以下定理表明, 公理集 {(AFL1), (AFL2)} 与 {(AFU1), (AFU2)} 都可以被一条公理等价代替.

定理 4.4 设 $L, H : \mathcal{F}(W) \to \mathcal{F}(U)$ 是对偶算子, T 是 $[0,1]$ 上的左连续三角模, S 是与 T 对偶的反三角模, 则存在从 U 到 W 上的模糊关系 R 使得 (4.11) 式成立当且仅当 L 满足公理(ASL):

(ASL) $\forall A_j \in \mathcal{F}(W), \forall a_j \in [0,1], j \in J$, 其中 J 是任意指标集,

$$L\left(\bigcap_{j\in J} S(\widehat{a_j}, A_j)\right) = \bigcap_{j\in J} S(\widehat{a_j}, L(A_j)). \tag{4.14}$$

或等价地, H 满足公理(ATU):

(ATU) $\forall A_j \in \mathcal{F}(W), \forall a_j \in [0,1], j \in J$, 其中 J 是任意指标集,

$$H\left(\bigcup_{j\in J} T(\widehat{a_j}, A_j)\right) = \bigcup_{j\in J} T(\widehat{a_j}, H(A_j)). \tag{4.15}$$

证明 "$\Rightarrow$" 若存在从 U 到 W 上的模糊关系 R 使得 (4.11) 式成立, 则由定理 4.3 知, L 满足 (AFL1) 与 (AFL2), 于是

$$L\left(\bigcap_{j\in J} S(\widehat{a_j}, A_j)\right) = \bigcap_{j\in J} L(S(\widehat{a_j}, A_j)) = \bigcap_{j\in J} S(\widehat{a_j}, L(A_j)).$$

即 L 满足 (ASL).

"$\Leftarrow$" 假设 L 满足 (ASL), 则由 L 可定义从 U 到 W 的模糊关系 R 如下:

$$R(x,y) = 1 - L(1_{W-\{y\}})(x), \quad (x,y) \in U \times W. \tag{4.16}$$

对任意 $A \in \mathcal{F}(W)$, 注意到

$$A = \bigcap_{y\in W} S(\widehat{A(y)}, 1_{W-\{y\}}), \tag{4.17}$$

于是对任意 $x \in U$ 有

$$\begin{aligned} L(A)(x) &= L\left(\bigcap_{y\in W} S(\widehat{A(y)}, 1_{W-\{y\}})\right)(x) \quad && \text{由(4.17)式} \\ &= \left(\bigcap_{y\in W} S(\widehat{A(y)}, L(1_{W-\{y\}}))\right)(x) \quad && \text{由(ASL)} \end{aligned}$$

$$
\begin{aligned}
&= \bigwedge_{y\in W} S\big(A(y), L\big(1_{W-\{y\}}\big)(x)\big) && \text{由定义} \\
&= \bigwedge_{y\in W} S\big(A(y), 1-R(x,y)\big) && \text{由(4.16)式} \\
&= \bigwedge_{y\in W} S\big(1-R(x,y), A(y)\big) && \text{由S的可交换性} \\
&= \underline{SR}(A)(x). && \text{由(4.9)式}
\end{aligned}
$$

因此, (4.11) 式成立.

对偶地, 可以证明, 存在从 U 到 W 上的模糊关系 R 使得 (4.11) 式成立当且仅当 H 满足公理 (ATU). □

由 S-外积和 T-内积运算, 可以得到另外一种形式的 (S,T)-模糊粗糙近似算子单一公理刻画, 为此先引入模糊集合算子的 S-下逆算子与 T-上逆算子的概念.

定义 4.6 设 U 和 W 是两个非空论域, T 是 $[0,1]$ 上的三角模, S 是 $[0,1]$ 上的反三角模, $O:\mathcal{F}(W)\to\mathcal{F}(U)$ 是一个模糊集合算子, 记

$$
O_S^{-1}(A)(y) = \bigwedge_{x\in U} S\big(O\big(1_{W-\{y\}}\big)(x),\ A(x)\big), \quad A\in\mathcal{F}(U), \quad y\in W. \tag{4.18}
$$

$$
O_T^{-1}(A)(y) = \bigvee_{x\in U} T\big(O\big(1_y\big)(x), A(x)\big), \quad A\in\mathcal{F}(U), \quad y\in W. \tag{4.19}
$$

$O_S^{-1}, O_T^{-1}:\mathcal{F}(U)\to\mathcal{F}(W)$ 分别称为 O 的 S-下逆算子与 T-上逆算子.

显然,

$$
O_S^{-1}(A)(y) = \big[O(1_{W-\{y\}}), A\big]_S, \quad O_T^{-1}(A)(y) = \big(O(1_y), A\big)_T. \tag{4.20}
$$

以下定理表明, 公理 (ASL) 可以被以下 (ASL)$'$ 等价地代替.

定理 4.5 设 $L:\mathcal{F}(W)\to\mathcal{F}(U)$ 是模糊集合算子, S 是 $[0,1]$ 上的右连续 t-余模, 则存在从 U 到 W 上的模糊关系 R 使得

$$
L(A) = \underline{SR}(A), \quad \forall A\in\mathcal{F}(W) \tag{4.21}
$$

当且仅当 L 满足公理(ASL)$'$:

(ASL)$'$ $\forall A\in\mathcal{F}(U)$, $\forall B\in\mathcal{F}(W)$,

$$
\big[A, L(B)\big]_S = \big[B, L_S^{-1}(A)\big]_S. \tag{4.22}
$$

证明 由定理 4.4 知, 只需证明 “(ASL)$'\Leftrightarrow$(ASL)”.

"⇒" 若 L 满足(ASL)$'$, 则对任意 $A_j \in \mathcal{F}(W)$ 和 $a_j \in [0,1], j \in J$, 其中 J 是任意指标集, 由命题 4.5 的性质 (O1) 与 (O5) 知, 只需证

$$\left[C, L\left(\bigcap_{j\in J} S(\widehat{a_j}, A_j)\right)\right]_S = \left[C, \bigcap_{j\in J} S\left(\widehat{a_j}, L(A_j)\right)\right]_S, \quad \forall C \in \mathcal{F}(U). \tag{4.23}$$

事实上, 对任意 $C \in \mathcal{F}(U)$, 有

$$\begin{aligned}
\left[C, L\left(\bigcap_{j\in J} S(\widehat{a_j}, A_j)\right)\right]_S &= \left[\bigcap_{j\in J} S(\widehat{a_j}, A_j), L_S^{-1}(C)\right]_S && \text{由(ASL)}' \\
&= \bigwedge_{j\in J} \left[S(\widehat{a_j}, A_j), L_S^{-1}(C)\right]_S && \text{由(O7)} \\
&= \bigwedge_{j\in J} S\left(a_j, \left[A_j, L_S^{-1}(C)\right]_S\right) && \text{由(O6)} \\
&= \bigwedge_{j\in J} S\left(a_j, \left[C, L(A_j)\right]_S\right) && \text{由(ASL)}' \\
&= \bigwedge_{j\in J} S\left(a_j, \left[L(A_j), C\right]_S\right) && \text{由(O1)} \\
&= \bigwedge_{j\in J} \left[S(\widehat{a_j}, L(A_j)), C\right]_S && \text{由(O6)} \\
&= \left[\bigcap_{j\in J} S(\widehat{a_j}, L(A_j)), C\right]_S && \text{由(O7)} \\
&= \left[C, \bigcap_{j\in J} S(\widehat{a_j}, L(A_j))\right]_S. && \text{由(O1)}
\end{aligned}$$

因此, L 满足(ASL).

"⇐" 假设 L 满足(ASL). 对任意 $A \in \mathcal{F}(U)$ 和 $B \in \mathcal{F}(W)$, 由于

$$B = \bigcap_{y\in W} S\left(\widehat{B(y)}, 1_{W-\{y\}}\right), \tag{4.24}$$

因此

$$\begin{aligned}
\left[A, L(B)\right]_S &= \bigwedge_{x\in U} S\left(A(x), L(B)(x)\right) && \text{由(4.7)式} \\
&= \bigwedge_{x\in U} S\left(A(x), L\left(\bigcap_{y\in W} S\left(\widehat{B(y)}, 1_{W-\{y\}}\right)\right)(x)\right) && \text{由(4.24)式}
\end{aligned}$$

$$
\begin{aligned}
&= \bigwedge_{x\in U} S\left(A(x), \left(\bigcap_{y\in W} S(\widehat{B(y)}, L(1_{W-\{y\}}))\right)(x)\right) && \text{由(ASL)}\\
&= \bigwedge_{x\in U} S\left(A(x), \bigwedge_{y\in W} S(B(y), L(1_{W-\{y\}})(x))\right) && \text{由定义}\\
&= \bigwedge_{x\in U}\bigwedge_{y\in W} S(A(x), S(B(y), L(1_{W-\{y\}})(x))) && \text{由性质(S4)}\\
&= \bigwedge_{y\in W}\bigwedge_{x\in U} S(A(x), S(B(y), L(1_{W-\{y\}})(x))) && \\
&= \bigwedge_{y\in W}\bigwedge_{x\in U} S(B(y), S(A(x), L(1_{W-\{y\}})(x))) && \text{由 } S \text{ 的结合律}\\
&= \bigwedge_{y\in W} S\left(B(y), \bigwedge_{x\in U} S(A(x), L(1_{W-\{y\}})(x))\right) && \text{由性质(S4)}\\
&= \bigwedge_{y\in W} S(B(y), L_S^{-1}(A)(y)) && \text{由(4.18)式}\\
&= [B, L_S^{-1}(A)]_S, && \text{由(4.7)式}
\end{aligned}
$$

即 L 满足(ASL)$'$. □

与定理 4.5 相对应, 对偶地, 利用 T-上逆算子与 T-内积运算, 可以得到另一形式的单一公理用于刻画 T-模糊粗糙上近似算子.

定理 4.6 设 $H:\mathcal{F}(W)\to\mathcal{F}(U)$ 是模糊集合算子, T 是 $[0,1]$ 上的左连续三角模, 则存在从 U 到 W 上的模糊关系 R 使得

$$
H(A)=\overline{TR}(A),\quad \forall A\in\mathcal{F}(W) \tag{4.25}
$$

当且仅当 H 满足公理(ATU)$'$:

(ATU)$'$ $\forall A\in\mathcal{F}(U)$, $\forall B\in\mathcal{F}(W)$,

$$
(A, H(B))_T = (B, H_T^{-1}(A))_T. \tag{4.26}
$$

证明 由定理 4.4 知, 只需证明 “(ATU)$'$⇔(ATU)”.

“⇒” 若 H 满足(ATU)$'$, 则对任意 $A_j\in\mathcal{F}(W)$ 和 $a_j\in[0,1], j\in J$, 其中 J 是任意指标集, 由命题 4.4 中的性质 (I1) 与 (I5) 知, 只需证明

$$
\left(C, H\left(\bigcup_{j\in J} T(\widehat{a_j}, A_j)\right)\right)_T = \left(C, \bigcup_{j\in J} T(\widehat{a_j}, H(A_j))\right)_T, \quad \forall C\in\mathcal{F}(U). \tag{4.27}
$$

事实上, 对任意 $C\in\mathcal{F}(U)$ 有

$$\begin{aligned}
\left(C,H\left(\bigcup_{j\in J}T(\widehat{a_j},A_j)\right)\right)_T &= \left(\bigcup_{j\in J}T(\widehat{a_j},A_j),H_T^{-1}(C)\right)_T && \text{由(ATU)}'\\
&= \bigvee_{j\in J}\left(T(\widehat{a_j},A_j),H_T^{-1}(C)\right)_T && \text{由性质(I7)}\\
&= \bigvee_{j\in J}T\left(a_j,\left(A_j,H_T^{-1}(C)\right)_T\right) && \text{由性质(I6)}\\
&= \bigvee_{j\in J}T\left(a_j,\left(H(A_j),C\right)_T\right) && \text{由(ATU)}'\\
&= \bigvee_{j\in J}\left(T(\widehat{a_j},H(A_j)),C\right)_T && \text{由性质(I6)}\\
&= \left(\bigcup_{j\in J}T(\widehat{a_j},H(A_j)),C\right)_T && \text{由性质(I7)}\\
&= \left(C,\bigcup_{j\in J}T(\widehat{a_j},H(A_j))\right)_T, && \text{由性质(I1)}
\end{aligned}$$

即 H 满足(ATU).

“$\Leftarrow$” 假设 H 满足(ATU), 则对任意 $A\in\mathcal{F}(U)$ 与 $B\in\mathcal{F}(W)$, 由于

$$B=\bigcup_{y\in W}T(\widehat{B(y)},1_y), \tag{4.28}$$

因此,

$$\begin{aligned}
(A,H(B))_T &= \bigvee_{x\in U}T(A(x),H(B)(x)) && \text{由(4.6)式}\\
&= \bigvee_{x\in U}T\left(A(x),H\left(\bigcup_{y\in W}T(\widehat{B(y)},1_y)\right)(x)\right) && \text{由(4.28)式}\\
&= \bigvee_{x\in U}T\left(A(x),\left(\bigcup_{y\in W}T(\widehat{B(y)},H(1_y))\right)(x)\right) && \text{由(ATU)}\\
&= \bigvee_{x\in U}T\left(A(x),\bigvee_{y\in W}T(B(y),H(1_y)(x))\right) && \text{由定义}
\end{aligned}$$

$$
\begin{aligned}
&= \bigvee_{x\in U}\bigvee_{y\in W} T\big(A(x), T\big(B(y), H(1_y)(x)\big)\big) && \text{由性质(T5)}\\
&= \bigvee_{y\in W}\bigvee_{x\in U} T\big(A(x), T\big(B(y), H(1_y)(x)\big)\big) && \\
&= \bigvee_{y\in W}\bigvee_{x\in U} T\big(B(y), T\big(A(x), H(1_y)(x)\big)\big) && \text{由}T\text{的结合律}\\
&= \bigvee_{y\in W} T\left(B(y), \bigvee_{x\in U} T\big(A(x), H(1_y)(x)\big)\right) && \text{由性质(T5)}\\
&= \bigvee_{y\in W} T\big(B(y), H_T^{-1}(A)(y)\big) && \text{由(4.19)式}\\
&= \big(B, H_T^{-1}(A)\big)_T, && \text{由(4.6)式}
\end{aligned}
$$

即 H 满足(ATU)$'$. □

定理 4.7 设 $L, H: \mathcal{F}(W)\to\mathcal{F}(U)$ 是模糊集合算子, T 是 $[0,1]$ 上的左连续三角模, S 是与 T 对偶的反三角模, 则

(1) 存在从 U 到 W 上串行模糊关系 R 使得 (4.21) 式成立当且仅当 L 满足公理集{(AFL1), (AFL2)}以及以下公理{(AFL0), (AFL0)$'$}之一:

(AFL0) $L(\varnothing)=\varnothing$.

(AFL0)$'$ $L(\widehat{\alpha})=\widehat{\alpha}$, $\forall\alpha\in[0,1]$.

(2) 存在从 U 到 W 上串行模糊关系 R 使得 (4.25) 式成立当且仅当 H 满足公理集{(AFU1), (AFU2)}以及以下{(AFU0), (AFU0)$'$}公理之一:

(AFU0) $H(W)=U$.

(AFU0)$'$ $H(\widehat{\alpha})=\widehat{\alpha}$, $\forall\alpha\in[0,1]$.

证明 由定理 4.1、定理 4.2 与定理 4.3 即得. □

注 4.2 定理 4.7 表明, {(AFL1), (AFL2), (AFL0)}是刻画串行 S-模糊粗糙下近似算子的基本公理集, 而{(AFU1), (AFU2), (AFU0)} 是刻画串行 T-模糊粗糙上近似算子的基本公理集. 事实上, 这两个公理集都可以被单一公理所代替.

定理 4.8 设 $L:\mathcal{F}(W)\to\mathcal{F}(U)$ 是模糊集合算子, S 是 $[0,1]$ 上的右连续反三角模, 则存在从 U 到 W 上串行模糊关系 R 使得 (4.21) 式成立当且仅当 L 满足公理(ASL0):

(ASL0) $\forall A_j\in\mathcal{F}(W), \forall a_j\in[0,1], j\in J$, 其中 J 是任意指标集,

$$
(U-L(\varnothing))\cap L\left(\bigcap_{j\in J} S(\widehat{a_j}, A_j)\right)=\bigcap_{j\in J} S\big(\widehat{a_j}, L(A_j)\big). \tag{4.29}
$$

证明　"⇒" 若存在从 U 到 W 上串行模糊关系 R 使得 (4.21) 式成立, 则由定理 4.2 知 $L(\varnothing)=\varnothing$. 从而由定理 4.4 知, L 满足(ASL0).

"⇐" 假设 L 满足(ASL0). 在 (ASL0) 中取 $J=\{1\}, a_1=1,\ A_1=\widehat{0}=\varnothing$, 则由命题 4.2 的性质 (S6) 知, $(U-L(\varnothing))\cap L(W)=U$. 从而,

$$L(\varnothing)=\varnothing. \tag{4.30}$$

于是, L 满足(ASL). 因此, 由定理 4.4 知, 存在从 U 到 W 上模糊关系 R 使得 (4.21) 式成立. 并且由 (4.30) 式知 R 是串行的. □

定理 4.9　设 $H:\mathcal{F}(W)\to\mathcal{F}(U)$ 是模糊集合算子, T 是 $[0,1]$ 上的左连续三角模, 则存在从 U 到 W 上串行模糊关系 R 使得 (4.25) 式成立当且仅当 H 满足公理(ATU0):

(ATU0)　$\forall A_j\in\mathcal{F}(W), \forall a_j\in[0,1], j\in J$, 其中 J 是任意指标集,

$$(U-H(W))\cup H\left(\bigcup_{j\in J}T(\widehat{a_j},A_j)\right)=\bigcup_{j\in J}T(\widehat{a_j},H(A_j)). \tag{4.31}$$

证明　"⇒" 若存在从 U 到 W 上串行模糊关系 R 使得 (4.25) 式成立, 则由定理 4.2 知 $H(W)=U$. 于是由定理 4.4 知 H 满足公理(ATU0).

"⇐" 假设 H 满足(ATU0). 在(ATU0)中取 $J=\{1\}, a_1=0,\ A_1=W$, 则由命题 4.1 的性质 (T7) 可得 $(U-H(W))\cup H(\varnothing)=\varnothing$. 从而, $U-H(W)=\varnothing$. 于是

$$H(W)=U. \tag{4.32}$$

因此, 由 (4.31) 式可见 H 满足(ATU). 这样由定理 4.4 知, 存在从 U 到 W 上的模糊关系 R 使得 (4.25) 式成立. 更进一步由 (4.32) 式和定理 4.2 可知 R 是串行的. □

定理 4.10　设 $L,H:\mathcal{F}(U)\to\mathcal{F}(U)$ 是模糊集合算子, T 是 $[0,1]$ 上的左连续三角模, S 是与 T 对偶的反三角模, 则

(1) 存在 U 上自反模糊关系 R 使得

$$L(A)=\underline{SR}(A),\quad \forall A\in\mathcal{F}(U) \tag{4.33}$$

成立当且仅当 L 满足公理集 $\{(\text{AFL1}),(\text{AFL2}),(\text{AFLR})\}$, 其中:

(AFLR) $L(A)\subseteq A,\ \ \forall A\in\mathcal{F}(U)$.

(2) 存在 U 上自反模糊关系 R 使得

$$H(A)=\overline{TR}(A),\quad \forall A\in\mathcal{F}(U) \tag{4.34}$$

成立当且仅当 H 满足公理集 $\{(\text{AFU1}),(\text{AFU2}),(\text{AFUR})\}$, 其中:

(AFUR) $A\subseteq H(A)$, $\forall A\in\mathcal{F}(U)$.

证明 由定理 4.1、定理 4.2 与定理 4.3 即得. □

注 4.3 定理 4.10 表明, {(AFL1), (AFL2), (AFLR)}是刻画自反 S-模糊粗糙下近似算子的基本公理集, 而{(AFU1), (AFU2), (AFUR)}是刻画自反 T-模糊粗糙上近似算子的基本公理集. 事实上, 这两个公理集都可以被单一公理所代替.

定理 4.11 设 $L:\mathcal{F}(U)\to\mathcal{F}(U)$ 是模糊集合算子, S 是 $[0,1]$ 上的右连续反三角模, 则存在 U 上自反模糊关系 R 使得 (4.33) 式成立当且仅当 L 满足公理(ASLR):

(ASLR) $\forall A_j\in\mathcal{F}(U),\forall a_j\in[0,1],j\in J$, 其中 J 是任意指标集,

$$L\left(\bigcap_{j\in J}S(\widehat{a_j},A_j)\right)=\left(\bigcap_{j\in J}S(\widehat{a_j},A_j)\right)\cap\left(\bigcap_{j\in J}S(\widehat{a_j},L(A_j))\right).\tag{4.35}$$

证明 "$\Rightarrow$" 若存在 U 上自反模糊关系 R 使得 (4.33) 式成立, 则由定理 4.4 知, 对任意 $B\in\mathcal{F}(U)$ 有 $L(B)\subseteq B$, 从而对任意 $a\in[0,1]$ 与 $B\in\mathcal{F}(U)$ 有 $S(\widehat{a},L(B))\subseteq S(\widehat{a},B)$. 因此, 由定理 4.4 知, L 满足公理(ASLR).

"$\Leftarrow$" 假设 L 满足公理(ASLR). 对任意 $B\in\mathcal{F}(U)$, 在(ASLR)中令 $J=\{1\}$, 并取 $a_1=0$, $A_1=B$, 则有 $L(B)=B\cap L(B)$. 于是

$$L(B)\subseteq B,\quad\forall B\in\mathcal{F}(U),\tag{4.36}$$

即 L 满足定理 4.10 中的(AFLR). 另一方面, 由 (4.36) 式可得

$$S(\widehat{b},L(B))\cap S(\widehat{b},B)=S(\widehat{b},L(B)),\quad\forall B\in\mathcal{F}(U),\quad\forall b\in[0,1].\tag{4.37}$$

从而易见 L 满足 (ASL). 故由定理 4.4 知, 存在 U 上模糊关系 R 使得 (4.33) 式成立. 更进一步, 由式 (4.36) 和定理 4.2 可知 R 是自反的. □

定理 4.12 设 $H:\mathcal{F}(U)\to\mathcal{F}(U)$ 是模糊集合算子, T 是 $[0,1]$ 上的左连续三角模, 则存在 U 上自反模糊关系 R 使得 (4.34) 式成立当且仅当 H 满足公理(ATUR):

(ATUR) $\forall A_j\in\mathcal{F}(U),\forall a_j\in[0,1],j\in J$, 其中 J 是任意指标集,

$$H\left(\bigcup_{j\in J}T(\widehat{a_j},A_j)\right)=\left(\bigcup_{j\in J}T(\widehat{a_j},A_j)\right)\cup\left(\bigcup_{j\in J}T(\widehat{a_j},H(A_j))\right).\tag{4.38}$$

证明 "$\Rightarrow$" 若存在 U 上自反模糊关系 R 使得 (4.34) 式成立, 则由定理 4.4 知, 对任意 $B\in\mathcal{F}(U)$ 有 $B\subseteq H(B)$, 从而对任意 $a\in[0,1]$ 与 $B\in\mathcal{F}(U)$ 有 $T(\widehat{a},B)\subseteq T(\widehat{a},H(B))$. 因此, 由定理 4.4 知 H 满足公理(ATUR).

"⇐" 假设 H 满足公理(ATUR). 对任意 $B\in\mathcal{F}(U)$, 在(ATUR)中令 $J=\{1\}$, 并取 $a_1=1$, $A_1=B$, 则有 $H(B)=B\cup H(B)$. 于是

$$B\subseteq H(B),\quad \forall B\in\mathcal{F}(U), \tag{4.39}$$

即 H 满足定理 4.10 中的公理(AFUR). 另一方面, 由 (4.39) 式即知

$$T(\widehat{b},B)\cup T(\widehat{b},H(B))=T(\widehat{b},H(B)),\quad \forall B\in\mathcal{F}(U),\quad \forall b\in[0,1].$$

从而可以推得 H 满足 (ATU). 因此, 由定理 4.4 知, 存在 U 上模糊关系 R 使得 (4.34) 式成立. 更进一步, 由 (4.39) 式和定理 4.2 知 R 是自反的. □

定理 4.13 设 $L,H:\mathcal{F}(U)\to\mathcal{F}(U)$ 是模糊算子, T 是 $[0,1]$ 上的左连续三角模, S 是与 T 对偶的反三角模, 则

(1) 存在 U 上对称模糊关系 R 使得式 (4.33) 成立当且仅当 L 满足公理集 $\{$(AFL1), (AFL2), (AFLS)$\}$, 其中:

(AFLS) $L(1_{U-\{x\}})(y)=L(1_{U-\{y\}})(x),\ \forall(x,y)\in U\times U$.

(2) 存在 U 上对称模糊关系 R 使得 (4.34) 式成立当且仅当 H 满足公理集 $\{$(AFU1), (AFU2), (AFUS)$\}$, 其中

(AFUS) $H(1_x)(y)=H(1_y)(x),\ \forall(x,y)\in U\times U$.

证明 由定理 4.1、定理 4.2 与定理 4.3 即得. □

注 4.4 定理 4.13 表明, $\{$(AFL1), (AFL2), (AFLS)$\}$是刻画对称 S-模糊粗糙下近似算子的基本公理集, 而$\{$(AFU1), (AFU2), (AFUS)$\}$是刻画对称 T-模糊粗糙上近似算子的基本公理集. 事实上, 这两个公理集都可以被单一公理所代替. 为此, 我们先给出两个引理.

引理 4.1 设 $L:\mathcal{F}(U)\to\mathcal{F}(U)$ 是模糊算子, S 是 $[0,1]$ 上的右连续反三角模, 若 L 满足(ASL), 则下述条件等价:

(1) $L(1_{U-\{x\}})(y)=L(1_{U-\{y\}})(x),\ \forall(x,y)\in U\times U$.

(2) $L(A)=L_S^{-1}(A),\forall A\in\mathcal{F}(U)$.

证明 "(1)⇒(2)" 对任意 $A\in\mathcal{F}(U)$, 由于

$$A=\bigcap_{y\in U}S\left(\widehat{A(y)},1_{U-\{y\}}\right), \tag{4.40}$$

于是, 对任意 $x\in U$ 有

$$L(A)(x)=L\left(\bigcap_{y\in U}S\left(\widehat{A(y)},1_{U-\{y\}}\right)\right)(x)\quad 由(4.40)式$$

$$\begin{aligned}
&= \left(\bigcap_{y\in U} S\big(\widehat{A(y)}, L(1_{U-\{y\}})\big)\right)(x) && \text{由(ASL)}\\
&= \bigwedge_{y\in U} S\big(A(y), L(1_{U-\{y\}})(x)\big) && \text{由定义}\\
&= \bigwedge_{y\in U} S\big(A(y), L(1_{U-\{x\}})(y)\big) && \text{由条件(1)}\\
&= \big[A, L(1_{U-\{x\}})\big]_S && \text{由(4.7)式}\\
&= L_S^{-1}(A)(x). && \text{由(4.18)式}
\end{aligned}$$

因此, $L(A) = L_S^{-1}(A)$.

"(2)⇒(1)" 对任意 $(x,y)\in U\times U$, 由于

$$L(A)(y) = L_S^{-1}(A)(y), \quad \forall A\in\mathcal{F}(U), \tag{4.41}$$

则在上式中取 $A = 1_{U-\{x\}}$ 即得

$$\begin{aligned}
L(1_{U-\{x\}})(y) &= L_S^{-1}(1_{U-\{x\}})(y)\\
&= \big[1_{U-\{x\}}, L(1_{U-\{y\}})\big]_S\\
&= \bigwedge_{z\in U} S\big(1_{U-\{x\}}(z), L(1_{U-\{y\}})(z)\big)\\
&= \left(\bigwedge_{\{z\in U|z\neq x\}} S\big(1, L(1_{U-\{y\}})(z)\big)\right) \wedge S\big(0, L(1_{U-\{y\}})(x)\big)\\
&= L(1_{U-\{y\}})(x).
\end{aligned}$$

□

引理 4.2 设 $H:\mathcal{F}(U)\to\mathcal{F}(U)$ 是模糊算子, T 是 $[0,1]$ 上的左连续三角模, 若 H 满足(ATU), 则下述条件等价:

(1) $H(1_x)(y) = H(1_y)(x)$, $\forall(x,y)\in U\times U$.

(2) $H(A) = H_T^{-1}(A), \forall A\in\mathcal{F}(U)$.

证明 "(1)⇒(2)" 对任意 $A\in\mathcal{F}(U)$, 由于

$$A = \bigcup_{y\in U} T\big(\widehat{A(y)}, 1_y\big), \tag{4.42}$$

于是, 对任意 $x\in U$ 有

$$
\begin{aligned}
H(A)(x) &= H\left(\bigcup_{y\in U} T\left(\widehat{A(y)}, 1_y\right)\right)(x) && 由(4.42)式\\
&= \left(\bigcup_{y\in U} T\left(\widehat{A(y)}, H\left(1_y\right)\right)\right)(x) && 由(ATU)\\
&= \bigvee_{y\in U} T\left(A(y), H\left(1_y\right)(x)\right) && 由定义\\
&= \bigvee_{y\in U} T\left(A(y), H\left(1_x\right)(y)\right) && 由条件(1)\\
&= \left(A, H\left(1_x\right)\right)_T && 由(4.6)式\\
&= H_T^{-1}(A)(x). && 由(4.19)式
\end{aligned}
$$

因此, $H(A) = H_T^{-1}(A)$.

"(2)⇒(1)" 对任意 $(x,y) \in U \times U$, 由于

$$
H(A)(y) = H_T^{-1}(A)(y), \quad \forall A \in \mathcal{F}(U), \tag{4.43}
$$

在上式中取 $A = 1_x$ 并利用 (4.6) 式即得

$$
\begin{aligned}
H\left(1_x\right)(y) &= H_T^{-1}\left(1_x\right)(y)\\
&= \left(1_x, H\left(1_y\right)\right)_T\\
&= \bigvee_{z\in U} T\left(1_x(z), H\left(1_y\right)(z)\right)\\
&= \left(\bigvee_{\{z\in U|z\neq x\}} T\left(0, H\left(1_y\right)(z)\right)\right) \vee T\left(1, H\left(1_y\right)(x)\right)\\
&= H\left(1_y\right)(x).
\end{aligned}
$$

□

定理 4.14 设 $L: \mathcal{F}(U) \to \mathcal{F}(U)$ 是模糊集合算子, S 是 $[0,1]$ 上的右连续反三角模, 则存在 U 上对称模糊关系 R 使得 (4.33) 式成立当且仅当 L 满足公理(ASLS):

(ASLS) $\forall A, A_j \in \mathcal{F}(U), \forall a, a_j \in [0,1], j \in J$, 其中 J 是任意指标集,

$$
S\left(\widehat{a}, L_S^{-1}(A)\right) \cap L\left(\bigcap_{j\in J} S\left(\widehat{a_j}, A_j\right)\right) = S\left(\widehat{a}, L(A)\right) \cap \left(\bigcap_{j\in J} S\left(\widehat{a_j}, L\left(A_j\right)\right)\right). \tag{4.44}
$$

证明 "⇒" 若存在 U 上对称模糊关系 R 使得 (4.33) 式成立, 则由定理 4.4 知 L 满足(ASL). 由于 R 是对称的, 根据定理 4.1 的性质 (FL9)、定理 4.2、定理 4.5、

引理 4.1 知, 对任意 $B\in\mathcal{F}(U)$ 有 $L(B)=L_S^{-1}(B)$. 因此, 由定理 4.4 知 L 满足公理(ASLS).

"$\Leftarrow$" 假设 L 满足公理(ASLS). 在(ASLS) 中令 $J=\{1\}$, 并取 $a=a_1=1$, $A=A_1=1_U=U=\widehat{1}$, 则有 $S(\widehat{1},L_S^{-1}(\widehat{1}))\cap L(S(\widehat{1},\widehat{1}))=S(\widehat{1},L(\widehat{1}))$, 从而由命题 4.2 的性质 (S6) 可得 $\widehat{1}\cap L(\widehat{1})=\widehat{1}$, 于是

$$L(\widehat{1})=L(1_U)=L(U)=\widehat{1}=1_U=U. \tag{4.45}$$

另一方面, 对任意 $A\in\mathcal{F}(U)$, 在 (ASLS) 中令 $J=\{1\}$, 并取 $a_1=1$, $a=0$, $A_1=A$, 则得

$$S(\widehat{0},L_S^{-1}(A))\cap L(S(\widehat{1},A))=S(\widehat{0},L(A))\cap S(\widehat{1},L(A)). \tag{4.46}$$

于是, 由命题 4.2 的性质 (S6) 与 (S7) 得

$$L_S^{-1}(A)=L(A),\quad A\in\mathcal{F}(U). \tag{4.47}$$

现在对任意 $A_j\in\mathcal{F}(U)$ 与 $a_j\in[0,1], j\in J$, 其中 J 是任意指标集, 在 (ASLS) 中令 $a=1$, 则 (ASLS) 退化为 (ASL). 因此, 由定理 4.4 知, 存在 U 上模糊关系 R 使得 (4.33) 式成立. 并进一步由引理 4.1、(4.47) 式、定理 4.1、定理 4.2 知, R 是对称的. □

定理 4.15 设 $H:\mathcal{F}(U)\to\mathcal{F}(U)$ 是模糊集合算子, T 是 $[0,1]$ 上的左连续三角模, 则存在 U 上对称模糊关系 R 使得 (4.34) 式成立当且仅当 H 满足公理(ATUS):

(ATUS) $\forall A,A_j\in\mathcal{F}(U),a,a_j\in[0,1],j\in J$, 其中 J 是任意指标集,

$$T(\widehat{a},H_T^{-1}(A))\cup H\left(\bigcup_{j\in J}T(\widehat{a_j},A_j)\right)=T(\widehat{a},H(A))\cup\left(\bigcup_{j\in J}T(\widehat{a_j},H(A_j))\right). \tag{4.48}$$

证明 "$\Rightarrow$" 若存在 U 上对称模糊关系 R 使得 (4.34) 式成立, 则由定理 4.4 知 H 满足(ATU). 由于 R 是对称的, 根据定理 4.1 的性质 (FU9)、定理 4.2、定理 4.6、引理 4.2 知, 对任意 $B\in\mathcal{F}(U)$ 有 $H(B)=H_T^{-1}(B)$. 因此, 由定理 4.4 知 H 满足公理(ATUS).

"$\Leftarrow$" 假设 H 满足公理(ATUS). 在(ATUS)中令 $J=\{1\}$, 并取 $a_1=0$, $a=1$, $A_1=A$, 则有

$$T(\widehat{1},H_T^{-1}(A))\cup H(T(\widehat{0},A))=T(\widehat{1},H(A))\cup T(\widehat{0},H(A)),$$

从而由命题 4.1 的性质 (T6) 与 (T7) 可得

$$H_T^{-1}(A)=H(A),\quad A\in\mathcal{F}(U), \tag{4.49}$$

另一方面, 对任意 $A_j \in \mathcal{F}(U)$, $a_j \in [0,1], j \in J$, 其中 J 是任意指标集, 在 (ATUS) 中令 $a=0$, 则易见 (ATUS) 退化为 (ATU), 从而由定理 4.4 知, 存在 U 上模糊关系 R 使得 (4.34) 式成立. 并进一步由引理 4.2、(4.49) 式、定理 4.1、定理 4.2 知 R 是对称的. □

由 S-外积和 T-内积运算, 可以得到另一形式的对称 (S,T)-模糊粗糙近似算子的单一公理刻画.

定理 4.16 设 $L: \mathcal{F}(U) \to \mathcal{F}(U)$ 是模糊集合算子, S 是 $[0,1]$ 上的右连续反三角模, 则存在 U 上对称模糊关系 R 使得 (4.33) 式成立当且仅当 L 满足公理(ASLS)$'$:

(ASLS)$'$ $\quad \forall A, B \in \mathcal{F}(U)$,

$$\big[A, L(B)\big]_S = \big[L(A), B\big]_S. \tag{4.50}$$

证明 由定理 4.5 知, L 满足 (ASL) 当且仅当对任意 $A, B \in \mathcal{F}(U)$ 有

$$[A, L(B)]_S = [L_S^{-1}(A), B]_S.$$

因此, 只需证明 L 满足(ASLS)$'$ 当且仅当对任意 $A, B \in \mathcal{F}(U)$, $[A, L(B)]_S = [L_S^{-1}(A), B]_S$ 与 $L(A) = L_S^{-1}(A)$ 成立即可.

事实上, 充分性是显然的, 故只需证必要性. 若 L 满足公理(ASLS)$'$, 对任意 $A \in \mathcal{F}(U)$ 和 $x \in U$, 在(ASLS)$'$ 中取 $B = 1_{U-\{x\}}$, 则由定义可见

$$\big[A, L(B)\big]_S = \big[A, L\big(1_{U-\{x\}}\big)\big]_S = L_S^{-1}(A)(x). \tag{4.51}$$

另一方面,

$$\begin{aligned}\big[L(A), B\big]_S &= \big[L(A), 1_{U-\{x\}}\big]_S = \bigwedge_{y\in U} S\big(L(A)(y), 1_{U-\{x\}}(y)\big) \\ &= \left(\bigwedge_{\{y\in U | y\neq x\}} S\big(L(A)(y), 1\big)\right) \wedge S\big(L(A)(x), 0\big) \\ &= L(A)(x).\end{aligned}$$

从而对任意 $x \in U$ 有 $L_S^{-1}(A)(x) = L(A)(x)$. 因此,

$$L_S^{-1}(A) = L(A), \quad \forall A \in \mathcal{F}(U). \tag{4.52}$$

结合 (4.52) 式与(ASLS)$'$ 可知, 对任意 $A, B \in \mathcal{F}(U)$ 有

$$\big[A, L(B)\big]_S = \big[L_S^{-1}(A), B\big]_S. \qquad \square$$

定理 4.16 表明, 公理(ASLS)′ 与(ASLS)等价. 同样地, 用于刻画对称 T-模糊粗糙上近似算子的公理 (ATUS) 可以被以下公理(ATUS)′ 等价代替.

定理 4.17 设 $H:\mathcal{F}(U)\to\mathcal{F}(U)$ 是模糊集合算子, T 是 $[0,1]$ 上的左连续三角模, 则存在 U 上对称模糊关系 R 使得 (4.34) 式成立当且仅当 H 满足公理(ATUS)′:

(ATUS)′ $\forall A,B\in\mathcal{F}(U)$,

$$\big(A,H(B)\big)_T=\big(H(A),B\big)_T. \tag{4.53}$$

证明 由引理 4.2, 只需证明 H 满足公理(ATUS)′ 当且仅当对任意 $A,B\in\mathcal{F}(U)$, $(A,H(B))_T=(H_T^{-1}(A),B)_T$ 与 $H(A)=H_T^{-1}(A)$ 成立即可.

事实上, 充分性是显然的, 故只需证必要性. 若 H 满足公理(ATUS)′, 对任意 $A\in\mathcal{F}(U)$ 和 $x\in U$, 在(ATUS)′ 中取 $B=1_x$, 则由定义 4.6 知

$$\big(A,H(B)\big)_T=\big(A,H(1_x)\big)_T=H_T^{-1}(A)(x). \tag{4.54}$$

另一方面,

$$\begin{aligned}\big(H(A),B\big)_T&=\big(H(A),1_x\big)_T=\bigvee_{y\in U}T\big(H(A)(y),1_x(y)\big)\\&=\left(\bigvee_{\{y\in U|y\neq x\}}T\big(H(A)(y),0\big)\right)\vee T\big(H(A)(x),1\big)\\&=H(A)(x).\end{aligned}$$

从而对任意 $x\in U$ 有 $H_T^{-1}(A)(x)=H(A)(x)$. 因此,

$$H_T^{-1}(A)=H(A),\quad \forall A\in\mathcal{F}(U). \tag{4.55}$$

结合 (4.55) 式与(ATUS)′ 即知, 对任意 $A,B\in\mathcal{F}(U)$ 有

$$(A,H(B))_T=(H_T^{-1}(A),B)_T. \qquad \square$$

定理 4.18 设 $L,H:\mathcal{F}(U)\to\mathcal{F}(U)$ 是模糊集合算子, T 是 $[0,1]$ 上的左连续三角模, S 是与 T 对偶的反三角模, 则

(1) 存在 U 上传递模糊关系 R 使得 (4.33) 式成立当且仅当 L 满足公理集{(AFL1), (AFL2), (AFLT)}, 其中

(AFLT) $L(A)\subseteq L\big(L(A)\big)$, $\forall A\in\mathcal{F}(U)$.

(2) 存在 U 上传递模糊关系 R 使得 (4.34) 式成立当且仅当 H 满足公理集{(AFU1), (AFU2), (AFUT)}, 其中

(AFUT) $H\big(H(A)\big)\subseteq H(A)$, $\forall A\in\mathcal{F}(U)$.

证明 由定理 4.1、定理 4.2 与定理 4.3 即得. □

注 4.5 定理 4.18 表明, {(AFL1), (AFL2), (AFLT)}是刻画传递 S-模糊粗糙下近似算子的基本公理集, 而{(AFU1), (AFU2), (AFUT)}是刻画传递 T-模糊粗糙上近似算子的基本公理集. 事实上, 这两个公理集都可以被单一公理所代替.

定理 4.19 设 $L:\mathcal{F}(U)\to\mathcal{F}(U)$ 是模糊集合算子, T 是 $[0,1]$ 上的左连续三角模, S 是与 T 对偶的反三角模, 则存在 U 上 T-传递模糊关系 R 使得 (4.33) 式成立当且仅当 L 满足公理(ASLT):

(ASLT) $\forall A_j\in\mathcal{F}(U),\forall a_j\in[0,1],j\in J$, 其中 J 是任意指标集,

$$L\left(\bigcap_{j\in J}S\big(\widehat{a_j},A_j\big)\right)=\left(\bigcap_{j\in J}S\big(\widehat{a_j},L\big(A_j\big)\big)\right)\cap\left(\bigcap_{j\in J}S\big(\widehat{a_j},L\big(L\big(A_j\big)\big)\big)\right). \quad (4.56)$$

证明 "⇒" 若存在 U 上 T-传递模糊关系 R 使得 (4.33) 式成立, 则由定理 4.2 知对任意 $B\in\mathcal{F}(U)$ 有 $L(B)\subseteq L(L(B))$, 从而, 对任意 $a\in[0,1]$ 和 $B\in\mathcal{F}(U)$ 有 $S(\widehat{a},L(B))\subseteq S(\widehat{a},L(L(B)))$. 因此, 由定理 4.4 易知 L 满足(ASLT).

"⇐" 假设 L 满足(ASLT). 对任意 $B\in\mathcal{F}(U)$, 在(ASLT)中令 $J=\{1\}$, 并取 $a_1=0$, $A_1=B$, 则得 $L(S(\widehat{0},B))=S(\widehat{0},L(B))\cap S(\widehat{0},L(L(B)))$. 由命题 4.2 的性质 (S7) 可得 $L(B)=L(B)\cap L(L(B))$. 于是

$$L(B)\subseteq L\big(L(B)\big),\quad \forall B\in\mathcal{F}(U). \quad (4.57)$$

即 L 满足定理 4.2 中的性质(FLT). 而由 (4.57) 式可得

$$S\big(\widehat{b},L(B)\big)=S\big(\widehat{b},L(B)\big)\cap S\big(\widehat{b},L\big(L(B)\big)\big),\quad \forall B\in\mathcal{F}(U),\quad \forall b\in[0,1]. \quad (4.58)$$

从而易见 L 满足 (ASL). 因此, 由定理 4.4 知, 存在 U 上模糊关系 R 使得 (4.33) 式成立. 并进一步由 (4.57) 式和定理 4.2 知 R 是 T-传递的. □

定理 4.20 设 $H:\mathcal{F}(U)\to\mathcal{F}(U)$ 是模糊集合算子, T 是 $[0,1]$ 上的左连续三角模, 则存在 U 上 T-传递模糊关系 R 使得 (4.34) 式成立当且仅当 H 满足公理(ATUT):

(ATUT) $\forall A_j\in\mathcal{F}(U),\forall a_j\in[0,1],j\in J$, 其中 J 是任意指标集,

$$H\left(\bigcup_{j\in J}T\big(\widehat{a_j},A_j\big)\right)=\left(\bigcup_{j\in J}T\big(\widehat{a_j},H\big(A_j\big)\big)\right)\cup\left(\bigcup_{j\in J}T\big(\widehat{a_j},H\big(H\big(A_j\big)\big)\big)\right). \quad (4.59)$$

证明 "⇒" 若存在 U 上 T-传递模糊关系 R 使得 (4.34) 式成立, 则由定理 4.2 知, 对任意 $B\in\mathcal{F}(U)$ 有 $H(H(B))\subseteq H(B)$, 从而, 对任意 $a\in[0,1]$ 和 $B\in\mathcal{F}(U)$, 有 $T(\widehat{a},H(H(B)))\subseteq T(\widehat{a},H(B))$. 因此, 由定理 4.4 即知 H 满足(ATUT).

"$\Leftarrow$" 假设 H 满足(ATUT). 对任意 $B\in\mathcal{F}(U)$, 在(ATUT)中令 $J=\{1\}$, 并取 $a_1=1$, $A_1=B$, 则 $H(B)=H(H(B))\cup H(B)$. 于是,

$$H\big(H(B)\big)\subseteq H(B),\quad \forall B\in\mathcal{F}(U), \tag{4.60}$$

即 H 满足定理 4.2 的性质(FUT). 而由 (4.60) 式可得

$$T\big(\widehat{b},H\big(H(B)\big)\big)\cup T\big(\widehat{b},H(B)\big)=T\big(\widehat{b},H(B)\big),\quad \forall B\in\mathcal{F}(U),\quad \forall b\in[0,1].$$

因此, 由 H 满足 (ATUT) 可知, H 满足 (ATU). 这样由定理 4.4 知, 存在 U 上模糊关系 R 使得 (4.34) 式成立. 并进一步由 (4.60) 式和定理 4.2 知 R 是 T-传递的.

□

以下讨论由各种模糊关系合成后所生成的 (S,T)-模糊粗糙近似算子的公理化刻画.

定理 4.21 设 $L:\mathcal{F}(U)\to\mathcal{F}(U)$ 是模糊算子, S 是 $[0,1]$ 上的右连续反三角模, 则存在 U 上串行和对称模糊关系 R 使得 (4.33) 式成立当且仅当 L 满足公理(ASLS0):

(ASLS0) $\forall A,A_j\in\mathcal{F}(U),\forall a,a_j\in[0,1],j\in J$, 其中 J 是任意指标集,

$$\begin{aligned}&\big(U-L(\varnothing)\big)\cap S\big(\widehat{a},L_S^{-1}(A)\big)\cap L\left(\bigcap_{j\in J}S\big(\widehat{a_j},A_j\big)\right)\\=&S\big(\widehat{a},L(A)\big)\cap\left(\bigcap_{j\in J}S\big(\widehat{a_j},L(A_j)\big)\right).\end{aligned} \tag{4.61}$$

证明 "$\Rightarrow$" 若存在 U 上串行和对称模糊关系 R 使得 (4.33) 式成立, 则由定理 4.2 知, $L(\varnothing)=\varnothing$, 并且根据引理 4.1 得, 对任意 $A\in\mathcal{F}(U)$ 有 $L_S^{-1}(A)=L(A)$, 因此, 由定理 4.4 即知 L 满足(ASLS0).

"$\Leftarrow$" 假设 L 满足(ASLS0). 在(ASLS0)中令 $J=\{1\}$, 并取 $a_1=a=1$, $A_1=A=U=\widehat{1}$, 则有 $(U-L(\varnothing))\cap L(U)=U$, 于是 $U-L(\varnothing)=U$, 从而

$$L\big(\varnothing\big)=\varnothing. \tag{4.62}$$

这样, (ASLS0)退化为(ASLS). 因此, 由定理 4.14 知, 存在 U 上对称模糊关系 R 使得 (4.33) 式成立. 进一步, 由 (4.62) 式和定理 4.2 知 R 是串行的. □

定理 4.22 设 $H:\mathcal{F}(U)\to\mathcal{F}(U)$ 是模糊集合算子, T 是 $[0,1]$ 上的左连续三角模, 则存在 U 上的串行和对称递模糊关系 R 使得 (4.34) 式成立当且仅当 H 满足公理(ATUS0):

(ATUS0)　$\forall A, A_j \in \mathcal{F}(U), \forall a, a_j \in [0,1], j \in J$, 其中 J 是任意指标集,

$$
\begin{aligned}
&(U - H(U)) \cup T(\widehat{a}, H_T^{-1}(A)) \cup H\left(\bigcup_{j\in J} T(\widehat{a_j}, A_j)\right) \\
=&T(\widehat{a}, H(A)) \cup \left(\bigcup_{j\in J} T(\widehat{a_j}, H(A_j))\right). \qquad (4.63)
\end{aligned}
$$

证明　"⇒" 若存在 U 上的串行和对称模糊关系 R 使得 (4.34) 式成立, 则由定理 4.2 知, $H(U) = U$, 并且根据引理 4.2, 对任意 $A \in \mathcal{F}(U)$ 有 $H_T^{-1}(A) = H(A)$, 因此, 由定理 4.4 知 H 满足(ATUS0).

"⇐" 假设 H 满足(ATUS0). 在(ATUS0)中令 $J = \{1\}$, 并取 $a_1 = a = 0$, $A_1 = A = U = \widehat{1}$, 则有 $(U - H(U)) \cup H(\varnothing) = \varnothing$, 于是 $U - H(U) = \varnothing$, 从而

$$
H(U) = U. \qquad (4.64)
$$

这样, (ATUS0)退化为(ATUS). 因此, 由定理 4.15 知, 存在 U 上对称模糊关系 R 使得 (4.34) 式成立. 进一步, 由 (4.64) 式和定理 4.2 知 R 是串行的. □

定理 4.23　设 $L : \mathcal{F}(U) \to \mathcal{F}(U)$ 是模糊集合算子, T 是 $[0,1]$ 上的左连续三角模, S 是与 T 对偶的反三角模, 则存在 U 上的串行和 T-传递模糊关系 R 使得 (4.33) 式成立当且仅当 L 满足公理(ASLT0):

(ASLT0)　$\forall A_j \in \mathcal{F}(U), \forall a_j \in [0,1], j \in J$, 其中 J 是任意指标集,

$$
\begin{aligned}
&(U - L(\varnothing)) \cap L\left(\bigcap_{j\in J} S(\widehat{a_j}, A_j)\right) \\
=&\left(\bigcap_{j\in J} S(\widehat{a_j}, L(A_j))\right) \cap \left(\bigcap_{j\in J} S(\widehat{a_j}, L(L(A_j)))\right). \qquad (4.65)
\end{aligned}
$$

证明　"⇒" 若存在 U 上串行和 T-传递模糊关系 R 使得 (4.33) 式成立, 则由定理 4.2 知, $L(\varnothing) = \varnothing$, 于是 $U - L(\varnothing) = U$. 从而, 由定理 4.19 知 L 满足(ASLT0).

"⇐" 假设 L 满足(ASLT0). 在(ASLT0)中令 $J = \{1\}$, 并取 $a_1 = 1$, $A_1 = U = \widehat{1}$, 则有 $(U - L(\varnothing)) \cap L(U) = U$, 于是 $U - L(\varnothing) = U$, 从而

$$
L(\varnothing) = \varnothing. \qquad (4.66)
$$

这样, (ASLT0)退化为(ASLT). 因此, 由定理 4.19 知, 存在 U 上 T-传递模糊关系 R 使得 (4.33) 式成立. 另外, 由 (4.66) 式和定理 4.2 知 R 是串行的. □

定理 4.24　设 $H:\mathcal{F}(U)\to\mathcal{F}(U)$ 是模糊集合算子, T 是 $[0,1]$ 上的左连续三角模, 则存在 U 上的串行和 T-传递模糊关系 R 使得 (4.34) 式成立当且仅当 H 满足公理(ATUT0):

(ATUT0)　$\forall A_j\in\mathcal{F}(U),\forall a_j\in[0,1],j\in J$, 其中 J 是任意指标集,

$$(U-H(U))\cup H\left(\bigcup_{j\in J}T(\widehat{a_j},A_j)\right)$$
$$=\left(\bigcup_{j\in J}T(\widehat{a_j},H(A_j))\right)\cup\left(\bigcup_{j\in J}T(\widehat{a_j},H(H(A_j)))\right).\tag{4.67}$$

证明　"⇒" 若存在 U 上的串行和 T-传递模糊关系 R 使得 (4.34) 式成立, 则由定理 4.2 知, $H(U)=U$, 于是 $U-H(U)=\varnothing$. 从而由定理 4.20 知 H 满足(ATUT0).

"⇒" 假设 H 满足(ATUT0). 在(ATUT0)中令 $J=\{1\}$, 并取 $a_1=0$, $A_1=U=\widehat{1}$, 则有 $(U-H(U))\cup H(\varnothing)=\varnothing$, 于是 $U-H(U)=\varnothing$, 从而

$$H(U)=U.\tag{4.68}$$

这样, (ATUT0)退化为(ATUT). 因此, 由定理 4.20 知, 存在 U 上 T-传递模糊关系 R 使得 (4.34) 式成立. 另外, 由 (4.68) 式和定理 4.2 知 R 是串行的. □

定理 4.25　设 $L:\mathcal{F}(U)\to\mathcal{F}(U)$ 是模糊集合算子, S 是 $[0,1]$ 上的右连续反三角模, 则存在 U 上自反和对称模糊关系 R 使得 (4.33) 式成立当且仅当 L 满足公理(ASLRS):

(ASLRS)　$\forall A,A_j\in\mathcal{F}(U),\forall a,a_j\in[0,1],j\in J$, 其中 J 是任意指标集,

$$S(\widehat{a},L_S^{-1}(A))\cap L\left(\bigcap_{j\in J}S(\widehat{a_j},A_j)\right)$$
$$=S(\widehat{a},L(A))\cap\left(\bigcap_{j\in J}S(\widehat{a_j},L(A_j))\right)\cap\left(\bigcap_{j\in J}S(\widehat{a_j},A_j)\right).\tag{4.69}$$

证明　"⇒" 若存在 U 上自反和对称模糊关系 R 使得 (4.33) 式成立, 则由定理 4.2 知, 对任意 $B\in\mathcal{F}(U)$ 有 $L(B)\subseteq B$. 于是对任意 $A_j\in\mathcal{F}(U)$, $a_j\in[0,1],j\in J$, 其中 J 是任意指标集, 有

$$\bigcap_{j\in J}S(\widehat{a_j},L(A_j))\subseteq\bigcap_{j\in J}S(\widehat{a_j},A_j).\tag{4.70}$$

因此, 由定理 4.14 可知, (4.69) 式成立, 即 L 满足(ASLRS).

"$\Leftarrow$" 假设 L 满足(ASLRS). 对任意 $B\in\mathcal{F}(U)$, 在(ASLRS)中令 $J=\{1\}$, 并取 $a_1=0$, $a=1$, $A_1=A=B$, 则得 $L(B)=L(B)\cap B$. 于是,

$$L(B)\subseteq B,\quad \forall B\in\mathcal{F}(U). \tag{4.71}$$

从而对任意 $A_j\in\mathcal{F}(U)$, $a_j\in[0,1], j\in J$, 其中 J 是任意指标集, 由 (4.70) 式可得

$$\left(\bigcap_{j\in J}S\big(\widehat{a_j},L(A_j)\big)\right)\cap\left(\bigcap_{j\in J}S\big(\widehat{a_j},A_j\big)\right)=\bigcap_{j\in J}S\big(\widehat{a_j},L(A_j)\big). \tag{4.72}$$

因此, (ASLRS)退化为(ASLS). 这样, 由定理 4.14 知存在 U 上对称模糊关系 R 使得 (4.33) 式成立. 另外, 由 (4.71) 式和定理 4.2 知 R 是自反的. □

定理 4.26 设 $H:\mathcal{F}(U)\to\mathcal{F}(U)$ 是模糊集合算子, T 是 $[0,1]$ 上的左连续三角模, 则存在 U 上自反和对称模糊关系 R 使得 (4.34) 式成立当且仅当 H 满足公理(ATURS):

(ATURS) $\forall A,A_j\in\mathcal{F}(U),\forall a,a_j\in[0,1], j\in J$, 其中 J 是任意指标集,

$$\begin{aligned}&T\big(\widehat{a},H_T^{-1}(A)\big)\cup H\left(\bigcup_{j\in J}T\big(\widehat{a_j},A_j\big)\right)\\&=T\big(\widehat{a},H(A)\big)\cup\left(\bigcup_{j\in J}T\big(\widehat{a_j},H(A_j)\big)\right)\cup\left(\bigcup_{j\in J}T\big(\widehat{a_j},A_j\big)\right).\end{aligned} \tag{4.73}$$

证明 "$\Rightarrow$" 若存在 U 上自反和对称模糊关系 R 使得 (4.34) 式成立, 则由定理 4.2 知, 对任意 $B\in\mathcal{F}(U)$ 有 $B\subseteq H(B)$. 于是对任意 $A_j\in\mathcal{F}(U)$, $a_j\in[0,1], j\in J$, 其中 J 是任意指标集, 有

$$\bigcup_{j\in J}T\big(\widehat{a_j},A_j\big)\subseteq\bigcup_{j\in J}T\big(\widehat{a_j},H(A_j)\big). \tag{4.74}$$

因此, 由定理 4.15 即知 H 满足(ATURS).

"$\Leftarrow$" 假设 H 满足(ATURS). 对任意 $B\in\mathcal{F}(U)$, 在(ATURS)中令 $J=\{1\}$, 并取 $a_1=1$, $a=0$, $A_1=A=B$, 则得 $H(B)=H(B)\cup B$. 于是,

$$B\subseteq H(B),\quad \forall B\in\mathcal{F}(U). \tag{4.75}$$

从而对任意 $A_j\in\mathcal{F}(U)$, $a_j\in[0,1], j\in J$, 其中 J 是任意指标集, 由 (4.74) 式可得

$$\left(\bigcup_{j\in J}T\big(\widehat{a_j},H(A_j)\big)\right)\cup\left(\bigcup_{j\in J}T\big(\widehat{a_j},A_j\big)\right)=\bigcup_{j\in J}T\big(\widehat{a_j},H(A_j)\big). \tag{4.76}$$

因此, (ATURS)退化为(ATUS). 于是由定理 4.15 知存在 U 上对称模糊关系 R 使得 (4.34) 式成立. 另外, 由 (4.75) 式和定理 4.2 知 R 是自反的. □

定理 4.27 设 $L:\mathcal{F}(U)\to\mathcal{F}(U)$ 是模糊集合算子, S 是 $[0,1]$ 上的右连续反三角模, 则存在 U 上自反和对称模糊关系 R 使得 (4.33) 式成立当且仅当 L 满足公理(ASLRS)$'$:

(ASLRS)$'$ $\forall A,B\in\mathcal{F}(U)$,

$$\left[A,B\cap L(B)\right]_S=\left[L(A),B\right]_S. \tag{4.77}$$

证明 “$\Rightarrow$” 若存在 U 上自反和对称模糊关系 R 使得 (4.33) 式成立. 一方面, 由于 R 是对称的, 因此由定理 4.16 得

$$\left[A,L(B)\right]_S=\left[L(A),B\right]_S,\quad \forall A,B\in\mathcal{F}(U). \tag{4.78}$$

另一方面, 由 R 的自反性与定理 4.2 知 (4.71) 式成立. 结合 (4.71) 式和 (4.78) 式即得 (4.77) 式, 故 L 满足公理(ASLRS)$'$.

“$\Leftarrow$” 假设 L 满足公理(ASLRS)$'$. 对任意 $A,B\in\mathcal{F}(U)$, 由命题 4.5 的性质 (O1) 与 (O7) 知

$$\left[A,B\cap L(B)\right]_S=\left[A,B\right]_S\wedge\left[A,L(B)\right]_S=\left[L(A),B\right]_S. \tag{4.79}$$

从而

$$\left[L(A),B\right]_S\leqslant\left[A,B\right]_S,\quad \forall B\in\mathcal{F}(U). \tag{4.80}$$

于是由命题 4.5 的性质 (O4) 得

$$L(A)\subseteq A,\quad \forall A\in\mathcal{F}(U). \tag{4.81}$$

这样, (ASLRS)$'$ 退化为(ASLS)$'$. 因此, 由定理 4.16 知, 存在 U 上对称模糊关系 R 使得 (4.33) 式成立. 另外, 由 (4.81) 式和定理 4.2 知 R 是自反的. □

定理 4.28 设 $H:\mathcal{F}(U)\to\mathcal{F}(U)$ 是模糊集合算子, T 是 $[0,1]$ 上的左连续三角模, 则存在 U 上自反和对称模糊关系 R 使得 (4.34) 式成立当且仅当 H 满足公理(ATURS)$'$:

(ATURS)$'$ $\forall A,B\in\mathcal{F}(U)$,

$$\left(A,B\cup H(B)\right)_T=\left(H(A),B\right)_T. \tag{4.82}$$

证明 “$\Rightarrow$” 若存在 U 上自反和对称模糊关系 R 使得 (4.34) 式成立. 则一方面, 由 R 的对称性和定理 4.17 得

$$\left(A,H(B)\right)_T=\left(H(A),B\right)_T,\quad \forall A,B\in\mathcal{F}(U). \tag{4.83}$$

而另一方面, 由R的自反性与定理 4.2 可知 (4.75) 式成立. 再结合 (4.75) 式与 (4.83) 式即得 (4.82) 式, 故 H 满足公理(ATURS)$'$.

"$\Leftarrow$" 假设 H 满足公理(ATURS)$'$. 对任意 $A,B\in\mathcal{F}(U)$, 由命题 4.4 的性质 (I7) 知

$$\big(A,B\cup H(B)\big)_T=\big(A,B\big)_T\vee\big(A,H(B)\big)_T=\big(H(A),B\big)_T. \tag{4.84}$$

于是

$$\big(A,B\big)_T\leqslant\big(H(A),B\big)_T,\quad \forall B\in\mathcal{F}(U). \tag{4.85}$$

从而由命题 4.4 的性质 (I4) 得

$$A\subseteq H(A),\quad \forall A\in\mathcal{F}(U). \tag{4.86}$$

这样(ATURS)$'$ 退化为(ATUS)$'$. 因此, 由定理 4.17 知, 存在 U 上对称模糊关系使得 (4.34) 式成立. 另外, 由 (4.86) 式与定理 4.2 知 R 是自反的. □

定理 4.29　设 $L:\mathcal{F}(U)\to\mathcal{F}(U)$ 是模糊集合算子, T 是 $[0,1]$ 上的左连续三角模, S 是与 T 对偶的反三角模, 则存在 U 上自反和 T-传递模糊关系 R 使得 (4.33) 式成立当且仅当 L 满足公理(ASLRT):

(ASLRT)　$\forall A_j\in\mathcal{F}(U),\forall a_j\in[0,1],j\in J$, 其中 J 是任意指标集,

$$\begin{aligned}&L\left(\bigcap_{j\in J}S\big(\widehat{a_j},A_j\big)\right)\\&=\left(\bigcap_{j\in J}S\big(\widehat{a_j},A_j\big)\right)\cap\left(\bigcap_{j\in J}S\big(\widehat{a_j},L(A_j)\big)\right)\cap\left(\bigcap_{j\in J}S\big(\widehat{a_j},L\big(L(A_j)\big)\big)\right).\end{aligned} \tag{4.87}$$

证明　"$\Rightarrow$" 若存在 U 上自反和 T-传递模糊关系 R 使得 (4.33) 式成立. 则一方面, 由 R 的自反性和定理 4.11 知, L 满足公理 (ASLR). 而另一方面, 由 R 的 T-传递性与定理 4.19 知, L 满足公理 (ASLT). 再结合公理 (ASLR) 与 (ASLT) 得 (4.87) 式, 故 L 满足(ASLRT).

"$\Leftarrow$" 假设 L 满足(ASLRT). 对任意 $B\in\mathcal{F}(U)$, 在(ASLRT)中令 $J=\{1\}$, 并取 $a_1=0$, $A_1=B$, 则由 (4.87) 式得

$$L(B)=B\cap L(B)\cap L\big(L(B)\big). \tag{4.88}$$

于是有

$$L(B)\subseteq B,\quad \forall B\in\mathcal{F}(U), \tag{4.89}$$

且

$$L(B)\subseteq L\big(L(B)\big),\quad \forall B\in\mathcal{F}(U). \tag{4.90}$$

另一方面, 由 (4.89) 式与 (4.90) 式可知, 对任意 $b\in[0,1]$ 与 $B\in\mathcal{F}(U)$, 有

$$S\big(\widehat{b},L(B)\big)=S\big(\widehat{b},B\big)\cap S\big(\widehat{b},L(B)\big)\cap S\big(\widehat{b},L\big(L(B)\big)\big). \tag{4.91}$$

因此, 由 (ALSRT) 可推得 L 满足 (ALS). 从而由定理 4.4 知, 存在 U 上模糊关系 R 使得 (4.33) 式成立. 另外, 由 (4.89) 式和 (4.90) 式以及定理 4.2 可知, R 是自反与 T-传递模糊关系. □

定理 4.30 设 $H:\mathcal{F}(U)\to\mathcal{F}(U)$ 是模糊集合算子, T 是 $[0,1]$ 上的左连续三角模, 则存在 U 上自反和 T-传递模糊关系 R 使得 (4.34) 式成立当且仅当 H 满足公理(ATURT):

(ATURT) $\forall A_j\in\mathcal{F}(U),\forall a_j\in[0,1],j\in J$, 其中 J 是任意指标集,

$$\begin{aligned}&H\left(\bigcup_{j\in J}T\big(\widehat{a_j},A_j\big)\right)\\&=\left(\bigcup_{j\in J}T\big(\widehat{a_j},A_j\big)\right)\cup\left(\bigcup_{j\in J}T\big(\widehat{a_j},H\big(A_j\big)\big)\right)\\&\quad\cup\left(\bigcup_{j\in J}T\big(\widehat{a_j},H\big(H\big(A_j\big)\big)\big)\right).\end{aligned} \tag{4.92}$$

证明 "⇒" 若存在 U 上自反和 T-传递模糊关系 R 使得 (4.34) 式成立. 则一方面, 由 R 的自反性和定理 4.12 知, H 满足公理 (ATUR). 而另一方面, 由 R 的 T-传递性和定理 4.20 知, H 满足公理 (ATUT). 再结合公理 (ATUR) 与 (ATUT) 可得 (4.92) 式, 即证 H 满足(ATURT).

"⇐" 假设 H 满足(ATURT). 对任意 $B\in\mathcal{F}(U)$, 在(ATURT)中令 $J=\{1\}$, 并取 $a_1=1$, $A_1=B$, 则由 (4.92) 式得

$$H(B)=B\cup H(B)\cup H\big(H(B)\big). \tag{4.93}$$

于是有

$$B\subseteq H(B),\quad\forall B\in\mathcal{F}(U), \tag{4.94}$$

且

$$H\big(H(B)\big)\subseteq H(B),\quad\forall B\in\mathcal{F}(U). \tag{4.95}$$

而由 (4.94) 式和 (4.95) 式可知, 对任意 $b\in[0,1]$ 与 $B\in\mathcal{F}(U)$ 有

$$T\big(\widehat{b},H(B)\big)=T\big(\widehat{b},B\big)\cup T\big(\widehat{b},H(B)\big)\cup T\big(\widehat{b},H\big(H(B)\big)\big). \tag{4.96}$$

从而, 根据 (ATURT) 易见 H 满足公理 (AUT). 因此, 由定理 4.4 知, 存在 U 上模糊关系 R 使得 (4.34) 式成立. 再由 (4.94) 式和 (4.95) 式以及定理 4.2 知, R 是自反和 T-传递模糊关系. □

定理 4.31　设 $L:\mathcal{F}(U)\to\mathcal{F}(U)$ 是模糊集合算子, T 是 $[0,1]$ 上的左连续三角模, S 是与 T 对偶的反三角模, 则存在 U 上对称和 T-传递模糊关系 R 使得 (4.33) 式成立当且仅当 L 满足公理(ASLST):

(ASLST)　$\forall A, A_j\in\mathcal{F}(U), \forall a, a_j\in[0,1], j\in J$, 其中 J 是任意指标集,

$$\begin{aligned}&S\big(\widehat{a}, L_S^{-1}(A)\big)\cap L\left(\bigcap_{j\in J}S\big(\widehat{a_j}, A_j\big)\right)\\ =&S\big(\widehat{a}, L(A)\big)\cap\left(\bigcap_{j\in J}S\big(\widehat{a_j}, L(A_j)\big)\right)\cap\left(\bigcap_{j\in J}S\big(\widehat{a_j}, L\big(L(A_j)\big)\big)\right).\end{aligned}\tag{4.97}$$

证明　"⇒" 若存在 U 上对称和 T-传递模糊关系 R 使得 (4.33) 式成立, 则由 R 的 T-传递性和定理 4.2 得

$$L(B)\subseteq L\big(L(B)\big),\quad \forall B\in\mathcal{F}(U).\tag{4.98}$$

从而由命题 4.2 中的性质 (S2) 得

$$S\big(\widehat{a}, L(B)\big)\subseteq S\big(\widehat{a}, L\big(L(B)\big)\big),\quad \forall a\in[0,1],\quad \forall B\in\mathcal{F}(U).\tag{4.99}$$

于是, 对任意 $a\in[0,1]$ 与 $B\in\mathcal{F}(U)$ 有

$$S\big(\widehat{a}, L(B)\big)\cap S\big(\widehat{a}, L\big(L(B)\big)\big)=S\big(\widehat{a}, L(B)\big).\tag{4.100}$$

另一方面, 由 R 的对称性和定理 4.14 知, L 满足公理 (ASLS). 从而, 再根据 (4.100) 式易见 L 满足公理(ASLST).

"⇐" 假设 L 满足公理(ASLST). 对任意 $B\in\mathcal{F}(U)$, 在(ASLST)中令 $J=\{1\}$, 并取 $a_1=0$, $a=1$, $A_1=A=B$, 则由 (4.100) 式得 $L(B)=L(B)\cap L(L(B))$, 这说明 (4.98) 式成立. 于是易见(ASLST)退化为(ASLS). 从而由定理 4.14 知, 存在 U 上对称模糊关系 R 使得 (4.33) 式成立. 另一方面, 由 (4.98) 式和定理 4.2 知, R 是 T-传递的. □

定理 4.32　设 $H:\mathcal{F}(U)\to\mathcal{F}(U)$ 是模糊集合算子, T 是 $[0,1]$ 上的左连续三角模, 则存在 U 上对称和 T-传递模糊关系 R 使得 (4.34) 式成立当且仅当 H 满足公理(ATUST):

(ATUST) $\forall A, A_j \in \mathcal{F}(U), \forall a, a_j \in [0,1], j \in J$, 其中 J 是任意指标集,

$$T\big(\widehat{a}, H_T^{-1}(A)\big) \cup H\left(\bigcup_{j\in J} T\big(\widehat{a_j}, A_j\big)\right)$$

$$= T\big(\widehat{a}, H(A)\big) \cup \left(\bigcup_{j\in J} T\big(\widehat{a_j}, H(A_j)\big)\right) \cup \left(\bigcup_{j\in J} T\big(\widehat{a_j}, H\big(H(A_j)\big)\big)\right). \tag{4.101}$$

证明 “$\Rightarrow$” 若存在 U 上对称和 T-传递模糊关系 R 使得 (4.34) 式成立, 则由 R 的 T-传递性和定理 4.2 得

$$H\big(H(B)\big) \subseteq H(B), \quad \forall B \in \mathcal{F}(U). \tag{4.102}$$

从而由命题 4.1 的性质 (T2) 得

$$T\big(\widehat{a}, H\big(H(B)\big)\big) \subseteq T\big(\widehat{a}, H(B)\big), \quad \forall a \in [0,1], \quad \forall B \in \mathcal{F}(U). \tag{4.103}$$

于是, 对任意 $a \in [0,1]$ 与 $B \in \mathcal{F}(U)$ 有

$$T\big(\widehat{a}, H(B)\big) \cup T\big(\widehat{a}, H\big(H(B)\big)\big) = T\big(\widehat{a}, H(B)\big). \tag{4.104}$$

另一方面, 由 R 的对称性和定理 4.15 知, H 满足公理 (ATUS). 因此, 再根据 (4.104) 式易证 H 满足公理(ATUST).

“$\Leftarrow$” 假设 H 满足(ATUST). 对任意 $B \in \mathcal{F}(U)$, 在(ATUST)中令 $J = \{1\}$, 并取 $a_1 = 1$, $a = 0$, $A_1 = A = B$, 则由 (4.101) 式得 $H(B) = H(B) \cup H(H(B))$, 从而 (4.102) 式成立. 于是(ATUST)退化为(ATUS). 因此, 由定理 4.15 知, 存在 U 上对称模糊关系 R 使得 (4.34) 式成立. 另一方面, 由 (4.102) 式和定理 4.2 知, R 是 T-传递的. □

定理 4.33 设 $L : \mathcal{F}(U) \to \mathcal{F}(U)$ 是模糊集合算子, T 是 $[0,1]$ 上的左连续三角模, S 是与 T 对偶的反三角模, 则存在 U 上对称和 T-传递模糊关系 R 使得 (4.33) 式成立当且仅当 L 满足公理(ASLST)$'$:

(ASLST)$'$ $\forall A, B \in \mathcal{F}(U)$,

$$\big[A, L(B) \cap L\big(L(B)\big)\big]_S = \big[L(A), B\big]_S. \tag{4.105}$$

证明 “$\Rightarrow$” 若存在 U 上对称和 T-传递模糊关系 R 使得 (4.33) 式成立. 则一方面, 由 R 的对称性和定理 4.16 得

$$\big[A, L(B)\big]_S = \big[L(A), B\big]_S, \quad \forall A, B \in \mathcal{F}(U). \tag{4.106}$$

另一方面, 由 R 的 T-传递性和定理 4.2 知 (4.98) 式成立. 从而再结合 (4.98) 式与 (4.106) 式即得 (4.105) 式, 即证 L 满足公理(ASLST)$'$.

"$\Leftarrow$" 假设 L 满足公理(ASLST)$'$. 对任意 $A,B\in\mathcal{F}(U)$, 由 (4.105) 式和命题 4.5 的性质 (O1) 与 (O7) 得

$$\begin{aligned}\big[A,L(B)\cap L\big(L(B)\big)\big]_S&=\big[A,L(B)\big]_S\wedge\big[A,L\big(L(B)\big)\big]_S\\&=\big[L(A),B\big]_S.\end{aligned}\tag{4.107}$$

于是

$$\big[L(A),B\big]_S\leqslant\big[A,L(B)\big]_S,\quad\forall A,B\in\mathcal{F}(U).\tag{4.108}$$

在上式中对换 A 与 B, 并利用命题 4.5 的性质 (O1) 可得

$$\big[A,L(B)\big]_S\leqslant\big[L(A),B\big]_S,\quad\forall A,B\in\mathcal{F}(U).\tag{4.109}$$

结合 (4.108) 式与 (4.109) 式即得

$$\big[A,L(B)\big]_S=\big[L(A),B\big]_S,\quad\forall A,B\in\mathcal{F}(U).\tag{4.110}$$

因此, 由定理 4.16 知, 存在 U 上对称模糊关系 R 使得 (4.33) 式成立. 另外, 由 (4.107) 式与 (4.110) 式又可得

$$\big[L(A),B\big]_S\leqslant\big[A,L\big(L(B)\big)\big]_S,\quad\forall A,B\in\mathcal{F}(U).\tag{4.111}$$

于是, 再结合 (4.110) 式得

$$\big[A,L(B)\big]_S\leqslant\big[A,L\big(L(B)\big)\big]_S,\quad\forall A,B\in\mathcal{F}(U).\tag{4.112}$$

由此根据命题 4.5 的性质 (O1) 与 (O4) 有

$$L(B)\subseteq L\big(L(B)\big),\quad\forall B\in\mathcal{F}(U).\tag{4.113}$$

这样, 由定理 4.2 即知 R 是 T-传递的. □

定理 4.34 设 $H:\mathcal{F}(U)\to\mathcal{F}(U)$ 是模糊集合算子, T 是 $[0,1]$ 上的左连续三角模, 则存在 U 上对称和 T-传递模糊关系 R 使得 (4.34) 式成立当且仅当 H 满足公理(ATUST)$'$:

(ATUST)$'$ $\forall A,B\in\mathcal{F}(U)$,

$$\big(A,H(B)\cup H\big(H(B)\big)\big)_T=\big(H(A),B\big)_T.\tag{4.114}$$

证明 “$\Rightarrow$” 若存在 U 上对称和 T-传递模糊关系 R 使得 (4.34) 式成立. 则一方面, 由 R 的对称性和定理 4.17 得

$$\big(A, H(B)\big)_T = \big(H(A), B\big)_T, \quad \forall A, B \in \mathcal{F}(U). \tag{4.115}$$

而另一方面, 由 R 的 T-传递性和定理 4.2 知 (4.102) 式成立. 再结合 (4.102) 式与 (4.115) 式即得 (4.114) 式, 即证 H 满足公理(ATUST)$'$.

“$\Leftarrow$” 假设 H 满足公理(ATUST)$'$. 对任意 $A, B \in \mathcal{F}(U)$, 由命题 4.4 的性质 (I1) 与 (I7) 得

$$\begin{aligned}\big(A, H(B) \cup H\big(H(B)\big)\big)_T &= \big(A, H(B)\big)_T \vee \big(A, H\big(H(B)\big)\big)_T \\ &= \big(H(A), B\big)_T.\end{aligned} \tag{4.116}$$

于是,

$$\big(A, H(B)\big)_T \leqslant \big(H(A), B\big)_T, \quad \forall A, B \in \mathcal{F}(U). \tag{4.117}$$

在上式中对换 A 与 B, 并利用命题 4.4 的性质 (I1) 可得

$$\big(H(A), B\big)_T \leqslant \big(A, H(B)\big)_T, \quad \forall A, B \in \mathcal{F}(U). \tag{4.118}$$

由 (4.117) 式与 (4.118) 式即得

$$\big(H(A), B\big)_T = \big(A, H(B)\big)_T, \quad \forall A, B \in \mathcal{F}(U). \tag{4.119}$$

因此, 由定理 4.17 知存在 U 上对称模糊关系 R 使得 (4.34) 式成立. 另外, 根据 (4.116) 式得

$$\big(A, H\big(H(B)\big)\big)_T \leqslant \big(H(A), B\big)_T, \quad \forall A, B \in \mathcal{F}(U). \tag{4.120}$$

于是, 再结合 (4.119) 式得

$$\big(A, H\big(H(B)\big)\big)_T \leqslant \big(A, H(B)\big)_T, \quad \forall A, B \in \mathcal{F}(U). \tag{4.121}$$

由此根据命题 4.4 的性质 (I1) 与 (I4) 得

$$H(H(B)) \subseteq H(B), \quad \forall B \in \mathcal{F}(U). \tag{4.122}$$

这样, 由定理 4.2 即知 R 是 T-传递的. □

定理 4.35 设 $L: \mathcal{F}(U) \to \mathcal{F}(U)$ 是模糊集合算子, T 是 $[0,1]$ 上的左连续三角模, S 是与 T 对偶的反三角模, 则存在 U 上 T-等价模糊关系 R 使得 (4.33) 式成立当且仅当 L 满足公理(ASLE):

(ASLE) $\forall A, A_j \in \mathcal{F}(U), \forall a, a_j \in [0,1], j \in J$, 其中 J 是任意指标集,

$$\begin{aligned}
&S\big(\widehat{a}, L_S^{-1}(A)\big) \cap L\left(\bigcap_{j\in J} S\big(\widehat{a_j}, A_j\big)\right)\\
=&S\big(\widehat{a}, L(A)\big) \cap \left(\bigcap_{j\in J} S\big(\widehat{a_j}, A_j\big)\right) \cap \left(\bigcap_{j\in J} S\big(\widehat{a_j}, L(A_j)\big)\right)\\
&\cap \left(\bigcap_{j\in J} S\big(\widehat{a_j}, L\big(L(A_j)\big)\big)\right).
\end{aligned} \tag{4.123}$$

证明 "⇒" 若存在 U 上 T-等价模糊关系 R 使得 (4.33) 式成立, 对任意 A, $A_j \in \mathcal{F}(U)$, $a, a_j \in [0,1], j \in J$, 其中 J 是任意指标集, 首先, 由 R 的对称性与 T-传递性以及定理 4.31 知, L 满足公理 (ASLST). 其次, 由 R 的自反性以及定理 4.11 可见, L 满足公理 (ASLR). 结合公理 (ASLST) 与公理 (ASLR) 即知 (4.123) 式成立, 即 L 满足公理(ASLE).

"⇐" 假设 L 满足公理(ASLE). 对任意 $B \in \mathcal{F}(U)$, 在(ASLE)中令 $J = \{1\}$, 并取 $a_1 = 0, a = 1$, $A_1 = A = B$, 则得

$$L(B) = B \cap L(B) \cap L\big(L(B)\big). \tag{4.124}$$

于是,

$$L(B) \subseteq B, \quad \forall B \in \mathcal{F}(U), \tag{4.125}$$

并且

$$L(B) \subseteq L\big(L(B)\big), \quad \forall B \in \mathcal{F}(U). \tag{4.126}$$

从而可进一步得到以下 (4.127) 式和 (4.128) 式:

$$S\big(\widehat{b}, L(B)\big) \subseteq S\big(\widehat{b}, B\big), \quad \forall b \in [0,1], \quad \forall B \in \mathcal{F}(U), \tag{4.127}$$

$$S\big(\widehat{b}, L(B)\big) \subseteq S\big(\widehat{b}, L\big(L(B)\big)\big), \quad \forall b \in [0,1], \quad \forall B \in \mathcal{F}(U). \tag{4.128}$$

这样, 易见(ASLE)就退化为(ASLS). 因此, 由定理 4.14 知, 存在 U 上对称模糊关系 R 使得 (4.33) 式成立. 另外, 由 (4.125) 式与 (4.126) 式以及定理 4.2 知, R 是自反与 T-传递的, 即证 R 是 T-等价模糊关系. □

定理 4.36 设 $H : \mathcal{F}(U) \to \mathcal{F}(U)$ 是模糊集合算子, T 是 $[0,1]$ 上的左连续三角模, 则存在 U 上 T-等价模糊关系 R 使得 (4.34) 式成立当且仅当 H 满足公理(ATUE):

(ATUE) $\forall A, A_j \in \mathcal{F}(U), \forall a, a_j \in [0,1], j \in J$, 其中 J 是任意指标集,

$$
\begin{aligned}
&T\left(\widehat{a}, H_T^{-1}(A)\right) \cup H\left(\bigcup_{j\in J} T\left(\widehat{a_j}, A_j\right)\right) \\
=&T\left(\widehat{a}, H(A)\right) \cup \left(\bigcup_{j\in J} T\left(\widehat{a_j}, A_j\right)\right) \cup \left(\bigcup_{j\in J} T\left(\widehat{a_j}, H\left(A_j\right)\right)\right) \\
&\cup \left(\bigcup_{j\in J} T\left(\widehat{a_j}, H\left(H\left(A_j\right)\right)\right)\right).
\end{aligned} \tag{4.129}
$$

证明 “$\Rightarrow$” 若存在 U 上 T-等价模糊关系 R 使得 (4.34) 式成立, 对任意 A, $A_j \in \mathcal{F}(U)$, $a, a_j \in [0,1], j \in J$, 其中 J 是任意指标集, 首先, 由 R 的对称性与 T-传递性以及定理 4.32 知, H 满足公理 (ATUST). 其次, 由 R 的自反性以及定理 4.12 知, H 满足公理 (ATUR). 结合公理 (ATUST) 与 (ATUR) 即知 (4.129) 式成立, 即 H 满足公理(ATUE).

“$\Leftarrow$” 假设 H 满足公理(ATUE). 对任意 $B \in \mathcal{F}(U)$, 在(ATUE)中令 $J = 1$, 并取 $a_1 = 1, a = 0$, $A_1 = A = B$, 则得

$$
H(B) = B \cup H(B) \cup H\left(H(B)\right). \tag{4.130}
$$

于是

$$
B \subseteq H(B), \quad \forall B \in \mathcal{F}(U), \tag{4.131}
$$

并且

$$
H\left(H(B)\right) \subseteq H(B), \quad \forall B \in \mathcal{F}(U). \tag{4.132}
$$

从而可进一步得到以下 (4.133) 式与 (4.134) 式:

$$
T\left(\widehat{b}, B\right) \subseteq T\left(\widehat{b}, H(B)\right), \quad \forall b \in [0,1], \quad \forall B \in \mathcal{F}(U), \tag{4.133}
$$

$$
T\left(\widehat{b}, H\left(H(B)\right)\right) \subseteq T\left(\widehat{b}, H(B)\right), \quad \forall b \in [0,1], \quad \forall B \in \mathcal{F}(U). \tag{4.134}
$$

这样, 易见(ATUE)退化为(ATUS). 因此, 由定理 4.15 知, 存在 U 上对称模糊关系 R 使得 (4.34) 式成立. 另外, 由 (4.131) 式与 (4.132) 式以及定理 4.2 得知, R 是自反和 T-传递的, 即证 R 是 T-等价模糊关系. □

定理 4.37 设 $L: \mathcal{F}(U) \to \mathcal{F}(U)$ 是模糊集合算子, T 是 $[0,1]$ 上的左连续三角模, S 是与 T 对偶的反三角模, 则存在 U 上 T-等价模糊关系 R 使得 (4.33) 式成立当且仅当 L 满足公理(ASLE)$'$:

(ASLE)′　$\forall A,B\in\mathcal{F}(U)$,

$$\big[A,B\cap L(B)\cap L\big(L(B)\big)\big]_S=\big[L(A),B\big]_S. \tag{4.135}$$

证明　"⇒" 若存在 U 上 T-等价模糊关系 R 使得 (4.33) 式成立. 则一方面, 由 R 的对称性与 T-传递性以及定理 4.33 有

$$\big[A,L(B)\cap L\big(L(B)\big)\big]_S=\big[L(A),B\big]_S,\quad \forall A,B\in\mathcal{F}(U). \tag{4.136}$$

另一方面, 由 R 的自反性与定理 4.2 知

$$L(B)\subseteq B,\quad \forall B\in\mathcal{F}(U). \tag{4.137}$$

结合 (4.136) 式与 (4.137) 式即知 (4.135) 式成立, 因此, L 满足公理(ASLE)′.

"⇐" 假设 L 满足公理(ASLE)′. 对任意 $A,B\in\mathcal{F}(U)$, 由命题 4.5 的性质 (O1) 与性质 (O7) 可得

$$\begin{aligned}&\big[A,B\cap L(B)\cap L\big(L(B)\big)\big]_S\\=&\big[A,B\big]_S\wedge\big[A,L(B)\big]_S\wedge\big[A,L\big(L(B)\big)\big]_S=\big[L(A),B\big]_S.\end{aligned} \tag{4.138}$$

于是

$$\big[L(A),B\big]_S\leqslant\big[A,L(B)\big]_S,\quad \forall A,B\in\mathcal{F}(U). \tag{4.139}$$

在上式中交换 A 与 B 并利用命题 4.5 的性质 (O1) 得

$$\big[A,L(B)\big]_S\leqslant\big[L(A),B\big]_S,\quad \forall A,B\in\mathcal{F}(U). \tag{4.140}$$

由 (4.139) 式与 (4.140) 式即得

$$\big[A,L(B)\big]_S=\big[L(A),B\big]_S,\quad \forall A,B\in\mathcal{F}(U). \tag{4.141}$$

因此, 由定理 4.16 知, 存在 U 上对称模糊关系 R 使得 (4.33) 式成立. 另一方面, (4.138) 式又蕴涵以下 (4.142) 式与 (4.143) 式成立:

$$\big[L(A),B\big]_S\leqslant\big[A,B\big]_S,\quad \forall A,B\in\mathcal{F}(U), \tag{4.142}$$

$$\big[L(A),B\big]_S\leqslant\big[A,L\big(L(B)\big)\big]_S,\quad \forall A,B\in\mathcal{F}(U). \tag{4.143}$$

类似于定理 4.27 与定理 4.33 中的证明, 由 (4.142) 式与 (4.143) 式可分别推得 (4.125) 式与 (4.126) 式成立, 从而由定理 4.2 知, R 是自反与 T-传递模糊关系, 即证 R 是 T-等价模糊关系. □

定理 4.38 设 $H:\mathcal{F}(U)\to\mathcal{F}(U)$ 是模糊集合算子, T 是 $[0,1]$ 上的左连续三角模, 则存在 U 上 T-等价模糊关系 R 使得 (4.34) 式成立当且仅当 H 满足公理(ATUE)$'$:

(ATUE)$'$ $\forall A,B\in\mathcal{F}(U)$,

$$\big(A,B\cup H(B)\cup H\big(H(B)\big)\big)_T=\big(H(A),B\big)_T. \tag{4.144}$$

证明 “$\Rightarrow$” 若存在 U 上 T-等价模糊关系 R 使得 (4.34) 式成立, 则一方面, 由 R 的对称性与 T-传递性以及定理 4.34 可得

$$\big(A,H(B)\cup H\big(H(B)\big)\big)_T=\big(H(A),B\big)_T,\quad \forall A,B\in\mathcal{F}(U). \tag{4.145}$$

另一方面, 由 R 的自反性与定理 4.2 可得

$$B\subseteq H(B),\quad \forall B\in\mathcal{F}(U). \tag{4.146}$$

结合 (4.145) 式与 (4.146) 式即得 (4.144) 式, 即证 H 满足公理(ATUE)$'$.

“$\Leftarrow$” 假设 H 满足公理(ATUE)$'$. 对任意 $A,B\in\mathcal{F}(U)$, 由命题 4.4 的性质 (I1) 与性质 (I7) 得

$$\begin{aligned}&\big(A,B\cup H(B)\cup H\big(H(B)\big)\big)_T\\ =&\big(A,B\big)_T\vee\big(A,H(B)\big)_T\vee\big(A,H(H(B))\big)_T\\ =&(H(A),B)_T.\end{aligned} \tag{4.147}$$

于是

$$\big(A,H(B)\big)_T\leqslant\big(H(A),B\big)_T,\quad \forall A,B\in\mathcal{F}(U). \tag{4.148}$$

在上式中交换 A 与 B, 并利用命题 4.4 的性质 (I1) 则得

$$\big(H(A),B\big)_T\leqslant\big(A,H(B)\big)_T,\quad \forall A,B\in\mathcal{F}(U). \tag{4.149}$$

由 (4.148) 式与 (4.149) 式即得

$$\big(A,H(B)\big)_T=\big(H(A),B\big)_T,\quad \forall A,B\in\mathcal{F}(U). \tag{4.150}$$

于是由定理 4.17 知, 存在 U 上对称模糊关系 R 使得 (4.34) 式成立. 另一方面, 由 (4.147) 式又可以分别得到以下 (4.151) 式与 (4.152) 式:

$$\big(A,B\big)_T\leqslant\big(A,H(B)\big)_T,\quad \forall A,B\in\mathcal{F}(U), \tag{4.151}$$

$$\big(A,H\big(H(B)\big)\big)_T\leqslant\big(A,H(B)\big)_T,\quad \forall A,B\in\mathcal{F}(U). \tag{4.152}$$

进一步类似于定理 4.28 与定理 4.34 中的证明, (4.151) 式与 (4.152) 式分别蕴涵 (4.146) 式与 (4.132) 式, 从而由定理 4.2 知 R 是自反与 T-传递的, 即证 R 是 T-等价模糊关系. □

第 5 章　(θ,σ)-模糊粗糙集

本章讨论基于模糊剩余蕴涵的广义模糊上、下近似算子的构造性定义及其公理化刻画, 并给出基于模糊粒的变精度 (θ,σ)-模糊粗糙集模型.

5.1　模糊剩余蕴涵及其对偶算子

设 T 与 S 分别为 $[0,1]$ 上的三角模与反三角余模, 给出 $[0,1]$ 上的两个二元运算如下:

$$\theta(a,b)=\sup\{c\in[0,1]|\ T(a,c)\leqslant b\},\quad a,b\in[0,1],$$

$$\sigma(a,b)=\inf\{c\in[0,1]|\ S(a,c)\geqslant b\},\quad a,b\in[0,1].$$

称 θ 为基于三角模 T 的剩余蕴涵算子, σ 为 θ 的对偶算子.

以下是几个常用的三角模和相应的剩余蕴涵及其对偶算子:

对于标准 min 三角模 $T=\min$, 它的对偶为 $S=\max$, 此时

$$\theta(a,b)=\begin{cases}1, & a\leqslant b,\\ b, & a>b.\end{cases}\qquad \sigma(a,b)=\begin{cases}0, & a\geqslant b,\\ b, & a<b.\end{cases}$$

对于 Łukasiewicz 三角模 $T_{\rm L}(a,b)=\max\{0,a+b-1\}$, 它的对偶为

$$S_{\rm L}(a,b)=\min\{1,a+b\},$$

此时

$$\theta_{\rm L}(a,b)=\min\{1,1-a+b\},\quad \sigma_{\rm L}(a,b)=\max\{0,b-a\}.$$

对于代数积 $T_{\rm P}(a,b)=ab$, 它的对偶为 $S_{\rm P}(a,b)=a+b-ab$, 此时

$$\theta_{\rm P}(a,b)=\begin{cases}1, & a\leqslant b,\\ b/a, & a>b.\end{cases}\qquad \sigma_{\rm P}(a,b)=\begin{cases}0, & a\geqslant b,\\ (b-a)/(1-a), & a<b.\end{cases}$$

以下假设 T 是下半连续的三角模, 则它的对偶算子 S 是上半连续的.

引理 5.1　$\sigma(1-a,1-b)=1-\theta(a,b),\forall a,b\in[0,1]$.

证明　直接可证. □

引理 5.2　二元运算 σ 具有以下性质: $\forall a,b,c\in[0,1],\forall a_j,b_k\in[0,1],j\in J,k\in K$, J,K 都是指标集,

(1) $\sigma(0,a)=a,\ \sigma(1,a)=0,\ \sigma(a,0)=0$.

(2) $\sigma(\cdot,\cdot)$ 关于右边参数是单调的, 关于左边参数是反单调的.

(3) $a\geqslant b\Leftrightarrow\sigma(a,b)=0$.

(4) $\sigma(\wedge_{j\in J}a_j,\vee_{k\in K}b_k)=\vee_{j\in J}\vee_{k\in K}\sigma(a_j,b_k)$.

(5) $\vee_{a\in[0,1]}\sigma(\sigma(b,a),a)=b$.

(6) $\sigma(a,\sigma(b,c))=\sigma(b,\sigma(a,c))$.

(7) $\sigma(S(a,b),c)=\sigma(a,\sigma(b,c))$.

(8) $a\geqslant b\Leftrightarrow\forall c\in[0,1],\ \sigma(a,c)\leqslant\sigma(b,c)$.

证明 性质 (1)—(7) 可由引理 5.1 和文献 [78] 中性质 1.1 证明.

(8)“$\Rightarrow$” 由 (2) 可得.

“$\Leftarrow$” 设 $\forall c\in[0,1]$, 有 $\sigma(a,c)\leqslant\sigma(b,c)$. 倘若 $a<b$, 则由 (2) 可知对任意的 $c\in[0,1]$, 有 $\sigma(a,c)\geqslant\sigma(b,c)$, 故 $\sigma(a,c)=\sigma(b,c)$. 特别地, $0=\sigma(a,a)=\sigma(b,a)$, $\sigma(a,b)=\sigma(b,b)=0$. 由性质 (3) 可知 $b\geqslant a$ 且 $a\geqslant b$, 即 $a=b$, 这不符合假设, 故 (8) 成立. □

对于 $A,B\in\mathcal{F}(U)$, 记 $\sigma(A,B)$ 为 U 上的一个模糊集, 定义如下:

$$\sigma(A,B)(x)=\sigma(A(x),B(x)),\quad\forall x\in U.$$

5.2 (θ,σ)-模糊粗糙集的定义与性质

定义 5.1 设 U 和 W 是两个非空论域, R 是从 U 到 W 上的模糊关系, 称三元组 (U,W,R) 为广义模糊近似空间. 下面定义两个从 $\mathcal{F}(W)$ 到 $\mathcal{F}(U)$ 的模糊集合值算子: $\forall A\in\mathcal{F}(W)$,

$$\underline{R}_\theta(A)(x)=\bigwedge_{y\in W}\theta(R(x,y),A(y)),\quad x\in U,$$

$$\overline{R}_\sigma(A)(x)=\bigvee_{y\in W}\sigma(1-R(x,y),A(y)),\quad x\in U.$$

其中 θ 和 σ 的定义见 5.1 节, $\underline{R}_\theta$ 和 $\overline{R}_\sigma$ 称为 (θ,σ)-模糊粗糙下、上近似算子, $(\underline{R}_\theta(A),\overline{R}_\sigma(A))$ 称为 (θ,σ)-模糊粗糙集.

性质 5.1 设 (U,W,R) 为广义模糊近似空间, 则 $\underline{R}_\theta(\sim A)=\sim\overline{R}_\sigma(A)$, $\forall A\in\mathcal{F}(W)$.

证明 由定义 5.1 直接可证. □

性质 5.1 反映了定义 5.1 所定义的下、上近似算子 $\underline{R}_\theta$ 和 $\overline{R}_\sigma$ 的关系. 由此, 称它们为一对对偶的近似算子.

性质 5.2 设 (U,W,R) 为广义模糊近似空间, 则: $\forall(x,y)\in U\times W$, $\forall a\in[0,1]$,

(1) $\overline{R}_\sigma\sigma(1_{W-\{y\}},\widehat{a})(x)=\sigma(1-R(x,y),a)$.

(2) $\underline{R}_\theta\theta(1_{\{y\}},\widehat{a})(x)=\theta(R(x,y),a)$.

证明 (1) 由 $\overline{R}_\sigma$ 的定义和引理 5.2 可得

$$
\begin{aligned}
&\overline{R}_\sigma\sigma(1_{W-\{y\}},\widehat{a})(x)\\
=&\bigvee_{z\in W}\sigma(1-R(x,z),\sigma(1_{W-\{y\}},\widehat{a})(z))\\
=&\sigma(1-R(x,y),\sigma(0,a))\vee\left(\bigvee_{z\neq y}\sigma(1-R(x,z)),\sigma(1,a)\right)\\
=&\sigma(1-R(x,y),a)\vee\left(\bigvee_{z\neq y}\sigma(1-R(x,z),0)\right)\\
=&\sigma(1-R(x,y),a).
\end{aligned}
$$

(2) 与上近似的证明类似可得. □

性质 5.3 设 R 是从 U 到 W 上的经典关系, 则: $\forall A\in\mathcal{F}(W),\forall x\in U$,

(1) $\overline{R}_\sigma(A)(x)=\sup\{A(y)|y\in R_s(x)\}$.

(2) $\underline{R}_\theta(A)(x)=\inf\{A(y)|y\in R_s(x)\}$.

特别地, $\forall A\in P(W)$, 有

(3) $\overline{R}_\sigma(A)=\{x\in U|R_s(x)\cap A\neq\varnothing\}$.

(4) $\underline{R}_\theta(A)=\{x\in U|R_s(x)\subseteq A\}$.

证明 只需证明 $\overline{R}_\sigma$ 的情形.

$$
\begin{aligned}
\overline{R}_\sigma(A)(x)=&\bigvee_{y\in W}\sigma(1-R(x,y),A(y))\\
=&\sup\{\sigma(1-R(x,y),A(y))|y\in R_s(x)\}\\
&\vee\sup\{\sigma(1-R(x,y),A(y))|y\notin R_s(x)\}\\
=&\sup\{\sigma(0,A(y))|y\in R_s(x)\}\\
&\vee\sup\{\sigma(1,A(y))|y\notin R_s(x)\}\\
=&\sup\{A(y)|y\in R_s(x)\}\qquad \text{由引理5.2(1)}
\end{aligned}
$$

若 $A\in P(W)$, 则

$$x\in\overline{R}_\sigma(A)\Leftrightarrow\overline{R}_\sigma(1_A)(x)=1\Leftrightarrow\exists y\in R_s(x)\text{使得}1_A(y)=1,$$

即

$$x\in\overline{R}_\sigma(A)\Leftrightarrow R_s(x)\cap A\neq\varnothing.$$

□

由性质 5.3 可知, 本节所定义的 (θ,σ)-模糊粗糙近似算子是 Yao 在文献 [156] 中所定义近似算子的自然推广. 特别地, 当 R 是 U 上等价经典关系且 $A\in P(U)$ 时, $\underline{R}_\theta(A)$ 与 $\overline{R}_\sigma(A)$ 分别和 Pawlak 所定义的下近似与上近似是一致的.

接下来研究广义模糊近似空间的复合问题.

定义 5.2 设 $G_1=(U,V,R_1)$ 和 $G_2=(V,W,R_2)$ 是两个广义模糊近似空间. 模糊关系 R_1 和 R_2 的复合是从 U 到 W 上的模糊关系 R, 定义如下:

$$R(x,z)=\bigvee_{y\in V}T(R_1(x,y),R_2(y,z)),\quad \forall(x,z)\in U\times W.$$

G_1 和 G_2 的复合为广义模糊近似空间 $G=(U,W,R)$, 记 $G=G_1\otimes G_2$.

下面我们来考察复合空间的 (θ,σ)-近似算子与原来的两个近似空间的 (θ,σ)-近似算子之间的关系, 给出如下定理:

定理 5.1 设 $G_1=(U,V,R_1)$ 和 $G_2=(V,W,R_2)$ 是两个广义模糊近似空间. $G=G_1\otimes G_2$ 是 G_1 和 G_2 的复合, 则

(1) $\overline{R}_\sigma=\overline{R_1}_\sigma\circ\overline{R_2}_\sigma$.

(2) $\underline{R}_\theta=\underline{R_1}_\theta\circ\underline{R_2}_\theta$.

其中 $\circ$ 为模糊集值算子的复合.

证明 (1) $\forall A\in\mathcal{F}(W)$, $x\in U$,

$$\begin{aligned}
&\overline{R_1}_\sigma\big(\overline{R_2}_\sigma(A)\big)(x)\\
=&\bigvee_{y\in V}\sigma\big(1-R_1(x,y),\overline{R_2}_\sigma(A)(y)\big)\\
=&\bigvee_{y\in V}\sigma\left(1-R_1(x,y),\bigvee_{z\in W}\sigma(1-R_2(y,z),A(z))\right)\\
=&\bigvee_{y\in V}\bigvee_{z\in W}\sigma(1-R_1(x,y),\sigma(1-R_2(y,z),A(z))) &&\text{由引理5.2(4)}\\
=&\bigvee_{y\in V}\bigvee_{z\in W}\sigma(S(1-R_1(x,y),1-R_2(y,z)),A(z)) &&\text{由引理5.2(7)}\\
=&\bigvee_{y\in V}\bigvee_{z\in W}\sigma(1-T(R_1(x,y),R_2(y,z)),A(z))\\
=&\bigvee_{z\in W}\sigma\left(1-\bigvee_{y\in V}T(R_1(x,y),R_2(y,z)),A(z)\right) &&\text{由引理5.2(4)}\\
=&\bigvee_{z\in W}\sigma(1-R(x,z),A(z))\\
=&\overline{R}_\sigma(A)(x). &&\text{由}\overline{R}_\sigma\text{的定义}
\end{aligned}$$

(2) 由性质 5.1 和上面 (1) 的结果直接可证. □

5.3 (θ, σ)-模糊粗糙近似算子的公理刻画

现在我们考虑 (θ, σ)-模糊粗糙近似算子的公理化定义. 两个模糊集值算子 $L, H: \mathcal{F}(W) \to \mathcal{F}(U)$, 若满足性质 5.1, 则称它们是对偶的. 下面研究一对对偶的模糊集值算子满足什么条件时, 必存在模糊关系 R, 使得通过构造性方法按定义 5.1 所定义的近似算子恰好满足 $\underline{R}_\theta = L, \overline{R}_\sigma = H$.

称 H 为模糊上算子当且仅当它满足以下公理: $\forall A, B \in \mathcal{F}(W)$, $\forall a \in [0,1]$,

(H_1^σ) $H(A \cup B) = H(A) \cup H(B)$.

(H_2^σ) $H(\sigma(\widehat{a}, A)) = \sigma(\widehat{a}, H(A))$.

相应地, 称 L 为模糊下算子当且仅当它满足以下公理: $\forall A, B \in \mathcal{F}(W)$, $\forall a \in [0,1]$,

(L_1^θ) $L(A \cap B) = L(A) \cap L(B)$.

(L_2^θ) $L(\theta(\widehat{a}, A)) = \theta(\widehat{a}, L(A))$.

设 $L, H: \mathcal{F}(U) \to \mathcal{F}(U)$ 分别是模糊下、上算子.

称 H 是嵌入的当且仅当 $\forall A \in \mathcal{F}(U)$, $A \subseteq H(A)$; L 是嵌入的当且仅当 $\forall A \in \mathcal{F}(U)$, $A \supseteq L(A)$.

称 H 是闭的当且仅当 $\forall A \in \mathcal{F}(U)$, $H(H(A)) \subseteq H(A)$; L 是闭的当且仅当 $\forall A \in \mathcal{F}(U)$, $L(L(A)) \supseteq L(A)$.

称 H 是对称的当且仅当 $H(\sigma(1_{U-\{y\}}, \widehat{a}))(x) = H(\sigma(1_{U-\{x\}}, \widehat{a}))(y)$, $\forall a \in [0,1]$, $\forall (x,y) \in U \times U$; L 是对称的当且仅当 $L(\theta(1_{\{y\}}, \widehat{a}))(x) = L(\theta(1_{\{x\}}, \widehat{a}))(y)$, $\forall a \in [0,1]$, $\forall (x,y) \in U \times U$.

模糊集值算子称为对称闭包算子当且仅当它是嵌入的、闭的且对称的.

容易知道, 若 L, H 是一对对偶算子, 则 H 具有上述某种性质等价于 L 具有同样的性质.

引理 5.3 若 $N: \mathcal{F}(W) \to [0,1]$ 满足以下条件: $\forall a \in [0,1]$, $\forall A, B \in \mathcal{F}(W)$,

(1) $N(A \cap B) = N(A) \wedge N(B)$.

(2) $N(\theta(\widehat{a}, A)) = \theta(a, N(A))$.

则存在 $v \in \mathcal{F}(W)$ 使得

$$N(A) = \bigwedge_{y \in W} \theta(v(y), A(y)), \quad \forall A \in \mathcal{F}(W).$$

证明 $\forall A \in \mathcal{F}(W)$, 记 $\alpha = N(A)$, 由条件 (2) 及文献 [1] 中性质 3.1 有

$$N(\theta(\widehat{\alpha}, A)) = \theta(\alpha, N(A)) = \theta(\alpha, \alpha) = 1.$$

定义

$$v=\cap\{A\in\mathcal{F}(W)|N(A)=1\},$$

则有 $\theta(\widehat{\alpha},A)\supseteq v$. 由文献 [1] 中性质 3.1 可知

$$\alpha\leqslant\bigwedge_{y\in W}\theta(v(y),A(y)).$$

另一方面, 记

$$\beta=\sup\{c\in[0,1]|N(\theta(\hat{c},A))=1\},$$

则

$$\theta(\beta,\alpha)=\inf\{\theta(c,\alpha)|N(\theta(\hat{c},A))=1\}=\inf\{\theta(c,\alpha)|\theta(c,N(A))=1\}=1.$$

因此, $\beta\leqslant\alpha$.

$\forall a>N(A)$, 有 $a>\beta$, 则 $N(\theta(\widehat{a},A))<1$. 由 v 的定义知 $N(v)=1$, 因此 $N(\theta(\widehat{a},\ A))<N(v)$. 易知 N 是单调的. 因此 $v\not\subseteq\theta(\widehat{a},A)$, 由文献 [1] 中性质 3.1 可知, $a>\bigwedge_{y\in W}\theta(v(y),A(y))$. 故 $\alpha\geqslant\bigwedge_{y\in W}\theta(v(y),A(y))$.

因此 $\alpha=\bigwedge_{y\in W}\theta(v(y),A(y))$. □

引理 5.4 (1) 设 H 是一个模糊上算子, 则 $\forall x\in U$, 存在一个模糊集 $v_x\in\mathcal{F}(W)$, 使得 $\forall A\in\mathcal{F}(W)$, 有

$$H(A)(x)=\bigvee_{y\in W}\sigma(v_x(y),A(y)).$$

(2) 设 L 是一个模糊下算子, 则 $\forall x\in U$, 存在一个模糊集 $u_x\in\mathcal{F}(W)$, 使得 $\forall A\in\mathcal{F}(W)$, 有

$$L(A)(x)=\bigwedge_{y\in W}\theta(u_x(y),A(y)).$$

证明 (1) 对于 $A\in\mathcal{F}(W)$ 与 $x\in U$, 令 $N_x(A)=1-H(\sim A)(x)$, 则对任意 $A,B\in\mathcal{F}(W)$ 有

$$\begin{aligned}N_x(A\cap B)&=1-H(\sim(A\cap B))(x)\\&=1-H((\sim A)\cup(\sim B))(x)\\&=1-(H(\sim A)\cup H(\sim B))(x)\qquad \text{由}(\mathrm{H}_1^{\sigma})\\&=1-H(\sim A)(x)\vee H(\sim B)(x)\\&=[1-H(\sim A)(x)]\wedge[1-H(\sim B)(x)]\end{aligned}$$

$$= N_x(A) \wedge N_x(B).$$

另外, 对任意 $A \in \mathcal{F}(W)$ 与 $a \in [0,1]$ 有

$$\begin{aligned} N_x(\theta(\widehat{a},A)) &= 1 - H(\sim \theta(\widehat{a},A))(x) \\ &= 1 - H(\sigma(\widehat{1-a},\sim A))(x) \quad \text{由引理5.1} \\ &= 1 - \sigma(\widehat{1-a},H(\sim A))(x) \quad \text{由}(\mathrm{H}_2^\sigma) \\ &= \theta(\widehat{a},\sim H(\sim A))(x) \\ &= \theta(a,N_x(A)). \end{aligned}$$

因此, 由引理 5.3 可知, 存在 $u_x \in \mathcal{F}(W)$, 使得 $N_x(A) = \bigwedge_{y\in W} \theta(u_x(y),A(y))$. 令 $v_x = -u_x$, 则

$$\begin{aligned} H(A)(x) &= 1 - N_x(\sim A) = 1 - \bigwedge_{y\in W} \theta(u_x(y),1-A(y)) \\ &= \bigvee_{y\in W} (1-\theta(u_x(y),1-A(y))) = \bigvee_{y\in W} \sigma(1-u_x(y),A(y)) \\ &= \bigvee_{y\in W} \sigma(v_x(y),A(y)). \end{aligned}$$

(2) 由上、下算子的对偶性, 在 (1) 的证明中, 取 $u=-v$ 即可. □

定义 5.3　设 H 与 L 是从 $\mathcal{F}(W)$ 到 $\mathcal{F}(U)$ 的对偶的模糊集值上、下算子, 定义从 U 到 W 上的模糊关系 $\mathrm{Rel}H$ 和 $\mathrm{Rel}L$ 如下:

$$\mathrm{Rel}H(x,y) = 1 - \bigvee_{a\in[0,1]} \sigma(H(\sigma(1_{W-\{y\}},\widehat{a}))(x),a), \quad (x,y) \in U \times W.$$

$$\mathrm{Rel}L(x,y) = \bigwedge_{a\in[0,1]} \theta(L(\theta(1_{\{y\}},\widehat{a}))(x),a), \quad (x,y) \in U \times W.$$

下面研究 (θ,σ)-模糊粗糙近似算子与一般模糊关系之间的联系.

定理 5.2　若 $R \in \mathcal{F}(U \times W)$, 则 $\mathrm{Rel}\overline{R}_\sigma = R = \mathrm{Rel}\underline{R}_\theta$.

证明　$\forall (x,y) \in U \times W$, 有

$$\begin{aligned} \mathrm{Rel}\overline{R}_\sigma(x,y) &= 1 - \bigvee_{a\in[0,1]} \sigma(\overline{R}_\sigma\sigma(1_{W-\{y\}},\widehat{a})(x),a) \quad \text{由 Rel 的定义} \\ &= 1 - \bigvee_{a\in[0,1]} \sigma(\sigma(1-R(x,y),a),a) \quad \text{由性质5.2} \\ &= 1 - (1-R(x,y)) = R(x,y) \quad \text{由引理5.2(5)}. \end{aligned}$$

另一等式由对偶性可证. □

定理 5.3 若 $H, L:\mathcal{F}(W)\to\mathcal{F}(U)$ 是对偶的模糊集值上、下算子, 则

(1) $\overline{\mathrm{Rel}H}_\sigma = H$.

(2) $\underline{\mathrm{Rel}L}_\theta = L$.

证明 (1) $\forall A\in\mathcal{F}(W),\ x\in U$, 有

$$
\begin{aligned}
&\overline{\mathrm{Rel}H}_\sigma(A)(x)\\
=&\bigvee_{y\in W}\sigma(1-\mathrm{Rel}H(x,y),A(y)) && \text{由}\overline{\mathrm{Rel}H}_\sigma\text{的定义}\\
=&\bigvee_{y\in W}\sigma\left(\bigvee_{a\in[0,1]}\sigma(H(\sigma(1_{W-\{y\}},\widehat{a}))(x),a),A(y)\right) && \text{由 Rel}H\text{的定义}\\
=&\bigvee_{y\in W}\sigma\left(\bigvee_{a\in[0,1]}\sigma\left(\bigvee_{z\in W}\sigma(v_x(z),\sigma(1_{w-\{y\}},\widehat{a})(z),a),A(y)\right)\right) && \text{由引理5.4}\\
=&\bigvee_{y\in W}\sigma\left(\bigvee_{a\in[0,1]}\sigma(\sigma(v_x(y),a),a),A(y)\right) && \text{类似于性质5.2}\\
=&\bigvee_{y\in W}\sigma(v_x(y),A(y)) && \text{由引理5.2(5)}\\
=&H(A)(x). && \text{由引理5.4}
\end{aligned}
$$

(2) 由结论 (1) 以及对偶性可证. □

定理 5.4 (1) $H:\mathcal{F}(W)\to\mathcal{F}(U)$ 是一个模糊上算子当且仅当存在一个模糊关系 $R\in\mathcal{F}(U\times W)$, 使得 $H=\overline{R}_\sigma$.

(2) $L:\mathcal{F}(W)\to\mathcal{F}(U)$ 是一个模糊下算子当且仅当存在一个模糊关系 $R\in\mathcal{F}(U\times W)$, 使得 $L=\underline{R}_\theta$.

证明 (1) “$\Rightarrow$” 令 $R=\mathrm{Rel}H$, 则由定理 5.3 可得 $H=\overline{\mathrm{Rel}H}_\sigma=\overline{R}_\sigma$.

“$\Leftarrow$” $\forall A,B\in\mathcal{F}(W),\ x\in U$, 则

$$
\begin{aligned}
&H(A\cup B)(x)\\
=&\overline{R}_\sigma(A\cup B)(x)\\
=&\bigvee_{y\in W}\sigma(1-R(x,y),(A\cup B)(y)) && \text{由}\overline{R}_\sigma\text{的定义}\\
=&\bigvee_{y\in W}\sigma(1-R(x,y),A(y)\vee B(y))\\
=&\bigvee_{y\in W}(\sigma(1-R(x,y),A(y))\vee\sigma(1-R(x,y),B(y))) && \text{由引理5.2(4)}\\
=&\left[\bigvee_{y\in W}\sigma(1-R(x,y),A(y))\right]\vee\left[\bigvee_{y\in W}\sigma(1-R(x,y),B(y))\right]\\
=&\overline{R}_\sigma(A)(x)\vee\overline{R}_\sigma(B)(x)=\big(H(A)\cup H(B)\big)(x).
\end{aligned}
$$

并且

$$
\begin{aligned}
H\big(\sigma(\widehat{a},A)\big)(x) &= \overline{R}_\sigma\big(\sigma(\widehat{a},A)\big)(x)\\
&= \bigvee_{y\in W}\sigma(1-R(x,y),\sigma(\widehat{a},A)(y))\\
&= \bigvee_{y\in W}\sigma(1-R(x,y),\sigma(a,A(y)))\\
&= \bigvee_{y\in W}\sigma(a,\sigma(1-R(x,y),A(y))) \qquad \text{由引理5.2(6)}\\
&= \sigma\left(a,\bigvee_{y\in W}\sigma\big(1-R(x,y),A(y)\big)\right) \qquad \text{由引理5.2(4)}\\
&= \sigma(a,\overline{R}_\sigma(A)(x)) = \sigma(\widehat{a},H(A))(x). \qquad \text{由}\overline{R}_\sigma\text{的定义}
\end{aligned}
$$

因此, H 是一个模糊上算子.

(2) 由对偶性及 (1) 可证. □

由定理 5.4 可知 (θ,σ)-模糊粗糙近似算子可以用公理 (H_1^σ) 和 (H_2^σ), 或公理 (L_1^θ) 和 (L_2^θ) 来刻画.

接下来, 设 $W=U$, R 是 U 上的模糊关系, H 与 L 是 $\mathcal{F}(U)$ 上的一对抽象的模糊集值上、下算子, 则如下定理 5.5—定理 5.8 是 (θ,σ)-模糊粗糙上、下近似算子的公理化特征.

定理 5.5　(1) R 是自反的当且仅当 $\overline{R}_\sigma$ 与 $\underline{R}_\theta$ 是嵌入的.

(2) H 是嵌入的当且仅当 $\mathrm{Rel}H$ 是自反的.

(3) L 是嵌入的当且仅当 $\mathrm{Rel}L$ 是自反的.

证明　(1) 若 R 是嵌入的, 则 $\forall x\in U$, 有

$$
\begin{aligned}
R(x,x) &= \mathrm{Rel}\overline{R}_\sigma(x,x)\\
&= 1-\bigvee_{a\in[0,1]}\sigma(\overline{R}_\sigma\sigma(1_{U-\{x\}},\widehat{a})(x),a) \qquad \text{由定理5.2}\\
&\geqslant 1-\bigvee_{a\in[0,1]}\sigma(\sigma(1_{U-\{x\}},\widehat{a})(x),a) \qquad \text{由引理5.2(2)}\\
&= 1-\bigvee_{a\in[0,1]}\sigma(\sigma(0,a),a)\\
&= 1-\bigvee_{a\in[0,1]}\sigma(a,a)=1. \qquad \text{由引理5.2(3)}
\end{aligned}
$$

因此, R 是自反的.

另一方面, 若 R 是自反的, 则 $\forall x\in U$, 有 $R(x,x)=1$. 因此,

$$\begin{aligned}\overline{R}_\sigma(A)(x) &= \bigvee_{y\in U}\sigma(1-R(x,y),A(y))\\ &\geqslant \sigma(1-R(x,x),A(x))\\ &= \sigma(0,A(x)) = A(x), \qquad \text{由引理5.2(1)}\end{aligned}$$

故 $\overline{R}_\sigma$ 是嵌入的.

另一结论由对偶性可证.

结论 (2) 与 (3) 由定理 5.2 和 (1) 的结果可证. □

推论 5.1 (1) 若 H 是嵌入的, 则 $H(\widehat{a})=\widehat{a},\forall a\in[0,1]$.

(2) 若 L 是嵌入的, 则 $L(\widehat{a})=\widehat{a},\forall a\in[0,1]$.

证明 (1) 设 $a\in[0,1]$, 则 $\forall x\in U$, 有

$$\begin{aligned}H(\widehat{a})(x) &= \overline{\mathrm{Rel}H}_\sigma(\widehat{a})(x)\\ &= \bigvee_{y\in U}\sigma(1-\mathrm{Rel}H(x,y),\widehat{a}(y)) \qquad \text{由定理5.3}\\ &= \bigvee_{y\in U}\sigma(1-\mathrm{Rel}H(x,y),a)\\ &= \sigma\left(1-\bigvee_{y\in U}\mathrm{Rel}H(x,y),a\right) \qquad \text{由引理5.2(4)}\\ &= \sigma(0,a) \qquad \text{由定理5.5}\\ &= a=\widehat{a}(x).\end{aligned}$$

(2) 由结论 (1) 和对偶性可证. □

定理 5.6 (1) R 是 U 上对称模糊关系当且仅当 $\overline{R}_\sigma$ 与 $\underline{R}_\theta$ 是 $\mathcal{F}(U)$ 上的对称算子.

(2) H 在 $\mathcal{F}(U)$ 上是对称的当且仅当 $\mathrm{Rel}H$ 是 U 上对称模糊关系.

(3) L 在 $\mathcal{F}(U)$ 上是对称的当且仅当 $\mathrm{Rel}L$ 是 U 上对称模糊关系.

证明 (1) 若 $\overline{R}_\sigma$ 是对称的, 则 $\forall x,y\in U$,

$$\begin{aligned}R(x,y) &= \mathrm{Rel}\overline{R}_\sigma(x,y)\\ &= 1-\bigvee_{a\in[0,1]}\sigma(\overline{R}_\sigma(\sigma(1_{U-\{y\}},\widehat{a}))(x),a) \qquad \text{由定理5.2}\\ &= 1-\bigvee_{a\in I}\sigma(\overline{R}_\sigma(\sigma(1_{U-\{x\}},\widehat{a}))(y),a) \qquad \text{由}\overline{R}_\sigma\text{的对称性}\\ &= \mathrm{Rel}\overline{R}_\sigma(y,x)=R(y,x). \qquad \text{由定理5.2}\end{aligned}$$

因此, R 是对称的.

反之, 若R是对称的, 则 $\forall a\in[0,1]$, $x,y\in U$,

$$\begin{aligned}\overline{R}_\sigma(\sigma(1_{U-\{x\}},\widehat{a}))(y) &= \sigma(1-R(y,x),a) && \text{由性质5.2}\\ &= \sigma(1-R(x,y),a) && \text{由}R\text{的对称性}\\ &= \overline{R}_\sigma\sigma(1_{U-\{y\}},\widehat{a})(x). && \text{由性质5.2}\end{aligned}$$

因此, $\overline{R}_\sigma$ 是对称的.

另一结论由对偶性可得.

(2) 与 (3) 由定理 5.2、定理 5.3 和 (1) 的结果直接可证. □

一般而言, Yao 在文献 [156] 中提出的由经典对称关系诱导出的近似算子的公理化特征对 (θ,σ)-模糊粗糙近似算子并不成立. 考虑以下例子.

例 5.1　设 $U=\{1,2,3\}$, $R=\begin{pmatrix}0 & 0.6 & 0.1\\ 0.6 & 0.9 & 0.1\\ 0.1 & 0.1 & 1\end{pmatrix}$, $A=(0.5,0,0.8)$, $T=$min, $S=$max. 则

$$\begin{aligned}&\overline{R}_\sigma(A)(1)=\sigma(1,0.5)\vee\sigma(0.4,0)\vee\sigma(0.9,0.8)=0,\\ &\overline{R}_\sigma(A)(2)=\sigma(0.4,0.5)\vee\sigma(0.1,0)\vee\sigma(0.9,0.8)=0.5,\\ &\overline{R}_\sigma(A)(3)=\sigma(0.9,0.5)\vee\sigma(0.9,0)\vee\sigma(0,0.8)=0.8,\\ &\underline{R}_\theta(\overline{R}_\sigma(A))(1)=\theta(0,0)\wedge\theta(0.6,0.5)\wedge\theta(0.1,0.8)=0.5,\\ &\underline{R}_\theta(\overline{R}_\sigma(A))(2)=\theta(0.6,0)\wedge\theta(0.9,0.5)\wedge\theta(0.1,0.8)=0,\\ &\underline{R}_\theta(\overline{R}_\sigma(A))(3)=\theta(0.1,0)\wedge\theta(0.1,0.5)\wedge\theta(1,0.8)=0,\end{aligned}$$

因此, $\underline{R}_\theta(\overline{R}_\sigma(A))=(0.5,0.0)$. R 是对称的但 $A\nsubseteq\underline{R}_\theta(\overline{R}_\sigma(A))$.

定理 5.7　(1) R 是 T-传递的当且仅当 $\overline{R}_\sigma$ 与 $\underline{R}_\theta$ 是闭的.

(2) H 是闭的当且仅当 Rel$H$ 是 T-传递的.

(3) L 是闭的当且仅当 Rel$L$ 是 T-传递的.

证明　(1) 若R是 T-传递的, 则一方面, $\forall A\in\mathcal{F}(U)$, $x\in U$,

$$\begin{aligned}\overline{R}_\sigma(\overline{R}_\sigma(A))(x) &= \bigvee_{y\in U}\sigma(1-R(x,y),\overline{R}_\sigma(A)(y))\\ &= \bigvee_{y\in U}\sigma\left(1-R(x,y),\bigvee_{u\in U}\sigma(1-R(y,u),A(u))\right)\\ &= \bigvee_{y\in U}\bigvee_{u\in U}\sigma(1-R(x,y),\sigma(1-R(y,u),A(u))) && \text{由引理5.2(4)}\\ &= \bigvee_{y\in U}\bigvee_{u\in U}\sigma(S(1-R(x,y),1-R(y,u)),A(u)) && \text{由引理5.2(7)}\\ &= \bigvee_{y\in U}\bigvee_{u\in U}\sigma(1-T(R(x,y),R(y,u)),A(u))\\ &\leqslant \bigvee_{y\in U}\bigvee_{u\in U}\sigma((1-R(x,u),A(u))\end{aligned}$$

$$=\bigvee_{u\in U}\sigma(1-R(x,u),A(u))=\overline{R}_{\sigma}(A)(x).$$

另一方面, 若 $\overline{R}_{\sigma}$ 是闭的, 则 $\forall x,y\in U,\ a\in[0,1]$,

$$\begin{aligned}
\sigma(1-R(x,y),a)&=\overline{R}_{\sigma}\sigma(1_{U-\{y\}},\widehat{a})(x) && \text{由性质5.2}\\
&\geqslant\overline{R}_{\sigma}(\overline{R}_{\sigma}(\sigma(1_{U-\{y\}},\widehat{a})))(x) && \text{由}\overline{R}_{\sigma}\text{的封闭性}\\
&=\bigvee_{u\in U}\sigma(1-R(x,u),\overline{R}_{\sigma}(\sigma(1_{U-\{y\}},\widehat{a}))(u))\\
&=\bigvee_{u\in U}\sigma(1-R(x,u),\sigma(1-R(u,y),a)) && \text{由性质5.2}\\
&=\bigvee_{u\in U}\sigma(S(1-R(x,u),1-R(u,y)),a) && \text{由引理5.2(7)}\\
&=\bigvee_{u\in U}\sigma(1-T(R(x,u),R(u,y)),a)\\
&=\sigma\left(1-\bigvee_{u\in U}T(R(x,u),R(u,y)),a\right). && \text{由引理5.2(4)}
\end{aligned}$$

由引理 5.2(8) 可得

$$1-R(x,y)\leqslant1-\bigvee_{u\in U}T(R(x,u),R(u,y)),$$

即

$$R(x,y)\geqslant\bigvee_{u\in U}T(R(x,u),R(u,y)).$$

因此 R 是 T-传递的.

另一结论由对偶性可证.

(2) 与 (3) 由定理 5.2、定理 5.3 和 (1) 的结果直接可证. □

定理 5.8 (1) R 是 T-等价模糊关系当且仅当 $\overline{R}_{\sigma}$ 与 $\underline{R}_{\theta}$ 是对称的闭算子.

(2) H 是对称的闭算子当且仅当 $\mathrm{Rel}H$ 是 T-等价模糊关系.

(3) L 是对称的闭算子当且仅当 $\mathrm{Rel}L$ 是 T-等价模糊关系.

证明 由定理 5.5—定理 5.7 即得. □

5.4 变精度 (θ,σ)-模糊粗糙集模型

本节首先利用模糊粒刻画 (θ,σ)-模糊粗糙近似算子, 进而研究基于模糊粒的变精度 (θ,σ)-模糊粗糙集模型.

定义 5.4 [12]　设 U 是非空论域, R 是 U 上的模糊二元关系, $\forall x\in U,\forall\lambda\in[0,1]$, 定义两个模糊信息粒 $[x_\lambda]_R^T$ 和 $[x_\lambda]_R^S$ 如下:

$$[x_\lambda]_R^T(y)=T(R(x,y),\lambda),\quad y\in U;$$
$$[x_\lambda]_R^S(y)=S(1-R(x,y),1-\lambda),\quad y\in U.$$

定理 5.9 [12]　设 U 是非空论域, R 是 U 上的 T-等价模糊关系. 定义两个从 $\mathcal{F}(U)$ 到 $\mathcal{F}(U)$ 的算子如下: $\forall A\in\mathcal{F}(U)$,

$$\underline{\underline{R}}_\theta(A)=\cup\{[x_\lambda]_R^T|x\in U,\lambda\in[0,1],[x_\lambda]_R^T\subseteq A\},$$

$$\overline{\overline{R}}_\sigma(A)=\cap\{[x_\lambda]_R^S|x\in U,\lambda\in[0,1],A\subseteq[x_\lambda]_R^S\},$$

则 $\forall x\in U$, 有 $\underline{\underline{R}}_\theta(A)(x)=\underline{R}_\theta(A)(x)$, $\overline{\overline{R}}_\sigma(A)(x)=\overline{R}_\sigma(A)(x)$.

定理 5.9 从模糊粒的角度对 (θ,σ)-模糊粗糙近似算子进行了刻画, 这种刻画方式与经典粗糙集思想是一致的. 同样, 这种模糊粗糙集模型不具备容错能力. 为解决这一问题, 下面给出变精度 (θ,σ)-模糊粗糙集的定义.

定义 5.5　设 U 是有限非空论域, R 是 U 上 T-等价模糊关系, $0\leqslant\beta\leqslant1$. 定义两个从 $\mathcal{F}(U)$ 到 $\mathcal{F}(U)$ 的算子如下:

$$\underline{R}_\theta^\beta(A)=\cup\left\{[x_\lambda]_R^T\middle|x\in U,\lambda\in[0,1],\frac{|\{y|[x_\lambda]_R^T(y)\leqslant A(y)\}|}{|U|}\geqslant\beta\right\};$$

$$\overline{R}_\sigma^\beta(A)=\cap\left\{[x_\lambda]_R^S\middle|x\in U,\lambda\in[0,1],\frac{|\{y|A(y)\leqslant[x_\lambda]_R^S(y)\}|}{|U|}\geqslant\beta\right\},$$

$\underline{R}_\theta^\beta$ 和 $\overline{R}_\sigma^\beta$ 分别称为变精度 (θ,σ)-下近似和变精度 (θ,σ)-上近似算子, $(\underline{R}_\theta^\beta(A),\overline{R}_\sigma^\beta(A))$ 称为 A 的变精度 (θ,σ)-模糊粗糙集.

下面讨论如何高效地计算近似算子, 并研究变精度 (θ,σ)-下近似和变精度 (θ,σ)-上近似算子的性质.

引理 5.5　设 U 是有限非空论域, R 是 U 上 T-等价模糊关系. 对于 $A\in\mathcal{F}(U)$, 记

$$\mathcal{X}=\{X_i|X_i\subseteq U,|X_i|=\lceil|U|\cdot\beta\rceil\};$$

$$g_A^{(i)}(x)=\sup\{\lambda|\lambda\in[0,1],\forall y\in X_i,[x_\lambda]_R^T(y)\leqslant A(y)\},\ \forall x\in U,\ \forall X_i\in\mathcal{X};$$

$$g_A(x)=\max\{g_A^{(i)}(x)|X_i\in\mathcal{X}\},\quad\forall x\in U,$$

则

$$\cup\left\{[x_\lambda]_R^T\middle|x\in U,\lambda\in[0,1],\frac{|\{y|[x_\lambda]_R^T(y)\leqslant A(y)\}|}{|U|}\geqslant\beta\right\}$$

$$= \cup\{[x_{g_A(x)}]_R^T | x \in U\}.$$

且有

$$\frac{|\{y|[x_{g_A(x)}]_R^T(y) \leqslant A(y)\}|}{|U|} \geqslant \beta, \quad \forall x \in U.$$

其中 $\lceil a \rceil$ 表示不小于 a 的最小整数.

证明 只需证明 $\forall x' \in U, \forall A \in \mathcal{F}(U)$, 有

$$\cup\left\{[x'_\lambda]_R^T \middle| \lambda \in [0,1], \frac{|\{y|[x'_\lambda]_R^T(y) \leqslant A(y)\}|}{|U|} \geqslant \beta\right\} = [x'_{g_A(x')}]_R^T.$$

由 T 的下半连续性知, $\forall X_i \in \mathcal{X}, \forall y \in X_i$,

$$\begin{aligned}&\sup\{T(R(x',y),\lambda)|\lambda \in [0,1], \forall y' \in X_i, T(R(x',y'),\lambda) \leqslant A(y')\}\\ =&\, T(R(x',y),g_A^{(i)}(x')) \leqslant A(y).\end{aligned}$$

又由于存在 $X_j \in \mathcal{X}$ 使 $g_A(x') = g_A^{(j)}(x')$, 故

$$T(R(x',y),g_A(x')) \leqslant A(y), \quad \forall y \in X_j.$$

从而

$$\frac{|\{y|[x'_{g_A(x')}]_R^T(y) \leqslant A(y)\}|}{|U|} \geqslant \beta.$$

且有

$$\cup\left\{[x'_\lambda]_R^T \middle| \lambda \in [0,1], \frac{|\{y|[x'_\lambda]_R^T(y) \leqslant A(y)\}|}{|U|} \geqslant \beta\right\} \supseteq [x'_{g_A(x')}]_R^T.$$

对于 $[x'_{\lambda_0}]_R^T \in \left\{[x'_\lambda]_R^T \middle| \lambda \in [0,1], \frac{|\{y|[x'_\lambda]_R^T(y) \leqslant A(y)\}|}{|U|} \geqslant \beta\right\}$, 有 $\lambda_0 \leqslant g_A(x')$. 于是, $[x'_{\lambda_0}]_R^T \subseteq [x'_{g_A(x')}]_R^T$. 因此,

$$\cup\left\{[x'_\lambda]_R^T \middle| \lambda \in [0,1], \frac{|\{y|[x'_\lambda]_R^T(y) \leqslant A(y)\}|}{|U|} \geqslant \beta\right\} \subseteq [x'_{g_A(x')}]_R^T. \qquad \square$$

定理 5.10 设 U 是有限非空论域, R 是 U 上 T-等价模糊关系, 则: $\forall A \in \mathcal{F}(U)$, $\forall x \in U$,

$$\underline{R}_\theta^\beta(A)(x) = \left(\cup\left\{[x_\lambda]_R^T \middle| \lambda \in [0,1], \frac{|\{y|[x_\lambda]_R^T(y) \leqslant A(y)\}|}{|U|} \geqslant \beta\right\}\right)(x) = g_A(x),$$

其中 $g_A(x)$ 由引理 5.5 定义.

证明 $\forall x \in U$, 令 $\lambda_0(x) = \underline{R}_\theta^\beta(A)(x)$. 由引理 5.5, 存在 $x' \in U$ 使得 $\lambda_0(x) = [x'_{g_A(x')}]_R^T(x)$, 且存在 $X_i \subseteq U$ 使得 $|X_i| = \lceil |U| \cdot \beta \rceil$, $\forall y \in X_i$, 有

$$T(R(x',y),g_A(x')) \leqslant A(y).$$

于是,

$$\begin{aligned}T(R(x,y),\lambda_0(x)) &= T(R(x,y),T(R(x',x),g_A(x')))\\&= T(T(R(x,y),R(x',x)),g_A(x'))\\&\leqslant T(R(x',y),g_A(x'))\leqslant A(y).\end{aligned}$$

从而,

$$\begin{aligned}\underline{R}_\theta^\beta(A)(x) &= [x_{\lambda_0(x)}]_R^T(x)\\&\leqslant \left(\cup\left\{[x_\lambda]_R^T\middle|\lambda\in[0,1],\frac{|\{y|[x_\lambda]_R^T(y)\leqslant A(y)\}|}{|U|}\geqslant\beta\right\}\right)(x).\end{aligned}$$

另一方面, 易见

$$\underline{R}_\theta^\beta(A)(x)\geqslant \left(\cup\left\{[x_\lambda]_R^T\middle|\lambda\in[0,1],\frac{|\{y|[x_\lambda]_R^T(y)\leqslant A(y)\}|}{|U|}\geqslant\beta\right\}\right)(x).$$

故

$$\underline{R}_\theta^\beta(A)(x)= \left(\cup\left\{[x_\lambda]_R^T\middle|\lambda\in[0,1],\frac{|\{y|[x_\lambda]_R^T(y)\leqslant A(y)\}|}{|U|}\geqslant\beta\right\}\right)(x).$$

由引理 5.5 的证明过程可知

$$\cup\left\{[x_\lambda]_R^T\middle|\lambda\in[0,1],\frac{|\{y|[x_\lambda]_R^T(y)\leqslant A(y)\}|}{|U|}\geqslant\beta\right\}=[x_{g_A(x)}]_R^T.$$

因此,

$$\left(\cup\left\{[x_\lambda]_R^T\middle|\lambda\in[0,1],\frac{|\{y|[x_\lambda]_R^T(y)\leqslant A(y)\}|}{|U|}\geqslant\beta\right\}\right)(x)=g_A(x).$$ □

定理 5.10 确保了近似算子的计算效率. 为计算点 z 处的变精度 (θ,σ)-近似, 任意 $x\in U$ 的信息粒 $[x_\lambda]_R^T$ 均由定义 5.5 给出, $[z_\lambda]_R^T$ 仅通过定理 5.10 即可计算得到.

对于 $A,B\in\mathcal{F}(U)$, 记

$$\begin{aligned}(A\Rightarrow_\theta B)(x)&=\theta(A(x),B(x)),\quad \forall x\in U,\\(A\cap_\sigma B)(x)&=\sigma(A(x),B(x)),\quad \forall x\in U.\end{aligned}$$

下面给出变精度 (θ,σ)-近似算子的如下性质.

定理 5.11　设 U 是有限非空论域, R 是 U 上 T-等价模糊关系, 则算子 $\underline{R}_\theta^\beta$ 和 $\overline{R}_\sigma^\beta$ 具有下列性质: $\forall X,Y\in\mathcal{F}(U)$,

(LH1) $\underline{R}_\theta^\beta(\sim X)=\sim\overline{R}_\sigma^\beta(X)$.

(L2) $\underline{R}_\theta^\beta(\widehat{\alpha}\Rightarrow_\theta X)=\widehat{\alpha}\Rightarrow_\theta \underline{R}_\theta^\beta(X)$.

(H2) $\overline{R}_\sigma^\beta(\widehat{\alpha}\cap_\sigma X)=\widehat{\alpha}\cap_\sigma \overline{R}_\sigma^\beta(X)$.

(L3) $\underline{R}_{\theta}^{\beta}(U)=U$.

(H3) $\overline{R}_{\sigma}^{\beta}(\varnothing)=\varnothing$.

(L4) $X\subseteq Y\Rightarrow \underline{R}_{\theta}^{\beta}(X)\subseteq \underline{R}_{\theta}^{\beta}(Y)$.

(H4) $X\subseteq Y\Rightarrow \overline{R}_{\theta}^{\beta}(X)\subseteq \overline{R}_{\theta}^{\beta}(Y)$.

(L5) $\underline{R}_{\theta}^{\beta}(X\cap Y)\subseteq \underline{R}_{\theta}^{\beta}(X)\cap \underline{R}_{\theta}^{\beta}(Y)$.

(H5) $\overline{R}_{\sigma}^{\beta}(X\cup Y)\supseteq \overline{R}_{\sigma}^{\beta}(X)\cup \overline{R}_{\sigma}^{\beta}(Y)$.

(L6) $\underline{R}_{\theta}^{2\beta-1}(X\cap Y)\supseteq \underline{R}_{\theta}^{\beta}(X)\cap \underline{R}_{\theta}^{\beta}(Y)$.

(H6) $\overline{R}_{\sigma}^{2\beta-1}(X\cup Y)\subseteq \overline{R}_{\sigma}^{\beta}(X)\cup \overline{R}_{\sigma}^{\beta}(Y)$.

(L7) $\underline{R}_{\theta}^{\beta}(\widehat{\alpha})\supseteq \widehat{\alpha}$.

(H7) $\overline{R}_{\sigma}^{\beta}(\widehat{\alpha})\subseteq \widehat{\alpha}$.

(L8) $\underline{R}_{\theta}^{\beta}(\widehat{\alpha}\Rightarrow_{\theta}\varnothing)=\widehat{\alpha}\Rightarrow_{\theta}\varnothing(\forall\alpha\in[0,1])\Leftrightarrow \underline{R}_{\theta}^{\beta}(\varnothing)=\varnothing$.

(H8) $\overline{R}_{\sigma}^{\beta}(\widehat{\alpha}\cap_{\sigma}U)=\widehat{\alpha}\cap_{\sigma}U(\forall\alpha\in[0,1])\Leftrightarrow \overline{R}_{\sigma}^{\beta}(U)=U$.

(L9) $\underline{R}_{\theta}^{\frac{|\sim M|}{|U|}}(1_{\sim M})=U$, 其中 $M\subseteq U$, $\dfrac{|\sim M|}{|U|}>0.5$.

(H9) $\overline{R}_{\sigma}^{\frac{|\sim M|}{|U|}}(1_{M})=\varnothing$, 其中 $M\subseteq U$, $\dfrac{|\sim M|}{|U|}>0.5$.

(L10) $\beta\leqslant\dfrac{|U|-1}{|U|}\Rightarrow \underline{R}_{\theta}^{\beta}(1_y\Rightarrow_{\theta}\widehat{\alpha})(x)=1,\ \forall x,y\in U$.

(H10) $\beta\leqslant\dfrac{|U|-1}{|U|}\Rightarrow \overline{R}_{\sigma}^{\beta}(\widehat{\alpha}\cap_{\sigma}1_y)(x)=0,\ \forall x,y\in U$.

(L11) 若 θ 为 Łukasiewicz 剩余蕴涵算子, 即 $\forall a,b\in[0,1]$, $\theta(a,b)=1\wedge(1-a+b)$, 则

$$\underline{R}_{\theta}^{\beta}(\widehat{\alpha})=\widehat{\alpha}\ (\forall\alpha\in[0,1])\Leftrightarrow \underline{R}_{\theta}^{\beta}(\varnothing)=\varnothing.$$

(H11) 若 θ 为 Łukasiewicz 剩余蕴涵算子, 则

$$\overline{R}_{\sigma}^{\beta}(\widehat{\alpha})=\widehat{\alpha}\ (\forall\alpha\in[0,1])\Leftrightarrow \overline{R}_{\sigma}^{\beta}(U)=U.$$

(LH12) $\dfrac{\left|\left\{y\,\middle|\,[x_{\underline{R}_{\theta}^{\beta}(X)(x)}]_R^T(y)\leqslant[x_{1-\overline{R}_{\sigma}^{\beta}(X)(x)}]_R^S(y)\right\}\right|}{|U|}\geqslant 2\beta-1,\ \forall x\in U$.

证明 (LH1) 对任意 $z\in U$, 由定义 5.5 知

$$\begin{aligned}\underline{R}_{\theta}^{\beta}(\sim X)(z)&=\left(\cup\left\{[x_\lambda]_R^T\,\middle|\,x\in U,\lambda\in[0,1],\frac{|\{y|[x_\lambda]_R^T(y)\leqslant 1-X(y)\}|}{|U|}\geqslant\beta\right\}\right)(z)\\&=\left(\cup\left\{[x_\lambda]_R^T\,\middle|\,x\in U,\lambda\in[0,1],\frac{|\{y|X(y)\leqslant[x_\lambda]_R^S(y)\}|}{|U|}\geqslant\beta\right\}\right)(z)\\&=\left(\cup\left\{\sim[x_\lambda]_R^S|x\in U,\lambda\in[0,1],\frac{|\{y|X(y)\leqslant[x_\lambda]_R^S(y)\}|}{|U|}\geqslant\beta\right\}\right)(z)\end{aligned}$$

$$= \Big(\sim \overline{R}_{\sigma}^{\beta}(X)\Big)(z),$$

即, $\underline{R}_{\theta}^{\beta}(\sim X) = \sim \overline{R}_{\sigma}^{\beta}(X)$.

(L2) 对于 $x \in U$, $\lambda_1 = \underline{R}_{\theta}^{\beta}(\widehat{\alpha} \Rightarrow_{\theta} X)(x)$. 由定理 5.10 和引理 5.5 知, 存在 $Y \subseteq U$ 满足 $|Y| = \lceil |U| \cdot \beta \rceil$ 和 $T(R(x,y),\lambda_1) \leqslant \theta(\alpha, X(y))$, $\forall y \in Y$. 故

$$T(R(x,y),T(\alpha,\lambda_1)) = T(\alpha, T(R(x,y),\lambda_1)) \leqslant X(y).$$

因此,

$$T(\alpha,\lambda_1) = [x_{T(\alpha,\lambda_1)}]_R^T(x) \leqslant \underline{R}_{\theta}^{\beta}(X)(x),$$

即, $\lambda_1 \leqslant \theta(\alpha, \underline{R}_{\theta}^{\beta}(X)(x))$.

接下来证 $\lambda_1 = \sup\{c \in [0,1] | T(\alpha,c) \leqslant \underline{R}_{\theta}^{\beta}(X)(x)\}$.

用反证法. 假设存在 $\lambda_2 > \lambda_1$, 满足 $T(\alpha,\lambda_2) \leqslant \underline{R}_{\theta}^{\beta}(X)(x)$. 由定理 5.10 和引理 5.5 可知, 存在 $Y' \subseteq U$, 对任意 $y' \in Y'$ 满足 $|Y'| = \lceil |U| \cdot \beta \rceil$ 和 $T(R(x,y'),T(\alpha,\lambda_2)) \leqslant T(R(x,y'),\underline{R}_{\theta}^{\beta}(X)(x)) \leqslant X(y')$, 则有

$$T(R(x,y'),T(\alpha,\lambda_2)) = T(\alpha, T(R(x,y'),\lambda_2)),$$

进而 $T(R(x,y'),\lambda_2) \leqslant \theta(\alpha, X(y'))$. 所以,

$$\lambda_2 = [x_{\lambda_2}]_R^T(x) \leqslant \underline{R}_{\theta}^{\beta}(\widehat{\alpha} \Rightarrow_{\theta} X)(x) = \lambda_1,$$

与假设 $\lambda_2 > \lambda_1$ 矛盾.

综上, $\underline{R}_{\theta}^{\beta}(\widehat{\alpha} \Rightarrow_{\theta} X)(x) = \widehat{\alpha} \Rightarrow_{\theta} \underline{R}_{\theta}^{\beta}(X)(x), \quad \forall x \in U$.

(L3) 显然.

(L4) 和 (L5) 由定义 5.5 即证.

(L6) 对于 $x \in U$, 由定理 5.10 知,

$$\big(\underline{R}_{\theta}^{\beta}(X) \cap \underline{R}_{\theta}^{\beta}(Y)\big)(x) = g_X(x) \wedge g_Y(x).$$

由引理 5.5 知, 存在 $X_i \subseteq U$ 使得对任意 $x_i \in X_i$ 满足 $|X_i| = \lceil |U| \cdot \beta \rceil$ 和 $[x_{g_X(x)}]_R^T(x_i) \leqslant X(x_i)$, 同时存在 $X_j \subseteq U$ 使得对任意 $x_j \in X_j$ 满足 $|X_j| = \lceil |U| \cdot \beta \rceil$ 和 $[x_{g_Y(x)}]_R^T(x_j) \leqslant Y(x_j)$. 因此, $\forall z \in X_i \cap X_j$, $|X_i \cap X_j| \geqslant (2\beta - 1) \cdot |U|$ 且

$$\begin{aligned} T(R(x,z), g_X(x) \wedge g_Y(x)) &= T(R(x,z), g_X(x)) \wedge T(R(x,z), g_Y(x)) \\ &\leqslant X(z) \wedge Y(z) \\ &= (X \cap Y)(z). \end{aligned}$$

从而, $\forall x \in U$,

$$\big(\underline{R}_\theta^\beta(X) \cap \underline{R}_\theta^\beta(Y)\big)(x) = [x_{g_X(x)\wedge g_Y(x)}]_R^T(x) \leqslant \underline{R}_\theta^{2\beta-1}(X\cap Y)(x).$$

(L7) 易知, $\underline{R}_\theta^1(\widehat{\alpha}) \supseteq \widehat{\alpha}$, 又因为 $\underline{R}_\theta^\beta(\widehat{\alpha}) \supseteq \underline{R}_\theta^1(\widehat{\alpha})$, 故 $\underline{R}_\theta^\beta(\widehat{\alpha}) \supseteq \widehat{\alpha}$.

(L8) “$\Leftarrow$” 由 (L2) 即证.

“$\Rightarrow$” 取 $\alpha = 1$ 即证.

(L9) 由定义 5.5 即证.

(L10) 由定义 5.5 和 $\theta(0,\alpha) = 1$ 直接可得.

(L11) “$\Rightarrow$” 显然.

“$\Leftarrow$” 由 $\sigma(1-\alpha,1) = 1-\theta(\alpha,0) = 1-1\wedge(1-\alpha) = \alpha$ 可得

$$\overline{R}_\sigma^\beta(\widehat{\alpha}) = \overline{R}_\sigma^\beta(\widehat{1-\alpha}\cap_\sigma U) = \widehat{1-\alpha}\cap_\sigma \overline{R}_\sigma^\beta(U) = \widehat{1-\alpha}\cap_\sigma U = \widehat{\alpha}.$$

(H2)—(H9) 由性质 (LH1) 和性质 (L2)—(L9) 直接可得.

(H10) 由

$$\overline{R}_\sigma^\beta(1_y)(x) = 1-\underline{R}_\theta^\beta(1_{U-\{y\}})(x) \leqslant 1-\underline{R}_\theta^{\frac{|U-\{y\}|}{|U|}}(1_{U-\{y\}})(x) = 0,$$

可得

$$0 \leqslant \overline{R}_\sigma^\beta(\widehat{\alpha}\cap_\sigma 1_y)(x) = \sigma(\alpha, \overline{R}_\sigma^\beta(1_y)(x)) = \sigma(\alpha,0) = 0.$$

因此,

$$\beta \leqslant \frac{|U|-1}{|U|} \Rightarrow \overline{R}_\sigma^\beta(\widehat{\alpha}\cap_\sigma 1_y)(x) = 0.$$

(H11) 由 (LH1) 和 (L11) 易证.

(LH12) 由定理 5.10 和引理 5.5 知, 存在 $X_i \subseteq U$ 使得对任意 $x_i \in X_i$ 满足 $|X_i| = \lceil |U|\cdot\beta\rceil$ 和 $[x_{\underline{R}_\theta^\beta(X)(x)}]_R^T(x_i) \leqslant X(x_i)$, 同时存在 $X_j \subseteq U$ 使得对任意 $x_j \in X_j$ 满足 $|X_j| = \lceil |U|\cdot\beta\rceil$ 和 $[x_{\underline{R}_\theta^\beta(\sim X)(x)}]_R^T(x_j) \leqslant 1-X(x_j)$. 因此, $\forall y \in X_i\cap X_j$, 有

$$|X_i \cap X_j| \geqslant |U|\cdot(2\beta-1)$$

且

$$[x_{\underline{R}_\theta^\beta(X)(x)}]_R^T(y) \leqslant X(y) \leqslant 1-[x_{\underline{R}_\theta^\beta(\sim X)(x)}]_R^T(y) = [x_{1-\overline{R}_\sigma^\beta(X)(x)}]_R^S(y).$$

所以, 对任意 $x\in U$ 有

$$\frac{|\{y|[x_{\underline{R}_\theta^\beta(X)(x)}]_R^T(y) \leqslant [x_{1-\overline{R}_\sigma^\beta(X)(x)}]_R^S(y)\}|}{|U|} \geqslant 2\beta-1.$$ □

下面讨论变精度 (θ,σ)-模糊粗糙集的退化模型以及退化模型和变精度粗糙集之间的区别与联系.

定理 5.12 设 U 是有限非空论域, R 是 U 上的经典等价关系, $X\subseteq U, \forall x\in U$, $[x]_R=\{y|R(x,y)=1\}$, 则

(1) $\underline{R}_\theta^\beta(X)=\left\{x\middle|\dfrac{|[x]_R\cup X|-|X|}{|U|}\leqslant 1-\beta\right\}$.

(2) $\overline{R}_\sigma^\beta(X)=\left\{x\middle|\dfrac{|[x]_R\cap X|}{|U|}>1-\beta\right\}$.

证明 (1) 首先证明 $\underline{R}_\theta^\beta(X)$ 是 U 的经典子集. 任给 $x\in U$, 若 $|\{y|y\notin X,R(x,y)=0\}|\geqslant\lceil|U|\cdot\beta\rceil-|X|$, 则$\dfrac{|\{y|[x_1]_R^T(y)\leqslant X(y)\}|}{|U|}\geqslant\beta$. 因此,

$$\underline{R}_\theta^\beta(X)(x)=1.$$

若 $|\{y|y\notin X,R(x,y)=0\}|<\lceil|U|\cdot\beta\rceil-|X|$, 则可证 $\underline{R}_\theta^\beta(X)(x)=0$. 用反证法. 假设 $\underline{R}_\theta^\beta(X)(x)\neq 0$. 令

$$\underline{R}_\theta^\beta(X)(x)\doteq\lambda_1\neq 0,$$

由定理 5.2 和引理 5.1 可得

$$\frac{|\{y|[x_{\lambda_1}]_R^T(y)\leqslant X(y)\}|}{|U|}\geqslant\beta.$$

所以, $\{y|R(x,y)\leqslant X(y)\}\geqslant\lceil|U|\cdot\beta\rceil$, 这与 $|\{y|y\notin X,R(x,y)=0\}|<\lceil|U|\cdot\beta\rceil-|X|$ 矛盾.

综上, $\underline{R}_\theta^\beta(X)$ 是 U 的经典子集.

因为

$$\begin{aligned}x\in\underline{R}_\theta^\beta(X)&\Leftrightarrow\frac{|\{y|[x_1]_R^T(y)\leqslant X(y)\}|}{|U|}\geqslant\beta\\&\Leftrightarrow|\{y|y\notin X,y\notin[x]_R\}|\geqslant\lceil|U|\cdot\beta\rceil-|X|\\&\Leftrightarrow|(\sim X)\cap(\sim[x]_R)|\geqslant\lceil|U|\cdot\beta\rceil-|X|\\&\Leftrightarrow\frac{|[x]_R\cup X|-|X|}{|U|}\leqslant 1-\beta,\end{aligned}$$

所以

$$\underline{R}_\theta^\beta(X)=\left\{x\middle|\frac{|[x]_R\cup X|-|X|}{|U|}\leqslant 1-\beta\right\}.$$

(2) 由定理 5.11 中性质 (LH1), 对任意 $X\subseteq U$, 有

$$\overline{R}_\sigma^\beta(X)=\left\{x\middle|\frac{|[x]_R\cap X|}{|U|}>1-\beta\right\}.$$

□

Ziarko 在文献 [190] 中给出了变精度粗糙集的定义.

定义 5.6 设 U 是有限非空论域, R 是 U 上经典等价关系, $\beta' \in (0.5, 1]$, 对于 $X \subseteq U$, 定义

$$\underline{R}^{\beta'}(X) = \left\{ x \in U \left| \frac{|[x]_R \cap X|}{|[x]_R|} \geqslant \beta' \right. \right\};$$

$$\overline{R}^{\beta'}(X) = \left\{ x \in U \left| \frac{|[x]_R \cap X|}{|[x]_R|} > 1 - \beta' \right. \right\}.$$

称 $\underline{R}^{\beta'}(X)$ 为 X 的 β'-下近似, $\overline{R}^{\beta'}(X)$ 为 X 的 β'-上近似, $(\underline{R}^{\beta'}(X), \overline{R}^{\beta'}(X))$ 为 X 的变精度粗糙集.

为了对变精度 (θ,σ)-模糊粗糙集和 Ziarko 变精度粗糙集进行比较, 我们将定义 5.6 中的公式进行转化, 得到如下定理.

定理 5.13 设 U 是有限非空论域, R 是 U 上经典等价关系, $\beta' \in (0.5, 1]$, 则

(1) $\underline{R}^{\beta'}(X) = \left\{ x \in U \left| \frac{|[x]_R \cup X| - |X|}{|[x]_R|} \leqslant 1 - \beta' \right. \right\}, \quad \forall X \in \mathcal{P}(U).$

(2) $\overline{R}^{\beta'}(X) = \left\{ x \in U \left| \frac{|[x]_R \cup X| - |X|}{|[x]_R|} < \beta' \right. \right\}, \quad \forall X \in \mathcal{P}(U).$

证明 对任意 $x \in U$, 有

$$\frac{|[x]_R \cap X|}{|[x]_R|} \geqslant \beta' \Leftrightarrow \frac{|[x]_R| - |[x]_R \cap X|}{|[x]_R|} \leqslant 1 - \beta'$$

且

$$\frac{|[x]_R \cap X|}{|[x]_R|} > 1 - \beta' \Leftrightarrow \frac{|[x]_R| - |[x]_R \cap X|}{|[x]_R|} < \beta'.$$

进而有, $|[x]_R| - |[x]_R \cap X| = |[x]_R \cup X| - |X|$. □

在退化的变精度 (θ,σ)-模糊粗糙集模型中, 数值 $(1-\beta) \cdot |U|$ 可以理解为划分块的绝对误差界限; 在 Ziarko 变精度粗糙集 [190] 中, 数值 $1-\beta'$ 可以理解为划分块的相对误差界限.

定理 5.14 设 U 是有限非空论域, R 是 U 上经典等价关系. 若 β 和 β' 满足 $(1-\beta) \cdot |U| = (1-\beta') \cdot \bigwedge_{y \in U} |[y]_R|$, 则

(1) $\underline{R}_\theta^\beta(X) \subseteq \underline{R}^{\beta'}(X), \forall X \in \mathcal{P}(U).$

(2) $\overline{R}_\sigma^\beta(X) \supseteq \overline{R}^{\beta'}(X), \forall X \in \mathcal{P}(U).$

证明 (1) $\forall X \subseteq U$, $\forall x \in \underline{R}_\theta^\beta(X)$, 有 $\frac{|[x]_R \cup X| - |X|}{|U|} \leqslant 1 - \beta$. 故

$$\begin{aligned} |[x]_R \cup X| - |X| &\leqslant (1-\beta) \cdot |U| \\ &= (1-\beta') \cdot \bigwedge_{y \in U} |[y]_R| \end{aligned}$$

$$\leqslant (1-\beta')\cdot|[x]_R|,$$

即

$$\frac{|[x]_R \cup X| - |X|}{|[x]_R|} \leqslant 1-\beta'.$$

于是, $x \in \underline{R}^{\beta'}(X)$. 因此, $\underline{R}_{\theta}^{\beta}(X) \subseteq \underline{R}^{\beta'}(X)$.

(2) 由 $\overline{R}_{\sigma}^{\beta}(X) = \sim \underline{R}_{\theta}^{\beta}(\sim X)$, $\overline{R}^{\beta'}(X) = \sim \underline{R}^{\beta'}(\sim X)$ 和 $\underline{R}_{\theta}^{\beta}(\sim X) \subseteq \underline{R}^{\beta'}(\sim X)$, 可得 $\overline{R}_{\sigma}^{\beta}(X) \supseteq \overline{R}^{\beta'}(X)$. □

定理 5.14 表明, 若 β 与 β' 满足特定条件, 则本节提出的变精度 (θ,σ)-近似算子与 Ziarko 在文献 [190] 中定义的近似算子之间存在包含关系.

第 6 章　I-模糊粗糙集

本章讨论在无限论域中由一般蕴涵算子导出的对偶模糊粗糙近似算子的定义及其公理化刻画.

6.1　模糊蕴涵算子

定义 6.1 [5,48,97]　单位区间 $[0,1]$ 上的二元算子 $I:[0,1]\times[0,1]\to[0,1]$ 称为一个模糊蕴涵算子 (fuzzy implicator), 简称蕴涵算子, 若它满足

$$I(1,0)=0,\quad I(1,1)=I(0,1)=I(0,0)=1.$$

称蕴涵算子I是左单调的 (右单调的), 若对任意 $\alpha\in[0,1], I(\cdot,\alpha)$ 是递减的 ($I(\alpha,\cdot)$ 是递增的); 若I既是左单调的又是右单调的, 则称它是混合单调的; 称I是 NP (neutrality principle) 蕴涵算子, 若对任意 $x\in[0,1]$ 有 $I(1,x)=x$. 称I是 EP(exchange principle) 蕴涵算子, 若对任意 $\alpha,\beta,\gamma\in[0,1]$ 有

$$I(\alpha,I(\beta,\gamma))=I(\beta,I(\alpha,\gamma)). \tag{6.1}$$

称 I 是 CP(confinement principle) 蕴涵算子, 又称为 OP(ordering property) 蕴涵算子, 若对任意 $\alpha,\beta\in[0,1]$ 有

$$\alpha\leqslant\beta\Leftrightarrow I(\alpha,\beta)=1. \tag{6.2}$$

称蕴涵算子 I 是半连续的, 若对任意 $a_j,b_k\in[0,1], j\in J, k\in K$ (J,K 为任意指标集), 有

$$I\left(\bigvee_j a_j,\bigwedge_k b_k\right)=\bigwedge_{j,k}I(a_j,b_k). \tag{6.3}$$

命题 6.1　若 I 是 $[0,1]$ 上的左单调蕴涵算子, 则 $I(\alpha,1)=1,\ \forall\alpha\in[0,1]$; 若 I 是 $[0,1]$ 上的右单调蕴涵算子, 则 $I(0,\alpha)=1,\ \forall\alpha\in[0,1]$.

证明　由定义直接可得. □

命题 6.2 [5]　$[0,1]$ 上的 EP 与 CP 蕴涵算子一定是 NP 蕴涵算子.

例 6.1　下列 9 个蕴涵算子都是混合单调蕴涵算子, 除了 Reichenbach 蕴涵算子以外又都是 NP 和 EP 蕴涵算子, 其中 $I_{\mathrm{LK}}, I_{\mathrm{GD}}, I_{\mathrm{GG}}, I_{\mathrm{RS}}, I_{\mathrm{FD}}$ 都是 CP 蕴涵算子, 其余 4 个蕴涵算子不具有 CP 性质 [5].

(1) Łukasiewicz 蕴涵算子: $I_{\mathrm{LK}}(x,y)=\min\{1,1-x+y\}, x,y\in[0,1]$.

(2) Gödel 蕴涵算子:

$$I_{\mathrm{GD}}(x,y)=\begin{cases}1, & x\leqslant y,\\ y, & x>y,\end{cases}\quad x,y\in[0,1].$$

(3) Reichenbach 蕴涵算子: $I_{\mathrm{RC}}(x,y)=1-x+xy, x,y\in[0,1]$.

(4) Kleene-Dienes 蕴涵算子: $I_{\mathrm{KD}}(x,y)=\max\{1-x,y\}, x,y\in[0,1]$.

(5) Goguen 蕴涵算子:

$$I_{\mathrm{GG}}(x,y)=\begin{cases}1, & x\leqslant y,\\ y/x, & x>y,\end{cases}\quad x,y\in[0,1].$$

(6) Rescher 蕴涵算子:

$$I_{\mathrm{RS}}(x,y)=\begin{cases}1, & x\leqslant y,\\ 0, & x>y,\end{cases}\quad x,y\in[0,1].$$

(7) Yager 蕴涵算子:

$$I_{\mathrm{YG}}(x,y)=\begin{cases}1, & x=0\text{ 且 }y=0,\\ y^x, & x>0\text{ 或 }y>0,\end{cases}\quad x,y\in[0,1].$$

(8) Weber 蕴涵算子:

$$I_{\mathrm{WB}}(x,y)=\begin{cases}1, & x<1,\\ y, & x=1,\end{cases}\quad x,y\in[0,1].$$

(9) Fodor 蕴涵算子:

$$I_{\mathrm{FD}}(x,y)=\begin{cases}1, & x\leqslant y,\\ \max\{1-x,y\}, & x>y,\end{cases}\quad x,y\in[0,1].$$

称算子 $N:[0,1]\to[0,1]$ 是一个非门算子 (negator), 若它是递减的且满足 $N(0)=1$ 和 $N(1)=0$. 由 $N_s(\alpha)=1-\alpha$, $\alpha\in[0,1]$, 定义的非门算子 N_s 称为标准非门算子. 称非门算子 N 是回旋的 (involutive), 若对任意 $\alpha\in[0,1]$, 有 $N(N(\alpha))=\alpha$.

命题 6.3 [48]　每一个回旋非门算子都是连续的, 并且是严格单调递减的.

对于左单调蕴涵算子 I, 由 $N_I(x)=I(x,0), x\in[0,1]$, 定义的函数 N_I 是一个非门算子, 称为由 I 导出的非门算子. 称 $[0,1]$ 上的蕴涵算子 I 满足正则性质 (regular property), 若由它导出的非门算子 N_I 是 $[0,1]$ 上的回旋非门算子.

例 6.2 由 Łukasiewicz 蕴涵算子 $I_{\mathrm{LK}}(x,y)=\min\{1,1-x+y\}$ 导出的非门算子是标准非门算子 N_s.

记 $\sim_N$ 表示由非门算子 N 产生的补运算, 即对于模糊集 $A\in\mathcal{F}(U)$ 和任意 $x\in U$, $(\sim_N A)(x)=N(A(x))$. 若 $N=N_s$, 则以 $\sim A$ 代替 $\sim_N A$.

引理 6.1 可直接由定义得到.

引理 6.1 设 N 是回旋非门算子, 则对任意 $A,A_j\in\mathcal{F}(U), j\in J$ (J 是指标集) 有

(1) $\sim_N(\widehat{\alpha})=\widehat{N(\alpha)}, \forall\alpha\in[0,1]$.

(2) $\sim_N(\sim_N(A))=A$.

(3) $\sim_N\left(\bigcup\limits_{j\in J}A_j\right)=\bigcap\limits_{j\in J}(\sim_N A_j)$.

(4) $\sim_N\left(\bigcap\limits_{j\in J}A_j\right)=\bigcup\limits_{j\in J}(\sim_N A_j)$.

设 T 和 S 分别为 $[0,1]$ 上的三角模和反三角模, N 是一个非门算子. 称 I 是由反三角模 S 和非门算子 N 导出的 S-蕴涵算子, 若

$$I(a,b)=S(N(a),b),\quad \forall\, a,b\in[0,1]. \tag{6.4}$$

称 I 是由三角模 T 导出的 R-蕴涵算子 (又称剩余蕴涵算子), 若

$$I(a,b)=\sup\{\lambda\in[0,1]|T(a,\lambda)\leqslant b\},\quad \forall a,b\in[0,1]. \tag{6.5}$$

命题 6.4 [93] 每一个 S-蕴涵算子和 R-蕴涵算子都是混合单调、NP、EP 蕴涵算子; 而每一个 R-蕴涵算子一定是 CP 蕴涵算子.

对于蕴涵算子 I 和非门算子 N, 定义 I 的 N-对偶算子 $\theta_{I,N}:[0,1]\times[0,1]\to[0,1]$ 如下:

$$\theta_{I,N}(x,y)=N(I(N(x),N(y))),\quad x,y\in[0,1]. \tag{6.6}$$

命题 6.5 设 I 是蕴涵算子, N 是非门算子, 则

(1) $\theta_{I,N}(1,0)=\theta_{I,N}(1,1)=\theta_{I,N}(0,0)=0$.

(2) $\theta_{I,N}(0,1)=1$.

(3) 若 I 是 NP 蕴涵算子且 N 是回旋的, 则对任意 $x\in[0,1]$ 有 $\theta_{I,N}(0,x)=x$.

(4) 若 I 是左单调的, 则 $\theta_{I,N}$ 也是左单调的; 若 I 是右单调的, 则 $\theta_{I,N}$ 也是右单调的.

(5) 若 I 是左单调的, 则对任意 $x\in[0,1]$ 有 $\theta_{I,N}(x,0)=0$; 若 I 是右单调的, 则对于任意 $x\in[0,1]$ 有 $\theta_{I,N}(1,x)=0$.

(6) 若 I 是 EP 蕴涵算子, 则

$$\theta_{I,N}(x,\theta_{I,N}(y,z))=\theta_{I,N}(y,\theta_{I,N}(x,z)),\quad \forall x,y,z\in[0,1]. \tag{6.7}$$

(7) 若 I 是 CP 蕴涵算子, 则 $y\leqslant x$ 当且仅当 $\theta_{I,N}(x,y)=0$.

(8) 若 I 是半连续蕴涵算子, 则对任意 $a_j,b_k\in[0,1],j\in J,k\in K$, ($J,K$ 为任意指标集), 有

$$\theta_{I,N}\left(\bigwedge_j a_j,\bigvee_k b_k\right)=\bigvee_{j,k}\theta_{I,N}(a_j,b_k). \tag{6.8}$$

证明　由定义直接可得. □

设 I 是蕴涵算子, N 是非门算子, $A,B\in\mathcal{F}(U)$, 则可以定义两个模糊集 $A\Rightarrow_I B$ 与 $\theta_{I,N}(A,B)$ 如下:

$$\begin{aligned}(A\Rightarrow_I B)(x)&=I(A(x),B(x)),\quad x\in U,\\ \theta_{I,N}(A,B)(x)&=\theta_{I,N}(A(x),B(x)),\quad x\in U.\end{aligned} \tag{6.9}$$

若 N 是回旋的, 则易证它们满足对偶性质:

$$\theta_{I,N}(A,B)=\sim_N((\sim_N A)\Rightarrow_I(\sim_N B)).$$

6.2 I-模糊粗糙集的定义与性质

定义 6.2　设 I 是 $[0,1]$ 上的蕴涵算子, N 是非门算子, (U,W,R) 是模糊近似空间, 对于 $A\in\mathcal{F}(W)$, A 关于 (U,W,R) 的 I-模糊粗糙下近似 $\underline{IR}(A)$ 和 I-模糊粗糙上近似 $\overline{IR}(A)$ 是 U 上的一对模糊子集, 其隶属函数定义如下:

$$\begin{aligned}\underline{IR}(A)(x)&=\bigwedge_{y\in W}I(R(x,y),A(y)),\quad x\in U,\\ \overline{IR}(A)(x)&=\bigvee_{y\in W}\theta_{I,N}(N(R(x,y)),A(y)),\quad x\in U.\end{aligned} \tag{6.10}$$

序对 $(\underline{IR}(A),\overline{IR}(A))$ 称为 A 关于 (U,W,R) 的 I-模糊粗糙集, 分别称 $\underline{IR}$ 与 $\overline{IR}$: $\mathcal{F}(W)\to\mathcal{F}(U)$ 为 I-模糊粗糙下近似算子与 I-模糊粗糙上近似算子, 统称为 I-模糊粗糙近似算子.

下述定理表明, 由模糊蕴涵算子 I 和回旋非门算子 N 确定的 I-模糊粗糙近似算子是相互对偶的.

定理 6.1　设 I 是 $[0,1]$ 上的模糊蕴涵算子, N 是回旋非门算子, (U,W,R) 是模糊近似空间, 则

(DFIL) $\underline{IR}(A) = \sim_N \overline{IR}(\sim_N A),\ \forall A \in \mathcal{F}(W)$,
(DFIU) $\overline{IR}(A) = \sim_N \underline{IR}(\sim_N A),\ \forall A \in \mathcal{F}(W)$.

证明 对任意 $A \in \mathcal{F}(W)$ 与 $x \in U$, 首先, 由于 N 是回旋的, 于是由定义有

$$\begin{aligned}\overline{IR}(\sim_N A)(x) &= \bigvee_{y\in W} \theta_{I,N}(N(R(x,y)),(\sim_N A)(y)) \\ &= \bigvee_{y\in W} N(I(R(x,y),N(N(A(y))))) \\ &= \bigvee_{y\in W} N(I(R(x,y),A(y))).\end{aligned}$$

其次, 由于每一个回旋非门算子都是连续的, 从而

$$\begin{aligned}(\sim_N \overline{IR}(\sim_N A))(x) &= N\left(\bigvee_{y\in W} N(I(R(x,y),A(y)))\right) \\ &= \bigwedge_{y\in W} N(N(I(R(x,y),A(y)))) \\ &= \bigwedge_{y\in W} I(R(x,y),A(y)).\end{aligned}$$

因此, $\underline{IR}(A) = \sim_N \overline{IR}(\sim_N A)$. 同理可得 (DFIU) 成立. □

注 6.1 (1) 当 $N = N_s$ 时, I 是由三角模 T 确定的 R-蕴涵算子, S 是与 T 对偶的反三角模, 则定义 6.2 给出的近似算子退化为第 5 章所定义的近似算子, 即

$$\begin{aligned}\underline{R}_\theta(A)(x) &= \bigwedge_{y\in W} \theta(R(x,y),A(y)), \quad A \in \mathcal{F}(W), \quad x \in U, \\ \overline{R}_\sigma(A)(x) &= \bigvee_{y\in W} \sigma(1-R(x,y),A(y)), \quad A \in \mathcal{F}(W), \quad x \in U,\end{aligned} \tag{6.11}$$

其中

$$\begin{aligned}\theta(a,b) &= \sup\{c \in [0,1] | T(a,c) \leqslant b\}, \quad a,b \in [0,1], \\ \sigma(a,b) &= \inf\{c \in [0,1] | \mathcal{S}(a,c) \geqslant b\}, \quad a,b \in [0,1].\end{aligned}$$

(2) 当 $N = N_s$ 时, T 是三角模, S 是与 T 对偶的反三角模, I 是由 T 确定的 S-蕴涵算子, 即 $I(a,b) = S(1-a,b)$, 则定义 6.2 给出的近似算子退化为第 4 章所定义的近似算子, 即

$$\begin{aligned}\underline{SR}(A)(x) &= \bigwedge_{y\in W} S(1-R(x,y),A(y)), \quad A \in \mathcal{F}(W), \quad x \in U, \\ \overline{TR}(A)(x) &= \bigvee_{y\in W} T(R(x,y),A(y)), \quad A \in \mathcal{F}(W), \quad x \in U,\end{aligned} \tag{6.12}$$

更特殊地, 设 U 与 W 都是有限论域, 若取 $T=\min$, $S=\max$, 则定义 6.2 给出的近似算子退化为第3章所定义的近似算子, 即

$$\underline{IR}(A)(x)=\bigwedge_{y\in W}\big((1-R(x,y))\vee A(y)\big),\quad A\in\mathcal{F}(W),\quad x\in U,$$
$$\overline{IR}(A)(x)=\bigvee_{y\in W}\big(R(x,y)\wedge A(y)\big),\quad A\in\mathcal{F}(W),\quad x\in U.$$

下述定理给出了 I-模糊粗糙近似算子的基本性质:

定理 6.2　设 I 是 $[0,1]$ 上的半连续混合单调蕴涵算子, N 是非门算子, (U,W,R) 是模糊近似空间, 则 I-模糊粗糙近似算子满足以下性质:

$\forall A,B\in\mathcal{F}(W)$, $A_j\in\mathcal{F}(W)(\forall j\in J)$, $M\subseteq W$, $(x,y)\in U\times W$, $\forall\alpha\in[0,1]$,

(FIL1) 若 I 是 EP 蕴涵算子, 则 $\underline{IR}(\widehat{\alpha}\Rightarrow_I A)=\widehat{\alpha}\Rightarrow_I\underline{IR}(A)$.

(FIU1) 若 I 是 EP 蕴涵算子, 则 $\overline{IR}(\theta_{I,N}(\widehat{\alpha},A))=\theta_{I,N}(\widehat{\alpha},\overline{IR}(A))$.

(FIL2) $\underline{IR}\left(\bigcap_{j\in J}A_j\right)=\bigcap_{j\in J}\underline{IR}(A_j)$.

(FIU2) $\overline{IR}\left(\bigcup_{j\in J}A_j\right)=\bigcup_{j\in J}\overline{IR}(A_j)$.

(FIL3) $A\subseteq B\Rightarrow\underline{IR}(A)\subseteq\underline{IR}(B)$.

(FIU3) $A\subseteq B\Rightarrow\overline{IR}(A)\subseteq\overline{IR}(B)$.

(FIL4) $\underline{IR}\left(\bigcup_{j\in J}A_j\right)\supseteq\bigcup_{j\in J}\underline{IR}(A_j)$.

(FIU4) $\overline{IR}\left(\bigcap_{j\in J}A_j\right)\subseteq\bigcap_{j\in J}\overline{IR}(A_j)$.

(FIL5) 若 I 是 NP 蕴涵算子, 则 $\widehat{\alpha}\subseteq\underline{IR}(\widehat{\alpha})$.

(FIU5) 若 I 是 NP 蕴涵算子, 且 N 是回旋的, 则 $\overline{IR}(\widehat{\alpha})\subseteq\widehat{\alpha}$.

(FIL6) 若 I 是 NP 蕴涵算子, 则 $\underline{IR}(W)=U$.

(FIU6) 若 I 是 NP 蕴涵算子, 则 $\overline{IR}(\varnothing)=\varnothing$.

(FIL7) 若 I 是 EP 蕴涵算子, 则

$$\underline{IR}(\widehat{\alpha}\Rightarrow_I\varnothing)=\widehat{\alpha}\Rightarrow_I\varnothing,\forall\alpha\in[0,1]\Leftrightarrow\underline{IR}(\varnothing)=\varnothing.$$

(FIU7) 若 I 是 EP 蕴涵算子, 则

$$\overline{IR}(\theta_{I,N}(\widehat{\alpha},W))=\theta_{I,N}(\widehat{\alpha},U),\forall\alpha\in[0,1]\Leftrightarrow\overline{IR}(W)=U.$$

(FIL8) 若 I 是 NP 蕴涵算子, 则 $\underline{IR}(1_y\Rightarrow_I\widehat{\alpha})(x)=I(R(x,y),\alpha)$.

(FIU8) 若I是NP蕴涵算子且N是回旋的, 则 $\overline{IR}(\theta_{I,N}(1_{W-\{y\}},\widehat{\alpha}))(x)=\theta_{I,N}(N(R(x,y)),\alpha)$.

(FIL9) $\underline{IR}(1_{W-\{y\}})(x) = I(R(x,y),0)$.

(FIU9) $\overline{IR}(1_y)(x) = \theta_{I,N}(N(R(x,y)),1)$.

(FIL10) $\underline{IR}(1_M)(x) = \bigwedge\limits_{y\notin M} I(R(x,y),0)$.

(FIU10) $\overline{IR}(1_M)(x) = \bigvee\limits_{y\in M} \theta_{I,N}(N(R(x,y)),1)$.

证明 (FIL1) 对任意 $x\in U$, 有

$$
\begin{aligned}
\underline{IR}(\widehat{\alpha}\Rightarrow_I A)(x) &= \bigwedge_{y\in W} I(R(x,y),(\widehat{\alpha}\Rightarrow_I A)(y)) && \text{由}\underline{IR}\text{的定义}\\
&= \bigwedge_{y\in W} I(R(x,y),I(\alpha,A(y))) && \text{由 (6.9) 式}\\
&= \bigwedge_{y\in W} I(\alpha,I(R(x,y),A(y))) && \text{由}I\text{的 (EP) 性质}\\
&= I\left(\alpha,\bigwedge_{y\in W} I(R(x,y),A(y))\right) && \text{由}I\text{的半连续性}\\
&= I(\alpha,\underline{IR}(A)(x)) && \text{由}\underline{IR}\text{的定义}\\
&= (\widehat{\alpha}\Rightarrow_I \underline{IR}(A))(x).
\end{aligned}
$$

因此, $\underline{IR}(\widehat{\alpha}\Rightarrow_I A) = \widehat{\alpha}\Rightarrow_I \underline{IR}(A)$.

(FIU1) 对任意 $\alpha\in[0,1]$ 与 $A\in\mathcal{F}(W)$,

$$
\begin{aligned}
&\overline{IR}(\theta_{I,N}(\widehat{\alpha},A))(x)\\
&= \bigvee_{y\in W} \theta_{I,N}(N(R(x,y)),(\theta_{I,N}(\widehat{\alpha},A))(y)) && \text{由}\overline{IR}\text{的定义}\\
&= \bigvee_{y\in W} \theta_{I,N}(N(R(x,y)),\theta_{I,N}(\alpha,A(y))) && \text{由式(6.9)}\\
&= \bigvee_{y\in W} \theta_{I,N}(\alpha,\theta_{I,N}(N(R(x,y)),A(y))) && \text{由式(6.7)}\\
&= \theta_{I,N}\left(\alpha,\bigvee_{y\in W} \theta_{I,N}(N(R(x,y)),A(y))\right) && \text{由式(6.8)}\\
&= \theta_{I,N}(\alpha,\overline{IR}(A)(x)) && \text{由}\overline{IR}\text{的定义}\\
&= (\theta_{I,N}(\widehat{\alpha},\overline{IR}(A)))(x).
\end{aligned}
$$

因此, $\overline{IR}(\theta_{I,N}(\widehat{\alpha},A)) = \theta_{I,N}(\widehat{\alpha},\overline{IR}(A))$.

(FIL2) 对任意 $x\in U$, 由 I 的半连续性得

$$
\begin{aligned}
\underline{IR}\left(\bigcap_{j\in J} A_j\right)(x) &= \bigwedge_{y\in W} I\left(R(x,y),\bigwedge_{j\in J} A_j(y)\right)\\
&= \bigwedge_{y\in W}\bigwedge_{j\in J} I(R(x,y),A_j(y))
\end{aligned}
$$

$$\begin{aligned}&= \bigwedge_{j\in J}\bigwedge_{y\in W} I(R(x,y),A_j(y))\\&= \bigwedge_{j\in J}\underline{IR}(A_j)(x)\\&= \left(\bigcap_{j\in J}\underline{IR}(A_j)\right)(x).\end{aligned}$$

因此, $\underline{IR}\left(\bigcap\limits_{j\in J}A_j\right)=\bigcap\limits_{j\in J}\underline{IR}(A_j)$.

(FIU2) 对任意 $x\in U$, 由定义和 (6.8) 式得

$$\begin{aligned}\overline{IR}\left(\bigcup_{j\in J}A_j\right)(x) &= \bigvee_{y\in W}\theta_{I,N}\left(N(R(x,y)),\bigvee_{j\in J}A_j(y)\right)\\&= \bigvee_{y\in W}\bigvee_{j\in J}\theta_{I,N}(N(R(x,y)),A_j(y))\\&= \bigvee_{j\in J}\bigvee_{y\in W}\theta_{I,N}(N(R(x,y)),A_j(y))\\&= \bigvee_{j\in J}\overline{IR}(A_j)(x)\\&= \left(\bigcup_{j\in J}\overline{IR}(A_j)\right)(x).\end{aligned}$$

因此, $\overline{IR}\left(\bigcup\limits_{j\in J}A_j\right)=\bigcup\limits_{j\in J}\overline{IR}(A_j)$.

(FIL3) 与 (FIL4) 可直接由 (FIL2) 得到.

同理, (FIU3) 与 (FIU4) 也可直接由 (FIU2) 得到.

(FIL5) 对任意 $x\in U$, 由于 I 是 NP 蕴涵算子, 从而由 I 的左单调性得

$$\underline{IR}(\widehat{\alpha})(x)=\bigwedge_{y\in W}I(R(x,y),\alpha)\geqslant\bigwedge_{y\in W}I(1,\alpha)=\alpha=\widehat{\alpha}(x).$$

因此, $\widehat{\alpha}\subseteq\underline{IR}(\widehat{\alpha})$.

(FIU5) 对任意 $x\in U$, 由 I 的左单调性知 $\theta_{I,N}$ 也是左单调的, 从而由命题 6.5 的性质 (3) 知

$$\overline{IR}(\widehat{\alpha})(x)=\bigvee_{y\in W}\theta_{I,N}(N(R(x,y)),\alpha)\leqslant\bigvee_{y\in W}\theta_{I,N}(0,\alpha)=\alpha=\widehat{\alpha}(x).$$

因此, $\overline{IR}(\widehat{\alpha})\subseteq\widehat{\alpha}$.

(FIL6) 在性质 (FIL5) 中令 $\alpha=1$ 即得.

(FIU6) 对任意 $x\in U$, 由 $\theta_{I,N}$ 的左单调性与命题 6.5 的性质 (1) 得

$$\overline{IR}(\varnothing)(x)=\bigvee_{y\in W}\theta_{I,N}(N(R(x,y)),0)\leqslant\bigvee_{y\in W}\theta_{I,N}(0,0)=0=\varnothing(x).$$

因此, $\overline{IR}(\varnothing)=\varnothing$.

(FIL7) "⇒" 取 $\alpha=1$ 即得.

"⇐" 在性质 (FIL1) 中取 $A=\varnothing$ 即得.

(FIU7) "⇒" 假设

$$\overline{IR}(\theta_{I,N}(\widehat{\alpha},W))=\theta_{I,N}(\widehat{\alpha},U),\quad\forall\alpha\in[0,1].\tag{6.13}$$

令 $\alpha=0$, 由于

$$\theta_{I,N}(\widehat{\alpha},W)=\theta_{I,N}(\widehat{0},1_W)=1_W=W,$$

因此

$$\overline{IR}(\theta_{I,N}(\widehat{0},W))=\overline{IR}(1_W)=\overline{IR}(W).\tag{6.14}$$

另一方面,

$$\theta_{I,N}(\widehat{0},U)=\theta_{I,N}(\widehat{0},1_U)=1_U=U.\tag{6.15}$$

结合 (6.13) 式、(6.14) 式、(6.15) 式, 即得 $\overline{IR}(W)=U$.

"⇐" 假设 $\overline{IR}(W)=U$. 对任意 $\alpha\in[0,1]$, 在 (FIU1) 中令 $A=1_W=W$, 则得

$$\overline{IR}(\theta_{I,N}(\widehat{\alpha},W))=\theta_{I,N}(\widehat{\alpha},\overline{R}_I(1_W))=\theta_{I,N}(\widehat{\alpha},1_U)=\theta_{I,N}(\widehat{\alpha},U).$$

(FIL8) 由 I 的单调性与 NP 性质可得

$$\begin{aligned}\underline{IR}(1_y\Rightarrow_I\widehat{\alpha})(x)&=\bigwedge_{z\in W}I(R(x,z),(1_y\Rightarrow_I\widehat{\alpha})(z))\\&=\bigwedge_{z\in W}I(R(x,z),I(1_y(z),\alpha))\\&=\left(\bigwedge_{z\neq y}I(R(x,z),I(0,\alpha))\right)\wedge I(R(x,y),I(1,\alpha))\\&=\left(\bigwedge_{z\neq y}I(R(x,z),1)\right)\wedge I(R(x,y),\alpha)\\&=I(R(x,y),\alpha).\end{aligned}$$

(FIU8) 由于 $\theta_{I,N}$ 是混合单调的, 因此, 由命题 6.5 的性质 (3) 和 (5) 得

$$\begin{aligned}
&\overline{IR}(\theta_{I,N}(1_{W-\{y\}},\widehat{\alpha}))(x)\\
&=\bigvee_{z\in W}\theta_{I,N}(N(R(x,z)),\theta_{I,N}(1_{W-\{y\}},\widehat{\alpha})(z))\\
&=\bigvee_{z\in W}\theta_{I,N}(N(R(x,z)),\theta_{I,N}(1_{W-\{y\}}(z),\alpha))\\
&=\left(\bigvee_{z\neq y}\theta_{I,N}(N(R(x,z)),\theta_{I,N}(1,\alpha))\right)\vee\theta_{I,N}(N(R(x,y)),\theta_{I,N}(0,\alpha))\\
&=\left(\bigvee_{z\neq y}\theta_{I,N}(N(R(x,z)),0)\right)\vee\theta_{I,N}(N(R(x,y)),\alpha)\\
&=\theta_{I,N}(N(R(x,y)),\alpha).
\end{aligned}$$

(FIL9) 由 I 的单调性与命题 6.1 得

$$\underline{IR}(1_{W-\{y\}})(x)=\left(\bigwedge_{z\neq y}I(R(x,z),1)\right)\wedge I(R(x,y),0)=I(R(x,y),0).$$

(FIU9) 由命题 6.5 知 $\theta_{I,N}$ 是左单调的, 从而由命题 6.5 的性质 (5) 得

$$\begin{aligned}
\overline{IR}(1_y)(x)&=\bigvee_{z\in W}\theta_{I,N}(N(R(x,z)),1_y(z))\\
&=\left(\bigvee_{z\neq y}\theta_{I,N}(N(R(x,z)),0)\right)\vee\theta_{I,N}(N(R(x,y)),1)\\
&=\theta_{I,N}(N(R(x,y)),1).
\end{aligned}$$

(FIL10) 由 I 的混合单调性得

$$\begin{aligned}
\underline{IR}(1_M)(x)&=\left(\bigwedge_{y\in M}I(R(x,y),1)\right)\wedge\left(\bigwedge_{y\notin M}I(R(x,y),0)\right)\\
&=\bigwedge_{y\notin M}I(R(x,y),0).
\end{aligned}$$

(FIU10) 对于 $M\in\mathcal{P}(W)$ 与 $x\in U$, 由命题 6.5 的性质 (5) 得

$$\overline{IR}(1_M)(x)=\bigvee_{y\in W}\theta_{I,N}(N(R(x,y)),1_M(y))$$

$$= \left(\bigvee_{y \notin M} \theta_{I,N}(N(R(x,y)),0) \right) \vee \left(\bigvee_{y \in M} \theta_{I,N}(N(R(x,y)),1) \right)$$
$$= \bigvee_{y \in M} \theta_{I,N}(N(R(x,y)),1).$$ □

需要指出的是, 当 N 是回旋非门算子时, 定理 6.2 中具有相同数字标号的性质都是对偶的, 即可以直接利用定理 6.1 与定理 6.2 中的一个性质推出同一标号的另一个性质.

注意到 I 是 $[0,1]$ 上的 CP 蕴涵算子当且仅当对任意 $(\alpha,\beta) \in [0,1] \times [0,1]$ 有 (6.2) 式成立. 对偶地, 易证以下命题:

命题 6.6 I 是 $[0,1]$ 上的 CP 蕴涵算子当且仅当对任意 $(\alpha,\beta) \in [0,1] \times [0,1]$ 有

$$\alpha \leqslant \beta \Leftrightarrow \theta_{I,N}(\beta,\alpha) = 0. \tag{6.16}$$

引理 6.2 设 I 是 $[0,1]$ 上的左单调 CP 蕴涵算子, N 是回旋非门算子, 则对任意 $(\alpha,\beta) \in [0,1] \times [0,1]$ 有:

(1) $\alpha \leqslant \beta$ 当且仅当对任意 $\gamma \in [0,1]$ 有

$$I(\alpha,\gamma) \geqslant I(\beta,\gamma).$$

(2) $\alpha \leqslant \beta$ 当且仅当对任意 $\gamma \in [0,1]$ 有

$$\theta_{I,N}(\alpha,N(\gamma)) \geqslant \theta_{I,N}(\beta,N(\gamma)).$$

(3) $\alpha = \beta$ 当且仅当对任意 $\gamma \in [0,1]$ 有

$$I(\alpha,\gamma) = I(\beta,\gamma).$$

(4) $\alpha = \beta$ 当且仅当对任意 $\gamma \in [0,1]$ 有

$$\theta_{I,N}(\alpha,N(\gamma)) = \theta_{I,N}(\beta,N(\gamma)).$$

证明 (1) "$\Rightarrow$" 由 I 的单调性即得.

"$\Leftarrow$" (用反证法) 若不然, 即存在 $\alpha,\beta \in [0,1]$ 使得对任意 $\gamma \in [0,1]$ 有

$$I(\alpha,\gamma) \geqslant I(\beta,\gamma).$$

但是 $\alpha > \beta$, 则由 I 的左单调性得

$$I(\alpha,\gamma) \leqslant I(\beta,\gamma), \quad \forall \gamma \in [0,1].$$

于是

$$I(\alpha,\gamma)=I(\beta,\gamma),\quad \forall\gamma\in[0,1].$$

特别地,

$$I(\alpha,\alpha)=I(\beta,\alpha)\quad \text{且 } I(\beta,\beta)=I(\alpha,\beta).$$

由于 I 是 CP 蕴涵算子, 显然, $I(\alpha,\alpha)=I(\beta,\beta)=1$, 于是

$$I(\beta,\alpha)=1 \text{ 并且 } I(\alpha,\beta)=1.$$

因此, 由 (6.2) 式得

$$\beta\leqslant\alpha \text{ 并且 } \alpha\leqslant\beta,$$

即, $\alpha=\beta$, 这与 $\alpha>\beta$ 矛盾. 故 $\alpha\leqslant\beta$. 充分性得证.

(2) 由 (1) 和 $\theta_{I,N}$ 的定义即得.

(3) 与 (4) 可分别由 (1) 与 (2) 直接推得. □

定理 6.3　设 (U,W,R) 是模糊近似空间, I 是 $[0,1]$ 上的半连续混合单调的 NP 蕴涵算子, N 是非门算子. 则

(1) R 是串行的蕴涵以下 (FIL0) 成立:

(FIL0) $\underline{IR}(\widehat{\alpha})=\widehat{\alpha}$, $\forall\alpha\in[0,1]$.

反之, 若 I 是 CP 蕴涵算子或者 I 是正则的, 则 (FIL0) 成立蕴涵 R 是串行的.

(2) 若 N 是连续的, 则 R 是串行的蕴涵以下 (FIU0) 成立:

(FIU0) $\overline{IR}(\widehat{\alpha})=\widehat{\alpha}$, $\forall\alpha\in[0,1]$.

反之, 若 I 是 CP 蕴涵算子或者 I 是正则的, 且 N 是回旋的非门算子, 则 (FIU0) 成立蕴涵 R 是串行的.

证明　(1) 若 R 是串行的, 对任意 $\alpha\in[0,1]$ 与 $x\in U$, 由定义知

$$\bigvee_{y\in W}R(x,y)=1,$$

从而由 I 的左单调性与 NP 性质即得

$$\begin{aligned}\underline{IR}(\widehat{\alpha})(x)&=\bigwedge_{y\in W}\mathcal{I}(R(x,y),\alpha)=I\left(\bigvee_{y\in W}R(x,y),\alpha\right)\\&=I(1,\alpha)=\alpha=\widehat{\alpha}(x).\end{aligned}$$

因此, $\underline{IR}(\widehat{\alpha})=\widehat{\alpha}$, 即 (FIL0) 成立.

反之, 若 (FIL0) 成立, 即对任意 $x\in U$ 有

$$\underline{IR}(\widehat{\alpha})(x)=I\left(\bigvee_{y\in W}R(x,y),\alpha\right)=\alpha,\quad\forall\alpha\in[0,1].$$

由于 I 是 NP 蕴涵算子, 即 $I(1,\alpha)=\alpha$, 从而,

$$I\left(\bigvee_{y\in W}R(x,y),\alpha\right)=I(1,\alpha),\quad \forall\alpha\in[0,1].$$

若 I 是 CP 蕴涵算子, 则由引理 6.2 得 $\bigvee_{y\in W}R(x,y)=1$, 即 R 是串行的.

假设 I 是正则的, 首先, 由 (FIL0) 成立易见 $\underline{IR}(\varnothing)=\varnothing$. 于是对任意 $x\in U$,

$$\underline{IR}(\varnothing)(x)=I\left(\bigvee_{y\in W}R(x,y),0\right)=0=I(1,0),$$

由于 I 是正则的, 因此由 $N_I(\alpha)=I(\alpha,0)$, $\alpha\in[0,1]$, 所定义的非门算子 N_I 是严格单调递减并且连续的, 从而 $\bigvee_{y\in W}R(x,y)=1$, 即 R 是串行的.

(2) 若 R 是串行的, 对任意 $\alpha\in[0,1]$ 与 $x\in U$, 由 I 的左单调性与 NP 性质、N 的连续性, 并利用命题 6.5 得

$$\begin{aligned}\overline{IR}(\widehat{\alpha})(x)&=\bigvee_{y\in W}\theta_{I,N}(N(R(x,y)),\alpha)=\theta_{I,N}\left(\bigwedge_{y\in W}N(R(x,y)),\alpha\right)\\&=\theta_{I,N}\left(N\left(\bigvee_{y\in W}R(x,y)\right),\alpha\right)=\theta_{I,N}(N(1),\alpha)\\&=\theta_{I,N}(0,\alpha)=\alpha=\widehat{\alpha}(x).\end{aligned}$$

因此, 由 $x\in U$ 的任意性即知 (FIU0) 成立.

反之, 若 (FIU0) 成立, 对任意 $\alpha\in[0,1]$ 与 $x\in U$, 由 N 的连续性与 I 的左单调性可得

$$\overline{IR}(\widehat{\alpha})(x)=\theta_{I,N}\left(N\left(\bigvee_{y\in W}R(x,y)\right),\alpha\right)=\widehat{\alpha}(x)=\alpha.$$

又由于 I 是 NP 蕴涵算子, 由命题 6.5 的性质 (3) 知

$$\alpha=\theta_{I,N}(0,\alpha).$$

从而

$$\theta_{I,N}\left(N\left(\bigvee_{y\in W}R(x,y)\right),\alpha\right)=\theta_{I,N}(0,\alpha),\quad\forall\alpha\in[0,1].$$

若 I 是 CP 蕴涵算子, 则由引理 6.2 知 $N\left(\bigvee\limits_{y\in W}R(x,y)\right)=0$, 又由于 N 是回旋的非门算子, 因此, $\bigvee\limits_{y\in W}R(x,y)=1$, 即 R 是串行的.

假如 I 是正则的, 对任意 $x \in U$, 在 (FIU0) 中取 $\alpha = 1$, 则得

$$\overline{IR}(W)(x) = \theta_{I,N}\left(N\left(\bigvee_{y\in W} R(x,y)\right), 1\right) = N\left(I\left(\bigvee_{y\in W} R(x,y), 0\right)\right) = 1.$$

于是 $I\left(\bigvee_{y\in W} R(x,y), 0\right) = 0$. 又由于 I 是正则的, 从而由 I 的严格单调性与连续性得 $\bigvee_{y\in W} R(x,y) = 1$, 即证 R 是串行的. □

命题 6.7 设 (U, W, R) 是模糊近似空间, I 是 $[0,1]$ 上的半连续混合单调的 NP 蕴涵算子, N 是回旋非门算子, 若 W 是有限集, 则

$$R\text{是串行的} \Rightarrow \text{(FILU0)}\ \underline{IR}(A) \subseteq \overline{IR}(A), \forall A \in \mathcal{F}(W).$$

证明 设 $A \in \mathcal{F}(W)$, 对任意 $x \in U$, 由于 W 是有限集, 由 R 的串行性知, 存在 $y_0 \in W$ 使得 $R(x, y_0) = 1$. 由于 I 是 NP 蕴涵算子, 从而

$$\begin{aligned}
&\underline{IR}(A)(x) + \underline{IR}(\sim A)(x) \\
&= \bigwedge_{y\in W} I(R(x,y), A(y)) + \bigwedge_{y\in W} I(R(x,y), 1 - A(y)) \\
&\leqslant I(R(x,y_0), A(y_0)) + I(R(x,y_0), 1 - A(y_0)) \\
&= I(1, A(y_0)) + I(1, 1 - A(y_0)) \\
&= A(y_0) + 1 - A(y_0) = 1.
\end{aligned}$$

于是

$$\underline{IR}(A)(x) \leqslant 1 - \underline{IR}(\sim A)(x) = \overline{IR}(A)(x).$$

由 $x \in U$ 的任意性即得 $\underline{IR}(A) \subseteq \overline{IR}(A)$. 即证 (FILU0) 成立. □

定理 6.4 设 (U, R) 是模糊近似空间, I 是 $[0,1]$ 上的半连续混合单调的 NP 蕴涵算子, N 是非门算子, 则

(1) R 是自反的蕴涵以下 (FILR) 成立:

(FILR) $\underline{IR}(A) \subseteq A$, $\forall A \in \mathcal{F}(U)$.

反之, 若 I 是 CP 蕴涵算子或者 I 是正则的, 则 (FILR) 成立蕴涵 R 是自反的.

(2) R 是自反的蕴涵以下 (FIUR) 成立:

(FIUR) $A \subseteq \overline{IR}(A)$, $\forall A \in \mathcal{F}(U)$.

反之, 若 I 是 CP 蕴涵算子或者 I 是正则的, N 是回旋的, 则 (FIUR) 成立蕴涵 R 是自反的.

证明 (1) 若 R 是自反的, 对任意 $A \in \mathcal{F}(U)$ 和 $x \in U$, 由于 I 是 NP 蕴涵算子, 因此由下近似的定义可得

$$\begin{aligned}\underline{IR}(A)(x) &= \bigwedge_{y \in U} I(R(x,y), A(y)) \leqslant I(R(x,x), A(x)) \\ &= I(1, A(x)) = A(x).\end{aligned}$$

从而, $\underline{IR}(A) \subseteq A$, 即 (FILR) 成立.

反之, 若 (FILR) 成立, 对任意 $x \in U$ 和 $\alpha \in [0,1]$, 在 (FILR) 中取 $A = 1_x \Rightarrow_I \widehat{\alpha}$, 则由性质 (FIL8) 得

$$\underline{IR}(1_x \Rightarrow_I \widehat{\alpha})(x) = I(R(x,x), \alpha) \leqslant (1_x \Rightarrow_I \widehat{\alpha})(x) = I(1, \alpha).$$

若 I 是 CP 蕴涵算子, 则由引理 6.2 得 $R(x,x) \geqslant 1$, 即 $R(x,x) = 1$, 因此 R 是自反的.

假如 I 是正则的, 取 $\alpha = 0$, 则得

$$\underline{IR}(1_x \Rightarrow_I \widehat{0})(x) = I(R(x,x), 0) \leqslant (1_x \Rightarrow_I \widehat{0})(x) = I(1,0) = 0,$$

即 $I(R(x,x),0) = 0$. 由于 I 是正则的, 因此, 由 N_I 的严格单调性与连续性知 $R(x,x) = 1$, 即证 R 是自反的.

(2) 若 R 是自反的, 对任意 $A \in \mathcal{F}(U)$ 与 $x \in U$, 由命题 6.5 的性质 (3) 得

$$\begin{aligned}\overline{IR}(A)(x) &= \bigvee_{y \in U} \theta_{I,N}(N(R(x,y)), A(y)) \geqslant \theta_{I,N}(N(R(x,x)), A(x)) \\ &= \theta_{I,N}(N(1), A(x)) = \theta_{I,N}(0, A(x)) = A(x).\end{aligned}$$

从而, $\overline{IR}(A) \supseteq A$, 即 (FIUR) 成立.

反之, 若 (FIUR) 成立, 则对任意 $x \in U$ 与 $\alpha \in [0,1]$, 在 (FIUR) 中令 $A = \theta_{I,N}(1_{U-\{x\}}, \widehat{\alpha})$, 则由定理 6.2 的性质 (FIU8) 知

$$\begin{aligned}\theta_{I,N}(1_{U-\{x\}}, \widehat{\alpha})(x) = \theta_{I,N}(0, \alpha) &\leqslant \overline{IR}\big(\theta_{I,N}(1_{U-\{x\}}, \widehat{\alpha})\big)(x) \\ &= \theta_{I,N}(N(R(x,x)), \alpha).\end{aligned}$$

若 I 是 CP 蕴涵算子, 则由 $\alpha \in [0,1]$ 的任意性及引理 6.2 得 $N(R(x,x)) \leqslant 0$, 即 $N(R(x,x)) = 0$. 又由于 N 是回旋的非门算子, 因此 $R(x,x) = 1$, 即证 R 是自反的.

假如 I 是正则的, 取 $\alpha = 1$, 则

$$\theta_{I,N}(1_{U-\{x\}}, \widehat{1})(x) = \theta_{I,N}(0,1) = 1 \leqslant \overline{IR}\big(\theta_{I,N}(1_{U-\{x\}}, \widehat{1})\big)(x)$$

$$= \theta_{I,N}(N(R(x,x)),1).$$

于是由 $\theta_{I,N}$ 的定义知, $N(I(R(x,x),0)) = 1$. 又由于 N 是回旋的, 从而

$$I(R(x,x),0) = 0.$$

进一步, 由 I 的正则性知 N_I 是严格单调与连续的, 因此 $R(x,x) = 1$, 即证 R 是自反的. □

定理 6.5　设 (U,R) 是模糊近似空间, I 是 $[0,1]$ 上的半连续混合单调的 NP 蕴涵算子, N 是非门算子, 则

(1) R 是对称的蕴涵以下 (FILS) 成立:

(FILS) $\underline{IR}(1_x \Rightarrow_I \widehat{\alpha})(y) = \underline{IR}(1_y \Rightarrow_I \widehat{\alpha})(x), \forall x,y \in U, \forall \alpha \in [0,1]$.

反之, 若 I 是 CP 蕴涵算子或者 I 是正则的, 则 (FILS) 成立蕴涵 R 是对称的.

(2) 若 N 是回旋的, 则 R 是对称的蕴涵以下 (FIUS) 成立:

(FIUS) $\overline{IR}(\theta_{I,N}(1_{U-\{y\}},\widehat{\alpha}))(x) = \overline{IR}(\theta_{I,N}(1_{U-\{x\}},\widehat{\alpha}))(y)$,
$\forall x,y \in U, \forall \alpha \in [0,1]$.

反之, 若 I 是 CP 蕴涵算子或者 I 是正则的, 且 N 是回旋的, 则 (FIUS) 成立蕴涵 R 是对称的.

证明　(1) 若 R 是对称的, 则由定理 6.2 的性质 (FIL8) 知 (FILS) 成立.

反之, 若 I 是 CP 蕴涵算子, 则由定理 6.2 的性质 (FIL8) 与引理 6.2 知, 性质 (FILS) 成立蕴涵 R 是对称的.

假如 I 是正则的, 且性质 (FILS) 成立, 对任意 $x,y \in U$, 在 (FILS) 中取 $\alpha = 0$, 则由定理 6.2 的性质 (IFL8) 知, $I(R(x,y),0) = I(R(y,x),0)$. 又由于 I 是正则的, 因此, 由 N_I 的严格单调性与连续性知 $R(x,y) = R(y,x)$, 即证 R 是对称的.

(2) 若 N 是回旋的, 则由定理 6.2 的性质 (FIU8) 知, R 是对称的蕴涵性质 (FIUS) 成立.

反之, 若 I 是 CP 蕴涵算子且 N 是回旋的, 则由定理 6.2 的性质 (FIU8) 与引理 6.2 知, 性质 (FIUS) 成立蕴涵 R 是对称的.

假如 I 是正则的, 且性质 (FIUS) 成立, 对任意 $x,y \in U$, 在 (FIUS) 中取 $\alpha = 1$, 由定理 6.2 的性质 (IFU8) 知

$$\theta_{I,N}(N(R(x,y)),1) = \theta_{I,N}(N(R(y,x)),1).$$

从而由 $\theta_{I,N}$ 的定义得

$$N(I(R(x,y),0)) = N(I(R(y,x),0)).$$

由于 N 是回旋的, 因此, $I(R(x,y),0) = I(R(y,x),0)$. 又由于 I 是正则的, 故由 N_I 的严格单调性与连续性知 $R(x,y) = R(y,x)$, 即证 R 是对称的. □

引理 6.3 设 I 是 $[0,1]$ 上的左单调蕴涵算子, N 是回旋非门算子, T 是三角模, 若蕴涵算子 I 与三角模 T 满足

$$I(\alpha, I(\beta,\gamma)) = I(T(\alpha,\beta),\gamma), \quad \forall \alpha,\beta,\gamma \in [0,1]. \tag{6.17}$$

则对任意 $\alpha,\beta,\gamma \in [0,1]$ 有

$$\theta_{I,N}(N(\alpha), \theta_{I,N}(N(\beta),\gamma)) = \theta_{I,N}(N(T(\alpha,\beta)),\gamma). \tag{6.18}$$

证明 对任意 $\alpha,\beta,\gamma \in [0,1]$, 由于 N 是回旋的, 因此由 $\theta_{I,N}$ 的定义知

$$\begin{aligned}\theta_{I,N}(N(\alpha), \theta_{I,N}(N(\beta),\gamma)) &= N(I(\alpha, I(\beta, N(\gamma))))\\ &= N(I(T(\alpha,\beta), N(\gamma)))\\ &= \theta_{I,N}(N(T(\alpha,\beta)),\gamma),\end{aligned}$$

即 (6.18) 式成立. □

定理 6.6 设 (U,R) 是模糊近似空间, N 是非门算子, 且半连续混合单调蕴涵算子 I 与三角模 T 满足 (6.17) 式. 则

(1) R 是 T-传递的蕴涵 (FILT) 成立:

(FILT) $\underline{IR}(A) \subseteq \underline{IR}(\underline{IR}(A)), \forall A \in \mathcal{F}(U)$.

反之, 若 I 是 NP 和 CP 蕴涵算子或者 I 是正则的, 则 (FILT) 成立蕴涵 R 是 T-传递的.

(2) 若 N 是回旋的, 则 R 是 T-传递的蕴涵 (FIUT) 成立:

(FIUT) $\overline{IR}(\overline{IR}(A)) \subseteq \overline{IR}(A), \forall A \in \mathcal{F}(U)$.

反之, 若 I 是 NP 和 CP 蕴涵算子或者 I 是正则的, 且 N 是回旋的, 则 (FIUT) 成立蕴涵 R 是 T-传递的.

证明 (1) 若 R 是 T-传递的, 则对任意 $A \in \mathcal{F}(U)$ 与 $x \in U$, 由 I 的左单调与半连续性、T-传递的定义及 (6.17) 式得

$$\begin{aligned}\underline{IR}(\underline{IR}(A))(x) &= \bigwedge_{y\in U} I\left(R(x,y), \bigwedge_{z\in U} I(R(y,z),A(z))\right)\\ &= \bigwedge_{y\in U}\bigwedge_{z\in U} I(R(x,y), I(R(y,z),A(z)))\\ &= \bigwedge_{z\in U}\bigwedge_{y\in U} I(T(R(x,y),R(y,z)),A(z))\\ &= \bigwedge_{z\in U} I\left(\bigvee_{y\in U} T(R(x,y),R(y,z)),A(z)\right)\end{aligned}$$

$$\geqslant \bigwedge_{z\in U} I(R(x,z),A(z))$$
$$= \underline{IR}(A)(x).$$

从而 $\underline{IR}(\underline{IR}(A)) \supseteq \underline{IR}(A)$, 即 (FILT) 成立.

反之, 若 I 是 NP 与 CP 蕴涵算子, 若 (FILT) 成立, 对任意 $x, z \in U$ 与任意 $\alpha \in [0,1]$, 在 (FILT) 中令 $A = 1_z \Rightarrow_I \widehat{\alpha}$, 则

$$\begin{aligned}
\underline{IR}(\underline{IR}(1_z \Rightarrow_I \widehat{\alpha}))(x) &= \bigwedge_{y\in U} I(R(x,y), \underline{IR}(1_z \Rightarrow_I \widehat{\alpha})(y)) && \text{由 } \underline{IR}\text{的定义}\\
&= \bigwedge_{y\in U} I(R(x,y), I(R(y,z),\alpha)) && \text{由性质 (FIL8)}\\
&= \bigwedge_{y\in U} I(T(R(x,y),R(y,z)),\alpha) && \text{由 (6.17) 式}\\
&= I\left(\bigvee_{y\in U} T(R(x,y),R(y,z)),\alpha\right) && \text{由 } I\text{的半连续性}\\
&\geqslant \underline{IR}(1_z \Rightarrow_I \widehat{\alpha})(x) && \text{由性质 (FILT)}\\
&= I(R(x,z),\alpha). && \text{由性质 (FIL8)}
\end{aligned}$$

又由于 I 是 CP 蕴涵算子, 从而由引理 6.2 得

$$R(x,z) \geqslant \bigvee_{y\in U} T(R(x,y),R(y,z)). \tag{6.19}$$

因此, R 是 T-传递的.

假如 I 是正则的, 且 (FILT) 成立, 对任意 $x, z \in U$, 在 (FILT) 中令 $A = 1_z \Rightarrow_I \varnothing$, 则

$$\begin{aligned}
\underline{IR}(\underline{IR}(1_z \Rightarrow_I \varnothing))(x) &= I(\bigvee_{y\in U} T(R(x,y),R(y,z)),0)\\
&\geqslant \underline{IR}(1_z \Rightarrow_I \widehat{\alpha})(x)\\
&= I(R(x,z),0).
\end{aligned}$$

由于 I 是正则的, 故由 N_I 的严格单调性知 (6.19) 式成立, 即证 R 是 T-传递的.

(2) 设 R 是 T-传递的, 对任意 $A \in \mathcal{F}(U)$ 与 $x \in U$, 由于回门算子 N 是连续的, 则由 I 的左单调与半连续性、T-传递的定义及引理 6.3 得

$$\begin{aligned}
\overline{IR}(\overline{IR}(A))(x) &= \bigvee_{y\in U} \theta_{I,N}\left(N(R(x,y)), \bigvee_{z\in U} \theta_{I,N}(N(R(y,z)),A(z))\right)\\
&= \bigvee_{y\in U}\bigvee_{z\in U} \theta_{I,N}(N(R(x,y)), \theta_{I,N}(N(R(y,z)),A(z)))
\end{aligned}$$

$$
\begin{aligned}
&= \bigvee_{z\in U}\bigvee_{y\in U}\theta_{I,N}(N(T(R(x,y),R(y,z))),A(z)) \\
&= \bigvee_{z\in U}\theta_{I,N}\left(N\left(\bigvee_{y\in U}T(R(x,y),R(y,z))\right),A(z)\right) \\
&\leqslant \bigvee_{z\in U}\theta_{I,N}(N(R(x,z)),A(z)) \\
&= \overline{IR}(A)(x).
\end{aligned}
$$

从而 $\overline{IR}(\overline{IR}(A))\subseteq \underline{IR}(A)$, 即 (FIUT) 成立.

反之, 若 I 是 NP 与 CP 蕴涵算子, N 是回旋非门算子, 并且 (FIUT) 成立, 对任意 $x,z\in U$ 与任意 $\alpha\in[0,1]$, 在 (FIUT) 中令 $A=\theta_{I,N}(1_{U-\{z\}},\widehat{\alpha})$, 则由 (FIUT) 得

$$
\begin{aligned}
&\overline{IR}(\overline{IR}(\theta_{I,N}(1_{U-\{z\}},\widehat{\alpha})))(x) \\
&= \bigvee_{y\in U}\theta_{I,N}(N(R(x,y)),\overline{IR}(\theta_{I,N}(1_{U-\{z\}},\widehat{\alpha}))(y)) && \text{由 }\overline{IR}\text{的定义} \\
&= \bigvee_{y\in U}\theta_{I,N}(N(R(x,y)),\theta_{I,N}(N(R(y,z)),\alpha)) && \text{由性质 (FIU8)} \\
&= \bigvee_{y\in U}\theta_{I,N}(N(T(R(x,y),R(y,z))),\alpha) && \text{由 (6.18) 式} \\
&=\theta_{I,N}\left(\bigwedge_{y\in U}N(T(R(x,y),R(y,z))),\alpha\right) && \text{由命题6.5} \\
&=\theta_{I,N}\left(N\left(\bigvee_{y\in U}T(R(x,y),R(y,z))\right),\alpha\right) && \text{由}N\text{的连续性} \\
&\leqslant\overline{IR}(\theta_{I,N}(1_{U-\{z\}},\widehat{\alpha}))(x) && \text{由性质 (FIUT)} \\
&=\theta_{I,N}(N(R(x,z)),\alpha). && \text{由性质 (FIU8)}
\end{aligned}
$$

由于 I 是 CP 蕴涵算子, 从而由引理 6.2 得

$$
N(R(x,z))\leqslant N\left(\bigvee_{y\in U}T(R(x,y),R(y,z))\right). \tag{6.20}
$$

又由于 N 是回旋的非门算子, 因此, 由 (6.20) 式可知 (6.19) 式成立, 即 R 是 T-传递的.

假如 I 是正则的, 且 (FIUT) 成立, 对任意 $x,z\in U$, 在 (FIUT) 中令 $A=\theta_{I,N}(1_{U-\{z\}},U)$, 则

$$
\overline{IR}(\overline{IR}(\theta_{I,N}(1_{U-\{z\}},U)))(x)=\theta_{I,N}\left(N\left(\bigvee_{y\in U}T(R(x,y),R(y,z))\right),1\right)
$$

$$\leqslant \overline{IR}(\theta_{I,N}(1_{U-\{z\}},1))(x)$$
$$=\theta_{I,N}(N(R(x,z)),1).$$

由 $\theta_{I,N}$ 的定义得

$$N\left(I\left(\bigvee_{y\in U}T(R(x,y),R(y,z)),0\right)\right)\leqslant N\big(I(R(x,z),0)\big).$$

由于 N 是回旋的, 因此

$$I\left(\bigvee_{y\in U}T(R(x,y),R(y,z)),0\right)\geqslant I(R(x,z),0).$$

又由于 I 是正则的, 从而由 N_I 的严格单调与连续性知 (6.19) 式成立, 即 R 是 T-传递的. □

注 6.2　若 N 是回旋的非门算子, 则易证定理 6.3—定理 6.6 中具有相同数字标号的性质也是对偶的.

6.3　I-模糊粗糙近似算子的公理刻画

本节讨论基于一般蕴涵算子融合模糊关系所对应的模糊近似算子的公理化刻画. 在这个方法中, 系统 $(\mathcal{F}(U),\mathcal{F}(W),\cap,\cup,\sim,L,H)$ 是基本要素, 其中 $L,H:\mathcal{F}(W)\to\mathcal{F}(U)$ 是从 $\mathcal{F}(W)$ 到 $\mathcal{F}(U)$ 的算子, 然后去找 L 和 H 满足怎么样的条件 (公理) 一定存在模糊关系 R 使得通过构造性方法按定义 6.2 所定义的模糊近似算子恰好满足 $\underline{IR}=L$ 且 $\overline{IR}=H$.

定理 6.7　设 I 是 $[0,1]$ 上的连续混合单调 NP 与 EP 蕴涵算子, N 是 $[0,1]$ 上的回旋非门算子, 模糊集合算子 $L,H:\mathcal{F}(W)\to\mathcal{F}(U)$ 关于 N 是对偶的, 则存在从 U 到 W 上的模糊关系 R 使得

$$L(A)=\underline{IR}(A),\quad H(A)=\overline{IR}(A),\quad \forall A\in\mathcal{F}(W) \tag{6.21}$$

当且仅当 L 满足公理 (AFIL1) 与 (AFIL2), 或等价地, H 满足公理 (AFIU1) 与 (AFIU2):

(AFIL1) $L(\widehat{\alpha}\Rightarrow_I A)=\widehat{\alpha}\Rightarrow_I L(A)$, $\forall A\in\mathcal{F}(W),\forall\alpha\in[0,1]$.

(AFIL2) $L\left(\bigcap_{j\in J}A_j\right)=\bigcap_{j\in J}L(A_j)$, $\forall A_j\in\mathcal{F}(W),j\in J(J$ 是指标集).

(AFIU1) $H(\theta_{I,N}(\widehat{\alpha},A))=\theta_{I,N}(\widehat{\alpha},H(A))$, $\forall A\in\mathcal{F}(W)$, $\forall\alpha\in[0,1]$.

(AFIU2) $H\left(\bigcup_{j\in J} A_j\right) = \bigcup_{j\in J} H(A_j), \forall A_j \in \mathcal{F}(W), j \in J$($J$ 是指标集).

证明 “$\Rightarrow$” 由定理 6.2 即得.

“$\Leftarrow$” 设模糊集合算子L满足公理集$\{$(AFIL1), (AFIL2)$\}$, H 满足公理 $\{$(AFIU1), (AFIU2)$\}$. 由 L 与 H 可以分别按如下方式定义从 U 到 W 的模糊关系 R_L 与 R_H: $\forall (x,y) \in U \times W$,

$$\begin{aligned} R_L(x,y) &= \sup\{\alpha \in [0,1] | I(\alpha, 0) = L(1_{W-\{y\}})(x)\}. \\ R_H(x,y) &= \sup\{\alpha \in [0,1] | \theta_{I,N}(N(\alpha), 1) = H(1_y)(x)\}. \end{aligned} \tag{6.22}$$

由于 I 是连续的, 由 (6.22) 式可得

$$\begin{aligned} I(R_L(x,y), 0) &= L(1_{W-\{y\}})(x), \quad (x,y) \in U \times W. \\ \theta_{I,N}(N(R_H(x,y)), 1) &= H(1_y)(x), \quad (x,y) \in U \times W. \end{aligned} \tag{6.23}$$

又由于 L 与 H 关于 N 是对偶的, 因此可以证明

$$R_L(x,y) = R_H(x,y), \quad \forall (x,y) \in U \times W. \tag{6.24}$$

对任意 $A \in \mathcal{F}(W)$, 易证

$$A = \bigcup_{y\in W} (1_y \cap \widehat{A(y)}). \tag{6.25}$$

对任意 $y \in W$, 由于 I 是连续的, 容易验证 $\theta_{I,N}$ 也是连续的, 从而存在 $b_y \in [0,1]$ 使得

$$A(y) = \theta_{I,N}(b_y, 1). \tag{6.26}$$

这样可得

$$1_y \cap \widehat{A(y)} = \theta_{I,N}(\widehat{b_y}, 1_y). \tag{6.27}$$

由 $\theta_{I,N}$ 的连续性和 (6.23) 式得

$$\theta_{I,N}(N(R_H(x,y)), 1) = H(1_y)(x), \quad \forall (x,y) \in U \times W. \tag{6.28}$$

于是, 对任意 $x \in U$ 有

$$\begin{aligned} \overline{IR_H}(A)(x) &= \bigvee_{y\in W} \theta_{I,N}(N(R_H(x,y)), A(y)) && \text{由}\overline{IR_H}\text{的定义} \\ &= \bigvee_{y\in W} \theta_{I,N}(N(R_H(x,y)), \theta_{I,N}(b_y, 1)) && \text{由 (6.26) 式} \\ &= \bigvee_{y\in W} \theta_{I,N}(b_y, \theta_{I,N}(N(R_H(x,y)), 1)) && \text{由 (6.7) 式} \\ &= \bigvee_{y\in W} \theta_{I,N}(b_y, H(1_y)(x)) && \text{由 (6.28) 式} \\ &= \bigvee_{y\in W} \theta_{I,N}(\widehat{b_y}, H(1_y))(x) \end{aligned}$$

$$
\begin{aligned}
&= \bigvee_{y\in W} H(\theta_{I,N}(\widehat{b_y}, 1_y))(x) && \text{由 (AFIU1)}\\
&= \bigvee_{y\in W} H(1_y \cap \widehat{A(y)})(x) && \text{由 (6.27) 式}\\
&= H\left(\bigcup_{y\in W}(1_y \cap \widehat{A(y)})\right)(x) && \text{由 (AFIU2)}\\
&= H(A)(x). && \text{由 (6.25) 式}
\end{aligned}
$$

因此, $\overline{IR_H}(A) = H(A)$. 对偶地, 可以得到 $\underline{IR_L}(A) = L(A)$ 对任意 $A \in \mathcal{F}(W)$ 成立. 从而由 (6.24) 式知 (6.21) 式成立. □

注 6.3 定理 6.7 表明, {(AFIL1), (AFIL2)} 和 {(AFIU1), (AFIU2)} 是分别刻画 I-模糊粗糙下近似算子与 I-模糊粗糙上近似算子的基本公理集. 下述定理说明, 公理集 {(AFIL1), (AFIL2)} 和 {(AFIU1), (AFIU2)} 可以分别被单一公理所替代.

定理 6.8 设 I 是 $[0,1]$ 上的连续混合单调 NP 与 EP 蕴涵算子, N 是 $[0,1]$ 上的回旋非门算子, 模糊集合算子 $L, H : \mathcal{F}(W) \to \mathcal{F}(U)$ 关于回旋非门算子 N 是对偶的, 则存在从 U 到 W 上的模糊关系 R 使得 (6.21) 成立当且仅当 L 满足公理 (AFIL):

(AFIL) 对任意 $A_j \in \mathcal{F}(W)$, 任意 $\alpha_j \in [0,1], j \in J$ (J 是指标集),

$$
L\left(\bigcap_{j\in J}(\widehat{\alpha_j} \Rightarrow_I A_j)\right) = \bigcap_{j\in J}(\widehat{\alpha_j} \Rightarrow_I L(A_j)). \tag{6.29}
$$

或等价地, H 满足公理 (AFIU):

(AFIU) 对任意 $A_j \in \mathcal{F}(W)$, 任意 $\alpha_j \in [0,1], j \in J$ (J 是指标集),

$$
H\left(\bigcup_{j\in J}\theta_{I,N}(\widehat{\alpha_j}, A_j)\right) = \bigcup_{j\in J}\theta_{I,N}(\widehat{\alpha_j}, H(A_j)). \tag{6.30}
$$

证明 (1) "⇒" 若存在从 U 到 W 的模糊关系 R 使得 (6.21) 式成立, 则由定理 6.2 知 L 满足 (AFIL1) 与 (AFIL2), 从而,

$$
L\left(\bigcap_{j\in J}(\widehat{\alpha_j} \Rightarrow_I A_j)\right) = \bigcap_{j\in J} L(\widehat{\alpha_j} \Rightarrow_I A_j) = \bigcap_{j\in J}(\widehat{\alpha_j} \Rightarrow_I L(A_j)),
$$

即 L 满足 (AFIL).

"⇐" 由定理 6.7 知只需证明 "(AFIL)⇒ {(AFIL1), (AFIL2)}".

事实上, 若 L 满足 (AFIL), 对任意 $A \in \mathcal{F}(W)$ 与任意 $\alpha \in [0,1]$, 令 $J = \{1\}$, 并在 (6.29) 式中取 $A_1 = A$, 取 $\alpha_1 = \alpha$, 立即可得 L 满足 (AFIL1). 另一方面, 对任意 $A_j \in \mathcal{F}(W), j \in J$, 其中 J 是任意指标集, 对所有的 $j \in J$, 在 (6.29) 式中取 $\alpha_j = 1$. 由于 I 是 NP 蕴涵算子, 因此对任意 $j \in J$ 有 $\widehat{\alpha_j} \Rightarrow_I A_j = A_j$, 即证 L 满足 (AFIL2).

(2) 类似地可以证明, 存在从 U 到 W 的模糊关系 R 使得 (6.21) 成立当且仅当 H 满足公理 (AFIU). □

注 6.4 若从定理 6.7 出发研究 I-模糊粗糙近似算子的公理刻画, 定理中的蕴涵算子 I 必须满足连续、NP 与 EP 条件, 利用定理 6.7 结合定理 6.3—定理 6.6 可以分别得到刻画由串行、自反、对称、T-传递模糊关系生成的 I-模糊粗糙近似算子的公理集, 然而, 定理 6.3—定理 6.6 中的蕴涵算子 I 须满足 CP 条件, 这样, 蕴涵算子 I 要满足连续、NP、EP、CP 等条件, 由文献 [5] 知, 满足这些条件的蕴涵算子实际上就是 S-蕴涵算子, 所以相应的公理刻画在第 4 章已经给出.

定理 6.9 设 I 是半连续混合单调的 NP 蕴涵算子, 且满足正则性质, N 是 $[0,1]$ 上的回旋非门算子, 若模糊集合算子 $L, H : \mathcal{F}(W) \to \mathcal{F}(U)$ 关于 N 是对偶的, 则存在从 U 到 W 上的模糊关系 R 使得 (6.21) 式成立当且仅当 L 满足公理 (AFIL1)$'$ 与 (AFIL2), 或等价地, H 满足 (AFIU1)$'$ 与 (AFIU2), 其中:

(AFIL1)$'$ $L(1_y \Rightarrow_I \widehat{\alpha}) = L((1_{W-\{y\}} \Rightarrow_I \varnothing) \Rightarrow_I \widehat{\alpha}),\ \forall y \in W, \forall \alpha \in [0,1]$.

(AFIU1)$'$ $H(\theta_{I,N}(1_{W-\{y\}}, \widehat{\alpha})) = H(\theta_{I,N}(\theta_{I,N}(1_y, W), \widehat{\alpha})), \forall y \in W,\ \forall \alpha \in [0,1]$.

证明 "⇒" 若存在从 U 到 W 上的模糊关系 R 使得 (6.21) 式成立, 则由定理 6.2 知, L 满足 (AFIL2), 并且 H 满足公理 (AFIU2).

设 $y \in W$, $\alpha \in [0,1]$, 则对任意 $x \in U$,

$$
\begin{aligned}
& L\big((1_{W-\{y\}} \Rightarrow_I \varnothing) \Rightarrow_I \widehat{\alpha}\big)(x) & \\
= & \underline{IR}\big((1_{W-\{y\}} \Rightarrow_I \varnothing) \Rightarrow_I \widehat{\alpha}\big)(x) & \text{由 (6.21) 式} \\
= & I(I(\underline{IR}(1_{W-\{y\}})(x), 0), \alpha) & \text{由 (6.9) 式} \\
= & I(I(I(R(x,y), 0), 0), \alpha) & \text{由定理 6.2 的性质 (FIL9)} \\
= & I(R(x,y), \alpha) & \text{由} I \text{的正则性} \\
= & \underline{IR}(1_y \Rightarrow_I \widehat{\alpha})(x) & \text{由定理 6.2 的性质 (FIL8)} \\
= & L(1_y \Rightarrow_I \widehat{\alpha})(x) & \text{由 (6.21) 式}
\end{aligned}
$$

因此, 由 $x \in U$ 的任意性即知, L 满足 (AFIL1)$'$.

同理可证, H 满足 (AFIU1)$'$.

"⇐" 假设 L 满足 (AFIL1)$'$ 与 (AFIL2). 由 L 定义从 U 到 W 上的模糊关系 R 如下:

$$R(x,y) = I(L(1_{W-\{y\}})(x), 0). \tag{6.31}$$

对任意 $A \in \mathcal{F}(W)$, 易证

$$A = \bigcap_{y \in W} (1_{W-\{y\}} \Rightarrow_I \widehat{A(y)}) \tag{6.32}$$

于是, 对任意 $x \in U$ 有

$$\begin{aligned}
\underline{IR}(A)(x) &= \bigwedge_{y \in W} I(R(x,y), A(y)) && \text{由定义 6.2} \\
&= \bigwedge_{y \in W} I(I(L(1_{W-\{y\}})(x), 0), A(y)) && \text{由 (6.31) 式} \\
&= \left(\bigcap_{y \in W} \left(L(1_{W-\{y\}}) \Rightarrow_I \varnothing \right) \Rightarrow_I \widehat{A(y)} \right)(x) && \text{由 (6.9) 式} \\
&= \left(\bigcap_{y \in W} L(1_y \Rightarrow_I \widehat{A(y)}) \right)(x) && \text{由公理 (AFIL1)}' \\
&= L\left(\bigcap_{y \in W} (1_y \Rightarrow_I \widehat{A(y)}) \right)(x) && \text{由公理 (AFIL2)} \\
&= L(A)(x) && \text{由 (6.32) 式}
\end{aligned}$$

因此, 由 $x \in U$ 的任意性即得 $\underline{IR}(A) = A$.

类似可证, $\overline{IR}(A) = A$, 即证 (6.21) 式成立. □

定理 6.10 设 I 是半连续混合单调的 NP 蕴涵算子, 且满足正则性质, N 是 $[0,1]$ 上的回旋非门算子, 若模糊集合算子 $L, H : \mathcal{F}(W) \to \mathcal{F}(U)$ 关于 N 是对偶的, 则存在从 U 到 W 上串行模糊关系 R 使得 (6.21) 式成立当且仅当 L 满足公理集 {(AFIL1)′, (AFIL2), (AFL0)}, 或等价地, H 满足公理 {(AFIU1)′, (AFIU2), (AFU0)}, 其中

(AFL0) $L(\widehat{\alpha}) = \widehat{\alpha}, \ \forall \alpha \in [0,1]$.

(AFU0) $H(\widehat{\alpha}) = \widehat{\alpha}, \ \forall \alpha \in [0,1]$.

证明 由定理 6.3 和定理 6.9 即得. □

注 6.5 可以证明, 在定理 6.10 的条件下, 公理 (AFL0) 与 (AFU0) 可以分别被公理 (AFL0)′ 与 (AFU0)′ 替代:

(AFL0)′ $L(\varnothing) = \varnothing$.

(AFU0)′ $H(W) = U$.

定理 6.11 设 I 是半连续混合单调的 NP 蕴涵算子, 且满足正则性质, N 是 $[0,1]$ 上的回旋非门算子, 若模糊集合算子 $L, H : \mathcal{F}(U) \to \mathcal{F}(U)$ 关于 N 是对偶的, 则存在 U 上自反模糊关系 R 使得

$$L(A) = \underline{IR}(A), \quad H(A) = \overline{IR}(A), \quad \forall A \in \mathcal{F}(U) \tag{6.33}$$

成立当且仅当 L 满足公理集 $\{$(AFIL1)$'$, (AFIL2), (AFLR)$\}$, 或等价地, H 满足公理集 $\{$(AFIU1)$'$, (AFIU2), (AFUR)$\}$, 其中

(AFLR) $L(A) \subseteq A$, $\forall A \in \mathcal{F}(U)$.

(AFUR) $A \subseteq H(A)$, $\forall A \in \mathcal{F}(U)$.

证明 由定理 6.4 和定理 6.9 即得. □

定理 6.12 设 I 是半连续混合单调的 NP 蕴涵算子, 且满足正则性质, N 是 $[0,1]$ 上的回旋非门算子, 若模糊集合算子 $L, H : \mathcal{F}(U) \to \mathcal{F}(U)$ 关于 N 是对偶的, 则存在 U 上对称模糊关系 R 使得 (6.33) 式成立当且仅当 L 满足公理集 $\{$(AFIL1)$'$, (AFIL2), (AFLS)$\}$, 或等价地, H 满足公理集 $\{$(AFIU1)$'$, (AFIU2), (AFUS)$\}$, 其中

(AFLS) $L(1_x \Rightarrow_I \widehat{\alpha})(y) = L(1_y \Rightarrow_I \widehat{\alpha})(x)$, $\forall (x,y) \in U \times U$, $\forall \alpha \in [0,1]$.

(AFUS) $H(\theta_{I,N}(1_{U-\{y\}}, \widehat{\alpha}))(x) = H(\theta_{I,N}(1_{U-\{x\}}, \widehat{\alpha}))(y)$, $\forall (x,y) \in U \times U$, $\forall \alpha \in [0,1]$.

证明 由定理 6.5 和定理 6.9 即得.

定理 6.13 设 I 是半连续混合单调的 NP 蕴涵算子, 且满足正则性质, N 是 $[0,1]$ 上的回旋非门算子, 若模糊集合算子 $L, H : \mathcal{F}(U) \to \mathcal{F}(U)$ 关于 N 是对偶的, 且三角模 T 与 I 满足引理 6.3 中的 (6.17) 式, 则存在 U 上 T-传递模糊关系 R 使得 (6.33) 式成立当且仅当 L 满足公理集 $\{$(AFIL1)$'$, (AFIL2), (AFLT)$\}$, 或等价地, H 满足公理 $\{$(AFIU1)$'$, (AFIU2), (AFUT)$\}$, 其中

(AFLT) $L(A) \subseteq L(L(A))$, $\forall A \in \mathcal{F}(U)$.

(AFUT) $H(H(A)) \subseteq H(A)$, $\forall A \in \mathcal{F}(U)$.

证明 由定理 6.6 和定理 6.9 即得. □

注 6.6 在文献 [115] 中, Wang 给出了在定理 6.9—定理 6.13 条件下用一条公理刻画 I-模糊粗糙下近似算子的结论. 对偶地可以得到用一条公理刻画 I-模糊粗糙上近似算子, 这里不再赘述.

第 7 章　直觉模糊粗糙集

直觉模糊环境下的粗糙集理论是结合粗糙集理论与直觉模糊集理论产生的混合模型. 相对于模糊环境下的粗糙集理论, 直觉模糊环境下的粗糙集理论比模糊环境下的粗糙集理论要复杂得多. 众所周知, 粗糙集是集合关于近似空间的近似结果. 从集合拓展的角度看, 近似空间有经典近似空间、模糊近似空间和直觉模糊近似空间等形式, 被近似集可以是经典集、模糊集和直觉模糊集等不同形式. 因此, 在直觉模糊环境下, 有直觉模糊集关于经典近似空间、模糊近似空间、直觉模糊近似空间的近似模型, 也有经典集、模糊集关于直觉模糊近似空间的近似模型. 故在直觉模糊环境下, 从近似空间和被近似集的可能组合来看共有 5 种可能的结构模型. 考虑到模糊环境下和直觉模糊环境下各种逻辑算子的可能组合就更加复杂, 本章以直觉模糊三角模和直觉模糊反三角模作为逻辑算子, 讨论直觉模糊集关于直觉模糊近似空间的粗糙近似算子的构造与公理刻画.

7.1　直觉模糊集的基本概念

本节介绍本章要用到的一些基础知识, 包括直觉模糊集的基本概念及其运算、直觉模糊三角模与直觉模糊反三角模、直觉模糊集的内积与外积等, 关于直觉模糊集理论的详细内容见文献 [4].

定义 7.1 [19]　记

$$L^* = \{(x_1, x_2) \in [0,1] \times [0,1] \mid x_1 + x_2 \leqslant 1\}.$$

定义 L^* 上的关系 $\leqslant_{L^*}$ 如下: $\forall (x_1, x_2), (y_1, y_2) \in L^*$,

$$(x_1, x_2) \leqslant_{L^*} (y_1, y_2) \ \Leftrightarrow\ x_1 \leqslant y_1 \text{ 且 } x_2 \geqslant y_2.$$

可以验证, $\leqslant_{L^*}$ 是 L^* 上的一个偏序关系, 且二元组 $(L^*, \leqslant_{L^*})$ 是一个完备格, 其中最小元为 $0_{L^*} = (0,1)$, 最大元为 $1_{L^*} = (1,0)$. 定义

$$(x_1, x_2) = (y_1, y_2) \Leftrightarrow (x_1, x_2) \leqslant_{L^*} (y_1, y_2) \text{ 且 } (y_1, y_2) \leqslant_{L^*} (x_1, x_2).$$

对于 $(x_1, x_2) \in L^*$, (x_1, x_2) 在 L^* 中的补元定义如下:

$$1_{L^*} - (x_1, x_2) = (x_2, x_1). \tag{7.1}$$

格 $(L^*, \leqslant_{L^*})$ 中与序 $\leqslant_{L^*}$ 对应的下确界 (合取)$\wedge$ 与上确界 (析取)$\vee$ 定义如下: $\forall(x_1,x_2),(y_1,y_2)\in L^*$,

$$(x_1,x_2)\wedge(y_1,y_2)=\big(\min(x_1,y_1),\max(x_2,y_2)\big),$$
$$(x_1,x_2)\vee(y_1,y_2)=\big(\max(x_1,y_1),\min(x_2,y_2)\big).$$

对任意指标集 J 和 $a_j=(x_j,y_j)\in L^*$, $j\in J$, 记

$$\bigwedge_{j\in J} a_j=\bigwedge_{j\in J}(x_j,y_j)=\left(\bigwedge_{j\in J} x_j, \bigvee_{j\in J} y_j\right), \tag{7.2}$$

$$\bigvee_{j\in J} a_j=\bigvee_{j\in J}(x_j,y_j)=\left(\bigvee_{j\in J} x_j, \bigwedge_{j\in J} y_j\right). \tag{7.3}$$

定义 7.2 [4] U 为非空论域, U 上的一个直觉模糊集 A 是指从 U 到 L^* 的一个映射, 即 A 具有如下形式:

$$A=\{\langle x,\mu_A(x),\gamma_A(x)\rangle \mid x\in U\},$$

其中 $\mu_A: U\to[0,1]$ 且 $\gamma_A: U\to[0,1]$, $\mu_A(x)$ 和 $\gamma_A(x)$ 分别称为对象 $x\in U$ 属于 A 的程度和不属于 A 的程度, 简称隶属度和非隶属度, 且满足 $0\leqslant\mu_A(x)+\gamma_A(x)\leqslant 1, \forall x\in U$. 记 U 上直觉模糊集全体为 $\mathcal{IF}(U)$. 直觉模糊集 A 的补集记为 $\sim A$, 定义如下:

$$\sim A=\{\langle x,\gamma_A(x),\mu_A(x)\rangle \mid x\in U\}.$$

直觉模糊集是模糊集的一种推广形式, U 上的一个模糊集 $A\in\mathcal{F}(U)$ 可看成一个特殊的直觉模糊集 $A=\{\langle x,\mu_A(x),1-\mu_A(x)\rangle \mid x\in U\}$, 此时 $x\in U$ 属于 A 的隶属度为 $\mu_A(x)$, 非隶属度为 $1-\mu_A(x)$. 对于直觉模糊集 $A\in\mathcal{IF}(U)$ 与 $x\in U$, 记 $A(x)=(\mu_A(x),\gamma_A(x))$, 则易见 $A\in\mathcal{IF}(U)$ 当且仅当对任意 $x\in U$ 有 $A(x)\in L^*$.

下面定义直觉模糊集之间的运算.

对于 $A,B,A_i\in\mathcal{IF}(U)$, $i\in J$ (其中 J 是指标集), 若对任意 $x\in U$ 有 $\mu_A(x)\leqslant\mu_B(x)$ 且 $\gamma_A(x)\geqslant\gamma_B(x)$, 则称 A 包含于 B 或 B 包含 A, 记作 $A\subseteq B$ 或 $B\supseteq A$. 若对任意 $x\in U$ 有 $A(x)=B(x)$, 则称 A 与 B 相等, 记作 $A=B$.

记 $A\cap B$ 为直觉模糊集 A 与 B 的交, 定义如下:

$$A\cap B=\big\{\langle x,\min(\mu_A(x),\mu_B(x)),\max(\gamma_A(x),\gamma_B(x))\rangle \mid x\in U\big\}.$$

记 $A\cup B$ 为直觉模糊集 A 与 B 的并, 定义如下:

$$A\cup B=\big\{\langle x,\max(\mu_A(x),\mu_B(x)),\min(\gamma_A(x),\gamma_B(x))\rangle \mid x\in U\big\}.$$

对任意 (无限) 指标集的直觉模糊集的并与交定义如下:

$$\bigcap_{i\in J} A_i = \left\{\left\langle x, \bigwedge_{i\in J}\mu_{A_i}(x), \bigvee_{i\in J}\gamma_{A_i}(x)\right\rangle \middle| x\in U\right\}.$$

$$\bigcup_{i\in J} A_i = \left\{\left\langle x, \bigvee_{i\in J}\mu_{A_i}(x), \bigwedge_{i\in J}\gamma_{A_i}(x)\right\rangle \middle| x\in U\right\}.$$

对于 $(\alpha,\beta)\in L^*$, $\widehat{(\alpha,\beta)}$ 称为常数直觉模糊集, 若 $\widehat{(\alpha,\beta)}(x)=(\alpha,\beta)$, $\forall x\in U$. 直觉模糊全集和直觉模糊空集是特殊的常数直觉模糊集, 即

$$U = 1_U^* = \widehat{(1,0)} = \widehat{1_{L^*}} = \{\langle x,1,0\rangle \mid x\in U\},$$
$$\varnothing = \widehat{(0,1)} = \widehat{0_{L^*}} = \{\langle x,0,1\rangle \mid x\in U\}.$$

对于 $y\in U$, $M\in\mathcal{P}(U)$, 定义 3 个特殊的直觉模糊集 1_y^*, $1_{U-\{y\}}^*$, 1_M^*: $\forall x\in U$,

$$\mu_{1_y^*}(x)=\begin{cases}1, & x=y,\\ 0, & x\neq y;\end{cases} \qquad \gamma_{1_y^*}(x)=\begin{cases}0, & x=y,\\ 1, & x\neq y;\end{cases}$$
$$\mu_{1_{U-\{y\}}^*}(x)=\begin{cases}0, & x=y,\\ 1, & x\neq y;\end{cases} \qquad \gamma_{1_{U-\{y\}}^*}(x)=\begin{cases}1, & x=y,\\ 0, & x\neq y;\end{cases}$$
$$\mu_{1_M^*}(x)=\begin{cases}1, & x\in M,\\ 0, & x\notin M;\end{cases} \qquad \gamma_{1_M^*}(x)=\begin{cases}0, & x\in M,\\ 1, & x\notin M.\end{cases}$$

利用 L^*, U 中的一些特殊直觉模糊集可表示如下: 对于 $x,y\in U$,

$$U(x)=(1,0)=1_{L^*};\varnothing(x)=(0,1)=0_{L^*}.$$
$$1_y^*(x)=\begin{cases}1_{L^*}, & x=y,\\ 0_{L^*}, & x\neq y;\end{cases} \qquad 1_{U-\{y\}}^*(x)=\begin{cases}0_{L^*}, & x=y,\\ 1_{L^*}, & x\neq y.\end{cases}$$

$\mathcal{IF}(U)$ 上的运算也可以通过 L^* 来描述: 对于 $A,B,A_j\in\mathcal{IF}(U), j\in J$ (J 是指标集),

$$A\subseteq B \Leftrightarrow A(x)\leqslant_{L^*} B(x), \forall x\in U.$$
$$\left(\bigcap_{j\in J}A_j\right)(x)=\bigwedge_{j\in J}A_j(x)=\left(\bigwedge_{j\in J}\mu_{A_j}(x), \bigvee_{j\in J}\gamma_{A_j}(x)\right)\in L^*, \quad x\in U.$$
$$\left(\bigcup_{j\in J}A_j\right)(x)=\bigvee_{j\in J}A_j(x)=\left(\bigvee_{j\in J}\mu_{A_j}(x), \bigwedge_{j\in J}\gamma_{A_j}(x)\right)\in L^*, \quad x\in U.$$

定义 7.3　一个 L^* 上的二元映射 $T: L^*\times L^*\to L^*$ 称为一个直觉模糊三角模 (简称 IF t-模), 若对任意 $x,y,z\in L^*$ 有

(1) $T(x,y)=T(y,x)$ (交换律);

(2) $T\big(1_{L^*},x\big)=x$ (边界条件);

(3) $y\leqslant_{L^*} z\Rightarrow T(x,y)\leqslant_{L^*} T(x,z)$ (单调性);

(4) $T\big(T(x,y),z\big)=T\big(x,T(y,z)\big)$ (结合律).

L^* 上的二元映射 $S:L^*\times L^*\to L^*$ 称为一个直觉模糊反三角模 (简称 IF t-余模), 若对任意 $x,y,z\in L^*$ 有:

(1) $S(x,y)=S(y,x)$ (交换律);

(2) $S\big(0_{L^*},x\big)=x$ (边界条件);

(3) $y\leqslant_{L^*} z\Rightarrow S(x,y)\leqslant_{L^*} S(x,z)$ (单调性);

(4) $S\big(S(x,y),z\big)=S\big(x,S(y,z)\big)$ (结合律).

可以证明, 关于序 $\leqslant_{L^*}$ 的最大 IF t-模 (最小 IF t-余模) 是 min(max), 其中 $\min(x,y)=x\wedge y$ $(\max(x,y)=x\vee y)$, $x,y\in L^*$.

类似于 $[0,1]$ 上的 t-模, 称 IF t-模 T 是左 (右) 连续的, 若 T 关于两个变量都是左 (右) 连续的. 称 IF t-余模 S 是左 (右) 连续的, 若 S 关于两个变量都是左 (右) 连续的.

容易验证, 若 IF t-模 T 是左连续的, 则对任意 $a_j\in L^*, j\in J$ (J 为任意指标集), $b\in L^*$, 有

$$T\left(\bigvee_{j\in J} a_j, b\right)=\bigvee_{j\in J} T(a_j,b). \tag{7.4}$$

若 IF t-余模 S 是右连续的, 则对任意 $a_j\in L^*, j\in J$ (J 为任意指标集), $b\in L^*$, 有

$$S\left(\bigwedge_{j\in J} a_j, b\right)=\bigwedge_{j\in J} S(a_j,b). \tag{7.5}$$

L^* 中的 IF t-模 T 与 IF t-余模 S 称为对偶的, 若它们满足 De Morgan 律:

$$T\big(x,y\big)=1_{L^*}-S\big(1_{L^*}-x,1_{L^*}-y\big),\quad \forall x,y\in L^*, \tag{7.6}$$

$$S\big(x,y\big)=1_{L^*}-T\big(1_{L^*}-x,1_{L^*}-y\big),\quad \forall x,y\in L^*. \tag{7.7}$$

易证, 若 S 是 IF t-余模, 则由 (7.6) 式定义的 T 是 IF t-模, 反之, 若 T 是 IF t-模, 则由 (7.7) 式定义的 S 是 IF t-余模. 换言之, 每一个 L^* 上的 IF t-模 T 都可以表示为某个 IF t-余模的对偶, 反之亦然. 若 IF t-模 T 与 IF t-余模 S 是对偶的, 则 T 是左连续的当且仅当 S 是右连续.

对于 L^* 上的每个 IF t-模 T, 可以得到两个映射 $T_i:L^*\times L^*\to[0,1], i=1,2$, 使得

$$T\big(a,b\big)=\big(T_1(a,b),T_2(a,b)\big),\quad \forall a,b\in L^*. \tag{7.8}$$

类似地, 对于 L^* 上的每个 IF t-余模 S, 也可以得到两个映射 $S_i : L^* \times L^* \to [0,1], i = 1,2$, 使得

$$S\big(a,b\big) = \big(S_1(a,b), S_2(a,b)\big), \quad \forall a,b \in L^*. \tag{7.9}$$

命题 7.1　若 T 是 L^* 上的 IF t-模, S 是与 T 对偶的 IF t-余模, 则 T_1 与 S_1 关于两个变量是单调递增的, T_2 与 S_2 关于两个变量是单调递减的.

证明　由 S 与 T 的单调性, 并根据 $\leqslant_{L^*}$ 的定义直接得到. □

命题 7.2　若 T 是 L^* 上的 IF t-模, S 是与 T 对偶的 IF t-余模, 则

(1) $S_1(a,b) = T_2\big(1_{L^*} - a, 1_{L^*} - b\big), \forall a,b \in L^*$.

(2) $S_2(a,b) = T_1\big(1_{L^*} - a, 1_{L^*} - b\big), \forall a,b \in L^*$.

(3) $T_1(a,b) = S_2\big(1_{L^*} - a, 1_{L^*} - b\big), \forall a,b \in L^*$.

(4) $T_2(a,b) = S_1\big(1_{L^*} - a, 1_{L^*} - b\big), \forall a,b \in L^*$.

证明　对于 $a = (a_1,a_2), b = (b_1,b_2) \in L^*$, 由 (7.1) 式、(7.8) 式与 (7.9) 式得

$$\begin{aligned}
S\big(a,b\big) &= (S_1(a,b), S_2(a,b)) = 1_{L^*} - T(1_{L^*} - a, 1_{L^*} - b) \\
&= 1_{L^*} - (T_1(1_{L^*} - a, 1_{L^*} - b), T_2(1_{L^*} - a, 1_{L^*} - b)) \\
&= 1_{L^*} - (T_1((a_2,a_1),(b_2,b_1)), T_2((a_2,a_1),(b_2,b_1))) \\
&= (T_2((a_2,a_1),(b_2,b_1)), T_1((a_2,a_1),(b_2,b_1))) \\
&= (T_2(1_{L^*} - a, 1_{L^*} - b), T_1(1_{L^*} - a, 1_{L^*} - b)).
\end{aligned}$$

因此, (1) 与 (2) 成立. 类似地可以证明 (3) 与 (4) 成立. □

设 T 与 S 分别为 IF t-模与 IF t-余模, 对于直觉模糊集 A, $B \in \mathcal{IF}(U)$, 定义 U 上的两个直觉模糊集 $T(A,B)$ 与 $S(A,B)$:

$$T(A,B)(x) = T\big(A(x), B(x)\big), \quad x \in U. \tag{7.10}$$

$$S(A,B)(x) = S\big(A(x), B(x)\big), \quad x \in U. \tag{7.11}$$

$T(A,B)$ 与 $S(A,B)$ 可以分别看成两个直觉模糊集 A 和 B 的普通交与并的推广形式, 有时又分别写成 $A \cap_T B$ 与 $A \cup_S B$. 由 IF t-模的定义, 可以直接得到以下命题.

命题 7.3　设 T 是定义在 L^* 上的 IF t-模, 对于任意 $A,B,C,A_j \in \mathcal{IF}(U)$, $j \in J$ (J 是指标集), 以下性质成立:

(1) $T(A,B) = T(B,A)$.

(2) $A \subseteq B \Rightarrow T(A,C) \subseteq T(B,C)$.

(3) $T\big(A, T(B,C)\big) = T\big(T(A,B), C\big)$.

(4) 若 T 是右连续的, 则 $T\left(\bigcap_{j\in J} A_j, B\right) = \bigcap_{j\in J} T(A_j, B)$.

(5) 若 T 是左连续的, 则 $T\left(\bigcup_{j\in J} A_j, B\right) = \bigcup_{j\in J} T(A_j, B)$.

(6) $T(\widehat{1_{L^*}}, A) = T(U, A) = A$.

(7) $T(\widehat{0_{L^*}}, A) = T(\varnothing, A) = \varnothing$.

类似地, 根据 IF t-余模的定义, 可以得到以下命题.

命题 7.4 设 S 是定义在 L^* 上的 IF t-余模, 对任意 $A, B, C, A_j \in \mathcal{IF}(U)$, $j \in J$ (J 是指标集), 以下性质成立:

(1) $S(A, B) = S(B, A)$.

(2) $A \subseteq B \Rightarrow S(A, C) \subseteq S(B, C)$.

(3) $S\big(A, S(B, C)\big) = S\big(S(A, B), C\big)$.

(4) 若 S 是右连续的, 则 $S\left(\bigcap_{j\in J} A_j, B\right) = \bigcap_{j\in J} S(A_j, B)$.

(5) 若 S 是左连续的, 则 $S\left(\bigcup_{j\in J} A_j, B\right) = \bigcup_{j\in J} S(A_j, B)$.

(6) $S(\widehat{1_{L^*}}, A) = S(U, A) = U$.

(7) $S(\widehat{0_{L^*}}, A) = S(\varnothing, A) = A$.

(8) 若 IF t-模 T 与 IF t-余模 S 是对偶的, 则

$$
\begin{aligned}
T(A, B) &= \sim S(\sim A, \sim B), \quad A, B \in \mathcal{IF}(U), \\
S(A, B) &= \sim T(\sim A, \sim B), \quad A, B \in \mathcal{IF}(U).
\end{aligned}
$$

定义 7.4 设 T 是定义在 L^* 上的 IF t-模, 对于 $A, B \in \mathcal{IF}(U)$, A 与 B 的 T-内积记为 $(A, B)_T$, 定义如下:

$$
(A, B)_T = \bigvee_{x\in U} T\big(A(x), B(x)\big). \tag{7.12}
$$

易见, $(A, B)_T \in L^*$. 下述命题给出了 T-内积的一些基本性质.

命题 7.5 设 T 是定义在 L^* 上的 IF t-模, 对于 $A, B, A_j \in \mathcal{IF}(U)$, $j \in J$ (J 是指标集), $(\alpha, \beta) \in L^*$, 以下性质成立:

(1) $(A, B)_T = (B, A)_T$.

(2) $(\varnothing, B)_T = 0_{L^*}$, $(U, B)_T = \bigvee_{x\in U} B(x)$.

(3) $A \subseteq B \Rightarrow (A, C)_T \leqslant (B, C)_T$, $\forall C \in \mathcal{IF}(U)$.

(4) $(A, C)_T \leqslant_{L^*} (B, C)_T$, $\forall C \in \mathcal{IF}(U) \Rightarrow A \subseteq B$.

(5) $(A, C)_T = (B, C)_T$, $\forall C \in \mathcal{IF}(U) \Rightarrow A = B$.

(6) 若 T 是左连续的, 则

$$\left(T(\widehat{(\alpha,\beta)},A),B\right)_T=T((\alpha,\beta),(A,B)_T).$$

(7) 若 T 是左连续的, 则

$$\left(\bigcup_{j\in J}A_j,B\right)_T=\bigvee_{j\in J}(A_j,B)_T.$$

证明 (1)—(3) 可以直接由定义 7.4 得到.

(4) 假设 $(A,C)_T\leqslant_{L^*}(B,C)_T$ 对任意 $C\in\mathcal{IF}(U)$ 成立, 对任意 $x\in U$, 取 $C=1_x^*$, 则

$$\begin{aligned}(A,C)_T&=\bigvee_{y\in U}T\big(A(y),1_x^*(y)\big)\\&=\left(\bigvee_{y\neq x}T(A(y),0_{L^*})\right)\vee T\big(A(x),1_{L^*}\big)\\&=0_{L^*}\vee A(x)=A(x).\end{aligned}$$

类似地, 可得 $(B,C)_T=B(x)$. 于是,

$$A(x)\leqslant_{L^*}B(x),\quad\forall x\in U.$$

因此, $A\subseteq B$.

(5) 可以由 (4) 直接得到.

(6) 由定义 7.3 和命题 7.3 得

$$\begin{aligned}\big(T(\widehat{(\alpha,\beta)},A),B\big)_T&=\bigvee_{y\in U}T\big(T\big(\widehat{(\alpha,\beta)},A\big)(y),B(y)\big)\\&=\bigvee_{y\in U}T\big(T\big((\alpha,\beta),A(y)\big),B(y)\big)\\&=\bigvee_{y\in U}T\big((\alpha,\beta),T\big(A(y),B(y)\big)\big)\\&=T\left((\alpha,\beta),\bigvee_{y\in U}T\big(A(y),B(y)\big)\right)\\&=T\big((\alpha,\beta),(A,B)_T\big).\end{aligned}$$

(7) 由定义 7.4 和命题 7.3 得

$$\left(\bigcup_{j\in J}A_j,B\right)_T=\bigvee_{y\in U}T\left(\left(\bigcup_{j\in J}A_j\right)(y),B(y)\right)$$

$$
\begin{aligned}
&= \bigvee_{y\in U} T\left(\bigvee_{j\in J} A_j(y), B(y)\right)\\
&= \bigvee_{y\in U}\bigvee_{j\in J} T\big(A_j(y), B(y)\big)\\
&= \bigvee_{j\in J}\bigvee_{y\in U} T\big(A_j(y), B(y)\big)\\
&= \bigvee_{j\in J}(A_j, B)_T.
\end{aligned}
$$

□

定义 7.5 设 S 是定义在 L^* 上的 IF t-余模, 对于 $A, B \in \mathcal{IF}(U)$, A 与 B 的 S-外积记为 $[A, B]_S$, 定义如下:

$$
[A, B]_S = \bigwedge_{x\in U} S\big(A(x), B(x)\big). \tag{7.13}
$$

显然, $[A, B]_S \in L^*$. 由定义 7.5 可以得到 S-外积的基本性质.

命题 7.6 设 S 是定义在 L^* 上的 IF t-余模, 对于 $A, B, A_j \in \mathcal{IF}(U)$, $j \in J$(J 是指标集), $(\alpha, \beta) \in L^*$, 以下性质成立:

(1) $[A, B]_S = [B, A]_S$.

(2) $[\varnothing, B]_S = \bigwedge_{x\in U} B(x)$, $[U, B]_S = 1_{L^*}$.

(3) $A \subseteq B \Rightarrow [A, C]_S \leqslant [B, C]_S$, $\forall C \in \mathcal{IF}(U)$.

(4) $[A, C]_S \leqslant [B, C]_S$, $\forall C \in \mathcal{IF}(U) \Rightarrow A \subseteq B$.

(5) $[A, C]_S = [B, C]_S$, $\forall C \in \mathcal{IF}(U) \Rightarrow A = B$.

(6) 若 S 是右连续的, 则

$$
\left[S\left(\widehat{(\alpha, \beta)}, A\right), B\right]_S = S\big((\alpha, \beta), [A, B]_S\big).
$$

(7) 若 S 是右连续的, 则

$$
\left[\bigcap_{j\in J} A_j, B\right]_S = \bigwedge_{j\in J} [A_j, B]_S.
$$

(8) 若 T 是与 S 对偶的 IF t-模, 则

$$
\begin{aligned}
&[A, B]_S = 1_{L^*} - (\sim A, \sim B)_T,\\
&(A, B)_T = 1_{L^*} - [\sim A, \sim B]_S.
\end{aligned}
$$

7.2　直觉模糊粗糙集的定义与性质

定义 7.6　设 U 与 W 是两个非空论域, 称直觉模糊子集 $R \in \mathcal{IF}(U \times W)$ 是从 U 到 W 上的一个直觉模糊关系 R, 即

$$R = \big\{\langle (x,y), \mu_{_R}(x,y), \gamma_{_R}(x,y)\rangle \mid (x,y) \in U \times W\big\},$$

这里 $\mu_{_R} : U \times W \to [0,1]$, $\gamma_{_R} : U \times W \to [0,1]$, 满足对任意 $(x,y) \in U \times W$, $0 \leqslant \mu_{_R}(x,y) + \gamma_{_R}(x,y) \leqslant 1$. 记 R 的补关系为

$$\sim R = \{\langle (x,y), \gamma_{_R}(x,y), \mu_{_R}(x,y)\rangle \mid (x,y) \in U \times W\}.$$

对于从 U 到 W 上的直觉模糊关系 R, 若对任意 $x \in U$, $\bigvee\limits_{y \in W} R(x,y) = 1_{_{L^*}}$, 则称 R 是串行直觉模糊关系. 若 $U = W$, 则称 $R \in \mathcal{IF}(U \times U)$ 是 U 上的一个直觉模糊关系. 设 R 是 U 上的直觉模糊关系, 称 R 是自反直觉模糊关系, 若对任意 $x \in U$ 有 $R(x,x) = 1_{_{L^*}}$; 称 R 是对称直觉模糊关系, 若对任意 $x, y \in U$ 有 $R(x,y) = R(y,x)$; 称 R 是 T-传递直觉模糊关系 (其中 T 是 IF t-模), 若对任意 $x, z \in U$, 有

$$\bigvee_{y \in U} T(R(x,y), R(y,z)) \leqslant_{_{L^*}} R(x,z); \tag{7.14}$$

称 R 是 T-等价直觉模糊关系, 若 R 是自反、对称和 T-传递直觉模糊关系.

定义 7.7　设 U 与 W 是两个非空论域, R 是从 U 到 W 上的直觉模糊关系, 称三元组 (U, W, R) 为直觉模糊近似空间. 设 T 为 L^* 上的 IF t-模, S 是 L^* 上的 IF t-余模, 对任意 $A \in \mathcal{IF}(W)$, A 关于 (U, W, R) 的 S-下近似 $\underline{SR}(A)$ 与 T-上近似 $\overline{TR}(A)$ 是 U 上的一对直觉模糊子集, 其隶属函数分别定义为

$$\underline{SR}(A)(x) = \bigwedge_{y \in W} S\big(1_{_{L^*}} - R(x,y), A(y)\big), \quad x \in U. \tag{7.15}$$

$$\overline{TR}(A)(x) = \bigvee_{y \in W} T\big(R(x,y), A(y)\big), \quad x \in U. \tag{7.16}$$

序对 $(\underline{SR}(A), \overline{TR}(A))$ 称为 A 关于 (U, W, R) 的 (S, T)-直觉模糊粗糙集, 分别称 $\underline{SR}$ 和 $\overline{TR} : \mathcal{IF}(W) \to \mathcal{IF}(U)$ 为 S-直觉模糊粗糙下近似算子和 T-直觉模糊粗糙上近似算子, 简称为 (S, T)-直觉模糊粗糙近似算子.

对于从 U 到 W 上的直觉模糊关系 R 与 $x \in U$, 可定义 W 上的直觉模糊集 $R(x)$ 如下:

$$R(x)(y) = R(x,y), \quad y \in W.$$

则可以验证, $\overline{TR}(A)(x)=(R(x),A)_T$, $\underline{SR}(A)(x)=[\sim R(x),A]_S$.

定理 7.1 设 (U,W,R) 是直觉模糊近似空间, T 是 L^* 上的 IF t-模, S 是 L^* 上的 IF t-余模, 若 S 与 T 是对偶的, 则

(IFLD) $\underline{SR}(A)=\sim\overline{TR}(\sim A), \forall A\in\mathcal{IF}(W)$.

(IFUD) $\overline{TR}(A)=\sim\underline{SR}(\sim A), \forall A\in\mathcal{IF}(W)$.

证明 对任意 $A\in\mathcal{IF}(W)$ 与 $x\in U$, 由 (7.6) 式和命题 7.2 得

$$
\begin{aligned}
&\overline{TR}(\sim A)(x)\\
=&\bigvee_{y\in W}T(R(x,y),(\sim A)(y))\\
=&\bigvee_{y\in W}(T_1(R(x,y),1_{L^*}-A(y)),T_2(R(x,y),1_{L^*}-A(y)))\\
=&\left(\bigvee_{y\in W}T_1(R(x,y),1_{L^*}-A(y)),\bigwedge_{y\in W}T_2(R(x,y),1_{L^*}-A(y))\right)\\
=&\left(\bigvee_{y\in W}S_2(1_{L^*}-R(x,y),A(y)),\bigwedge_{y\in W}S_1(1_{L^*}-R(x,y),A(y))\right)\\
=&1_{L^*}-\left(\bigwedge_{y\in W}S_1(1_{L^*}-R(x,y),A(y)),\bigvee_{y\in W}S_2(1_{L^*}-R(x,y),A(y))\right).
\end{aligned}
$$

从而

$$
\begin{aligned}
&(\sim\overline{TR}(\sim A))(x)\\
=&1_{L^*}-\overline{TR}(\sim A)(x)\\
=&\left(\bigwedge_{y\in W}S_1(1_{L^*}-R(x,y),A(y)),\bigvee_{y\in W}S_2(1_{L^*}-R(x,y),A(y))\right)\\
=&\bigwedge_{y\in W}(S_1(1_{L^*}-R(x,y),A(y)),S_2(1_{L^*}-R(x,y),A(y)))\\
=&\bigwedge_{y\in W}S(1_{L^*}-R(x,y),A(y))\\
=&\underline{R}(A)(x).
\end{aligned}
$$

因此, (IFLD) 成立. 同理可证 (IFUD) 成立. □

性质 (IFLD) 与 (IFUD) 表明, 当 IFt 余模 S 与 IFt 模 T 相互对偶时, S-直觉模糊粗糙下近似算子 $\underline{SR}$ 和 T-直觉模糊粗糙上近似算子 $\overline{TR}$ 也是相互对偶的.

下述定理给出了 (S,T)-直觉模糊粗糙近似算子的一般性质.

定理 7.2　设(U,W,R)是直觉模糊近似空间, T 是 L^*上的左连续 IF t-模, S 是与 T 对偶的 IF t-余模, 则 (S,T)-直觉模糊粗糙近似算子 $\underline{SR}$ 与 $\overline{TR}$ 满足以下性质:

对任意 $A,B \in \mathcal{IF}(W)$, $A_j \in \mathcal{IF}(W), j \in J$ (J 为指标集), $M \subseteq W$, $(x,y) \in U \times W$, $(\alpha,\beta) \in L^*$,

(IFL1) $\underline{SR}\big(\widehat{(\alpha,\beta)} \cup_S A\big) = \widehat{(\alpha,\beta)} \cup_S \underline{SR}(A)$.

(IFU1) $\overline{TR}\big(\widehat{(\alpha,\beta)} \cap_T A\big) = \widehat{(\alpha,\beta)} \cap_T \overline{TR}(A)$.

(IFL2) $\underline{SR}\left(\bigcap_{j\in J} A_j\right) = \bigcap_{j\in J} \underline{SR}(A_j)$.

(IFU2) $\overline{TR}\left(\bigcup_{j\in J} A_j\right) = \bigcup_{j\in J} \overline{TR}(A_j)$.

(IFL3) $A \subseteq B \Rightarrow \underline{SR}(A) \subseteq \underline{SR}(B)$.

(IFU3) $A \subseteq B \Rightarrow \overline{TR}(A) \subseteq \overline{TR}(B)$.

(IFL4) $\underline{SR}\left(\bigcup_{j\in J} A_j\right) \supseteq \bigcup_{j\in J} \underline{SR}(A_j)$.

(IFU4) $\overline{TR}\left(\bigcap_{j\in J} A_j\right) \subseteq \bigcap_{j\in J} \overline{TR}(A_j)$.

(IFL5) $\widehat{(\alpha,\beta)} \subseteq \underline{SR}\big(\widehat{(\alpha,\beta)}\big)$.

(IFU5) $\overline{TR}\big(\widehat{(\alpha,\beta)}\big) \subseteq \widehat{(\alpha,\beta)}$.

(IFL6) $\underline{SR}(W) = U$.

(IFU6) $\overline{TR}(\varnothing) = \varnothing$.

(IFL7) $\underline{SR}(1^*_{W-\{y\}})(x) = 1_{L^*} - R(x,y)$.

(IFU7) $\overline{TR}(1^*_y)(x) = R(x,y)$.

(IFL8) $\underline{SR}\big(\widehat{(\alpha,\beta)}\big) = \widehat{(\alpha,\beta)}, \forall(\alpha,\beta) \in L^* \Leftrightarrow \underline{SR}(\varnothing) = \varnothing$.

(IFU8) $\overline{TR}\big(\widehat{(\alpha,\beta)}\big) = \widehat{(\alpha,\beta)}, \forall(\alpha,\beta) \in L^* \Leftrightarrow \overline{TR}(W) = U$.

(IFL9) $\underline{SR}(1^*_M)(x) = \bigwedge_{y\notin M} \big(1_{L^*} - R(x,y)\big)$.

(IFU9) $\overline{TR}(1^*_M)(x) = \bigvee_{y\in M} R(x,y)$.

证明　下面只证明上近似算子的性质, 下近似算子的性质可以利用对应的上近似算子的性质与定理 7.1 中的下、上近似算子的对偶性质 (IFLD) 与 (IFUD) 直接推出.

(IFU1) 对任意的 $x \in U$, 由 T 的左连续性可得

$$
\begin{aligned}
\overline{TR}\big(\widehat{(\alpha,\beta)} \cap_T A\big)(x) &= \bigvee_{y\in W} T\big(R(x,y), T((\alpha,\beta), A(y))\big) \\
&= \bigvee_{y\in W} T\big(R(x,y), T(A(y), (\alpha,\beta))\big)
\end{aligned}
$$

$$
\begin{aligned}
&= \bigvee_{y \in W} T\big(T(R(x,y), A(y)), (\alpha,\beta)\big) \\
&= T\left(\bigvee_{y \in U} T(R(x,y), A(y)), (\alpha,\beta)\right) \\
&= T\big(\overline{TR}(A)(x), (\alpha,\beta)\big) \\
&= T\big((\alpha,\beta), \overline{TR}(A)(x)\big) \\
&= \big(\widehat{(\alpha,\beta)} \cap_T \overline{TR}(A)\big)(x).
\end{aligned}
$$

从而, $\overline{TR}\big(\widehat{(\alpha,\beta)} \cap_T A\big) = \widehat{(\alpha,\beta)} \cap_T \overline{TR}(A)$.

(IFU2) 对任意的 $x \in U$, 由 T 的左连续性可知

$$
\begin{aligned}
\overline{TR}\left(\bigcup_{j \in J} A_j\right)(x) &= \bigvee_{y \in W} T\left(R(x,y), \bigvee_{j \in J} A_j(y)\right) \\
&= \bigvee_{y \in W} \bigvee_{j \in J} T\big(R(x,y), A_j(y)\big) \\
&= \bigvee_{j \in J} \bigvee_{y \in W} T\big(R(x,y), A_j(y)\big) \\
&= \bigvee_{j \in J} \overline{TR}(A_j)(x) \\
&= \left(\bigcup_{j \in J} \overline{TR}(A_j)\right)(x).
\end{aligned}
$$

从而, $\overline{TR}\left(\bigcup\limits_{j \in J} A_j\right) = \bigcup\limits_{j \in J} \overline{TR}(A_j)$.

(IFU3) 与 (IFU4) 可直接由 (IFU2) 得出.

(IFU5) 对任意的 $x \in U$, 由 T 的左连续性与定义 7.7 有

$$
\begin{aligned}
\overline{TR}\big(\widehat{(\alpha,\beta)}\big)(x) &= \bigvee_{y \in W} T\big(R(x,y), (\alpha,\beta)\big) \\
&= T\left(\bigvee_{y \in W} R(x,y), (\alpha,\beta)\right) \\
&\leqslant_{L^*} T\big(1_{L^*}, (\alpha,\beta)\big) \\
&= (\alpha,\beta) = \widehat{(\alpha,\beta)}(x).
\end{aligned}
$$

从而 $\overline{TR}\big(\widehat{(\alpha,\beta)}\big) \subseteq \widehat{(\alpha,\beta)}$.

(IFU6) 在 (IFU5) 中取 $(\alpha,\beta) = 0_{L^*}$ 即得结论.

(IFU7) 首先, 对任意 $y \in W$ 与 $(\alpha,\beta) \in L^*$, 根据 1_y^* 和 $\overline{TR}$ 的定义, 有

$$\begin{aligned}
&\overline{TR}\big(1_y^* \cap_T \widehat{(\alpha,\beta)}\big)(x)\\
&= \bigvee_{z\in W} T\Big(R(x,z), T\big(1_y^*(z),(\alpha,\beta)\big)\Big)\\
&= \bigvee_{z\neq y} T\Big(R(x,z), T\big(1_y^*(z),(\alpha,\beta)\big)\Big)\\
&\quad \vee T\big(R(x,y), T(1_{L^*},(\alpha,\beta))\big)\\
&= \bigvee_{z\neq y} T\Big(R(x,z), T\big(0_{L^*},(\alpha,\beta)\big)\Big) \vee T\big(R(x,y),(\alpha,\beta)\big)\\
&= T\big(R(x,y),(\alpha,\beta)\big).
\end{aligned}$$

在上式中取 $(\alpha,\beta) = 1_{L^*}$ 即得结论.

(IFU8) “$\Rightarrow$” 由 $\overline{TR}\big(\widehat{(\alpha,\beta)}\big) = \widehat{(\alpha,\beta)}$, 取 $(\alpha,\beta) = 1_{L^*}$ 即得结论.

“$\Leftarrow$” 由 $\overline{TR}(W) = U$, 即 $\overline{TR}(1_W^*) = 1_U^*$, 根据 (IFU1) 有,

$$\begin{aligned}
\overline{TR}\big(\widehat{(\alpha,\beta)}\big) &= \overline{TR}\big(\widehat{(\alpha,\beta)} \cap_T 1_W^*\big)\\
&= \widehat{(\alpha,\beta)} \cap_T \overline{TR}(1_W^*)\\
&= \widehat{(\alpha,\beta)} \cap_T 1_U^* = \widehat{(\alpha,\beta)}.
\end{aligned}$$

(IFU9) 根据 1_M^* 和 $\overline{TR}$ 的定义, 对任意的 $(x,y) \in U \times W$, 有

$$\begin{aligned}
\overline{TR}(1_M^*)(x) &= \bigvee_{y\in W} T\big(R(x,y), 1_M^*(y)\big)\\
&= \bigvee_{y\notin M} T\big(R(x,y), 0_{L^*}\big) \vee \bigvee_{y\in M} T\big(R(x,y), 1_{L^*}\big)\\
&= \bigvee_{y\notin M} T\big(R(x,y), 0_{L^*}\big) \vee \bigvee_{y\in M} R(x,y)\\
&= \bigvee_{y\in M} R(x,y).
\end{aligned}$$

□

下述定理表明, (S,T)-直觉模糊粗糙近似算子的特殊性质可以刻画直觉模糊关系的串行性质.

定理 7.3　设 (U,W,R) 是直觉模糊近似空间, T 是 L^* 上的左连续 IF t-模, S 是 L^* 上与 T 对偶的 IF t-余模, 则 R 是串行的当且仅当以下等价条件之一成立:

(IFL0) $\underline{SR}\big(\widehat{(\alpha,\beta)}\big) = \widehat{(\alpha,\beta)},\ \forall(\alpha,\beta) \in L^*$.

(IFU0) $\overline{TR}\big(\widehat{(\alpha,\beta)}\big) = \widehat{(\alpha,\beta)},\ \forall(\alpha,\beta) \in L^*$.

(IFL0)$'$ $\underline{SR}(\varnothing) = \varnothing$.

(IFU0)′ $\overline{TR}(W)=U$.

证明 首先根据 (IFL8), (IFU8) 和定理 7.1, 容易推得, (IFL0),(IFL0)′, (IFU0) 和 (IFU0)′ 都是等价的. 若 R 是串行的, 则由 R 的串行性定义知, 对任意的 $x\in U$, $\bigvee_{y\in W} R(x,y)=1_{L^*}$. 从而, 由 (IFU9) 得

$$\overline{TR}(W)(x)=\overline{TR}(1_W^*)(x)=\bigvee_{y\in W} R(x,y)=1_{L^*}=U(x),\quad \forall x\in U. \tag{7.17}$$

于是 (IFU0)′ 成立.

反之, 若 (IFU0)′ 成立, 则由 (IFU9) 和 (7.17) 式即知 R 是串行的. □

定理 7.4 设 (U,R) 是直觉模糊近似空间, T 是为 L^* 上的左连续 IF t-模, S 是 L^* 上与 T 对偶的 IF t-余模, 则 R 是自反的当且仅当以下等价条件之一成立:

(IFLR) $\underline{SR}(A)\subseteq A$, $\forall A\in\mathcal{IF}(U)$.

(IFUR) $A\subseteq\overline{TR}(A)$, $\forall A\in\mathcal{IF}(U)$.

证明 首先, 由定理 7.1 易证, (IFLR) 与 (IFUR) 是等价的. 其次, 若 R 是自反的, 则对任意的 $A\in\mathcal{IF}(U)$ 与 $x\in U$, 有

$$\begin{aligned}\overline{TR}(A)(x)&=\bigvee_{y\in U} T\big(R(x,y),A(y)\big)\\&\geqslant_{L^*} T\big(R(x,x),A(x)\big)\\&=T(1_{L^*},A(x))=A(x).\end{aligned}$$

于是 $\overline{TR}(A)\supseteq A$, 即, (IFUR) 成立.

反之, 若 (IFUR) 成立, 对任意 $x\in U$, 在 (IFUR) 中取 $A=1_x^*$, 则由性质 (IFU7) 可得

$$R(x,x)=\overline{TR}(1_x^*)(x)\geqslant_{L^*} 1_x^*(x)=1_{L^*},\quad \forall x\in U.$$

从而, R 是自反的. □

定理 7.5 设 (U,R) 是直觉模糊近似空间, T 是 L^* 上的左连续 IF t-模, S 是 L^* 上与 T 对偶的 IF t-余模, 则 R 是对称的当且仅当以下等价条件之一成立:

(IFLS) $\underline{SR}\big(1^*_{U-\{x\}}\big)(y)=\underline{SR}\big(1^*_{U-\{y\}}\big)(x),\forall(x,y)\in U\times U$.

(IFUS) $\overline{TR}\big(1^*_x\big)(y)=\overline{TR}\big(1^*_y\big)(x),\forall(x,y)\in U\times U$.

证明 由定理 7.1 易证, (IFLS) 与 (IFUS) 是等价的. 从而由 (IFU7) 即知结论成立. □

定理 7.6 设 (U,R) 是直觉模糊近似空间, T 是 L^* 上的左连续 IF t-模, S 是 L^* 上与 T 对偶的 IF t-余模, 则 R 是 T-传递的当且仅当以下等价条件之一成立:

(IFLT) $\underline{SR}(A)\subseteq\underline{SR}\big(\underline{SR}(A)\big),\forall A\in\mathcal{IF}(U)$.

(IFUT) $\overline{TR}(\overline{TR}(A)) \subseteq \overline{TR}(A), \forall A \in \mathcal{IF}(U)$.

证明　首先, 由定理 7.1 易证, (IFLT) 与 (IFUT) 是等价的. 其次, 若 R 是 T-传递的, 则对任意 $A \in \mathcal{IF}(U)$ 与 $x \in U$, 有

$$\begin{aligned}\overline{TR}(\overline{TR}(A))(x) &= \bigvee_{y\in U} T\big(R(x,y), \overline{TR}(A)(y)\big)\\ &= \bigvee_{y\in U} T\Big(R(x,y), \bigvee_{z\in U} T\big(R(y,z), A(z)\big)\Big)\\ &= \bigvee_{y\in U}\bigvee_{z\in U} T\Big(R(x,y), T\big(R(y,z), A(z)\big)\Big)\\ &= \bigvee_{y\in U}\bigvee_{z\in U} T\Big(T\big(R(x,y), R(y,z)\big), A(z)\Big)\\ &\leqslant_{L^*} \bigvee_{y\in U}\bigvee_{z\in U} T\big(R(x,z), A(z)\big)\\ &= \bigvee_{z\in U} T\big(R(x,z), A(z)\big) = \overline{TR}(A)(x).\end{aligned}$$

于是 (IFUT) 成立.

反之, 若 (IFUT) 成立, 对任意的 $x, z \in U$, 由 (IFU7) 知

$$\begin{aligned}R(x,z) = \overline{TR}(1_z)(x) &\geqslant_{L^*} \overline{TR}(\overline{TR}(1_z))(x)\\ &= \bigvee_{y\in U} T\big(R(x,y), \overline{TR}(1_z)(y)\big)\\ &= \bigvee_{y\in U} T\big(R(x,y), R(y,z)\big).\end{aligned}$$

因此, R 是 T-传递的. □

7.3　直觉模糊粗糙近似算子的公理刻画

本节讨论基于 IF t-模和 IF t-余模融合直觉模糊关系所对应的直觉模糊近似算子的公理刻画.

定义 7.8　称 $L, H: \mathcal{IF}(W) \to \mathcal{IF}(U)$ 是对偶算子, 若 L 与 H 满足:

(AIFLD)　$L(A) = \sim H(\sim A), \forall A \in \mathcal{IF}(W)$.

(AIFUD)　$H(A) = \sim L(\sim A), \forall A \in \mathcal{IF}(W)$.

定理 7.7　设 $L, H: \mathcal{IF}(W) \to \mathcal{IF}(U)$ 是对偶算子, T 是 L^* 上的左连续 IF t-模, S 是 L^* 上与 T 对偶的 IF t-余模, 则存在从 U 到 W 上的直觉模糊关系 R 使得

$$L(A) = \underline{SR}(A), \quad H(A) = \overline{TR}(A), \quad \forall A \in \mathcal{IF}(W) \tag{7.18}$$

当且仅当 L 满足以下公理 (AIFL1) 与 (AIFL2):

(AIFL1) $S\big(\widehat{(\alpha,\beta)},L(A)\big)=L\big(S\big(\widehat{(\alpha,\beta)},A\big)\big),\forall A\in\mathcal{IF}(W),\forall(\alpha,\beta)\in L^*$.

(AIFL2) $L\left(\bigcap\limits_{j\in J}A_j\right)=\bigcap\limits_{j\in J}L(A_j),\forall A_j\in\mathcal{IF}(W),\forall j\in J$ (J 是指标集).

或等价地, H 满足公理 (AIFU1) 与 (AIFU2):

(AIFU1) $T\big(\widehat{(\alpha,\beta)},H(A)\big)=H\big(T\big(\widehat{(\alpha,\beta)},A\big)\big),\forall A\in\mathcal{IF}(W),\forall(\alpha,\beta)\in L^*$.

(AIFU2) $H\left(\bigcup\limits_{j\in J}A_j\right)=\bigcup\limits_{j\in J}H(A_j),\forall A_j\in\mathcal{IF}(W),\forall j\in J$ (J 是指标集).

证明 "$\Rightarrow$" 由定理 7.2 即得.

"$\Leftarrow$" 假设 H 满足公理 (AIFU1) 与 (AIFU2). 由 H 定义从 U 到 W 上的一个直觉模糊关系 R_H 如下:

$$R_H(x,y)=H(1_y^*)(x),\quad (x,y)\in U\times W. \tag{7.19}$$

或等价地, 由 L 定义从 U 到 W 上的一个直觉模糊关系 R_L 如下:

$$R_L(x,y)=1_{L^*}-L(1_{W-\{y\}}^*)(x),\quad (x,y)\in U\times W. \tag{7.20}$$

由于 L 与 H 的对偶性, 可以验证

$$R_L(x,y)=R_H(x,y),\quad \forall(x,y)\in U\times W. \tag{7.21}$$

对任意 $A\in\mathcal{IF}(W)$, 易证

$$A=\bigcup_{y\in W}\big(\widehat{A(y)}\cap_T 1_y^*\big). \tag{7.22}$$

则对任意 $x\in U$, 根据定义 7.7 与 $\cap_T$ 的定义, 并利用 (AIFU1), (AIFU2), (7.19) 式, (7.22) 式得

$$\begin{aligned}\overline{TR_H}(A)(x)&=\bigvee_{y\in W}T\big(R(x,y),A(y)\big)\\&=\bigvee_{y\in W}T\big(H(1_y^*)(x),A(y)\big)\\&=\bigvee_{y\in W}\big(\widehat{A(y)}\cap_T H(1_y^*)\big)(x)\\&=\bigvee_{y\in W}H\big(\widehat{A(y)}\cap_T 1_y^*\big)(x)\\&=H\Big(\bigcup_{y\in W}\big(\widehat{A(y)}\cap_T 1_y^*\big)\Big)(x)\\&=H(A)(x).\end{aligned}$$

从而, $\overline{TR_H}(A) = H(A)$. 同理可证, 对任意 $A \in \mathcal{IF}(W)$, 有 $\underline{SR_L}(A) = L(A)$. 最后, 由 (7.21) 式知结论成立. □

类似于 (S,T)-模糊粗糙近似算子的情形, 公理集 $\{$(AIFL1), (AIFL2)$\}$ 与 $\{$(AIFU1), (AIFU2)$\}$ 都可以被单一公理等价代替.

定理 7.8 设 $L, H : \mathcal{IF}(W) \to \mathcal{IF}(U)$ 是对偶算子, T 是 L^* 上的左连续 IF t-模, S 是 L^* 上与 T 对偶的 IF t-余模, 则存在从 U 到 W 上的直觉模糊关系 R 使得 (7.18) 式成立当且仅当 L 满足公理 (AIFL):

(AIFL) $\forall A_j \in \mathcal{IF}(W), \forall(\alpha_j, \beta_j) \in L^*, j \in J$ (J 是任意指标集),

$$L\left(\bigcap_{j\in J} S\big(\widehat{(\alpha_j, \beta_j)}, A_j\big)\right) = \bigcap_{j\in J} S\big(\widehat{(\alpha_j, \beta_j)}, L(A_j)\big). \tag{7.23}$$

或等价地, H 满足公理 (AIFU):

(AIFU) $\forall A_j \in \mathcal{IF}(W), \forall(\alpha_j, \beta_j) \in L^*, j \in J$ (J 是任意指标集),

$$H\left(\bigcup_{j\in J} T\big(\widehat{(\alpha_j, \beta_j)}, A_j\big)\right) = \bigcup_{j\in J} T\big(\widehat{(\alpha_j, \beta_j)}, H(A_j)\big). \tag{7.24}$$

证明 "⇒" 若存在从 U 到 W 上的直觉模糊关系 R 使得 (7.18) 式成立, 则由定理 7.2 知, L 满足 (AIFL1) 与 (AIFL2), 于是

$$L\left(\bigcap_{j\in J} S\big(\widehat{(\alpha_j, \beta_j)}, A_j\big)\right) = \bigcap_{j\in J} L\big(S\big(\widehat{(\alpha_j, \beta_j)}, A_j\big)\big) = \bigcap_{j\in J} S\big(\widehat{(\alpha_j, \beta_j)}, L(A_j)\big),$$

即 L 满足 (AIFL).

"⇐" 假设 L 满足 (AIFL), 由 L 可定义从 U 到 W 上的直觉模糊关系 R 如下:

$$R(x, y) = 1_{L^*} - L\big(1^*_{W-\{y\}}\big)(x), \quad (x, y) \in U \times W. \tag{7.25}$$

对任意 $A \in \mathcal{IF}(W)$, 注意到

$$A = \bigcap_{y\in W} S\big(\widehat{A(y)}, 1^*_{W-\{y\}}\big), \tag{7.26}$$

于是对任意 $x \in U$ 有

$$\begin{aligned}
L(A)(x) &= L\left(\bigcap_{y\in W} S\big(\widehat{A(y)}, 1^*_{W-\{y\}}\big)\right)(x) && \text{由 (7.26) 式}\\
&= \left(\bigcap_{y\in W} S\big(\widehat{A(y)}, L(1^*_{W-\{y\}})\big)\right)(x) && \text{由 (7.23) 式}\\
&= \bigwedge_{y\in W} S\big(A(y), L(1^*_{W-\{y\}})(x)\big) && \text{由} \cap \text{的定义}
\end{aligned}$$

$$
\begin{aligned}
&= \bigwedge_{y\in W} S\big(A(y), 1_{L^*} - R(x,y)\big) && \text{由 (7.25) 式}\\
&= \bigwedge_{y\in W} S\big(1_{L^*} - R(x,y), A(y)\big) && \text{由}S\text{的可交换性}\\
&= \underline{SR}(A)(x). && \text{由定义 7.7}
\end{aligned}
$$

因此, $L(A)=\underline{SR}(A)$ 成立.

对偶地, 可以证明存在从 U 到 W 上的直觉模糊关系 R 使得对任意 $A\in\mathcal{IF}(W)$ 有 $H(A)=\overline{TR}(A)$ 当且仅当 H 满足公理 (AIFU). □

定义 7.9　设 U 与 W 是两个非空论域, T 是 L^* 上的 IF t-模, S 是 L^* 上的 IF t-余模. 对于直觉模糊集合算子 $O:\mathcal{IF}(W)\to\mathcal{IF}(U)$ 和 $A\in\mathcal{IF}(U)$, 记

$$
O_S^{-1}(A)(y) = \bigwedge_{x\in U} S\big(O\big(1^*_{W-\{y\}}\big)(x), A(x)\big),\quad y\in W. \tag{7.27}
$$

$$
O_T^{-1}(A)(y) = \bigvee_{x\in U} T\big(O\big(1^*_{y}\big)(x), A(x)\big),\quad y\in W. \tag{7.28}
$$

$O_S^{-1}, O_T^{-1}:\mathcal{IF}(U)\to\mathcal{IF}(W)$ 分别称为 O 的 S-下逆算子与 T-上逆算子.

易见,

$$
O_S^{-1}(A)(y) = \big[O\big(1^*_{W-\{y\}}\big), A\big]_S,\quad O_T^{-1}(A)(y) = \big(O\big(1^*_{y}\big), A\big)_T. \tag{7.29}
$$

定理 7.9　设 $L, H:\mathcal{IF}(W)\to\mathcal{IF}(U)$ 是对偶算子, T 是 L^* 上的左连续 IF t-模, S 是 L^* 上与 T 对偶的 IF t-余模, 则存在从 U 到 W 上的直觉模糊关系 R 使得 (7.18) 式成立当且仅当 L 满足公理 (AIFL)$'$:

(AIFL)$'$ $\forall A\in\mathcal{IF}(U)$, $\forall B\in\mathcal{IF}(W)$,

$$
\big[A, L(B)\big]_S = \big[B, L_S^{-1}(A)\big]_S. \tag{7.30}
$$

或等价地, H 满足公理 (AIFU)$'$:

(AIFU)$'$ $\forall A\in\mathcal{IF}(U)$, $\forall B\in\mathcal{IF}(W)$,

$$
\big(A, H(B)\big)_T = \big(B, H_T^{-1}(A)\big)_T. \tag{7.31}
$$

证明　由定理 7.8, 只需证明 "(AIFL)$'$ $\Leftrightarrow$(AIFL)".

"$\Rightarrow$" 若 L 满足公理 (AIFL)$'$, 则对任意 $A_j\in\mathcal{IF}(W)$ 与 $(\alpha_j,\beta_j)\in L^*, j\in J$, 其中 J 是任意指标集, 由命题 7.6 的性质 (1) 与 (5) 知, 只需证明

$$
\left[C, L\left(\bigcap_{j\in J} S\big(\widehat{(\alpha_j,\beta_j)}, A_j\big)\right)\right]_S = \left[C, \bigcap_{j\in J} S\big(\widehat{(\alpha_j,\beta_j)}, L(A_j)\big)\right]_S,\quad \forall C\in\mathcal{IF}(U). \tag{7.32}
$$

事实上, 对任意 $C \in \mathcal{IF}(U)$, 有

$$
\begin{aligned}
&\left[C, L\left(\bigcap_{j\in J} S\big(\widehat{(\alpha_j,\beta_j)}, A_j\big)\right)\right]_S \\
&= \left[\bigcap_{j\in J} S\big(\widehat{(\alpha_j,\beta_j)}, A_j\big), L_S^{-1}(C)\right]_S && \text{由 (7.30) 式} \\
&= \bigwedge_{j\in J} \left[S\big(\widehat{(\alpha_j,\beta_j)}, A_j\big), L_S^{-1}(C)\right]_S && \text{由命题 7.6(7)} \\
&= \bigwedge_{j\in J} S\big((\alpha_j,\beta_j), \left[A_j, L_S^{-1}(C)\right]_S\big) && \text{由命题 7.6(6)} \\
&= \bigwedge_{j\in J} S\big((\alpha_j,\beta_j), \left[C, L(A_j)\right]_S\big) && \text{由 (7.30) 式} \\
&= \bigwedge_{j\in J} S\big((\alpha_j,\beta_j), \left[L(A_j), C\right]_S\big) && \text{由命题 7.6(1)} \\
&= \bigwedge_{j\in J} \left[S\big(\widehat{(\alpha_j,\beta_j)}, L(A_j)\big), C\right]_S && \text{由命题 7.6(6)} \\
&= \left[\bigcap_{j\in J} S\big(\widehat{(\alpha_j,\beta_j)}, L(A_j)\big), C\right]_S && \text{由命题 7.6(7)} \\
&= \left[C, \bigcap_{j\in J} S\big(\widehat{(\alpha_j,\beta_j)}, L(A_j)\big)\right]_S. && \text{由命题 7.6(1)}
\end{aligned}
$$

因此, L 满足公理 (AIFL).

"$\Leftarrow$" 假设 L 满足公理 (AIFL). 对任意 $A \in \mathcal{IF}(U)$ 与 $B \in \mathcal{IF}(W)$, 由于

$$
B = \bigcap_{y\in W} S\big(\widehat{B(y)}, 1^*_{W-\{y\}}\big), \tag{7.33}
$$

因此,

$$
\begin{aligned}
\left[A, L(B)\right]_S &= \bigwedge_{x\in U} S\big(A(x), L(B)(x)\big) && \text{由 (7.13) 式} \\
&= \bigwedge_{x\in U} S\left(A(x), L\left(\bigcap_{y\in W} S\big(\widehat{B(y)}, 1^*_{W-\{y\}}\big)\right)(x)\right) && \text{由 (7.33) 式} \\
&= \bigwedge_{x\in U} S\left(A(x), \left(\bigcap_{y\in W} S\big(\widehat{B(y)}, L\big(1^*_{W-\{y\}}\big)\big)\right)(x)\right) && \text{由 (7.23) 式} \\
&= \bigwedge_{x\in U} S\left(A(x), \bigwedge_{y\in W} S\big(B(y), L\big(1^*_{W-\{y\}}\big)(x)\big)\right) && \text{由} \cap \text{的定义}
\end{aligned}
$$

$$
\begin{aligned}
&= \bigwedge_{x\in U}\bigwedge_{y\in W} S\big(A(x), S\big(B(y), L\big(1^*_{W-\{y\}}\big)(x)\big)\big) && \text{由 } S \text{ 的右连续性}\\
&= \bigwedge_{y\in W}\bigwedge_{x\in U} S\big(A(x), S\big(B(y), L\big(1^*_{W-\{y\}}\big)(x)\big)\big)\\
&= \bigwedge_{y\in W}\bigwedge_{x\in U} S\big(B(y), S\big(A(x), L\big(1^*_{W-\{y\}}\big)(x)\big)\big) && \text{由}S\text{的结合律}\\
&= \bigwedge_{y\in W} S\left(B(y), \bigwedge_{x\in U} S\big(A(x), L\big(1^*_{W-\{y\}}\big)(x)\big)\right) && \text{由 } S \text{ 的右连续性}\\
&= \bigwedge_{y\in W} S\big(B(y), L_S^{-1}(A)(y)\big) && \text{由 (7.27) 式}\\
&= \big[B, L_S^{-1}(A)\big]_S. && \text{由 (7.13) 式}
\end{aligned}
$$

这样即证 L 满足公理 (AIFL)$'$.

对偶地, 可以证明, 存在从 U 到 W 上的直觉模糊关系 R 使得 (7.18) 式成立当且仅当 H 满足公理 (AIFU)$'$. □

定理 7.10 设 $L, H : \mathcal{IF}(W) \to \mathcal{IF}(U)$ 是对偶算子, T 是 L^* 上的左连续 IF t-模, S 是 L^* 上与 T 对偶的 IF t-余模, 则存在从 U 到 W 上的串行直觉模糊关系 R 使得 (7.18) 式成立当且仅当 L 满足公理 (AIFL1), (AIFL2) 且满足 {(AIFL0), (AIFL0)$'$} 中公理之一, 其中

(AIFL0) $L\big(\widehat{(\alpha,\beta)}\big) = \widehat{(\alpha,\beta)}, \quad \forall(\alpha,\beta)\in L^*.$

(AIFL0)$'$ $L(\varnothing_W) = \varnothing_U.$

或等价地, H 满足公理 (AIFU1)、(AIFU2) 且满足 {(AIFU0), (AIFU0)$'$} 中公理之一, 其中

(AIFU0) $H\big(\widehat{(\alpha,\beta)}\big) = \widehat{(\alpha,\beta)}, \quad \forall(\alpha,\beta)\in L^*.$

(AIFU0)$'$ $H(W) = U.$

证明 “$\Rightarrow$” 由定理 7.2 和定理 7.3 即得.

“$\Leftarrow$” 由定理 7.2、定理 7.3 和定理 7.7 即得. □

下述定理表明, 定理 7.10 中的公理集 {(AIFL1), (AIFL2), (AIFL0)} 与公理集 {(AIFU1), (AIFU2), (AIFU0)}) 可以被单一公理所替代.

定理 7.11 设 $L, H : \mathcal{IF}(W) \to \mathcal{IF}(U)$ 是对偶算子, T 是 L^* 上的左连续 IF t-模, S 是 L^* 上与 T 对偶的 IF t-余模, 则存在从 U 到 W 上的串行直觉模糊关系 R 使得 (7.18) 式成立当且仅当 L 满足公理(AIFL0)$''$:

(AIFL0)$''$ $\forall A_j \in \mathcal{IF}(W), \forall(\alpha_j,\beta_j)\in L^*, j\in J$ (J 是任意指标集),

$$
(U - L(\varnothing)) \cap L\left(\bigcap_{j\in J} S\big(\widehat{(\alpha_j,\beta_j)}, A_j\big)\right) = \bigcap_{j\in J} S\big(\widehat{(\alpha_j,\beta_j)}, L(A_j)\big). \tag{7.34}
$$

或等价地, H 满足公理(AIFU0)$''$:

(AIFU0)″ $\forall A_j \in \mathcal{IF}(W), \forall(\alpha_j,\beta_j) \in L^*, j \in J$ (J 是任意指标集),

$$\big(U - H(W)\big) \cup H\left(\bigcup_{j\in J} T\big(\widehat{(\alpha_j,\beta_j)}, A_j\big)\right) = \bigcup_{j\in J} T\big(\widehat{(\alpha_j,\beta_j)}, H(A_j)\big). \tag{7.35}$$

证明　“⇒” 若存在从 U 到 W 上的串行直觉模糊关系 R 使得 (7.18) 式成立, 则由定理 7.3 知, $L(\varnothing)=\varnothing$ 且 $H(W)=U$. 从而由 (7.23) 式与 (7.24) 式即知, L 满足公理 (AIFL0)″ 且 H 满足公理 (AIFU0)″.

“⇐” 假设 L 满足公理 (AIFL0)″, 令 $J=\{1\}$, 并取 $(\alpha_1,\beta_1)=1_{L^*}$, $A_1=\widehat{0_{L^*}}=\varnothing$, 则由 (7.34) 式与命题 7.4 的性质 (6) 可得 $\big(U-L(\varnothing)\big)\cap L(W)=U$. 于是,

$$L(\varnothing)=\varnothing. \tag{7.36}$$

因此, L 满足公理 (AIFL). 从而, 由定理 7.8 知, 存在从 U 到 W 上的直觉模糊关系 R 使得 (7.18) 式成立. 并且进一步由 (7.36) 式和定理 7.3 即知 R 是串行的.

类似地可证, 若 H 满足公理 (AIFU0)″, 则一定存在从 U 到 W 上的串行直觉模糊关系 R 使得 (7.18) 式成立. □

定理 7.12　设 $L, H: \mathcal{IF}(U)\to\mathcal{IF}(U)$ 是对偶算子, T 是 L^* 上的左连续 IF t-模, S 是 L^* 上与 T 对偶的 IF t-余模, 则存在 U 上自反直觉模糊关系 R 使得

$$L(A)=\underline{SR}(A),\quad H(A)=\overline{TR}(A),\quad \forall A\in\mathcal{IF}(U) \tag{7.37}$$

当且仅当 L 满足公理集 {(AIFL1), (AIFL2), (AIFLR)}, 其中

(AIFLR) $L(A)\subseteq A, \forall A\in\mathcal{IF}(U)$.

或等价地, H 满足公理集 {(AIFU1), (AIFU2), (AIFUR)}, 其中

(AIFUR) $A\subseteq H(A), \forall A\in\mathcal{IF}(U)$.

证明　“⇒” 由定理 7.2 和定理 7.4 即得.

“⇐” 由定理 7.2、定理 7.4 和定理 7.7 即得. □

下述定理表明, 公理集 {(AIFL1), (AIFL2), (AIFLR)} 与 {(AIFU1), (AIFU2), (AIFUR)} 可以被单一公理所替代.

定理 7.13　设 $L, H: \mathcal{IF}(U)\to\mathcal{IF}(U)$ 是对偶算子, T 是 L^* 上的左连续 IF t-模, S 是 L^* 上与 T 对偶的 IF t-余模, 则存在 U 上自反直觉模糊关系 R 使得 (7.37) 式成立当且仅当 L 满足公理 (AIFLR)′:

(AIFLR)′ $\forall A_j\in\mathcal{IF}(U), \forall(\alpha_j,\beta_j)\in L^*, j\in J$ (J 是任意指标集),

$$L\left(\bigcap_{j\in J} S\big(\widehat{(\alpha_j,\beta_j)}, A_j\big)\right) = \left(\bigcap_{j\in J} S\big(\widehat{(\alpha_j,\beta_j)}, A_j\big)\right)\cap\left(\bigcap_{j\in J} S\big(\widehat{(\alpha_j,\beta_j)}, L(A_j)\big)\right). \tag{7.38}$$

或等价地, H 满足公理 (AIFUR)$'$:

(AIFUR)$'$ $\forall A_j \in \mathcal{IF}(U), \forall(\alpha_j, \beta_j) \in L^*, j \in J$ (J 是任意指标集),

$$H\left(\bigcup_{j\in J} T(\widehat{(\alpha_j, \beta_j)}, A_j)\right) = \left(\bigcup_{j\in J} T(\widehat{(\alpha_j, \beta_j)}, A_j)\right) \cup \left(\bigcup_{j\in J} T(\widehat{(\alpha_j, \beta_j)}, H(A_j))\right). \tag{7.39}$$

证明 “$\Rightarrow$” 若存在 U 上自反直觉模糊关系 R 使得 (7.37) 式成立, 则由定理 7.4 知, $L(A) \subseteq A$ 与 $A \subseteq H(A)$ 对任意 $A \in \mathcal{IF}(U)$ 成立. 于是对任意 $(\alpha, \beta) \in L^*$ 与 $B \in \mathcal{IF}(U)$ 有

$$S(\widehat{(\alpha, \beta)}, L(B)) \subseteq S(\widehat{(\alpha, \beta)}, B),$$
$$T(\widehat{(\alpha, \beta)}, B) \subseteq T(\widehat{(\alpha, \beta)}, H(B)).$$

从而由定理 7.8 的 (7.23) 式与 (7.24) 式即知, L 满足公理 (AIFLR)$'$ 且 H 满足公理 (AIFUR)$'$.

“$\Leftarrow$” 假设 L 满足公理 (AIFLR)$'$, 对任意 $B \in \mathcal{IF}(U)$, 令 $J = \{1\}$, 并在 (7.38) 式中取 $(\alpha_1, \beta_1) = 0_{L^*}$, $A_1 = B$, 即得 $L(B) = B \cap L(B)$. 从而

$$L(B) \subseteq B, \quad \forall B \in \mathcal{IF}(U). \tag{7.40}$$

并且由 (7.40) 式可知, 对任意 $B \in \mathcal{IF}(U)$ 与 $(\alpha, \beta) \in L^*$ 有

$$S(\widehat{(\alpha, \beta)}, L(B)) \cap S(\widehat{(\alpha, \beta)}, B) = S(\widehat{(\alpha, \beta)}, L(B)). \tag{7.41}$$

于是, L 满足公理 (AIFL). 因此, 由定理 7.8 知, 存在 U 上直觉模糊关系 R 使得 (7.37) 式成立. 再进一步根据 (7.40) 式和定理 7.4 即知 R 是自反的.

类似可证, 若 H 满足公理 (AIFUR)$'$, 则一定存在 U 上自反直觉模糊关系 R 使得 (7.37) 式成立. □

定理 7.14 设 $L, H : \mathcal{IF}(U) \to \mathcal{IF}(U)$ 是对偶算子, T 是 L^* 上的左连续 IF t-模, S 是 L^* 上与 T 对偶的 IF t-余模, 则存在 U 上对称直觉模糊关系 R 使得 (7.37) 式成立当且仅当 L 满足公理集 {(AIFL1), (AIFL2), (AIFLS)}, 其中:

(AIFLS) $L(1^*_{U-\{x\}})(y) = L(1^*_{U-\{y\}})(x), \ \forall(x, y) \in U \times U$.

或等价地, H 满足公理集 {(AIFU1), (AIFU2), (AIFUS)}, 其中:

(AIFUS) $H(1^*_x)(y) = H(1^*_y)(x), \ \forall(x, y) \in U \times U$.

证明 “$\Rightarrow$” 由定理 7.2 和定理 7.5 即得.

“$\Leftarrow$” 由定理 7.2、定理 7.5 和定理 7.7 即得. □

引理 7.1 设 $L : \mathcal{IF}(U) \to \mathcal{IF}(U)$ 是直觉模糊集合算子, S 是 L^* 上的右连续 IF t-余模. 若 L 满足公理 (AIFL), 则以下等价:

(1) $L(1^*_{U-\{x\}})(y) = L(1^*_{U-\{y\}})(x),\ \forall (x,y) \in U \times U.$

(2) $L(A) = L_S^{-1}(A), \forall A \in \mathcal{IF}(U).$

证明　“(1)⇒(2)” 对任意 $A \in \mathcal{IF}(U)$, 由于

$$A = \bigcap_{y \in U} S\big(\widehat{A(y)}, 1^*_{U-\{y\}}\big). \tag{7.42}$$

因此, 对任意 $x \in U$, 有

$$\begin{aligned}
L(A)(x) &= L\left(\bigcap_{y \in U} S\big(\widehat{A(y)}, 1^*_{U-\{y\}}\big)\right)(x) && \text{由 (7.42) 式}\\
&= \left(\bigcap_{y \in U} S\big(\widehat{A(y)}, L(1^*_{U-\{y\}})\big)\right)(x) && \text{由 (7.23) 式}\\
&= \bigwedge_{y \in U} S\big(A(y), L(1^*_{U-\{y\}})(x)\big) && \text{由}\bigcap\text{的定义}\\
&= \bigwedge_{y \in U} S\big(A(y), L(1^*_{U-\{x\}})(y)\big) && \text{由 (1)}\\
&= \big[A, L(1^*_{U-\{x\}})\big]_S && \text{由 (7.13) 式}\\
&= L_S^{-1}(A)(x). && \text{由 (7.29) 式}
\end{aligned}$$

故, $L(A) = L_S^{-1}(A)$.

“(2)⇒(1)” 对任意 $(x,y) \in U \times U$, 由于

$$L(A)(y) = L_S^{-1}(A)(y), \quad \forall A \in \mathcal{IF}(U), \tag{7.43}$$

在 (7.43) 式中取 $A = 1^*_{U-\{x\}}$, 则

$$\begin{aligned}
L(1^*_{U-\{x\}})(y) &= L_S^{-1}(1^*_{U-\{x\}})(y)\\
&= \big[L(1^*_{U-\{y\}}), 1^*_{U-\{x\}}\big]_S\\
&= \bigwedge_{z \in U} S\big(L(1^*_{U-\{y\}})(z), 1^*_{U-\{x\}}(z)\big)\\
&= \left(\bigwedge_{\{z \in U | z \neq x\}} S\big(L(1^*_{U-\{y\}})(z), 1_{L^*}\big)\right) \wedge S\big(L(1^*_{U-\{y\}})(x), 0_{L^*}\big)\\
&= L(1^*_{U-\{y\}})(x).
\end{aligned}$$

□

与引理 7.1 对偶, 可以得到以下引理.

引理 7.2　设 $H : \mathcal{IF}(U) \to \mathcal{IF}(U)$ 是直觉模糊集合算子, T 是 L^* 上的左连续 IF t-模. 若 H 满足公理 (AIFU), 则以下等价:

(1) $H(1_x^*)(y) = H(1_y^*)(x)$, $\forall (x,y) \in U \times U$.

(2) $H(A) = H_T^{-1}(A), \forall A \in \mathcal{IF}(U)$.

下述定理表明, 公理集 $\{$(AIFL1), (AIFL2), (AIFLS)$\}$ 与 $\{$(AIFU1), (AIFU2), (AIFUS)$\}$ 可以被单一公理所替代.

定理 7.15 设 $L, H: \mathcal{IF}(U) \to \mathcal{IF}(U)$ 是对偶算子, T 是 L^* 上的左连续 IF t-模, S 是 L^* 上与 T 对偶的 IF t-余模, 则存在 U 上对称直觉模糊关系 R 使得 (7.37) 式成立当且仅当 L 满足公理 (AIFLS)$'$:

(AIFLS)$'$ $\forall A, A_j \in \mathcal{IF}(U), \forall (\alpha,\beta), (\alpha_j,\beta_j) \in L^*, j \in J$ (J 是任意指标集),

$$S\big(\widehat{(\alpha,\beta)}, L_S^{-1}(A)\big) \cap L\left(\bigcap_{j\in J} S\big(\widehat{(\alpha_j,\beta_j)}, A_j\big)\right)$$

$$= S\big(\widehat{(\alpha,\beta)}, L(A)\big) \cap \left(\bigcap_{j\in J} S\big(\widehat{(\alpha_j,\beta_j)}, L(A_j)\big)\right). \tag{7.44}$$

或等价地, H 满足公理 (AIFUS)$'$:

(AIFUS)$'$ $\forall A, A_j \in \mathcal{IF}(U), \forall (\alpha,\beta), (\alpha_j,\beta_j) \in L^*, j \in J$ (J 是任意指标集),

$$T\big(\widehat{(\alpha,\beta)}, H_T^{-1}(A)\big) \cup H\left(\bigcup_{j\in J} T\big(\widehat{(\alpha_j,\beta_j)}, A_j\big)\right)$$

$$= T\big(\widehat{(\alpha,\beta)}, H(A)\big) \cup \left(\bigcup_{j\in J} T\big(\widehat{(\alpha_j,\beta_j)}, H(A_j)\big)\right). \tag{7.45}$$

证明 “$\Rightarrow$” 若存在 U 上对称直觉模糊关系 R 使得 (7.37) 式成立, 则由定理 7.8 知 L 满足公理 (AIFL). 由于 R 是对称的, 则由定理 7.2 的性质 (IFL7)、定理 7.5、定理 7.8 以及引理 7.1 知, 对任意 $B \in \mathcal{IF}(U)$ 有 $L(B) = L_S^{-1}(B)$. 从而由定理 7.8 即知 L 满足公理 (AIFLS)$'$. 同理可证, H 满足公理 (AIFUS)$'$.

“$\Leftarrow$” 假设 L 满足公理 (AIFLS)$'$, 一方面, 在 (7.44) 式中令 $J = \{1\}$, 并取 $(\alpha,\beta) = (\alpha_1,\beta_1) = 1_{L^*}$, $A = A_1 = 1_U^* = U = \widehat{1_{L^*}}$, 则有

$$S(\widehat{1_{L^*}}, L_S^{-1}(\widehat{1_{L^*}})) \cap L(S(\widehat{1_{L^*}}, \widehat{1_{L^*}})) = S(\widehat{1_{L^*}}, L(\widehat{1_{L^*}})),$$

于是, 由命题 7.4 的性质 (6) 知 $\widehat{1_{L^*}} \cap L(\widehat{1_{L^*}}) = \widehat{1_{L^*}}$. 从而,

$$L(\widehat{1_{L^*}}) = L(1_U^*) = L(U) = \widehat{1_{L^*}} = 1_U^* = U. \tag{7.46}$$

另一方面, 对任意 $A \in \mathcal{IF}(U)$, 在 (7.44) 中令 $J = \{1\}$, 并取 $(\alpha_1,\beta_1) = 1_{L^*}$, $(\alpha,\beta) = 0_{L^*}$, $A_1 = A$, 则得

$$S\big(\widehat{0_{L^*}}, L_S^{-1}(A)\big) \cap L\big(S\big(\widehat{1_{L^*}}, A\big)\big) = S\big(\widehat{0_{L^*}}, L(A)\big) \cap S\big(\widehat{1_{L^*}}, L(A)\big). \tag{7.47}$$

于是, 由由命题 7.4 中的性质 (6) 与 (7) 得

$$L_S^{-1}(A) = L(A), \quad A \in \mathcal{IF}(U). \tag{7.48}$$

最后, 对任意 $A_j \in \mathcal{IF}(U)$ 与 $(\alpha_j, \beta_j) \in L^*, j \in J$, 其中 J 是任意指标集, 在 (7.44) 式中取 $(\alpha, \beta) = 1_{L^*}$, 则公理 (AIFLS)′ 退化为公理 (AIFL). 因此, 由定理 7.8 知, 存在 U 上直觉模糊关系 R 使得 (7.37) 式成立. 更进一步, 由引理 7.1、(7.48) 式、定理 7.1、定理 7.5 即知, R 是对称的.

同理可证, 若 H 满足公理 (AIFUS)′, 则必存在 U 上对称直觉模糊关系 R 使得 (7.37) 式成立. □

利用直觉模糊集之间的 S-外积与 T-内积, 可以得到形式上更加简洁的单一公理用于刻画对称 (S,T)-直觉模糊粗糙近似算子.

定理 7.16　设 $L, H: \mathcal{IF}(U) \to \mathcal{IF}(U)$ 是对偶算子, T 是 L^* 上的左连续 IF t-模, S 是 L^* 上与 T 对偶的 IF t-余模, 则存在 U 上对称直觉模糊关系 R 使得 (7.37) 式成立当且仅当 L 满足公理 (AIFLS)″:

(AIFLS)″ $\forall A, B \in \mathcal{IF}(U)$,

$$\big[A, L(B)\big]_S = \big[L(A), B\big]_S. \tag{7.49}$$

或等价地, H 满足公理 (AIFUS)″:

(AIFUS)″ $\forall A, B \in \mathcal{IF}(U)$,

$$\big(A, H(B)\big)_T = \big(H(A), B\big)_T. \tag{7.50}$$

证明　由定理 7.9 知, L 满足公理 (AIFL) 当且仅当对任意 $A, B \in \mathcal{IF}(U)$ 有 $[A, L(B)]_S = [L_S^{-1}(A), B]_S$. 因此, 只需证明 L 满足公理(AIFLS)″ 当且仅当对任意 $A, B \in \mathcal{IF}(U)$ 有 $[A, L(B)]_S = [L_S^{-1}(A), B]_S$ 与 $L(A) = L_S^{-1}(A)$ 成立即可.

事实上, 充分性显然成立. 下面证必要性, 若 L 满足公理 (AIFLS)″, 对任意 $A \in \mathcal{IF}(U)$ 与 $x \in U$, 在 (7.49) 式中取 $B = 1^*_{U-\{x\}}$, 则由定义 7.9 知, $\big[A, L(B)\big]_S = \big[A, L(1^*_{U-\{x\}})\big]_S = L_S^{-1}(A)(x)$. 另一方面, 由于

$$\begin{aligned}
\big[L(A), B\big]_S = \big[L(A), 1^*_{U-\{x\}}\big]_S &= \bigwedge_{y \in U} S\big(L(A)(y), 1^*_{U-\{x\}}(y)\big) \\
&= \left(\bigwedge_{\{y \in U | y \neq x\}} S\big(L(A)(y), 1_{L^*}\big)\right) \wedge S\big(L(A)(x), 0_{L^*}\big) \\
&= L(A)(x).
\end{aligned}$$

因此, 对任意 $x \in U$ 有 $L_S^{-1}(A)(x) = L(A)(x)$, 从而

$$L_S^{-1}(A) = L(A), \quad \forall A \in \mathcal{IF}(U). \tag{7.51}$$

由 (7.49) 式和 (7.51) 式即知, $\left[A, L(B)\right]_S = \left[L_S^{-1}(A), B\right]_S$.

同理可证, 存在 U 上对称直觉模糊关系 R 使得 (7.37) 式成立当且仅当 H 满足公理(AIFUS)$''$. □

定理 7.17 设 $L, H: \mathcal{IF}(U) \to \mathcal{IF}(U)$ 是对偶算子, T 是 L^* 上的左连续 IF t-模, S 是 L^* 上与 T 对偶的 IF t-余模, 则存在 U 上 T-传递直觉模糊关系 R 使得 (7.37) 式成立当且仅当 L 满足公理集{(AIFL1), (AIFL2), (AIFLT)}, 其中

(AIFLT) $L(A) \subseteq L\big(L(A)\big), \forall A \in \mathcal{IF}(U)$.

或等价地, H 满足公理集{(AIFU1), (AIFU2), (AIFUT)}, 其中

(AIFUT) $H\big(H(A)\big) \subseteq H(A), \forall A \in \mathcal{IF}(U)$.

证明 "$\Rightarrow$" 由定理 7.2 与定理 7.6 即得.

"$\Leftarrow$" 由定理 7.2、定理 7.6 与定理 7.7 即得. □

下述定理表明, 公理集 {(AIFL1), (AIFL2), (AIFLT)} 与 {(AIFU1), (AIFU2), (AIFUT)} 可以被单一公理所替代.

定理 7.18 设 $L, H: \mathcal{IF}(U) \to \mathcal{IF}(U)$ 是对偶算子, T 是 L^* 上的左连续 IF t-模, S 是 L^* 上与 T 对偶的 IF t-余模, 则存在 U 上 T-传递直觉模糊关系 R 使得 (7.37) 式成立当且仅当 L 满足公理 (AIFLT)$'$:

(AIFLT)$'$ $\forall A_j \in \mathcal{IF}(U), \forall (\alpha_j, \beta_j) \in L^*, j \in J$ (J 是任意指标集),

$$L\left(\bigcap_{j\in J} S\big(\widehat{(\alpha_j, \beta_j)}, A_j\big)\right) = \left(\bigcap_{j\in J} S\big(\widehat{(\alpha_j, \beta_j)}, L(A_j)\big)\right) \cap \left(\bigcap_{j\in J} S\big(\widehat{(\alpha_j, \beta_j)}, L\big(L(A_j)\big)\big)\right). \tag{7.52}$$

或等价地, H 满足公理 (AIFUT)$'$:

(AIFUT)$'$ $\forall A_j \in \mathcal{IF}(U), \forall (\alpha_j, \beta_j) \in L^*, j \in J$ (J 是任意指标集),

$$H\left(\bigcup_{j\in J} T\big(\widehat{(\alpha_j, \beta_j)}, A_j\big)\right) = \left(\bigcup_{j\in J} T\big(\widehat{(\alpha_j, \beta_j)}, H(A_j)\big)\right) \cup \left(\bigcup_{j\in J} T\big(\widehat{(\alpha_j, \beta_j)}, H\big(H(A_j)\big)\big)\right). \tag{7.53}$$

证明 "$\Rightarrow$" 若存在 U 上 T-传递直觉模糊关系 R 使得 (7.37) 式成立, 则由定理 7.6 知

$$L(B) \subseteq L(L(B)), \quad H(H(B)) \subseteq H(B), \quad \forall B \in \mathcal{IF}(U).$$

于是,

$$S(\widehat{(\alpha,\beta)},L(B))\subseteq S(\widehat{(\alpha,\beta)},L(L(B))),\quad \forall(\alpha,\beta)\in L^*,\quad \forall B\in\mathcal{IF}(U),$$

$$T(\widehat{(\alpha,\beta)},H(H(B)))\subseteq T(\widehat{(\alpha,\beta)},H(B)),\quad \forall(\alpha,\beta)\in L^*,\quad \forall B\in\mathcal{IF}(U).$$

从而由定理 7.8 知, L 满足公理 (AIFLT)$'$ 且 H 满足公理 (AIFUT)$'$.

"$\Leftarrow$" 假设 L 满足公理 (AIFLT)$'$, 对任意 $B\in\mathcal{IF}(U)$, 在 (7.52) 式中令 $J=\{1\}$, 并取 $(\alpha_1,\beta_1)=0_{_{L^*}}$, $A_1=B$, 则得

$$L(S(\widehat{0_{_{L^*}}},B))=S(\widehat{0_{_{L^*}}},L(B))\cap S(\widehat{0_{_{L^*}}},L(L(B))).$$

于是, 由命题 7.4 中的性质 (7) 得 $L(B)=L(B)\cap L(L(B))$, 从而

$$L(B)\subseteq L(L(B)),\quad \forall B\in\mathcal{IF}(U). \tag{7.54}$$

由此可得, 对任意 $B\in\mathcal{IF}(U)$ 与 $\alpha,\beta)\in L^*$, 有

$$S\big(\widehat{(\alpha,\beta)},L(B)\big)=S\big(\widehat{(\alpha,\beta)},L(B)\big)\cap S\big(\widehat{(\alpha,\beta)},L\big(L(B)\big)\big).$$

这样易见, L 满足公理 (AIFL). 由定理 7.8 知, 存在 U 上 T-传递直觉模糊关系 R 使得 (7.37) 式成立. 并且进一步由 (7.54) 式和定理 7.6 知 R 是 T-传递直觉模糊关系.

同理可证, 若 H 满足公理 (AIFUT)$'$, 则必存在 U 上 T-传递直觉模糊关系 R 使得 (7.37) 式成立. □

类似于 (S,T)-模糊粗糙近似算子的公理刻画, 由各种复合的直觉模糊关系生成的 (S,T)-直觉模糊粗糙近似算子都可以用单一公理刻画. 下面只列出结果, 证明留给读者.

定理 7.19 设 $L,H:\mathcal{IF}(U)\to\mathcal{IF}(U)$ 是对偶算子, T 是 L^* 上的左连续 IF t-模, S 是 L^* 上与 T 对偶的 IF t-余模, 则存在 U 上串行与对称直觉模糊关系 R 使得 (7.37) 式成立当且仅当 L 满足公理集 {(AIFL1), (AIFL2), (AIFL0), (AIFLS)}, 或等价地, H 满足公理集 {(AIFU1), (AIFU2), (AIFU0), (AIFUS)}.

定理 7.19 表明, 公理集 {(AIFL1), (AIFL2), (AIFL0), (AIFLS)} 与公理集 {(AIFU1), (AIFU2), (AIFU0), (AIFUS)} 是刻画串行与对称直觉模糊粗糙近似算子的基本公理集, 下述定理说明它们能被单一公理替代.

定理 7.20 设 $L,H:\mathcal{IF}(U)\to\mathcal{IF}(U)$ 是对偶算子, T 是 L^* 上的左连续 IF t-模, S 是 L^* 上与 T 对偶的 IF t-余模, 则存在 U 上串行与对称直觉模糊关系 R 使得 (7.37) 式成立当且仅当 L 满足公理 (AIFLS0):

(AIFLS0) $\forall A, A_j \in \mathcal{IF}(U), \forall(\alpha,\beta),(\alpha_j,\beta_j) \in L^*, j \in J$ (J 是任意指标集),

$$(U - L(\varnothing_U)) \cap S\big(\widehat{(\alpha,\beta)}, L_S^{-1}(A)\big) \cap L\left(\bigcap_{j\in J} S\big(\widehat{(\alpha_j,\beta_j)}, A_j\big)\right)$$

$$= S\big(\widehat{(\alpha,\beta)}, L(A)\big) \cap \left(\bigcap_{j\in J} S\big(\widehat{(\alpha_j,\beta_j)}, L(A_j)\big)\right).$$

或等价地, H 满足公理 (AIFUS0):

(AIFUS0) $\forall A, A_j \in \mathcal{IF}(U), \forall(\alpha,\beta),(\alpha_j,\beta_j) \in L^*, j \in J$ (J 是任意指标集),

$$(U - H(U)) \cup T\big(\widehat{(\alpha,\beta)}, H_T^{-1}(A)\big) \cup H\left(\bigcup_{j\in J} T\big(\widehat{(\alpha_j,\beta_j)}, A_j\big)\right)$$

$$= T\big(\widehat{(\alpha,\beta)}, H(A)\big) \cup \left(\bigcup_{j\in J} T\big(\widehat{(\alpha_j,\beta_j)}, H(A_j)\big)\right).$$

定理 7.21 设 $L, H : \mathcal{IF}(U) \to \mathcal{IF}(U)$ 是对偶算子, T 是 L^* 上的左连续 IF t-模, S 是 L^* 上与 T 对偶的 IF t-余模, 则存在 U 上串行与 T-传递直觉模糊关系 R 使得 (7.37) 式成立当且仅当 L 满足公理集 {(AIFL1), (AIFL2), (AIFL0), (AIFLT)}, 或等价地, H 满足公理集 {(AIFU1), (AIFU2), (AIFU0), (AIFUT)}.

定理 7.21 表明, 公理集 {(AIFL1), (AIFL2), (AIFL0), (AIFLT)} 与公理集 {(AIFU1), (AIFU2), (AIFU0), (AIFUT)} 是刻画串行与 T-传递直觉模糊粗糙近似算子的基本公理集, 下述定理说明它们能被单一公理替代.

定理 7.22 设 $L, H : \mathcal{IF}(U) \to \mathcal{IF}(U)$ 是对偶算子, T 是 L^* 上的左连续 IF t-模, S 是 L^* 上与 T 对偶的 IF t-余模, 则存在 U 上串行与 T-传递直觉模糊关系 R 使得 (7.37) 式成立当且仅当 L 满足公理 (AIFLT0):

(AIFLT0) $\forall A_j \in \mathcal{IF}(U), \forall(\alpha_j,\beta_j) \in L^*, j \in J$ (J 是任意指标集),

$$(U - L(\varnothing_U)) \cap L\left(\bigcap_{j\in J} S\big(\widehat{(\alpha_j,\beta_j)}, A_j\big)\right)$$

$$= \left(\bigcap_{j\in J} S\big(\widehat{(\alpha_j,\beta_j)}, L(A_j)\big)\right) \cap \left(\bigcap_{j\in J} S\big(\widehat{(\alpha_j,\beta_j)}, L(L(A_j))\big)\right).$$

或等价地, H 满足公理 (AIFUT0):

(AIFUT0) $\forall A_j \in \mathcal{IF}(U), \forall(\alpha_j,\beta_j) \in L^*, j \in J$ (J 是任意指标集),

$$(U - H(U)) \cup H\left(\bigcup_{j\in J} T\left(\widehat{(\alpha_j,\beta_j)}, A_j\right)\right)$$

$$= \left(\bigcup_{j \in J} T\big(\widehat{(\alpha_j, \beta_j)}, H(A_j)\big) \right) \cup \left(\bigcup_{j \in J} T\big(\widehat{(\alpha_j, \beta_j)}, H\big(H(A_j)\big)\big) \right).$$

定理 7.23 设 $L, H : \mathcal{IF}(U) \to \mathcal{IF}(U)$ 是对偶算子, T 是 L^* 上的左连续 IF t-模, S 是 L^* 上与 T 对偶的 IF t-余模, 则存在 U 上自反与对称直觉模糊关系 R 使得 (7.37) 式成立当且仅当 L 满足公理集 {(AIFL1), (AIFL2), (AIFLR), (AIFLS)}, 或等价地, H 满足公理集 {(AIFU1), (AIFU2), (AIFUR), (AIFUS)}.

定理 7.23 表明, 公理集 {(AIFL1), (AIFL2), (AIFLR), (AIFLS)} 与公理集 {(AIFU1), (AIFU2), (AIFUR), (AIFUS)} 是刻画自反与对称直觉模糊粗糙近似算子的基本公理集, 下述定理说明它们能被单一公理替代.

定理 7.24 设 $L, H : \mathcal{IF}(U) \to \mathcal{IF}(U)$ 是对偶算子, T 是 L^* 上的左连续 IF t-模, S 是 L^* 上与 T 对偶的 IF t-余模, 则存在 U 上自反与对称直觉模糊关系 R 使得 (7.37) 式成立当且仅当 L 满足公理 (AIFLRS):

(AIFLRS) $\forall A, A_j \in \mathcal{IF}(U), \forall (\alpha, \beta), (\alpha_j, \beta_j) \in L^*, j \in J$ (J 是任意指标集),

$$S\big(\widehat{(\alpha, \beta)}, L_S^{-1}(A)\big) \cap L\left(\bigcap_{j \in J} S\big(\widehat{(\alpha_j, \beta_j)}, A_j\big) \right)$$

$$= S\big(\widehat{(\alpha, \beta)}, L(A)\big) \cap \left(\bigcap_{j \in J} S\big(\widehat{(\alpha_j, \beta_j)}, L(A_j)\big) \right) \cap \left(\bigcap_{j \in J} S\big(\widehat{(\alpha_j, \beta_j)}, A_j\big) \right).$$

或等价地, H 满足公理 (AIFURS):

(AIFURS) $\forall A, A_j \in \mathcal{IF}(U), \forall (\alpha, \beta), (\alpha_j, \beta_j) \in L^*, j \in J$ (J 是任意指标集),

$$T\big(\widehat{(\alpha, \beta)}, H_T^{-1}(A)\big) \cup H\left(\bigcup_{j \in J} T\big(\widehat{(\alpha_j, \beta_j)}, A_j\big) \right)$$

$$= T\big(\widehat{(\alpha, \beta)}, H(A)\big) \cup \left(\bigcup_{j \in J} T\big(\widehat{(\alpha_j, \beta_j)}, H(A_j)\big) \right) \cup \left(\bigcup_{j \in J} T\big(\widehat{(\alpha_j, \beta_j)}, A_j\big) \right).$$

利用直觉模糊集之间的 S-外积与 T-内积, 可以得到形式上更加简洁的单一公理用于刻画自反与对称 (S, T)-直觉模糊粗糙近似算子.

定理 7.25 设 $L, H : \mathcal{IF}(U) \to \mathcal{IF}(U)$ 是对偶算子, T 是 L^* 上的左连续 IF t-模, S 是 L^* 上与 T 对偶的 IF t-余模, 则存在 U 上自反与对称直觉模糊关系 R 使得 (7.37) 式成立当且仅当 L 满足公理 (AIFLRS)$'$:

(AIFLRS)$'$ $\forall A, B \in \mathcal{IF}(U)$,

$$\big[A, B \cap L(B)\big]_S = \big[L(A), B\big]_S.$$

或等价地, H 满足公理 (AIFURS)$'$:

(AIFURS)$'$ $\forall A, B \in \mathcal{IF}(U)$,

$$\big(A, B \cup H(B)\big)_T = \big(H(A), B\big)_T.$$

定理 7.26 设 $L, H : \mathcal{IF}(U) \to \mathcal{IF}(U)$ 是对偶算子, T 是 L^* 上的左连续 IF t-模, S 是 L^* 上与 T 对偶的 IF t-余模, 则存在 U 上对称与 T-传递直觉模糊关系 R 使得 (7.37) 式成立当且仅当 L 满足公理集 $\{$(AIFL1), (AIFL2), (AIFLS), (AIFLT)$\}$, 或等价地, H 满足公理集 $\{$(AIFU1), (AIFU2), (AIFUS), (AIFUT)$\}$.

定理 7.26 表明, 公理集 $\{$(AIFL1), (AIFL2), (AIFLS), (AIFLT)$\}$ 与公理集 $\{$(AIFU1), (AIFU2), (AIFUS), (AIFUT)$\}$ 是刻画对称与 T-传递直觉模糊粗糙近似算子的基本公理集, 下述定理说明它们能被单一公理替代.

定理 7.27 设 $L, H : \mathcal{IF}(U) \to \mathcal{IF}(U)$ 是对偶算子, T 是 L^* 上的左连续 IF t-模, S 是 L^* 上与 T 对偶的 IF t-余模, 则存在 U 上对称与 T-传递直觉模糊关系 R 使得 (7.37) 式成立当且仅当 L 满足公理 (AIFLST):

(AIFLST) $\forall A, A_j \in \mathcal{IF}(U), \forall(\alpha,\beta), (\alpha_j, \beta_j) \in L^*, j \in J$ (J 是任意指标集),

$$\begin{aligned}
&S\big(\widehat{(\alpha,\beta)}, L_S^{-1}(A)\big) \cap L\left(\bigcap_{j\in J} S\big(\widehat{(\alpha_j,\beta_j)}, A_j\big)\right)\\
=&S\big(\widehat{(\alpha,\beta)}, L(A)\big) \cap \left(\bigcap_{j\in J} S\big(\widehat{(\alpha_j,\beta_j)}, L(A_j)\big)\right)\\
&\cap \left(\bigcap_{j\in J} S\big(\widehat{(\alpha_j,\beta_j)}, L\big(L(A_j)\big)\big)\right).
\end{aligned}$$

或等价地, H 满足公理 (AIFUST):

(AIFUST) $\forall A, A_j \in \mathcal{IF}(U), \forall(\alpha,\beta), (\alpha_j, \beta_j) \in L^*, j \in J$ (J 是任意指标集),

$$\begin{aligned}
&T\big(\widehat{(\alpha,\beta)}, H_T^{-1}(A)\big) \cup H\left(\bigcup_{j\in J} T\big(\widehat{(\alpha_j,\beta_j)}, A_j\big)\right)\\
=&T\big(\widehat{(\alpha,\beta)}, H(A)\big) \cup \left(\bigcup_{j\in J} T\big(\widehat{(\alpha_j,\beta_j)}, H(A_j)\big)\right)\\
&\cup \left(\bigcup_{j\in J} T\big(\widehat{(\alpha_j,\beta_j)}, H\big(H(A_j)\big)\big)\right).
\end{aligned}$$

利用直觉模糊集之间的 S-外积与 T-内积, 可以得到形式上更加简洁的单个公理用于刻画对称与 T-传递 (S,T)-直觉模糊粗糙近似算子.

定理 7.28 设 $L, H : \mathcal{IF}(U) \to \mathcal{IF}(U)$ 是对偶算子, T 是 L^* 上的左连续 IF t-模, S 是 L^* 上与 T 对偶的 IF t-余模, 则存在 U 上对称与 T-传递直觉模糊关系 R 使得 (7.37) 式成立当且仅当 L 满足公理 (AIFLST)$'$:

(AIFLST)$'$ $\forall A, B \in \mathcal{IF}(U)$,

$$\big[A, L(B) \cap L\big(L(B)\big)\big]_S = \big[L(A), B\big]_S.$$

或等价地, H 满足公理 (AIFUST)$'$:

(AIFUST)$'$ $\forall A, B \in \mathcal{IF}(U)$,

$$\big(A, H(B) \cup H\big(H(B)\big)\big)_T = \big(H(A), B\big)_T.$$

定理 7.29 设 $L, H : \mathcal{IF}(U) \to \mathcal{IF}(U)$ 是对偶算子, T 是 L^* 上的左连续 IF t-模, S 是 L^* 上与 T 对偶的 IF t-余模, 则存在 U 上 T-等价直觉模糊关系 R 使得 (7.37) 式成立当且仅当 L 满足公理集 {(AIFL1), (AIFL2), (AIFLR), (AIFLS), (AIFLT)}, 或等价地, H 满足公理集 {(AIFU1), (AIFU2), (AIFUR), (AIFUS), (AIFUT)}.

定理 7.29 表明, 公理集 {(AIFL1), (AIFL2), (AIFLR), (AIFLS), (AIFLT)} 与公理集 {(AIFU1), (AIFU2), (AIFUR), (AIFUS), (AIFUT)} 是刻画 T-等价直觉模糊粗糙近似算子的基本公理集, 下述定理说明它们能被单一公理替代.

定理 7.30 设 $L, H : \mathcal{IF}(U) \to \mathcal{IF}(U)$ 是对偶算子, T 是 L^* 上的左连续 IF t-模, S 是 L^* 上与 T 对偶的 IF t-余模, 则存在 U 上 T-等价直觉模糊关系 R 使得 (7.37) 式成立当且仅当 L 满足公理 (AIFLE):

(AIFLE) $\forall A, A_j \in \mathcal{IF}(U), \forall (\alpha, \beta), (\alpha_j, \beta_j) \in L^*, j \in J$ (J 是任意指标集),

$$\begin{aligned}
&S\big(\widehat{(\alpha, \beta)}, L_S^{-1}(A)\big) \cap L\left(\bigcap_{j \in J} S\big(\widehat{(\alpha_j, \beta_j)}, A_j\big)\right)\\
&= S\big(\widehat{(\alpha, \beta)}, L(A)\big) \cap \left(\bigcap_{j \in J} S\big(\widehat{(\alpha_j, \beta_j)}, A_j\big)\right)\\
&\quad \cap \left(\bigcap_{j \in J} S\big(\widehat{(\alpha_j, \beta_j)}, L(A_j)\big)\right) \cap \left(\bigcap_{j \in J} S\big(\widehat{(\alpha_j, \beta_j)}, L\big(L(A_j)\big)\big)\right).
\end{aligned}$$

或等价地, H 满足公理 (AIFUE):

(AIFUE) $\forall A, A_j \in \mathcal{IF}(U), \forall (\alpha, \beta), (\alpha_j, \beta_j) \in L^*, j \in J$ (J 是任意指标集),

$$T\big(\widehat{(\alpha, \beta)}, H_T^{-1}(A)\big) \cup H\left(\bigcup_{j \in J} T\big(\widehat{(\alpha_j, \beta_j)}, A_j\big)\right)$$

$$
\begin{aligned}
&= T\big(\widehat{(\alpha,\beta)}, H(A)\big) \cup \left(\bigcup_{j\in J} T\big(\widehat{(\alpha_j,\beta_j)}, A_j\big)\right)\\
&\quad \cup \left(\bigcup_{j\in J} T\big(\widehat{(\alpha_j,\beta_j)}, H(A_j)\big)\right) \cup \left(\bigcup_{j\in J} T\big(\widehat{(\alpha_j,\beta_j)}, H\big(H(A_j)\big)\big)\right).
\end{aligned}
$$

利用直觉模糊集之间的 S-外积与 T-内积, 可以得到形式上更加简洁的单个公理用于刻画 T-等价 (S,T)-直觉模糊粗糙近似算子.

定理 7.31 设 $L, H : \mathcal{IF}(U) \to \mathcal{IF}(U)$ 是对偶算子, T 是 L^* 上的左连续 IF t-模, S 是 L^* 上与 T 对偶的 IF t-余模, 则存在 U 上 T-等价直觉模糊关系 R 使得 (7.37) 式成立当且仅当 L 满足公理 (AIFLE)′:

(AIFLE)′ $\forall A, B \in \mathcal{IF}(U)$,

$$
\big[A, B \cap L(B) \cap L\big(L(B)\big)\big]_S = \big[L(A), B\big]_S.
$$

或等价地, H 满足公理 (AIFUE)′:

(AIFUE)′ $\forall A, B \in \mathcal{IF}(U)$,

$$
\big(A, B \cup H(B) \cup H\big(H(B)\big)\big)_T = \big(H(A), B\big)_T.
$$

第 8 章　粗糙集与拓扑空间

拓扑学是数学的一个重要分支, 其概念不但出现在几乎所有的数学分支中, 还出现在许多实际生活应用中. 拓扑结构也是知识表示和信息处理的重要基础. 本章重点讨论粗糙集理论和拓扑空间之间的关系, 给出怎么样的近似空间可以导出拓扑空间, 同时, 对于一个普通的拓扑空间满足什么样的条件, 一定存在一个近似空间, 使得由该近似空间可以生成所给的拓扑空间.

8.1　经典粗糙集与经典拓扑空间

定义 8.1[44]　设 U 是非空论域, U 上的一个子集族 τ 称为 U 上的一个拓扑, 若满足以下公理:

(T_1) $\varnothing, U \in \tau$;

(T_2) 对任意 $G_1, G_2 \in \tau$, 有 $G_1 \cap G_2 \in \tau$;

(T_3) 对任意 $\{G_i | i \in J\} \subseteq \tau$ (其中 J 是任意指标集), 有 $\bigcup\limits_{i \in J} G_i \in \tau$.

此时, 称序对 (U, τ) 是一个拓扑空间, τ 中的每一个集合称为 (U, τ) 的开集, 每一个开集关于 U 的补集称为 (U, τ) 的闭集.

定义 8.2　设 (U, τ) 是拓扑空间, $A \in \mathcal{P}(U)$, 记

$$
\begin{aligned}
\operatorname{int}(A) &= \cup\{G | G \text{ 是开集且} G \subseteq A\}, \\
\operatorname{cl}(A) &= \cap\{K | K \text{ 是闭集且} A \subseteq K\},
\end{aligned}
$$

则 $\operatorname{int}(A)$ 与 $\operatorname{cl}(A)$ 分别称为 A 的内部与闭包, $\operatorname{int}, \operatorname{cl}: \mathcal{P}(U) \to \mathcal{P}(U)$ 分别称为 τ 的内部算子与闭包算子, 有时为了区别起见分别记为 int_τ 与 cl_τ.

可以证明, 对于 $A \in \mathcal{P}(U)$, $\operatorname{int}(A)$ 与 $\operatorname{cl}(A)$ 分别是 (U, τ) 中的开集与闭集, A 是 (U, τ) 中的开集当且仅当 $\operatorname{int}(A) = A$, A 是 (U, τ) 中的闭集当且仅当 $\operatorname{cl}(A) = A$. 并且, 内部算子与闭包算子是相互对偶的, 即

$$
\operatorname{cl}(\sim A) = \sim \operatorname{int}(A), \quad \forall A \in \mathcal{P}(U), \tag{8.1}
$$

$$
\operatorname{int}(\sim A) = \sim \operatorname{cl}(A), \quad \forall A \in \mathcal{P}(U). \tag{8.2}
$$

闭包算子也可以等价地按如下的 Kuratowski 闭包公理定义 [44].

定义 8.3 映射 $\mathrm{cl}:\mathcal{P}(U)\to\mathcal{P}(U)$ 称为 U 上的一个闭包算子, 若满足以下公理:

(Cl1) $A\subseteq \mathrm{cl}(A)$, $\forall A\in\mathcal{P}(U)$;

(Cl2) $\mathrm{cl}(A\cup B)=\mathrm{cl}(A)\cup \mathrm{cl}(B)$, $\forall A,B\in\mathcal{P}(U)$;

(Cl3) $\mathrm{cl}(\mathrm{cl}(A))=\mathrm{cl}(A)$, $\forall A,B\in\mathcal{P}(U)$;

(Cl4) $\mathrm{cl}(\varnothing)=\varnothing$.

类似地, 内部算子也可以用对应的公理定义.

定义 8.4 映射 $\mathrm{int}:\mathcal{P}(U)\to\mathcal{P}(U)$ 称为 U 上的一个内部算子, 若满足以下公理:

(Int1) $\mathrm{int}(A)\subseteq A,\forall A\in\mathcal{P}(U)$;

(Int2) $\mathrm{int}(A\cap B)=\mathrm{int}(A)\cap \mathrm{int}(B)$, $\forall A,B\in\mathcal{P}(U)$;

(Int3) $\mathrm{int}(\mathrm{int}(A))=\mathrm{int}(A)$, $\forall A\in\mathcal{P}(U)$;

(Int4) $\mathrm{int}(U)=U$.

易证, 一个内部算子 int 可以生成一个拓扑

$$\tau_{\mathrm{int}}=\{A\in\mathcal{P}(U)|\mathrm{int}(A)=A\}. \tag{8.3}$$

因此, 拓扑 τ 中的开集就是它的内部算子 int 的不动点. 对偶地, 由公理 (Cl1)—(Cl4) 所定义的闭包算子 cl 可以定义 U 上的一个拓扑:

$$\tau_{\mathrm{cl}}=\{A\in\mathcal{P}(U)|\mathrm{cl}(\sim A)=\sim A\}. \tag{8.4}$$

定理 8.1 (1) 若算子 $\mathrm{int}:\mathcal{P}(U)\to\mathcal{P}(U)$ 满足公理 (Int1)—(Int4), 则由 (8.3) 式定义的 τ_{int} 是 U 上的一个拓扑, 且

$$\mathrm{int}_{\tau_{\mathrm{int}}}=\mathrm{int}. \tag{8.5}$$

(2) 若算子 $\mathrm{cl}:\mathcal{P}(U)\to\mathcal{P}(U)$ 满足公理 (Cl1)—(Cl4), 则由 (8.4) 式定义的 τ_{cl} 是 U 上的一个拓扑, 且

$$\mathrm{cl}_{\tau_{\mathrm{cl}}}=\mathrm{cl}. \tag{8.6}$$

证明 由定义直接验证即得. □

定义 8.5 U 上的一个拓扑 τ 称为 Alexandrov 拓扑, 若 τ 中任意多个开集的交仍是开集, 或等价地, τ 中任意多个闭集的并仍是闭集. 拓扑空间 (U,τ) 称为 Alexandrov 空间, 若 τ 是 U 上的 Alexandrov 拓扑. U 上的拓扑 τ 称为闭开拓扑 (clopen topology), 若对任意 $A\in\mathcal{P}(U)$, A 是 (U,τ) 中的开集当且仅当 A 是 (U,τ) 中的闭集. (U,τ) 称为闭开拓扑空间, 若 τ 是 U 上的闭开拓扑.

定理 8.2 设 $\mathrm{int}:\mathcal{P}(U)\to\mathcal{P}(U)$ 是内部算子, 则以下条件等价:

(1) int 满足

$$\sim A \subseteq \mathrm{int}(\sim \mathrm{int}(A)), \quad \forall A \in \mathcal{P}(U). \tag{8.7}$$

(2) τ_{int} 是闭开拓扑.

证明　“(1) ⇒ (2)” 假设 int 满足 (8.7) 式. 若 $A \in \mathcal{P}(U)$ 是 (U, τ_{int}) 中的开集, 即

$$\mathrm{int}(A) = A, \tag{8.8}$$

则

$$\sim A = \sim \mathrm{int}(A) \subseteq \mathrm{int}(\sim \mathrm{int}(A)). \tag{8.9}$$

由于 int 是内部算子, 由公理 (Int1) 可得

$$\mathrm{int}(\sim \mathrm{int}(A)) \subseteq \sim \mathrm{int}(A). \tag{8.10}$$

结合 (8.9) 式与 (8.10) 式得

$$\mathrm{int}(\sim \mathrm{int}(A)) = \sim \mathrm{int}(A). \tag{8.11}$$

即 $\sim \mathrm{int}(A)$ 是 (U, τ_{int}) 中的开集. 从而由 (8.8) 式知, $\sim A$ 是 (U, τ_{int}) 中的开集, 因此, A 是 (U, τ_{int}) 中的闭集.

反之, 若 $A \in \mathcal{P}(U)$ 是 (U, τ_{int}) 中的闭集, 则 $\sim A$ 是 (U, τ_{int}) 中的开集. 由上述证明可见, $\sim A$ 是 (U, τ_{int}) 中的闭集. 从而, $A = \sim(\sim A)$ 是 (U, τ_{int}) 中的开集. 这样就证明了 τ_{int} 是闭开拓扑.

“(2) ⇒ (1)” 对任意 $A \in \mathcal{P}(U)$, 由于 $\mathrm{int}: \mathcal{P}(U) \to \mathcal{P}(U)$ 是内部算子, 因此 $\mathrm{int}(A)$ 是 (U, τ_{int}) 中的开集, 从而 $\sim \mathrm{int}(A)$ 是 (U, τ_{int}) 中的闭集. 又由于 (U, τ_{int}) 是闭开拓扑空间, 因此 $\sim \mathrm{int}(A)$ 是 (U, τ_{int}) 中的开集. 于是

$$\mathrm{int}(\sim \mathrm{int}(A)) = \sim \mathrm{int} A. \tag{8.12}$$

由于 int 是内部算子, 由公理 (Int1) 得

$$\mathrm{int}(A) \subseteq A. \tag{8.13}$$

于是, 由 (8.12) 式得

$$\sim A \subseteq \sim \mathrm{int}(A) = \mathrm{int}(\sim \mathrm{int}(A)). \tag{8.14}$$

即证 int 满足 (8.7) 式. □

定理 8.3　设 R 论域 U 上的经典关系, $\underline{R}: \mathcal{P}(U) \to \mathcal{P}(U)$ 是由 R 导出的下近似算子, 记

$$\tau_R = \{A \in \mathcal{P}(U) | \underline{R}(A) = A\}. \tag{8.15}$$

若 R 是 U 上自反关系, 则 τ_R 是 U 上的 Alexandrov 拓扑.

证明 (T_1) 由定理 1.7 知 $\underline{R}(U)=U$, 即 $U\in\tau_R$. 又由于自反关系一定是串行关系, 从而由定理 1.8 知 $\underline{R}(\varnothing)=\varnothing$, 即 $\varnothing\in\tau_R$.

(T_2) 对任意 $A,B\in\tau_R$, 即 $\underline{R}(A)=A$ 且 $\underline{R}(B)=B$, 由定理 1.7 知

$$\underline{R}(A\cap B)=\underline{R}(A)\cap\underline{R}(B)=A\cap B.$$

因此, $A\cap B\in\tau_R$.

(T_3) 对任意 $A_i\in\tau_R, i\in J$, 其中 J 是任意指标集. 由于 R 是自反的, 由定理 1.9 得

$$\underline{R}\left(\bigcup_{i\in J}A_i\right)\subseteq\bigcup_{i\in J}A_i. \tag{8.16}$$

另一方面, 由定理 1.7 知

$$\bigcup_{i\in J}A_i=\bigcup_{i\in J}\underline{R}(A_i)\subseteq\underline{R}\left(\bigcup_{i\in J}A_i\right). \tag{8.17}$$

结合 (8.16) 式和 (8.17) 式即得

$$\underline{R}\left(\bigcup_{i\in J}A_i\right)=\bigcup_{i\in J}A_i. \tag{8.18}$$

从而, $\bigcup_{i\in J}A_i\in\tau_R$.

这样就证明了 τ_R 是 U 上的一个拓扑, 进一步由定理 1.7 的性质 (L2) 易证 τ_R 是 U 上的 Alexandrov 拓扑. □

定理 8.4 设 R 是论域 U 上的经典关系, $\underline{R},\overline{R}:\mathcal{P}(U)\to\mathcal{P}(U)$ 是由 R 导出的近似算子, 则以下等价:

(1) R 是一个预序, 即 R 是自反和传递的.

(2) 上近似算子 $\overline{R}:\mathcal{P}(U)\to\mathcal{P}(U)$ 是闭包算子.

(3) 下近似算子 $\underline{R}:\mathcal{P}(U)\to\mathcal{P}(U)$ 是内部算子.

证明 由近似算子的对偶性质知 (2) 与 (3) 是等价的. 因此, 只需证 (1) 与 (2) 等价.

"(1)⇒(2)" 假设 R 是 U 上的一个预序. 首先, 由 R 的自反性和定理 1.9 可知, $\overline{R}$ 满足公理 (Cl1). 其次, 由定理 1.7 的性质 (U2) 可见 $\overline{R}$ 满足公理 (Cl2). 又由于 R 是自反和传递的, 则分别由定理 1.9 和定理 1.11 可推得

$$\overline{R}(A)=\overline{R}(\overline{R}(A)),\quad \forall A\in\mathcal{P}(U). \tag{8.19}$$

于是 $\overline{R}$ 满足公理 (Cl3). 最后, 由定理 1.7 的性质 (U1) 可见 $\overline{R}$ 满足公理 (Cl4). 因此, $\overline{R}$ 是闭包算子.

"(2)⇒(1)" 假设 $\overline{R}$ 是闭包算子. 由公理 (Cl1) 得

$$A \subseteq \overline{R}(A), \quad \forall A \in \mathcal{P}(U). \tag{8.20}$$

从而由定理 1.9 可知 R 是自反的. 再利用公理 (Cl1) 得

$$\overline{R}(A) \subseteq \overline{R}(\overline{R}(A)), \quad \forall A \in \mathcal{P}(U). \tag{8.21}$$

另一方面, 由公理 (Cl3) 知

$$\overline{R}(\overline{R}(A)) = \overline{R}(A), \quad \forall A \in \mathcal{P}(U). \tag{8.22}$$

从而, 由 (8.21) 式和 (8.22) 式可得

$$\overline{R}(\overline{R}(A)) \subseteq \overline{R}(A), \quad \forall A \in \mathcal{P}(U).$$

这样由定理 1.11 知 R 是传递的. 因此, R 是一个预序. □

注 8.1　定理 8.3 说明, 从一个自反近似空间 (U, R) 出发, 按 (8.15) 式可得到一个 Alexandrov 拓扑空间 τ_R. 而由定义知, 任何一个拓扑 τ 都可以生成它的内部算子 int_τ, 而这个内部算子又可以生成一个拓扑 τ_{int_τ}, 并且 $\tau_{\mathrm{int}_\tau} = \tau$. 现在若取 τ_R, 则它的内部算子是 int_{τ_R}, 这个内部算子生成的拓扑为 $\tau_{\mathrm{int}_{\tau_R}}$. 当然 $\tau_{\mathrm{int}_{\tau_R}} = \tau_R$, 因此,

$$\tau_R = \{A \in \mathcal{P}(U) | \underline{R}(A) = A\} = \{A \in \mathcal{P}(U) | \mathrm{int}_{\tau_R}(A) = A\}.$$

但需要指出的是, 尽管 $\underline{R}$ 与 int_{τ_R} 生成同一个拓扑, 但是一般情况下 $\underline{R} \neq \mathrm{int}_{\tau_R}$, 这是因为 int_{τ_R} 是内部算子, 而 $\underline{R}$ 不一定是内部算子. 事实上, 定理 8.4 恰恰说明 $\underline{R} = \mathrm{int}_{\tau_R}$ 成立当且仅当 R 是一个预序.

引理 8.1　若 R 是 U 上对称关系, 则: $\forall A, B \in \mathcal{P}(U)$,

$$\overline{R}(A) \subseteq B \Longleftrightarrow A \subseteq \underline{R}(B). \tag{8.23}$$

证明　"⇒" 对于 $A, B \in \mathcal{P}(U)$, 若 $\overline{R}(A) \subseteq B$, 则由定理 1.7 的对偶性质 (LD) 与 (UD) 得

$$\sim \underline{R}(\sim A) \subseteq B,$$

从而,

$$\sim B \subseteq \underline{R}(\sim A).$$

于是由定理 1.7 的性质 (U3) 与定理 1.10 的性质 (US) 得

$$\overline{R}(\sim B) \subseteq \overline{R}(\underline{R}(\sim A)) \subseteq \sim A.$$

因此,

$$A \subseteq \sim \overline{R}(\sim B) = \underline{R}(B).$$

"$\Leftarrow$" 对于 $A, B \in \mathcal{P}(U)$, 假设 $A \subseteq \underline{R}(B)$, 则由定理 1.7 的对偶性质 (LD) 得

$$A \subseteq \sim \overline{R}(\sim B),$$

即

$$\overline{R}(\sim B) \subseteq \sim A,$$

再由定理 1.7 的性质 (L3) 得

$$\underline{R}(\overline{R}(\sim B)) \subseteq \underline{R}(\sim A).$$

从而由定理 1.7 的对偶性质 (LD) 与 (UD) 得

$$\sim \overline{R}(\underline{R}(B)) \subseteq \underline{R}(\sim A) = \sim \overline{R}(A).$$

因此, 由定理 1.10 的性质 (US) 得 $\overline{R}(A) \subseteq \overline{R}(\underline{R}(B)) \subseteq B$. □

定理 8.5 设 R 是 U 上相似经典关系, $\underline{R}, \overline{R} : \mathcal{P}(U) \to \mathcal{P}(U)$ 是近似空间 (U, R) 导出的近似算子, 则 $\underline{R}$ 与 $\overline{R}$ 满足 (Clop) 条件: 即对于 $A \in \mathcal{P}(U)$,

$$\begin{aligned} \underline{R}(A) = A &\Longleftrightarrow A = \overline{R}(A) \\ &\Longleftrightarrow \underline{R}(\sim A) = \sim A \\ &\Longleftrightarrow \sim A = \overline{R}(\sim A). \end{aligned} \tag{8.24}$$

证明 对于 $A \in \mathcal{P}(U)$, 假设 $\underline{R}(A) = A$. 根据 R 的自反性, 并由定理 1.9 的性质 (LR) 知, $\underline{R}(A) = A$ 蕴涵 $A \subseteq \underline{R}(A)$. 从而由引理 8.1 得 $\overline{R}(A) \subseteq A$. 再根据 R 的自反性和定理 1.9 的性质 (UR) 即得 $A = \overline{R}(A)$. 类似地, 可以证明 $A = \overline{R}(A)$ 蕴涵 $\underline{R}(A) = A$. 再由定理 1.7 的对偶性质 (LD) 与 (UD) 即知 (8.24) 式成立. □

定理 8.6 设 R 是 U 上相似关系, $\underline{R}, \overline{R} : \mathcal{P}(U) \to \mathcal{P}(U)$ 是近似空间 (U, R) 导出的近似算子, 则由 (8.15) 式定义的 τ_R 是 U 上的闭开拓扑.

证明 首先, 由定理 8.3 知 τ_R 是 U 上的拓扑. 其次, 对于 $A \in \mathcal{P}(U)$, 由于 R 是 U 上相似关系, 因此由定理 8.5 知

$$A \text{ 是开集} \Longleftrightarrow A \in \tau_R$$

$$\begin{aligned}&\Longleftrightarrow A=\underline{R}(A)\\&\Longleftrightarrow \sim A=\underline{R}(\sim A)\\&\Longleftrightarrow \sim A\in\tau_R\\&\Longleftrightarrow A \text{ 是闭集.}\end{aligned}$$

即证 τ_R 是 U 上的闭开拓扑. □

推论 8.1　设 R 是 U 上等价关系, $\underline{R},\overline{R}:\mathcal{P}(U)\to\mathcal{P}(U)$ 是经典近似空间 (U,R) 导出的近似算子, 则

(1) $\underline{R},\overline{R}:\mathcal{P}(U)\to\mathcal{P}(U)$ 分别是拓扑 τ_R 的内部算子与闭包算子.

(2) τ_R 是 U 上的闭开拓扑.

下面讨论对于一个给定的拓扑空间, 满足什么样的条件, 一定存在一个近似空间使得这个近似空间恰好生成给定的拓扑空间, 并且下近似算子与上近似算子恰好分别为该拓扑空间的内部算子与闭包算子.

定理 8.7　设 (U,τ) 是一个拓扑空间, $\mathrm{cl},\mathrm{int}:\mathcal{P}(U)\to\mathcal{P}(U)$ 是 (U,τ) 的闭包算子和内部算子, 则存在 U 上一个预序 R_τ 使得

$$\overline{R_\tau}(A)=\mathrm{cl}(A),\quad \underline{R_\tau}(A)=\mathrm{int}(A),\quad \forall A\in\mathcal{P}(U) \tag{8.25}$$

当且仅当 (U,τ) 是一个 Alexandrov 空间, 即 int 与 cl 分别满足以下公理 (AL2) 与 (AU2):

(AL2) $\mathrm{int}\left(\bigcap_{j\in J}A_j\right)=\bigcap_{j\in J}\mathrm{int}(A_j)$, $\forall A_j\in\mathcal{P}(U)$, $j\in J$, 其中 J 是任意指标集,

(AU2) $\mathrm{cl}\left(\bigcup_{j\in J}A_j\right)=\bigcup_{j\in J}\mathrm{cl}(A_j)$, $\forall A_j\in\mathcal{P}(U), j\in J$, 其中 J 是任意指标集.

证明　必要性由定理 8.3 即得.

只需证明充分性. 事实上, 若 (U,τ) 是 Alexandrov 空间, 则闭包算子 $\mathrm{cl}:\mathcal{P}(U)\to\mathcal{P}(U)$ 满足定理 1.17 中的公理 (AU1) 与公理 (AU2), 从而根据定理 1.17 的证明方法, 由闭包算子 $\mathrm{cl}:\mathcal{P}(U)\to\mathcal{P}(U)$ 可以定义 U 上的一个经典关系 R_τ:

$$(x,y)\in R_\tau \iff x\in\mathrm{cl}(\{y\}),(x,y)\in U\times U. \tag{8.26}$$

使得 (8.25) 式成立. 由于 $\overline{R_\tau}=\mathrm{cl}$ 满足公理 (Cl1), 从而由定理 1.9 知 R_τ 是自反的. 另外, 由于 $\overline{R_\tau}=\mathrm{cl}$ 满足公理 (Cl3), 而由公理 (Cl1) 和公理 (Cl3) 易得 R_τ 满足定理 1.11 的性质 (UT), 即

$$\overline{R_\tau}(\overline{R_\tau}(A))\subseteq\overline{R_\tau}(A),\quad \forall A\in\mathcal{P}(U).$$

从而由定理 1.11 知 R_τ 是传递的, 这样就证明了 R_τ 是一个预序. □

记 $\mathcal{R}$ 是 U 上经典预序全体, 记 $\mathcal{T}$ 是 U 上的经典 Alexandrov 拓扑全体, 则由定理 8.3 和定理 8.7 可以得到以下定理 8.8 和定理 8.9.

定理 8.8 (1) 若 $R \in \mathcal{R}$, τ_R 是由 (8.15) 式所定义的, R_{τ_R} 是由 (8.26) 式所定义的, 则 $R_{\tau_R} = R$.

(2) 若 $\tau \in \mathcal{T}$, R_τ 是由 (8.26) 式所定义的, τ_{R_τ} 是由 (8.15) 式所定义的, 则 $\tau_{R_\tau} = \tau$.

定理 8.9 $\mathcal{R}$ 与 $\mathcal{T}$ 是 1-1 对应的.

定理 8.10 设 (U,τ) 是拓扑空间, $\mathrm{cl}_\tau, \mathrm{int}_\tau : \mathcal{P}(U) \to \mathcal{P}(U)$ 分别为 (U,τ) 的闭包算子和内部算子. 若存在 U 上经典关系 R 使得 (8.25) 式成立, 则 (U,τ) 是闭开拓扑当且仅当 R 是 U 上等价关系.

证明 "$\Rightarrow$" 若存在 U 上的经典关系 R 使得 (8.25) 式成立, 则由定理 8.4 知 R 是一个预序. 另一方面, 由于 (U,τ) 是闭开拓扑空间, 由定理 8.2 知内部算子 $\mathrm{int}_\tau : \mathcal{P}(U) \to \mathcal{P}(U)$ 满足 (8.7) 式. 从而, 易证 $\underline{R}, \overline{R} : \mathcal{P}(U) \to \mathcal{P}(U)$ 满足定理 1.10 中的公理 (LS), 于是由定理 1.10 知 R 是对称的. 因此, R 是 U 上等价关系.

"$\Leftarrow$" 由推论 8.1 即得. □

8.2 粗糙模糊集与模糊拓扑空间

定义 8.6[64] 设 U 是非空论域, U 上的一个模糊子集族 τ 称为 U 上的一个模糊拓扑, 若满足以下公理:

(FT_1) 对任意 $\alpha \in [0,1]$, 有 $\widehat{\alpha} \in \tau$;

(FT_2) 对任意 $G_1, G_2 \in \tau$, 有 $G_1 \cap G_2 \in \tau$;

(FT_3) 对任意 $\{G_i | i \in J\} \subseteq \tau$(其中 J 是任意指标集), 有 $\bigcup\limits_{i\in J} G_i \in \tau$.

此时, 称序对 (U,τ) 是一个模糊拓扑空间, τ 中的每一个集合称为 (U,τ) 的模糊开集, 每一个模糊开集关于 U 的补集称为 (U,τ) 的模糊闭集.

需要指出的是, 若定义 8.6 中的公理 (FT_1) 被以下公理 $(\mathrm{FT}_1)'$ 所代替:

$(\mathrm{FT}_1)'$ $\varnothing \in \tau$ 且 $U \in \tau$.

则称 τ 是在 Chang[9] 意义下的模糊拓扑, 相对于它, 称定义 8.6 所给出的 τ 为 Lowen 意义下的模糊拓扑, 显然, Chang 意义下的模糊拓扑是 Lowen 意义下的模糊拓扑的特殊情形.

定义 8.7 设 (U,τ) 是模糊拓扑空间, $A \in \mathcal{F}(U)$, 记

$$\mathrm{int}(A) = \cup\{G | G \text{ 是模糊开集且 } G \subseteq A\},$$
$$\mathrm{cl}(A) = \cap\{K | K \text{ 是模糊闭集且 } A \subseteq K\},$$

则 $\mathrm{int}(A)$ 与 $\mathrm{cl}(A)$ 分别称为 A 的模糊内部与模糊闭包, $\mathrm{int}, \mathrm{cl} : \mathcal{F}(U) \to \mathcal{F}(U)$ 分别称为 τ 的模糊内部算子与模糊闭包算子, 有时为了区别起见分别记为 int_τ 与 cl_τ.

可以证明, 对于 $A \in \mathcal{F}(U)$, $\mathrm{int}(A)$ 与 $\mathrm{cl}(A)$ 分别是模糊拓扑空间 (U, τ) 中的模糊开集与模糊闭集, A 是 (U, τ) 中的模糊开集当且仅当 $\mathrm{int}(A) = A$, A 是 (U, τ) 中的模糊闭集当且仅当 $\mathrm{cl}(A) = A$. 并且, 模糊内部算子与模糊闭包算子是相互对偶的, 即

$$\mathrm{cl}(\sim A) = \sim \mathrm{int}(A), \quad \forall A \in \mathcal{F}(U), \tag{8.27}$$

$$\mathrm{int}(\sim A) = \sim \mathrm{cl}(A), \quad \forall A \in \mathcal{F}(U). \tag{8.28}$$

类似于经典闭包算子, 模糊闭包算子也可以等价地按如下的闭包公理定义:

定义 8.8　映射 $\mathrm{cl} : \mathcal{F}(U) \to \mathcal{F}(U)$ 称为 U 上的一个模糊闭包算子, 若满足以下公理:

(Fcl1) $A \subseteq \mathrm{cl}(A)$, $\forall A \in \mathcal{F}(U)$;

(Fcl2) $\mathrm{cl}(A \cup B) = \mathrm{cl}(A) \cup \mathrm{cl}(B)$, $\forall A, B \in \mathcal{F}(U)$;

(Fcl3) $\mathrm{cl}(\mathrm{cl}(A)) = \mathrm{cl}(A)$, $\forall A, B \in \mathcal{F}(U)$;

(Fcl4) $\mathrm{cl}(\widehat{\alpha}) = \widehat{\alpha}$, $\forall \alpha \in [0, 1]$.

类似地, 模糊内部算子也可以用对应的公理等价地定义.

定义 8.9　映射 $\mathrm{int} : \mathcal{F}(U) \to \mathcal{F}(U)$ 称为 U 上的一个模糊内部算子, 若满足以下公理:

(Fint1) $\mathrm{int}(A) \subseteq A, \forall A \in \mathcal{F}(U)$;

(Fint2) $\mathrm{int}(A \cap B) = \mathrm{int}(A) \cap \mathrm{int}(B)$, $\forall A, B \in \mathcal{F}(U)$;

(Fint3) $\mathrm{int}(\mathrm{int}(A)) = \mathrm{int}(A)$, $\forall A \in \mathcal{F}(U)$;

(Fint4) $\mathrm{int}(\widehat{\alpha}) = \widehat{\alpha}$, $\forall \alpha \in [0, 1]$.

类似于经典情形, 一个模糊内部算子 int 可以生成一个模糊拓扑:

$$\tau_{\mathrm{int}} = \{A \in \mathcal{F}(U) | \mathrm{int}(A) = A\}. \tag{8.29}$$

对偶地, 由公理 (Fcl1)—(Fcl4) 所定义的模糊闭包算子也可以定义 U 上的一个模糊拓扑:

$$\tau_{\mathrm{cl}} = \{A \in \mathcal{F}(U) | \mathrm{cl}(\sim A) = \sim A\}. \tag{8.30}$$

类似于经典拓扑情形, 可以得到以下定理.

定理 8.11　(1) 若算子 $\mathrm{int} : \mathcal{F}(U) \to \mathcal{F}(U)$ 满足公理(Fint1)—(Fint4), 则由 (8.29) 式定义的 τ_{int} 是 U 上的一个模糊拓扑, 且

$$\mathrm{int}_{\tau_{\mathrm{int}}} = \mathrm{int}. \tag{8.31}$$

(2) 若算子 $\mathrm{cl}:\mathcal{F}(U)\to\mathcal{F}(U)$ 满足公理(Fcl1)—(Fcl4), 则由 (8.30) 式定义的 τ_{cl} 是 U 上的一个模糊拓扑, 且

$$\mathrm{cl}_{\tau_{\mathrm{cl}}}=\mathrm{cl}.$$

定义 8.10 U 上的一个模糊拓扑 τ 称为模糊 Alexandrov 拓扑, 若 τ 中任意多个模糊开集的交仍是模糊开集, 或等价地, τ 中任意多个模糊闭集的并仍是模糊闭集. 模糊拓扑空间 (U,τ) 称为模糊 Alexandrov 空间, 若 τ 是 U 上的模糊 Alexandrov 拓扑. U 上的模糊拓扑 τ 称为模糊闭开拓扑, 如果对任意 $A\in\mathcal{F}(U)$, A 是 (U,τ) 中的模糊开集当且仅当 A 是 (U,τ) 中的模糊闭集. (U,τ) 称为模糊闭开拓扑空间, 若 τ 是 U 上的模糊闭开拓扑.

定理 8.12 设 $\mathrm{int}:\mathcal{F}(U)\to\mathcal{F}(U)$ 是 U 上的一个模糊内部算子, 则以下条件等价:

(1) int 满足

$$\sim A\subseteq\mathrm{int}(\sim\mathrm{int}(A)),\quad\forall A\in\mathcal{F}(U).\tag{8.32}$$

(2) τ_{int} 是模糊闭开拓扑.

证明 "(1) $\Rightarrow$ (2)" 设 int 满足 (8.32) 式. 若 $A\in\mathcal{F}(U)$ 是 τ_{int} 中的模糊开集, 即

$$\mathrm{int}(A)=A,\tag{8.33}$$

则

$$\sim A=\sim\mathrm{int}(A)\subseteq\mathrm{int}(\sim\mathrm{int}(A)).\tag{8.34}$$

由于 int 是模糊内部算子, 由公理 (Fint1) 知

$$\mathrm{int}(\sim\mathrm{int}(A))\subseteq\sim\mathrm{int}(A).\tag{8.35}$$

结合 (8.34) 式与 (8.35) 式得

$$\mathrm{int}(\sim\mathrm{int}(A))=\sim\mathrm{int}(A).\tag{8.36}$$

即证 $\sim\mathrm{int}(A)$ 是 τ_{int} 中的模糊开集. 再由 (8.34) 式知, $\sim A$ 是 τ_{int} 中的模糊开集, 因此, A 是 τ_{int} 中的模糊闭集.

另一方面, 若 $A\in\mathcal{F}(U)$ 是 τ_{int} 中的模糊闭集, 则 $\sim A$ 是 τ_{int} 中的模糊开集. 类似于上述方法可以证明 $\sim A$ 是 τ_{int} 中的模糊闭集. 从而 $A=\sim(\sim A)$ 是 τ_{int} 中的模糊开集.

"(2) $\Rightarrow$ (1)" 对任意 $A\in\mathcal{F}(U)$, 由于 $\mathrm{int}:\mathcal{F}(U)\to\mathcal{F}(U)$ 是模糊内部算子, 因此, $\mathrm{int}(A)$ 是 τ_{int} 中的模糊开集, 从而 $\sim\mathrm{int}(A)$ 是 τ_{int} 中的模糊闭集. 又因 (U,τ_{int}) 是模糊闭开拓扑空间, 于是 $\sim\mathrm{int}(A)$ 是 τ_{int} 中的模糊开集, 即

$$\mathrm{int}(\sim\mathrm{int}(A))=\sim\mathrm{int}A.\tag{8.37}$$

由于 int 是模糊内部算子, 由公理 (Fint1) 得

$$\mathrm{int}(A) \subseteq A. \tag{8.38}$$

因此, 由 (8.37) 式得

$$\sim A \subseteq \sim \mathrm{int}(A) = \mathrm{int}(\sim \mathrm{int}(A)). \tag{8.39}$$

故 int 满足 (8.32) 式. □

定理 8.13　设 R 是论域 U 上经典关系, $\underline{RF} : \mathcal{F}(U) \to \mathcal{F}(U)$ 是由 (U, R) 导出的粗糙模糊下近似算子, 记

$$\tau_{_R} = \{A \in \mathcal{F}(U) | \underline{RF}(A) = A\}. \tag{8.40}$$

若 R 是 U 上自反关系, 则 $\tau_{_R}$ 是 U 上的模糊 Alexandrov 拓扑.

证明　(FT_1) 对任意 $\alpha \in [0,1]$, 由于自反关系一定是串行关系, 从而由定理 2.3 知, $\underline{RF}(\widehat{\alpha}) = \widehat{\alpha}$, 即 $\widehat{\alpha} \in \tau_{_R}$.

(FT_2) 对任意 $A, B \in \tau_{_R}$, 即 $\underline{RF}(A) = A$ 且 $\underline{RF}(B) = B$, 由定理 2.2 知

$$\underline{RF}(A \cap B) = \underline{RF}(A) \cap \underline{RF}(B) = A \cap B.$$

因此, $A \cap B \in \tau_{_R}$.

(FT_3) 对任意 $A_i \in \tau_{_R}, i \in J$, 其中 J 是任意指标集. 由于 R 是自反的, 由定理 2.4 得

$$\underline{RF}\left(\bigcup_{i \in J} A_i\right) \subseteq \bigcup_{i \in J} A_i. \tag{8.41}$$

另一方面, 由定理 2.2 知

$$\bigcup_{i \in J} A_i = \bigcup_{i \in J} \underline{RF}(A_i) \subseteq \underline{RF}\left(\bigcup_{i \in J} A_i\right). \tag{8.42}$$

由 (8.41) 式和 (8.42) 式即得

$$\underline{RF}\left(\bigcup_{i \in J} A_i\right) = \bigcup_{i \in J} A_i. \tag{8.43}$$

从而, $\bigcup\limits_{i \in J} A_i \in \tau_{_R}$.

因此, $\tau_{_R}$ 是 U 上的模糊拓扑, 进一步由定理 2.2 的性质 (RFL2) 易证 $\tau_{_R}$ 是 U 上的模糊 Alexandrov 拓扑. □

定理 8.14　设 R 是论域 U 上的经典关系, $\underline{RF}, \overline{RF} : \mathcal{F}(U) \to \mathcal{F}(U)$ 是由 (U, R) 导出的粗糙模糊近似算子, 则以下等价:

(1) R 是一个经典预序, 即 R 是自反和传递的经典关系.

(2) 上近似算子 $\overline{RF}:\mathcal{F}(U)\to\mathcal{F}(U)$ 是模糊闭包算子.

(3) 下近似算子 $\underline{RF}:\mathcal{F}(U)\to\mathcal{F}(U)$ 是模糊内部算子.

证明 由粗糙模糊近似算子的对偶性质易知 (2) 与 (3) 是等价的, 因此, 只需证 (1) 与 (2) 等价.

"(1)⇒(2)" 假设 R 是 U 上一个经典预序. 首先, 由 R 的自反性和定理 2.4 可知, $\overline{RF}$ 满足公理 (Fcl1). 其次, 由定理 2.2 的性质 (RFU2) 可见 $\overline{RF}$ 满足公理 (Fcl2). 又由于 R 是自反和传递的, 分别由定理 2.4 和定理 2.6 可推得

$$\overline{RF}(A)=\overline{RF}(\overline{RF}(A)),\quad \forall A\in\mathcal{F}(U). \tag{8.44}$$

于是 $\overline{RF}$ 满足公理 (Fcl3). 最后, 由于 R 的自反性一定满足串行性, 从而由定理 2.3 的性质 (RFU0)$'$ 知, $\overline{RF}$ 满足公理 (Fcl4). 因此, $\overline{RF}$ 是模糊闭包算子.

"(2)⇒(1)" 假设 $\overline{RF}$ 是模糊闭包算子. 由公理 (Fcl1) 得

$$A\subseteq\overline{RF}(A),\quad \forall A\in\mathcal{F}(U). \tag{8.45}$$

从而由定理 2.4 知 R 是自反的. 再利用公理 (Fcl1) 得

$$\overline{RF}(A)\subseteq\overline{RF}(\overline{RF}(A)),\quad \forall A\in\mathcal{F}(U). \tag{8.46}$$

另一方面, 由公理 (Fcl3) 知

$$\overline{RF}(\overline{RF}(A))=\overline{RF}(A),\quad \forall A\in\mathcal{F}(U). \tag{8.47}$$

从而, 由 (8.46) 式和 (8.47) 式可得

$$\overline{RF}(\overline{RF}(A))\subseteq\overline{RF}(A),\quad \forall A\in\mathcal{F}(U).$$

这样由定理 2.6 知 R 是传递的. 因此, R 是一个经典预序. □

引理 8.2 若 R 是论域 U 上经典对称关系, 则: $\forall A,B\in\mathcal{F}(U)$,

$$\overline{RF}(A)\subseteq B\Longleftrightarrow A\subseteq\underline{RF}(B). \tag{8.48}$$

证明 "⇒" 对于 $A,B\in\mathcal{F}(U)$, 若 $\overline{RF}(A)\subseteq B$, 则由定理 2.2 的对偶性质 (RFLD) 与 (RFUD) 得

$$\sim\underline{RF}(\sim A)\subseteq B,$$

从而,

$$\sim B\subseteq\underline{RF}(\sim A).$$

于是由定理 2.2 的性质 (RFU3) 与定理 2.5 的性质 (RFUS)′ 得

$$\overline{RF}(\sim B) \subseteq \overline{RF}(\underline{RF}(\sim A)) \subseteq \sim A.$$

因此,

$$A \subseteq \sim \overline{RF}(\sim B) = \underline{RF}(B).$$

"⇐" 对于 $A, B \in \mathcal{F}(U)$, 假设 $A \subseteq \underline{RF}(B)$, 则由定理 2.2 的对偶性质 (RFLD) 得

$$A \subseteq \sim \overline{RF}(\sim B),$$

即

$$\overline{RF}(\sim B) \subseteq \sim A.$$

再由定理 2.2 的性质 (RFL3) 得

$$\underline{RF}(\overline{RF}(\sim B)) \subseteq \underline{RF}(\sim A).$$

从而由定理 2.2 的对偶性质 (RFLD) 与 (RFUD) 得

$$\sim \overline{RF}(\underline{RF}(B)) \subseteq \underline{RF}(\sim A) = \sim \overline{RF}(A).$$

因此, 由定理 2.5 的性质 (RFUS)′ 得

$$\overline{RF}(A) \subseteq \overline{RF}(\underline{RF}(B)) \subseteq B.$$ □

定理 8.15　设 R 是 U 上相似经典关系, $\underline{RF}, \overline{RF} : \mathcal{F}(U) \to \mathcal{F}(U)$ 是近似空间 (U, R) 导出的粗糙模糊近似算子, 则 $\underline{RF}$ 与 $\overline{RF}$ 满足 (Fclop) 条件: 即对于 $A \in \mathcal{F}(U)$,

$$\begin{aligned} \underline{RF}(A) = A &\Longleftrightarrow A = \overline{RF}(A) \\ &\Longleftrightarrow \underline{RF}(\sim A) = \sim A \\ &\Longleftrightarrow \sim A = \overline{RF}(\sim A). \end{aligned} \tag{8.49}$$

证明　对于 $A \in \mathcal{F}(U)$, 假设 $\underline{RF}(A) = A$. 根据 R 的自反性, 并由定理 2.4 的性质 (RFLR) 知, $\underline{RF}(A) = A$ 蕴涵 $A \subseteq \underline{RF}(A)$. 从而由引理 8.2 可知 $\overline{RF}(A) \subseteq A$. 再根据 R 的自反性和定理 2.4 的性质 (RFUR) 即得 $A = \overline{RF}(A)$. 类似地, 可以证明 $A = \overline{RF}(A)$ 蕴涵 $\underline{RF}(A) = A$. 再由定理 2.2 的对偶性质 (RFLD) 与 (RFUD) 即知 (8.49) 式成立. □

定理 8.16 设 R 是 U 上相似经典关系, $\underline{RF},\overline{RF}:\mathcal{F}(U)\to\mathcal{F}(U)$ 是近似空间 (U,R) 导出的粗糙模糊近似算子, 则由 (8.40) 式定义的 τ_R 是 U 上的模糊闭开拓扑.

证明 首先, 由定理 8.13 知 τ_R 是 U 上的模糊拓扑. 其次, 对于 $A\in\mathcal{F}(U)$, 由于 R 是 U 上的相似经典关系, 因此, 由定理 8.15 知

$$
\begin{aligned}
A\text{ 是模糊开集}&\Longleftrightarrow A\in\tau_R\\
&\Longleftrightarrow A=\underline{RF}(A)\\
&\Longleftrightarrow\sim A=\underline{RF}(\sim A)\\
&\Longleftrightarrow\sim A\in\tau_R\\
&\Longleftrightarrow A\text{ 是模糊闭集},
\end{aligned}
$$

即证 τ_R 是 U 上的模糊闭开拓扑. □

推论 8.2 设 R 是 U 上等价经典关系, $\underline{RF},\overline{RF}:\mathcal{F}(U)\to\mathcal{F}(U)$ 是近似空间 (U,R) 导出的粗糙模糊近似算子, 则

(1) $\underline{RF},\overline{RF}:\mathcal{F}(U)\to\mathcal{F}(U)$ 分别是模糊拓扑 τ_R 的模糊内部算子与模糊闭包算子.

(2) τ_R 是 U 上的模糊闭开拓扑.

下面讨论对于一个给定的模糊拓扑空间, 满足什么样的条件, 一定存在一个经典近似空间使得这个近似空间恰好生成给定的模糊拓扑空间, 并且粗糙模糊下近似算子与粗糙模糊上近似算子恰好分别为该模糊拓扑空间的模糊内部算子与模糊闭包算子.

定理 8.17 设 (U,τ) 是一个模糊拓扑空间, $\mathrm{cl},\mathrm{int}:\mathcal{F}(U)\to\mathcal{F}(U)$ 分别是 (U,τ) 的模糊闭包算子和模糊内部算子, 则存在 U 上经典预序 R 使得

$$
\overline{RF}(A)=\mathrm{cl}(A),\quad \underline{RF}(A)=\mathrm{int}(A),\quad \forall A\in\mathcal{F}(U) \tag{8.50}
$$

当且仅当 int 满足公理集 {(ARFL), (AFL1), (AFL2)}, 或等价地, cl 满足公理集 {(ARFU), (AFU1), (AFU2)}:

(ARFL) $\mathrm{int}(1_{U-\{y\}})\in\mathcal{P}(U),\forall y\in U$.

(AFL1) $\mathrm{int}(A\cup\widehat{\alpha})=\mathrm{int}(A)\cup\widehat{\alpha},\forall A\in\mathcal{F}(U),\forall\alpha\in[0,1]$.

(AFL2) $\mathrm{int}\left(\bigcap\limits_{j\in J}A_j\right)=\bigcap\limits_{j\in J}\mathrm{int}(A_j),\forall A_j\in\mathcal{F}(U),j\in J$, 其中 J 是任意指标集.

(ARFU) $\mathrm{cl}(1_y)\in\mathcal{P}(U),\forall y\in U$.

(AFU1) $\mathrm{cl}(A\cap\widehat{\alpha})=\mathrm{cl}(A)\cap\widehat{\alpha},\forall A\in\mathcal{F}(U),\forall\alpha\in[0,1]$.

(AFU2) $\mathrm{cl}\left(\bigcup_{j\in J} A_j\right)=\bigcup_{j\in J}\mathrm{cl}(A_j), \forall A_j\in\mathcal{F}(U), j\in J$, 其中 J 是任意指标集.

证明 “$\Rightarrow$” 由定理 2.2 即得.

“$\Leftarrow$” 假设模糊闭包算子 $\mathrm{cl}:\mathcal{F}(U)\to\mathcal{F}(U)$ 满足集 {(ARFU), (ARFU1), (ARFU2)}. 由定理 2.8 知, 可以按如下方式定义 U 上的一个经典关系 $R\tau$:

$$(x,y)\in R_\tau \iff \mathrm{cl}(1_y)(x)=1,\ (x,y)\in U\times U \tag{8.51}$$

使得 (8.50) 式成立. 由于 $\overline{R_\tau F}=\mathrm{cl}$ 满足公理 (Fcl1), 从而由定理 2.4 知 R_τ 是自反的. 另外, 由于 $\overline{R_\tau F}=\mathrm{cl}$ 满足公理 (Fcl3), 而由公理 (Fcl1) 和 (Fcl3) 容易推得 R_τ 满足定理 2.6 的性质 (RFUT), 即

$$\overline{R_\tau F}(\overline{R_\tau F}(A))\subseteq\overline{R_\tau F}(A),\quad \forall A\in\mathcal{F}(U). \tag{8.52}$$

从而由定理 2.6 知 R_τ 是传递的, 这样就证明了 R_τ 是一个预序. □

注 8.2 由定义 8.10 知, 若模糊拓扑空间 (U,τ) 的模糊内部算子和模糊闭包算子分别满足公理 (AFL2) 与 (AFU2), 则 (U,τ) 是一个模糊 Alexandrov 空间. 定理 8.17 表明, 一个模糊拓扑空间可以对应一个经典预序使得由它产生的粗糙模糊下近似算子与粗糙模糊上近似算子恰好就是该模糊拓扑空间的模糊内部算子与模糊闭包算子当且仅当该模糊拓扑空间是一个模糊 Alexandrov 空间, 并且该模糊拓扑空间的模糊内部算子满足公理 (ARFL) 与 (AFL1), 模糊闭包算子满足公理 (ARFU) 与 (AFU1).

记 $\mathcal{R}$ 为 U 上经典预序全体, 记 $\mathcal{T}_\mathcal{F}$ 为 U 上模糊内部算子满足公理 (ARFL) 与 (AFL1) 且模糊闭包算子满足公理 (ARFU) 与 (AFU1) 的模糊 Alexandrov 空间全体, 则由定理 8.13 和定理 8.17 可以得到定理 8.18 和定理 8.19.

定理 8.18 (1) 若 $R\in\mathcal{R}$, τ_R 是由 (8.40) 式所定义的, R_{τ_R} 是由 (8.51) 式所定义的, 则 $R_{\tau_R}=R$.

(2) 若 $\tau\in\mathcal{T}_\mathcal{F}$, R_τ 是由 (8.51) 式所定义的, τ_{R_τ} 是由 (8.40) 式所定义的, 则 $\tau_{R_\tau}=\tau$.

定理 8.19 $\mathcal{R}$ 与 $\mathcal{T}_\mathcal{F}$ 是 1-1 对应的.

定理 8.20 设 (U,τ) 是模糊拓扑空间, $\mathrm{cl}_\tau, \mathrm{int}_\tau:\mathcal{F}(U)\to\mathcal{F}(U)$ 分别为 (U,τ) 的模糊闭包算子和模糊内部算子. 若存在 U 上的经典关系 R 使得 (8.50) 式成立, 则 (U,τ) 是模糊闭开拓扑当且仅当 R 是 U 上等价经典关系.

证明 “$\Rightarrow$” 若存在 U 上经典关系 R 使得 (8.50) 式成立, 则由定理 8.14 知 R 是一个经典预序. 另一方面, 由于 (U,τ) 是模糊闭开拓扑空间, 于是由定理 8.12 知内部算子 $\mathrm{int}_\tau:\mathcal{F}(U)\to\mathcal{F}(U)$ 满足 (8.32) 式. 从而, 易证 $\underline{RF},\overline{RF}:\mathcal{F}(U)\to\mathcal{F}(U)$

满足注 2.5 中的公理 (AFLS)′, 于是由定理 2.11 及注 2.5 知, R 是对称的. 因此, R 是 U 上等价经典关系.

"$\Leftarrow$" 由推论 8.2 即得. □

8.3 模糊粗糙集与模糊拓扑空间

本节讨论模糊粗糙近似算子与模糊拓扑空间之间的关系, 由于模糊近似算子有各种形式, 本章考虑由一般模糊蕴涵算子 I 确定的 I-模糊粗糙集与模糊拓扑空间之间的关系.

定理 8.21 设 (U,R) 是一个模糊近似空间, I 是 $[0,1]$ 上的半连续混合单调 NP 模糊蕴涵算子, $\underline{IR}:\mathcal{F}(U)\to\mathcal{F}(U)$ 是由定义 6.2 给出的 I-模糊粗糙下近似算子, 记

$$\tau_R=\{A\in\mathcal{F}(U)|\underline{IR}(A)=A\}. \tag{8.53}$$

若 R 是 U 上自反模糊关系, 则由 (8.53) 式定义的 τ_R 是 U 上的模糊 Alexandrov 拓扑.

证明 由于自反模糊关系一定是串行的, 因此由定理 6.3 即知 τ_R 满足 (FT_1).

利用定理 6.2, 与定理 8.13 的证明类似可得 τ_R 满足 (FT_2).

假设 $A_i\in\tau_R, i\in J$, 其中 J 是任意指标集. 由于 R 是自反模糊关系, 由定理 6.4 得

$$\underline{IR}\left(\bigcup_{i\in J}A_i\right)\subseteq\bigcup_{i\in J}A_i. \tag{8.54}$$

对任意 $x\in U$, 记

$$\alpha=\left(\bigcup_{i\in J}A_i\right)(x)=\bigvee_{i\in J}A_i(x). \tag{8.55}$$

由 $\alpha=\bigvee\limits_{i\in J}A_i(x)$ 的定义知, 对任意 $i\in J$ 有 $A_i(x)\leqslant\alpha$. 另一方面, 对任意 $\varepsilon>0$, 存在 $i_0\in J$ 使得 $\alpha<A_{i_0}(x)+\varepsilon$. 由假设知, 对任意 $i\in J$ 有 $A_i\in\tau_R$, 即对任意 $i\in J$ 有 $\underline{IR}(A_i)=A_i$, 从而 $\alpha<A_{i_0}(x)+\varepsilon=\underline{IR}(A_{i_0})(x)+\varepsilon$, 于是由定理 6.2 的性质 (FIL4) 得

$$\begin{aligned}\alpha&<\underline{IR}(A_{i_0})(x)+\varepsilon\leqslant\bigvee_{i\in J}\underline{IR}(A_i)(x)+\varepsilon\\&=\left(\bigcup_{i\in J}\underline{IR}(A_i)\right)(x)+\varepsilon\leqslant\underline{IR}\left(\bigcup_{i\in J}A_i\right)(x)+\varepsilon.\end{aligned} \tag{8.56}$$

由 $\varepsilon > 0$ 的任意性得

$$\alpha \leqslant \underline{IR}\left(\bigcup_{i\in J} A_i\right)(x), \tag{8.57}$$

即

$$\left(\bigcup_{i\in J} A_i\right)(x) \leqslant \underline{IR}\left(\bigcup_{i\in J} A_i\right)(x). \tag{8.58}$$

因此, 由 $x \in U$ 的任意性得

$$\bigcup_{i\in J} A_i \subseteq \underline{IR}\left(\bigcup_{i\in J} A_i\right). \tag{8.59}$$

结合 (8.54) 式与 (8.59) 式得

$$\bigcup_{i\in J} A_i = \underline{IR}\left(\bigcup_{i\in J} A_i\right). \tag{8.60}$$

于是 $\bigcup\limits_{i\in J} A_i \in \tau_R$, 即 τ_R 满足 (FT_3).

因此, τ_R 是 U 上的一个模糊拓扑, 进一步由定理 6.2 的性质 (FIL2) 即知 τ_R 是 U 上的模糊 Alexandrov 拓扑. □

推论 8.3　设 (U,R) 是模糊近似空间, I 是 $[0,1]$ 上基于左连续三角模 T 的 R- 蕴涵算子, 且模糊粗糙下近似算子是按定义 5.1 的形式给出的. 若 R 是 U 上自反模糊关系, 则由 (8.53) 式定义的 τ_R 是 U 上的模糊 Alexandrov 拓扑.

推论 8.4　设 (U,R) 是模糊近似空间, I 是 $[0,1]$ 上基于右连续反三角模 S 的 S- 蕴涵算子, 且模糊粗糙下近似算子是按定义 6.2 的形式给出的. 若 R 是 U 上自反模糊关系, 则由 (8.53) 式定义的 τ_R 是 U 上的模糊 Alexandrov 拓扑.

命题 8.1　设 I 是 $[0,1]$ 上的半连续混合单调 NP 模糊蕴涵算子, T 是 $[0,1]$ 上左连续三角模且满足

$$I(\alpha, I(\beta,\gamma)) = I(T(\alpha,\beta),\gamma), \quad \forall \alpha,\beta,\gamma \in [0,1]. \tag{8.61}$$

若 R 是 U 上自反与 T-传递模糊关系, 则对任意 $A_j \in \mathcal{F}(U), j \in J$(其中 J 是任意指标集), 有

$$\underline{IR}\left(\bigcup_{j\in J} \underline{IR}(A_j)\right) = \bigcup_{j\in J} \underline{IR}(A_j). \tag{8.62}$$

证明　对任意 $A_j \in \mathcal{F}(U), j \in J$, 其中 J 是任意指标集, 首先, 由于模糊关系 R 是自反的, 由定理 6.4 的性质 (FILR) 得

$$\underline{IR}\left(\bigcup_{j\in J} \underline{IR}(A_j)\right) \subseteq \bigcup_{j\in J} \underline{IR}(A_j). \tag{8.63}$$

显然, 对任意 $j \in J$ 有, $\bigcup\limits_{j\in J} \underline{IR}(A_j) \supseteq \underline{IR}(A_j)$, 于是由定理 6.2 的性质 (FIL3) 得 $\underline{IR}\left(\bigcup\limits_{j\in J} \underline{IR}(A_j)\right) \supseteq \underline{IR}(\underline{IR}(A_j))$. 其次, 由于 R 是 T-传递模糊关系, 由定理 6.6 得 $\underline{IR}(\underline{IR}(A_j)) \supseteq \underline{IR}(A_j)$. 从而

$$\underline{IR}\left(\bigcup_{j\in J} \underline{IR}(A_j)\right) \supseteq \underline{IR}(A_j), \quad \forall j \in J. \tag{8.64}$$

因此,

$$\underline{IR}\left(\bigcup_{i\in J} \underline{IR}(A_j)\right) \supseteq \bigcup_{j\in J} \underline{IR}(A_j). \tag{8.65}$$

由 (8.63) 式与 (8.65) 式即得 (8.62) 式. □

定理 8.22 设 I 是 $[0,1]$ 上的半连续混合单调 NP 模糊蕴涵算子, N 是回旋非门算子, T 是 $[0,1]$ 上左连续三角模且满足 (8.61) 式, R 是 U 上的模糊关系, $\underline{IR}, \overline{IR} : \mathcal{F}(U) \to \mathcal{F}(U)$ 是由定义 6.2 所给出的 I-模糊粗糙近似算子. 若 I 是 CP 蕴涵算子或者 I 是正则的, 则以下等价:

(1) R 是模糊 T-预序, 即 R 是自反和 T-传递模糊关系.

(2) I-模糊粗糙上近似算子 $\overline{IR} : \mathcal{F}(U) \to \mathcal{F}(U)$ 是模糊闭包算子.

(3) I-模糊粗糙下近似算子 $\underline{IR} : \mathcal{F}(U) \to \mathcal{F}(U)$ 是模糊内部算子.

证明 由 I-模糊粗糙近似算子的对偶性可以证明 (2) 与 (3) 是等价的. 故只需证明 (1) 与 (2) 等价.

"(1)⇒(2)" 假设 R 是 U 上的一个模糊 T-预序. 首先, 由 R 的模糊自反性和定理 6.4 的性质 (FIUR) 知, 对任意 $A \in \mathcal{F}(U)$ 有, $A \subseteq \overline{IR}(A)$, 即 $\overline{IR}$ 满足公理 (Fcl1).

其次, 由定理 6.2 的性质 (FIU2) 知 $\overline{IR}$ 满足公理 (Fcl2). 又由于自反和 T-传递模糊关系导出的 I-模糊粗糙上近似算子 $\overline{IR} : \mathcal{F}(U) \to \mathcal{F}(U)$ 满足定理 6.4 的 (FIUR) 与定理 6.6 的性质 (FIUT), 而由性质 (FIUR) 与性质 (FIUT) 可以得到以下等式:

$$\overline{IR}(A) = \overline{IR}(\overline{IR}(A)), \quad \forall A \in \mathcal{F}(U). \tag{8.66}$$

即 $\overline{IR}$ 满足公理 (Fcl3). 最后, 由于自反模糊关系一定是串行模糊关系, 从而由定理 6.3 知 $\overline{IR}$ 满足公理 (Fcl4). 这样就证明了 $\overline{IR}$ 是模糊闭包算子.

"(2)⇒(1)" 假设 $\overline{IR} : \mathcal{F}(U) \to \mathcal{F}(U)$ 是模糊闭包算子. 由公理 (Fcl1) 知

$$A \subseteq \overline{IR}(A), \quad \forall A \in \mathcal{F}(U). \tag{8.67}$$

从而由定理 6.4 知 R 是自反模糊关系. 另一方面, 再利用公理 (Fcl1) 可得

$$\overline{IR}(A) \subseteq \overline{IR}(\overline{IR}(A)), \quad \forall A \in \mathcal{F}(U). \tag{8.68}$$

又由于 $\overline{IR}$ 满足公理 (Fcl3), 即

$$\overline{IR}(\overline{IR}(A)) = \overline{IR}(A), \quad \forall A \in \mathcal{F}(U). \tag{8.69}$$

而由 (8.68) 式和 (8.69) 式可推得

$$\overline{IR}(\overline{IR}(A)) \subseteq \overline{IR}(A), \quad \forall A \in \mathcal{F}(U). \tag{8.70}$$

于是由定理 6.6 知 R 是 T-传递模糊关系, 即 R 是 U 上模糊 T-预序. □

推论 8.5　设 (U, R) 是模糊近似空间, T 是 $[0,1]$ 上左连续三角模, S 是与 T 对偶的反三角模, $\underline{SR}$ 和 $\overline{TR}$ 是由定义 4.5 给出的 (S,T)-模糊粗糙近似算子, 则以下等价:

(1) R 是模糊 T-预序.

(2) T-模糊粗糙上近似算子 $\overline{TR}: \mathcal{F}(U) \to \mathcal{F}(U)$ 是模糊闭包算子.

(3) S-模糊粗糙下近似算子 $\underline{SR}: \mathcal{F}(U) \to \mathcal{F}(U)$ 是模糊内部算子.

推论 8.6　设 (U, R) 是模糊近似空间, I 是由左连续三角模 T 确定的 R- 蕴涵算子, S 是与 T 对偶的反三角模, $\underline{R}_\theta$ 和 $\overline{R}_\sigma$ 是由定义 5.1 给出的 (θ,σ)-模糊粗糙近似算子, 则以下等价:

(1) R 是模糊 T-预序.

(2) σ-上近似算子 $\overline{R}_\sigma: \mathcal{F}(U) \to \mathcal{F}(U)$ 是模糊闭包算子.

(3) θ-下近似算子 $\underline{R}_\theta: \mathcal{F}(U) \to \mathcal{F}(U)$ 是模糊内部算子.

定理 8.23　设 I 是 $[0,1]$ 上的半连续混合单调 NP 模糊蕴涵算子, N 是回旋非门算子, T 是 $[0,1]$ 上的左连续三角模且满足 (8.61) 式, R 是 U 上模糊关系, $\underline{IR}, \overline{TR}: \mathcal{F}(U) \to \mathcal{F}(U)$ 是由定义 6.2 所给出的 I-模糊粗糙近似算子. 若 R 是 U 上模糊 T-预序, 则由 (8.53) 式定义的 τ_R 是 U 上的模糊拓扑, 且 $\underline{IR}: \mathcal{F}(U) \to \mathcal{F}(U)$ 与 $\overline{TR}: \mathcal{F}(U) \to \mathcal{F}(U)$ 分别是 τ_R 的内部算子与闭包算子.

证明　由于 R 是 U 上自反与 T-传递的模糊关系, 由命题 8.1 和 (8.66) 式易证

$$\{\underline{IR}(A) | A \in \mathcal{F}(U)\} = \{A \in \mathcal{F}(U) | \underline{IR}(A) = A\} = \tau_R. \tag{8.71}$$

于是由定理 8.21 知 $\{\underline{R}(A) : A \in \mathcal{F}(U)\}$ 是 U 上的模糊拓扑. 再由定理 8.22 中的证明过程可知, $\underline{IR}: \mathcal{F}(U) \to \mathcal{F}(U)$ 与 $\overline{TR}: \mathcal{F}(U) \to \mathcal{F}(U)$ 分别是 τ_R 的模糊内部算子与模糊闭包算子. □

推论 8.7　设 (U, R) 是模糊近似空间, T 是 $[0,1]$ 上的左连续三角模, S 是与 T 对偶的反三角模, $\underline{SR}$ 和 $\overline{TR}$ 是由定义 4.5 给出的 (S,T)-模糊粗糙近似算子. 若 R 是 U 上模糊 T-预序, 则 $\tau_R = \{A \in \mathcal{F}(U) | \underline{SR}(A) = A\}$ 是 U 上的模糊拓扑, 且 $\underline{SR}: \mathcal{F}(U) \to \mathcal{F}(U)$ 与 $\overline{TR}: \mathcal{F}(U) \to \mathcal{F}(U)$ 分别是 τ_R 的内部算子与闭包算子.

推论 8.8 设 (U,R) 是模糊近似空间, I 是由左连续三角模 T 确定的 R- 蕴涵算子, S 是与 T 对偶的反三角模, $\underline{R}_\theta$ 和 $\overline{R}_\sigma$ 是由定义 5.1 给出的 (θ,σ)-模糊粗糙近似算子. 若 R 是 U 上的模糊 T-预序, 则 $\tau_{_R}=\{A\in\mathcal{F}(U)|\underline{R}_\theta(A)=A\}$ 是 U 上的模糊拓扑, 且 $\underline{R}_\theta:\mathcal{F}(U)\to\mathcal{F}(U)$ 与 $\overline{R}_\sigma:\mathcal{F}(U)\to\mathcal{F}(U)$ 分别是 $\tau_{_R}$ 的内部算子与闭包算子.

注 8.3 定理 8.21 说明, 由一个自反模糊近似空间导出的 I-模糊粗糙近似算子按 (8.53) 式定义可以得到一个模糊 Alexandrov 拓扑. 由定义 8.7 可知, 一个模糊拓扑 τ 可以产生一个模糊内部算子 int_τ, 这个内部算子又可以生成一个模糊拓扑 $\tau_{_{\mathrm{int}_\tau}}$, 当然有 $\tau_{_{\mathrm{int}_\tau}}=\tau$. 现在取模糊拓扑 $\tau_{_R}$, 则它产生一个模糊内部算子 int_{τ_R}, 并且它也产生一个模糊拓扑 $\tau_{_{\mathrm{int}_{\tau_R}}}$. 由于 $\tau_{_{\mathrm{int}_{\tau_R}}}=\tau_{_R}$, 即

$$\tau_{_R}=\{A\in\mathcal{F}(U)|\underline{IR}(A)=A\}=\{A\in\mathcal{F}(U)|\mathrm{int}_{\tau_R}(A)=A\}. \tag{8.72}$$

需要指出的是, 尽管 $\underline{IR}$ 与 int_{τ_R} 生成同一个模糊拓扑, 但一般情况下, $\underline{IR}\neq\mathrm{int}_{\tau_R}$, 原因是 int_{τ_R} 是模糊内部算子, 而 $\underline{IR}$ 一般情况下不是内部算子. 事实上, 定理 8.22 说明 $\underline{IR}=\mathrm{int}_{\tau_R}$ 成立当且仅当 R 是一个模糊 T-预序.

定理 8.24 设 I 是 $[0,1]$ 上的半连续混合单调 NP 蕴涵算子, 且满足正则性质, N 是 $[0,1]$ 上的回旋非门算子, T 是 $[0,1]$ 上的左连续三角模且满足 (8.61) 式. 若 (U,τ) 是模糊拓扑空间, $\mathrm{cl},\mathrm{int}:\mathcal{F}(U)\to\mathcal{F}(U)$ 是对应的闭包算子和内部算子, 则存在 U 上模糊 T-预序 R_τ 使得

$$\overline{IR_\tau}(A)=\mathrm{cl}(A),\quad \underline{IR_\tau}(A)=\mathrm{int}(A),\quad \forall A\in\mathcal{F}(U) \tag{8.73}$$

当且仅当 cl 满足公理 (AFIU1)′ 与 (AFIU2), 或等价地, int 满足公理 (AFIL1)′ 与 (AFIL2), 即,

(AFIU1)′ $\mathrm{cl}(\theta_{I,N}(1_{U-\{y\}},\widehat{\alpha}))=\mathrm{cl}(\theta_{I,N}(\theta_{I,N}(1_y,U),\widehat{\alpha})),\forall y\in U,\forall\alpha\in[0,1]$.

(AFIU2) $\mathrm{cl}\left(\bigcup\limits_{i\in J}A_i\right)=\bigcup\limits_{i\in J}\mathrm{cl}(A_i)$, $A_i\in\mathcal{F}(U)$, $i\in J$, J 是任意指标集.

(AFIL1)′ $\mathrm{int}(1_y\Rightarrow_I\widehat{\alpha})=\mathrm{int}((1_{U-\{y\}}\Rightarrow_I\varnothing)\Rightarrow_I\widehat{\alpha})$, $\forall y\in U,\forall\alpha\in[0,1]$.

(AFIL2) $\mathrm{int}\left(\bigcap\limits_{i\in J}A_i\right)=\bigcap\limits_{i\in J}\mathrm{int}(A_i)$, $A_i\in\mathcal{F}(U)$, $i\in J$, J 是任意指标集.

证明 “⇒” 由定理 6.9 即得.

“⇐” 若模糊拓扑空间 (U,τ) 的模糊闭包算子 $\mathrm{cl}:\mathcal{F}(U)\to\mathcal{F}(U)$ 满足公理 (AFIU1)′ 与 (AFIU2)、模糊内部算子 $\mathrm{int}:\mathcal{F}(U)\to\mathcal{F}(U)$ 满足公理 (AFIL1)′ 与 (AFIL2), 则由定理 6.9 证明过程知, 可以按如下方法定义 U 上的一个模糊关系

$$R_\tau(x,y)=I(\mathrm{int}(1_{U-\{y\}})(x),0). \tag{8.74}$$

使得 (8.73) 式成立. 进一步, 由定理 8.22 即知 R_τ 是 U 上模糊 T-预序. □

推论 8.9　设 T 是 $[0,1]$ 上的左连续三角模, S 是与 T 对偶的反三角模. 若 (U,τ) 是模糊拓扑空间, $\mathrm{cl},\mathrm{int}:\mathcal{F}(U)\to\mathcal{F}(U)$ 是对应的闭包算子和内部算子, 则存在 U 上模糊 T-预序 R_τ 使得

$$\overline{TR_\tau}(A)=\mathrm{cl}(A),\quad \underline{SR_\tau}(A)=\mathrm{int}(A),\quad \forall A\in\mathcal{F}(U) \tag{8.75}$$

当且仅当 cl 满足公理 (AFU1) 与 (AFU2), 或等价地, int 满足公理 (AFL1) 与 (AFL2), 即,

(AFL1) $\mathrm{int}(A\cup\widehat{\alpha})=\mathrm{int}(A)\cup\widehat{\alpha},\forall A\in\mathcal{F}(U),\forall\alpha\in[0,1]$.

(AFL2) $\mathrm{int}\left(\bigcap\limits_{j\in J}A_j\right)=\bigcap\limits_{j\in J}\mathrm{int}(A_j),\forall A_j\in\mathcal{F}(U),j\in J,J$ 是任意指标集.

(AFU1) $\mathrm{cl}(A\cap\widehat{\alpha})=\mathrm{cl}(A)\cap\widehat{\alpha},\forall A\in\mathcal{F}(U),\forall\alpha\in[0,1]$.

(AFU2) $\mathrm{cl}\left(\bigcup\limits_{j\in J}A_j\right)=\bigcup\limits_{j\in J}\mathrm{cl}(A_j),\forall A_j\in\mathcal{F}(U),j\in J,J$ 是任意指标集.

推论 8.10　设 I 是 $[0,1]$ 上由左连续三角模 T 确定的 R- 蕴涵算子, S 是与 T 对偶的反三角模. 若 (U,τ) 是模糊拓扑空间, $\mathrm{cl},\mathrm{int}:\mathcal{F}(U)\to\mathcal{F}(U)$ 是对应的闭包算子和内部算子, 则存在 U 上模糊 T-预序 R_τ 使得

$$\overline{R_\tau}_\sigma(A)=\mathrm{cl}(A),\quad \underline{R_\tau}_\theta(A)=\mathrm{int}(A),\quad \forall A\in\mathcal{F}(U) \tag{8.76}$$

当且仅当 cl 满足公理 (AFIU1)$''$ 与 (AFIU2), 或等价地, int 满足公理 (AFIL1)$''$ 与 (AFIL2), 其中

(AFIU1)$''$ $\mathrm{cl}(\sigma(\widehat{\alpha},A))=\sigma(\widehat{\alpha},\mathrm{cl}(A)),\ \forall\alpha\in[0,1],\forall A\in\mathcal{F}(U)$.

(AFIL1)$''$ $\mathrm{int}(\theta(\widehat{\alpha},A))=\theta(\widehat{\alpha},\mathrm{int}(A)),\ \forall\alpha\in[0,1],\forall A\in\mathcal{F}(U)$.

这里 θ 为基于三角模 T 的 R- 蕴涵算子, σ 是 θ 的对偶算子.

注 8.4　由定义 8.10 知, 若一个模糊拓扑空间中的模糊内部算子与模糊闭包算子分别满足公理 (AFIL2) 与 (AFIU2), 则该模糊拓扑空间一定是模糊 Alexandrov 拓扑空间, 因此, 定理 8.24 表明, 对于一个给定的模糊拓扑空间, 存在一个模糊 T-预序使得由该模糊关系导出的 I-模糊粗糙下近似算子与 I-模糊粗糙上近似算子恰好就是给定模糊拓扑空间的模糊内部算子与模糊闭包算子当且仅当该拓扑空间是一个模糊 Alexandrov 拓扑空间且模糊内部算子与模糊闭包算子分别满足公理 (AFIL1)$'$ 与 (AFIU1)$'$.

对于 $[0,1]$ 上给定的模糊蕴涵算子 I 与三角模 T, 记 $\mathcal{R}_{\mathcal{F}}$ 为 U 上模糊 T-预序全体, 记 $\mathcal{T}'_{\mathcal{F}}$ 为 U 上模糊内部算子与模糊闭包算子分别满足公理 (AFIL1)$'$ 与 (AFIU1)$'$ 的模糊 Alexandrov 空间全体, 则由定理 8.22—定理 8.24 可以得到定理 8.25 和定理 8.26.

定理 8.25 设 I 是 $[0,1]$ 上的半连续混合单调 NP 蕴涵算子, 且满足正则性质, N 是 $[0,1]$ 上的回旋非门算子, T 是 $[0,1]$ 上左连续三角模且满足 (8.61) 式, 则

(1) 若 $R \in \mathcal{R}_{\mathcal{F}}$, τ_R 是由 (8.53) 式定义的, R_{τ_R} 是由 (8.74) 式定义的, 则 $R_{\tau_R} = R$.

(2) 若 $\tau \in \mathcal{T}'_{\mathcal{F}}$, R_τ 是由 (8.74) 式定义的, τ_{R_τ} 是由 (8.53) 式定义的, 则 $\tau_{R_\tau} = \tau$.

定理 8.26 设 I 是 $[0,1]$ 上的半连续混合单调 NP 蕴涵算子, 且满足正则性质, N 是 $[0,1]$ 上的回旋非门算子, T 是 $[0,1]$ 上的左连续三角模且满足 (8.61) 式, 则 $\mathcal{R}_{\mathcal{F}}$ 与 $\mathcal{T}'_{\mathcal{F}}$ 是 1-1 对应的.

第 9 章 粗糙集与证据理论

在粗糙集理论中有一对对偶的集合算子: 下近似算子和上近似算子, 而在证据理论中有一对对偶的不确定性测度: 信任函数与似然函数. 集合的下近似和上近似可以看成对该集合所表示不确定信息的定性描述, 而同一集合的信任测度和似然测度可以看成对该集合的不确定性的定量刻画. 本章讨论粗糙集理论中由近似空间导出的下近似算子与上近似算子和证据理论中由信任结构导出的信任函数与似然函数之间的联系, 给出两个理论之间的相互表示与解释.

9.1 粗糙集与可测空间

σ-代数的概念是概率论和 Lebesgue 积分等分析数学的基础, 它可以解释为事件的全体, 并且在每一个事件上可赋予概率. 研究粗糙集理论中近似空间与概率论中的可测空间之间的关系是一个有意义的工作. 最早研究这个工作的是 Pawlak, 他证明了 Pawlak 近似空间中的可定义集全体构成了一个 σ-代数. 本节讨论经典与模糊环境下近似空间导出的可定义集全体与 σ-代数的关系.

定义 9.1[38] 设 U 是非空论域, U 上的子集族 $\mathcal{A} \subseteq \mathcal{P}(U)$ 称为 U 上的一个 σ-代数, 若满足以下条件:

(1) $U \in \mathcal{A}$;

(2) $\{X_n | n \in \mathbb{N}\} \subseteq \mathcal{A} \Longrightarrow \bigcup\limits_{n\in\mathbb{N}} X_n \in \mathcal{A}$;

(3) $X \in \mathcal{A} \Longrightarrow \sim X \in \mathcal{A}$.

$\mathcal{A}$ 中的集合称为可测集, 二元序对 $(U, \mathcal{A})$ 称为一个可测空间.

由上述定义可见 $\varnothing \in \mathcal{A}$, 并且

$$\{X_n | n \in \mathbb{N}\} \subseteq \mathcal{A} \Longrightarrow \bigcap_{n\in\mathbb{N}} X_n \in \mathcal{A}.$$

若 U 是有限论域, 则上述定义中的条件 (2) 可以被以下条件代替:

$$X, Y \in \mathcal{A} \Longrightarrow X \cup Y \in \mathcal{A}.$$

此时, $\mathcal{A}$ 称为 U 上的一个代数. 这时若记

$$\mathcal{A}(x) = \cap\{X \in \mathcal{A} | x \in X\}, \quad x \in U,$$

则 $\mathcal{A}(x) \in \mathcal{A}$, 可以验证 $\{\mathcal{A}(x)|x \in U\} \subseteq \mathcal{A}$ 构成了 U 的一个分划, 称 $\mathcal{A}(x)$ 是 $\mathcal{A}$ 中包含 x 的原子集.

定理 9.1 设 (U, R) 是串行近似空间, $\underline{R}, \overline{R} : \mathcal{P}(U) \to \mathcal{P}(U)$ 是由 (U, R) 导出的粗糙近似算子, 记

$$\mathcal{A} = \{X \in \mathcal{P}(U)|\underline{R}(X) = X = \overline{R}(X)\}, \tag{9.1}$$

则 $\mathcal{A}$ 是 U 上的 σ-代数.

证明 (1) 由于 R 是 U 上串行关系, 由定理 1.7 与定理 1.8 知, $\underline{R}(U) = U = \overline{R}(U)$, 即 $U \in \mathcal{A}$.

(2) 设 $X_n \in \mathcal{A}, n \in \mathbb{N}$, 即对任意 $n \in \mathbb{N}$ 有 $\underline{R}(X_n) = X_n = \overline{R}(X_n)$. 则一方面, 由于 R 是串行的, 由定理 1.8 知

$$\underline{R}\left(\bigcup_{n\in\mathbb{N}} X_n\right) \subseteq \overline{R}\left(\bigcup_{n\in\mathbb{N}} X_n\right) = \bigcup_{n\in\mathbb{N}} X_n. \tag{9.2}$$

另一方面, 由定理 1.7 知

$$\bigcup_{n\in\mathbb{N}} X_n = \bigcup_{n\in\mathbb{N}} \underline{R}(X_n) \subseteq \underline{R}\left(\bigcup_{n\in\mathbb{N}} X_n\right). \tag{9.3}$$

结合 (9.2) 式与 (9.3) 式得

$$\underline{R}\left(\bigcup_{n\in\mathbb{N}} X_n\right) = \bigcup_{n\in\mathbb{N}} X_n = \overline{R}\left(\bigcup_{n\in\mathbb{N}} X_n\right),$$

即 $\bigcup\limits_{n\in\mathbb{N}} X_n \in \mathcal{A}$.

(3) 设 $X \in \mathcal{A}$, 即 $\underline{R}(X) = X = \overline{R}(X)$, 由近似算子的对偶性质得

$$\underline{R}(\sim X) = \sim \overline{R}(X) = \sim X = \sim \underline{R}(X) = \overline{R}(\sim X).$$

从而 $\sim X \in \mathcal{A}$.

综上即知, $\mathcal{A}$ 是一个 σ-代数. □

注 9.1 在粗糙集理论中, 若 $\underline{R}(X) = \overline{R}(X)$, 则称 X 是可定义集, 定理 9.1 表明, 由串行近似空间导出的可定义集全体构成了 U 上的一个 σ-代数, 序对 $(U, \mathcal{A})$ 是一个可测空间, 近似空间 (U, R) 中的每个可定义集都是 $(U, \mathcal{A})$ 中的可测集.

定理 9.2 设 (U, R) 是 Pawlak 近似空间, 即 R 是 U 上等价关系, $\underline{R}, \overline{R} : \mathcal{P}(U) \to \mathcal{P}(U)$ 是由 (U, R) 导出的 Pawlak 粗糙近似算子, 记

$$\mathcal{A}_l = \{X \in \mathcal{P}(U)|\underline{R}(X) = X\},$$

$$\mathcal{A}_L = \{\underline{R}(X) | X \in \mathcal{P}(U)\},$$
$$\mathcal{A}_h = \{X \in \mathcal{P}(U) | \overline{R}(X) = X\},$$
$$\mathcal{A}_H = \{\overline{R}(X) | X \in \mathcal{P}(U)\},$$

则 $\mathcal{A}_l = \mathcal{A}_L = \mathcal{A}_h = \mathcal{A}_H = \mathcal{A}$.

证明　由于对 Pawlak 近似空间中的任意 $X \in \mathcal{P}(U)$,

$$X \text{ 是可定义的} \Longleftrightarrow \underline{R}(X) = X \Longleftrightarrow \overline{R}(X) = X,$$

因此, $\mathcal{A}_l = \mathcal{A}_h$. 显然, $\mathcal{A}_l \subseteq \mathcal{A}_L$. 另一方面, 由于 $\underline{R}$ 与 $\overline{R}$ 是 Pawlak 近似算子, 于是对任意 $X \in \mathcal{P}(U)$ 有 $\underline{R}(\underline{R}(X)) = \underline{R}(X)$, 从而 $\mathcal{A}_L \subseteq \mathcal{A}_l$. 再由 $\underline{R}$ 与 $\overline{R}$ 的对偶性即知 $\mathcal{A}_h = \mathcal{A}_H$. 定理得证. □

注 9.2　定理 9.2 表明, Pawlak 近似算子将论域中的任意集合映射成可定义集. 但一般来说, 若 $\underline{R}$ 与 $\overline{R}$ 不是 Pawlak 近似算子, 则不能保证近似集 $\underline{R}$(X) 与 $\overline{R}(X)$ 一定是可定义集.

下述定理表明, 对于有限论域中任意给定的 (σ-) 代数, 一定能找到一个近似空间使得导出的可定义集全体就是所给的 (σ-) 代数.

定理 9.3　设 U 是有限论域, $(U, \mathcal{A})$ 是可测空间, 则存在 U 上自反经典关系 R, 使得

$$\mathcal{A} = \{X \in \mathcal{P}(U) | \underline{R}(X) = X = \overline{R}(X)\}. \tag{9.4}$$

证明　定义两个集合算子 $L, H : \mathcal{P}(U) \to \mathcal{P}(U)$ 如下:

$$L(X) = \cup\{Y \in \mathcal{A} | Y \subseteq X\},\ X \in \mathcal{P}(U),$$
$$H(X) = \cap\{Y \in \mathcal{A} | X \subseteq Y\},\ X \in \mathcal{P}(U).$$

首先, 对任意 $X \in \mathcal{P}(U)$, 由于 U 是有限集, 因此, $L(X) \in \mathcal{A}$ 且 $H(X) \in \mathcal{A}$. 由定义易见 $L(X) \subseteq X$. 由 $U \in \mathcal{A}$ 即知 $L(U) = U$.

其次, 对任意 $X_1, X_2 \in \mathcal{P}(U)$, 若 $x \in L(X_1 \cap X_2)$, 则由 L 的定义知, 存在 $Y \in \mathcal{A}$ 使得 $x \in Y \subseteq X_1 \cap X_2$. 而由 $x \in Y \subseteq X_i$ 得 $x \in L(X_i), i = 1, 2$, 即 $x \in L(X_1) \cap L(X_2)$. 因此,

$$L(X_1 \cap X_2) \subseteq L(X_1) \cap L(X_2). \tag{9.5}$$

另一方面, 若 $x \in L(X_1) \cap L(X_2)$, 则存在 $Y_1, Y_2 \in \mathcal{A}$ 使得 $x \in Y_i \subseteq X_i, i = 1, 2$. 令 $Y = Y_1 \cap Y_2$, 显然, $x \in Y \subseteq X_1 \cap X_2$. 由于 $\mathcal{A}$ 是一个代数, 因此 $Y \in \mathcal{A}$. 从而, $x \in L(X_1 \cap X_2)$. 于是,

$$L(X_1) \cap L(X_2) \subseteq L(X_1 \cap X_2). \tag{9.6}$$

由 (9.5) 式与 (9.6) 式得

$$L(X_1 \cap X_2) = L(X_1) \cap L(X_2), \quad \forall X_1, X_2 \in \mathcal{P}(U). \tag{9.7}$$

最后, 对任意 $X \in \mathcal{P}(U)$,

$$\begin{aligned}
\sim L(\sim X) &= \sim \cup\{Y \in \mathcal{A} | Y \subseteq \sim X\} \\
&= \sim \cup\{Y \in \mathcal{A} | Y \cap X = \varnothing\} \\
&= \cap\{\sim Y | Y \in \mathcal{A}, Y \cap X = \varnothing\} \\
&= \cap\{Z | \sim Z \in \mathcal{A}, (\sim Z) \cap X = \varnothing\} \\
&= \cap\{Z \in \mathcal{A} | X \subseteq Z\} = H(X).
\end{aligned}$$

从而, 由 L 与 H 的对偶性即知 $H(\varnothing) = \varnothing$, 并且对任意 $X_1, X_2 \in \mathcal{P}(U)$ 有 $H(X_1 \cup X_2) = H(X_1) \cup H(X_2)$.

注意到 U 是有限论域, 因此, 由定理 1.17 知, 存在 U 上的经典关系 R 使得对任意 $X \in \mathcal{P}(U)$ 有 $\underline{R}(X) = L(X)$ 且 $\overline{R}(X) = H(X)$. 同时, 由 L 与 H 的定义可见

$$\{X \in \mathcal{P}(U) | \underline{R}(X) = X = \overline{R}(X)\} \subseteq \mathcal{A}. \tag{9.8}$$

而对任意 $Y \in \mathcal{A}$, 再由 L 与 H 的定义知 $\underline{R}(Y) = Y = \overline{R}(Y)$. 于是,

$$\mathcal{A} \subseteq \{X \in \mathcal{P}(U) | \underline{R}(X) = X = \overline{R}(X)\}. \tag{9.9}$$

结合 (9.8) 式与 (9.9) 式即知 (9.4) 式成立. 进一步, 由 L 的定义知, $\underline{R}(X) \subseteq X$ 对任意 $X \in \mathcal{P}(U)$ 成立, 从而由定理 1.9 知 R 是自反的. □

定义 9.2[45] 设 U 是非空论域, U 上的一个模糊子集族 $\mathcal{F} \subseteq \mathcal{F}(U)$ 称为 U 上的一个模糊 σ-代数, 若满足以下条件:

(1) $\widehat{\alpha} \in \mathcal{F}, \forall \alpha \in [0,1]$.

(2) $\{A_n | n \in \mathbb{N}\} \subset \mathcal{F} \Longrightarrow \bigcup\limits_{n \in \mathbb{N}} A_n \in \mathcal{F}$.

(3) $A \in \mathcal{F} \Longrightarrow \sim A \in \mathcal{F}$.

$\mathcal{F}$ 中集合称为模糊可测集, 二元序对 $(U, \mathcal{F})$ 称为一个模糊可测空间.

显然, 定义 9.2 中的条件 (1) 蕴涵 $\varnothing, U \in \mathcal{F}$. 类似于定义 9.1, 利用定义 9.2 中的条件 (3), 条件 (2) 也可以被以下条件 (2)′ 等价地代替:

(2)′ $\{A_n | n \in \mathbb{N}\} \subset \mathcal{F} \Longrightarrow \bigcap\limits_{n \in \mathbb{N}} A_n \in \mathcal{F}$.

如果 U 是有限论域, 那么定义 9.2 的条件 (2) 可以被以下条件代替:

(2)″ $A, B \in \mathcal{F} \Longrightarrow A \cup B \in \mathcal{F}$.

此时, 称 $\mathcal{F}$ 是 U 上的一个模糊代数.

定义 9.3　设 U 是非空有限论域, 称 U 上的模糊代数 $\mathcal{F}$ 是由一个经典代数 $\mathcal{A}$ 生成的, 若对任意 $A \in \mathcal{F}$, 存在 $a_i \in [0,1], i = 1, 2, \cdots, k$, 使得

$$A(x) = \sum_{i=1}^{k} a_i 1_{C_i}(x), \quad x \in U, \tag{9.10}$$

其中 $\{C_1, C_2, \cdots, C_k\} = \{\mathcal{A}(x) | x \in U\}$ 是 $\mathcal{A}$ 的原子集, 1_{C_i} 是 C_i 的特征函数.

注 9.3　若 U 上的模糊代数 $\mathcal{F}$ 是由经典代数 $\mathcal{A}$ 生成的, 则对每一个 $A \in \mathcal{F}$, $A : U \to [0,1]$ 是关于 $\mathcal{A}$-$\mathcal{B}([0,1])$ 可测的, 其中 $\mathcal{B}([0,1])$ 是 $[0,1]$ 的 Borel 子集全体, 换言之, A 是在 Zadeh 意义下可测的 [167].

定理 9.4　设 (U, R) 是串行经典近似空间, $\underline{RF}$ 与 $\overline{RF}$ 是由 (U, R) 导出的粗糙模糊近似算子, 记

$$\mathcal{F} = \{A \in \mathcal{F}(U) | \underline{RF}(A) = A = \overline{RF}(A)\}, \tag{9.11}$$

则 $\mathcal{F}$ 是 U 上的模糊 σ-代数.

证明　(1) 由于模糊关系 R 是串行的, 由定理 2.3 知,

$$\underline{RF}(\widehat{\alpha}) = \widehat{\alpha} = \overline{RF}(\widehat{\alpha}), \quad \forall \alpha \in [0,1],$$

即对任意 $\alpha \in [0,1]$, 有 $\widehat{\alpha} \in \mathcal{F}$.

(2) 若 $A_n \in \mathcal{F}, n \in \mathbb{N}$, 即

$$\underline{RF}(A_n) = A_n = \overline{RF}(A_n), \quad \forall n \in \mathbb{N}.$$

由于 R 是串行的, 由定理 2.2 与定理 2.3 知

$$\underline{RF}\left(\bigcup_{n \in \mathbb{N}} A_n\right) \subseteq \overline{RF}\left(\bigcup_{n \in \mathbb{N}} A_n\right) = \bigcup_{n \in \mathbb{N}} \overline{RF}(A_n) = \bigcup_{n \in \mathbb{N}} A_n. \tag{9.12}$$

另一方面, 由定理 2.2 知

$$\bigcup_{n \in \mathbb{N}} A_n = \bigcup_{n \in \mathbb{N}} \underline{RF}(A_n) \subseteq \underline{RF}\left(\bigcup_{n \in \mathbb{N}} A_n\right). \tag{9.13}$$

结合 (9.12) 式与 (9.13) 式得

$$\underline{RF}\left(\bigcup_{n \in \mathbb{N}} A_n\right) = \bigcup_{n \in \mathbb{N}} A_n = \overline{RF}\left(\bigcup_{n \in \mathbb{N}} A_n\right),$$

即 $\bigcup_{n \in \mathbb{N}} A_n \in \mathcal{F}$.

(3) 若 $A\in\mathcal{F}$, 即 $\underline{RF}(A)=A=\overline{RF}(A)$, 由 $\underline{RF}$ 与 $\overline{RF}$ 的对偶性知

$$\underline{RF}(\sim A)=\sim\overline{RF}(A)=\sim A=\sim\underline{RF}(A)=\overline{RF}(\sim A),$$

即 $\sim A\in\mathcal{F}$.

综上即知, $\mathcal{F}$ 是 U 上的模糊 σ-代数. □

定理 9.5 设 (U,R) 是自反模糊近似空间, I 是 $[0,1]$ 上的半连续混合单调的 NP 蕴涵算子, N 是 $[0,1]$ 上的回旋非门算子, $\underline{IR}$ 与 $\overline{IR}$ 是由 (U,R) 导出的 I-模糊粗糙近似算子, 记

$$\mathcal{F}=\{A\in\mathcal{F}(U)|\underline{IR}(A)=A=\overline{IR}(A)\},\tag{9.14}$$

则 $\mathcal{F}$ 是 U 上的模糊 σ-代数.

证明 (1) 由于自反模糊关系 R 一定是串行的, 类似于定理 9.4 的证明可知, 对任意 $\alpha\in[0,1]$, 有 $\widehat{\alpha}\in\mathcal{F}$.

(2) 若 $A_n\in\mathcal{F},n\in\mathbb{N}$, 即

$$\underline{IR}(A_n)=A_n=\overline{IR}(A_n),\quad \forall n\in\mathbb{N}.$$

由于 R 是自反的, 由定理 6.4 知

$$\underline{IR}\left(\bigcup_{n\in\mathbb{N}}A_n\right)\subseteq\bigcup_{n\in\mathbb{N}}A_n\subseteq\overline{IR}\left(\bigcup_{n\in\mathbb{N}}A_n\right)=\bigcup_{n\in\mathbb{N}}\overline{IR}(A_n)=\bigcup_{n\in\mathbb{N}}A_n.\tag{9.15}$$

另一方面, 由定理 6.2 的性质 (FIL4) 知

$$\bigcup_{n\in\mathbb{N}}A_n=\bigcup_{n\in\mathbb{N}}\underline{IR}(A_n)\subseteq\underline{IR}\left(\bigcup_{n\in\mathbb{N}}A_n\right).\tag{9.16}$$

结合 (9.15) 式与 (9.16) 式即得

$$\underline{IR}\left(\bigcup_{n\in\mathbb{N}}A_n\right)=\bigcup_{n\in\mathbb{N}}A_n=\overline{IR}\left(\bigcup_{n\in\mathbb{N}}A_n\right),$$

即 $\bigcup\limits_{n\in\mathbb{N}}A_n\in\mathcal{F}$.

同理可证, $\bigcap\limits_{n\in\mathbb{N}}A_n\in\mathcal{F}$.

(3) 若 $A\in\mathcal{F}$, 与定理 9.4 类似可证 $\sim A\in\mathcal{F}$.

综上即知, $\mathcal{F}$ 是 U 上的模糊 σ-代数. □

定理 9.6 设 U 是有限集, R 是 U 上串行模糊关系, I 是 $[0,1]$ 上的半连续混合单调的 NP 蕴涵算子, N 是 $[0,1]$ 上的回旋非门算子, $\underline{IR}$ 与 $\overline{IR}$ 是由 (U,R) 导出的 I-模糊粗糙近似算子, 则由 (9.14) 式定义的 $\mathcal{F}$ 是 U 上的模糊 σ-代数.

证明　类似于定理 9.4 可证 $\mathcal{F}$ 满足定义 9.2 的条件 (1) 与 (3). 利用命题 6.7 的性质 (FILU0), 与定理 9.4 类似可证定义 9.2 的条件 (2) 也满足. 因此, $\mathcal{F}$ 是 U 上的模糊 σ-代数. □

注 9.4　定理 9.4—定理 9.6 表明, 模糊环境下串行或自反近似空间中的可定义模糊集全体构成了一个模糊 σ-代数, 即可定义集就是某个可测空间中的可测集. 下面讨论对于一个给定的模糊可测空间在什么样的条件下一定存在近似空间使得由近似空间导出的模糊可定义集全体恰好就是所给可测空间的模糊 σ-代数.

定理 9.7　设 U 是有限集, I 是 $[0,1]$ 上的半连续混合单调的 NP 蕴涵算子, N 是 $[0,1]$ 上的回旋非门算子, $(U,\mathcal{F})$ 是模糊可测空间, 若 $\mathcal{F}$ 是由经典代数 $\mathcal{A}$ 生成的, 则存在 U 上自反关系 R 使得

$$\mathcal{F} = \{A \in \mathcal{F}(U) | \underline{IR}(A) = A = \overline{IR}(A)\}. \tag{9.17}$$

证明　对任意 $x \in U$, 记 $[x] = \cap\{C \in \mathcal{A} | x \in C\}$. 易见, $\{[x] | x \in U\}$ 是经典代数 $\mathcal{A}$ 的原子集全体, 它构成了 U 的一个划分. 因此, 存在 U 上等价关系 R 使得 $R_s(x) = [x]$. 不失一般性, 不妨记划分 $\{[x] | x \in U\}$ 为 $\{C_1, C_2, \cdots, C_k\}$. 对于近似空间 (U,R), 定义 I-模糊粗糙近似算子 $\underline{IR}, \overline{IR} : \mathcal{F}(U) \to \mathcal{F}(U)$ 如下:

$$\underline{IR}(A)(x) = \bigwedge_{y \in U} I(R(x,y), A(y)), \quad A \in \mathcal{F}(U), \quad x \in U,$$

$$\overline{IR}(A)(x) = \bigvee_{y \in U} \theta_{I,N}(N(R(x,y)), A(y)), \quad A \in \mathcal{F}(U), \quad x \in U.$$

由 I 的混合单调性与 NP 性质, 并结合 R 是等价关系可得

$$\underline{IR}(A)(x) = \bigwedge_{y \in [x]} A(x), \quad A \in \mathcal{F}(U), \quad x \in U, \tag{9.18}$$

$$\overline{IR}(A)(x) = \bigvee_{y \in [x]} A(x), \quad A \in \mathcal{F}(U), \quad x \in U. \tag{9.19}$$

由于 R 是等价关系, 因此, 由定理 9.4 知 $\{A \in \mathcal{F}(U) | \underline{IR}(A) = A = \overline{IR}(A)\}$ 是 U 上的一个模糊 σ-代数.

一方面, 对任意 $A \in \mathcal{F}$, 根据假设, 存在 $a_i \in [0,1], i = 1, 2, \cdots, k$, 使得

$$A(x) = \sum_{i=1}^{k} a_i 1_{C_i}(x), \quad x \in U.$$

容易验证, 对任意 $i \in \{1, 2, \cdots, k\}$,

$$\underline{IR}(A)(x) = A(x) = \overline{IR}(A)(x) = a_i, \quad x \in C_i.$$

于是

$$\underline{IR}(A) = A = \overline{IR}(A), \quad \forall A \in \mathcal{F}.$$

因此

$$\mathcal{F} \subseteq \{A \in \mathcal{F}(U) | \underline{IR}(A) = A = \overline{IR}(A)\}. \tag{9.20}$$

另一方面, 对任意 $B \in \{A \in \mathcal{F}(U)|\underline{IR}(A)=A=\overline{IR}(A)\}$ 和任意 $i \in \{1, 2, \cdots, k\}$, 以及 $x \in C_i$, 由 (9.18) 式与 (9.19) 式知

$$\bigwedge_{y \in C_i} B(y) = B(x) = \bigvee_{y \in C_i} B(y).$$

于是, 对任意 $y \in C_i$ 有 $B(y) = B(x)$. 令 $B(x) = a_i$, 则

$$B(x) = \sum_{i=1}^{k} a_i 1_{C_i}(x).$$

从而证明了 $B \in \mathcal{F}$. 因此,

$$\{A \in \mathcal{F}(U) | \underline{IR}(A) = A = \overline{IR}(A)\} \subseteq \mathcal{F}. \tag{9.21}$$

结合 (9.20) 式与 (9.21) 式即得 (9.17) 式. □

9.2 可能性测度与必然性测度

在大量的实际问题中, 对于一个事物的评价和测量是不确定的. 这不仅是因为客观上许多事物就缺乏清晰性, 没有明确的含义, 而且评价与测量都是由人去完成的, 它受到人的经验、知识及工具的限制, 本身也是不确定的. 比如一些专家判断某病患者是否有这种病, 可能会有一些专家认为患者患有某种病, 也会有某些专家认为患者未患某种病. 这不仅因为患病的证据不充分, 还在于每个专家有着不同的经验和知识. 这样专家得出患有或未患有某种病时也不是肯定的, 而是可能性更大一些, 或者更小一些. 这样我们关心的是在某些症状的证据下, 各种疾病发生的可能性或信任程度, 这是一种不确定性测度, 称为模糊测度 [171].

定义 9.4 设 U 是非空有限集, 集函数 $M : \mathcal{F}(U) \to [0, 1]$ 称为 U 上的一个模糊测度, 若满足以下性质 :

(1) 有界性 : $M(\varnothing) = 0$, $M(U) = 1$;

(2) 单调性 : 对任意 A, $B \in \mathcal{P}(U)$, $A \subseteq B \Longrightarrow M(A) \leqslant M(B)$.

在模糊测度定义中, 有界性表示, 一个元素不可能属于 $\varnothing$, 它必然属于全集. 而单调性表示, 一个元素隶属于一个集合的确定度不大于它隶属于更大的一个集合的确定度.

我们指出定义 9.4 中模糊测度是对有限集 U 定义的, 对于 U 是无限集的情形, 模糊测度应满足连续性. 即当 $A_n \uparrow A = \cup A_n$或 $A_n \downarrow A = \cap A_n$ 时有性质 :

$$\lim_{n\to\infty} M(A_n) = M(A) = M\left(\lim_{n\to\infty} A_n\right).$$

模糊测度的连续性保证两种不同的方法计算 $M(A)$ 的一致性. 另外, 定义 9.4 的模糊测度也可以定义在 U 的模糊幂集 $\mathcal{F}(U)$ 上.

由于模糊测度的单调性，很容易证明 :

$$\max(M(A),\ M(B)) \leqslant M(A\cup B),$$

$$\min(M(A),\ M(B)) \geqslant M(A\cap B).$$

定义 9.5　称 Π : $\mathcal{P}(U) \to [0,\ 1]$ 为 U 上的可能性测度, 若满足以下公理 :

(Π1) $\Pi(\varnothing) = 0$;

(Π2) $\Pi(U) = 1$;

(Π3) $\Pi(A\cup B) = \Pi(A)\vee\Pi(B), \forall A, B \in \mathcal{P}(U)$.

由公理 (Π2) 与 (Π3) 可得, $\Pi(A)\vee\Pi(\sim A) = 1$, 即两个具有互补的事件中至少有一个是可能发生的. 一个 U 上的可能性测度 Π 可以唯一地被一个正则模糊集 π 表示, 这个正则模糊集称为 Π 的可能性分布函数, 即对任意 $x \in U$ 有 $\Pi(\{x\}) = \pi(x)$ 且 $\Pi(X) = \bigvee_{x\in X}\pi(x)$. 反之, U 上的每一个正则模糊集一定可以生成一个以它为可能性分布函数的可能性测度.

例 9.1　设 A 是 U 上的正则模糊集, 即存在 $x_0 \in U$, 使 $A(x_0) = 1$, 记

$$\Pi_{A}(X) = \sup_{x\in X} A(x), \quad X \in \mathcal{P}(U), \tag{9.22}$$

则 $\Pi_{A} : \mathcal{P}(U) \to [0,1]$ 是 U 上的可能性测度.

对于 U 上的正则模糊集 A, 记 π_{A} 为 Π_{A} 的可能性分布函数. 与可能性测度相对应的是必然性测度.

定义 9.6　称 N : $\mathcal{P}(U) \to [0,\ 1]$ 为 U 上的必然性测度, 若满足以下公理 :

(N1) $\mathrm{N}(\varnothing) = 0$;

(N2) $\mathrm{N}(U) = 1$;

(N3) $\mathrm{N}(A\cap B) = \mathrm{N}(A)\wedge\mathrm{N}(B), \forall A, B \in \mathcal{P}(U)$.

由公理 (N1) 与 (N3) 可得, $\mathrm{N}(A)\wedge\mathrm{N}(\sim A) = 0$, 即两个具有互补的事件不会同时发生的.

例 9.2　设 A 是 U 上的正则模糊集, 即存在 $x_0 \in U$, 使 $A(x_0) = 1$, 记

$$\mathrm{N}_{A}(X) = \inf_{x\in\sim X}(\sim A)(x), \quad X \in \mathcal{P}(U), \tag{9.23}$$

则 $\mathrm{N}_A : \mathcal{P}(U) \to [0,1]$ 是 U 上的必然性测度.

定理 9.8 若 $\Pi : \mathcal{P}(U) \to [0,1]$ 是 U 上的可能性测度, 记

$$\mathrm{N}(A) = 1 - \Pi(\sim A), \quad A \in \mathcal{P}(U), \tag{9.24}$$

则 N 是 U 上的必然性测度. 若 $\mathrm{N} : \mathcal{P}(U) \to [0,1]$ 为 U 上的必然性测度, 记

$$\Pi(A) = 1 - \mathrm{N}(\sim A), \quad A \in \mathcal{P}(U), \tag{9.25}$$

则 Π 是 U 上的可能性测度.

证明 首先, 易证 $\mathrm{N}(\varnothing) = 0$, $\mathrm{N}(U) = 1$. 对任意 $A, B \in \mathcal{P}(U)$, 又因

$$\begin{aligned}
\mathrm{N}(A \cap B) &= 1 - \Pi(\sim (A \cap B)) \\
&= 1 - \Pi((\sim A) \cup (\sim B)) \\
&= 1 - \Pi(\sim A) \vee \Pi(\sim B) \\
&= (1 - \Pi(\sim A)) \wedge (1 - \Pi(\sim B)) \\
&= \mathrm{N}(A) \wedge \mathrm{N}(B),
\end{aligned}$$

所以, (9.24) 式中的 N 为必然性测度. 同理可证, (9.25) 式中的 Π 为可能性测度. □

由定理 9.8 可知, 一个事件的必然性度量就是它的对立事件的不可能性度量. 对于两个互相对偶的必然性测度 N 与可能性测度 Π, $A \in \mathcal{P}(U)$, 若 $\mathrm{N}(A) > 0$, 则由公理 (N3) 与 (N1) 知有 $\mathrm{N}(\sim A) = 0$, 从而 $\Pi(A) = 1$, 这说明对于一个事件 A 而言, 哪怕只有一点点发生的必然性, 那么它是完全可能发生的.

显然, 必然性测度与可能性测度都是模糊测度. 另外, 必然性测度与可能性测度也可以定义在 U 的模糊幂集 $\mathcal{F}(U)$ 上, 常称为模糊必然性测度与模糊可能性测度, 并且也有类似于定理 9.8 的结论, 这里不再赘述.

例 9.3 设 $A \in \mathcal{P}(U)$, 记

$$\mathrm{N}_A(X) = \bigwedge_{u \in A} X(u), \quad X \in \mathcal{F}(U), \tag{9.26}$$

$$\Pi_A(X) = \bigvee_{u \in A} X(u), \quad X \in \mathcal{F}(U), \tag{9.27}$$

则 $\mathrm{N}_A : \mathcal{F}(U) \to [0,1]$ 是 U 上的模糊必然性测度, $\Pi_A : \mathcal{F}(U) \to [0,1]$ 是 U 上的模糊可能性测度.

例 9.4 设 A 是 U 上的正则模糊集, 记

$$\mathrm{N}_A(X) = \bigwedge_{u \in U} \big(X(u) \vee (1 - A(u))\big), \quad X \in \mathcal{F}(U), \tag{9.28}$$

$$\Pi_A(X) = \bigvee_{u \in U} \big(X(u) \wedge A(u)\big), \quad X \in \mathcal{F}(U), \tag{9.29}$$

则 $\mathrm{N}_A : \mathcal{F}(U) \to [0,1]$ 是 U 上的模糊必然性测度, $\Pi_A : \mathcal{F}(U) \to [0,1]$ 是 U 上的模糊可能性测度.

例 9.5　设 T 是 $[0,1]$ 上的三角模, S 是与 T 对偶的反三角模. 若 A 是 U 上的正则模糊集, 记

$$\mathrm{N}_A(X) = \bigwedge_{u \in U} S\big(X(u), 1 - A(u)\big), \quad X \in \mathcal{F}(U), \tag{9.30}$$

$$\Pi_A(X) = \bigvee_{u \in U} T\big(X(u), A(u)\big), \quad X \in \mathcal{F}(U), \tag{9.31}$$

则 $\mathrm{N}_A : \mathcal{F}(U) \to [0,1]$ 是 U 上的模糊必然性测度, $\Pi_A : \mathcal{F}(U) \to [0,1]$ 是 U 上的模糊可能性测度.

由 (9.30) 式与 (9.31) 式给出的模糊必然性测度与模糊可能性测度分别称为 t-必然性测度与 t-可能性测度.

例 9.6　设 I 是 $[0,1]$ 上的半连续左单调蕴涵算子, N 是 $[0,1]$ 上的回旋非门算子. 若 A 是 U 上的正则模糊集, 记

$$\mathrm{N}_{A,I}(X) = \bigwedge_{u \in U} I\big(A(u), X(u)\big), \quad X \in \mathcal{F}(U), \tag{9.32}$$

$$\Pi_{A,I}(X) = \bigvee_{u \in U} \theta_{I,N}\big(N(A(u)), X(u)\big), \quad X \in \mathcal{F}(U), \tag{9.33}$$

则 $\mathrm{N}_{A,I} : \mathcal{F}(U) \to [0,1]$ 是 U 上的模糊必然性测度, $\Pi_{A,I} : \mathcal{F}(U) \to [0,1]$ 是 U 上的模糊可能性测度, 并且 $\mathrm{N}_{A,I}$ 与 $\Pi_{A,I}$ 关于 N 是对偶的, 即

$$\Pi_{A,I}(X) = N(\mathrm{N}_{A,I}(\sim_N X)), \quad \forall X \in \mathcal{F}(U). \tag{9.34}$$

$$\mathrm{N}_{A,I}(X) = N(\Pi_{A,I}(\sim_N X)), \quad \forall X \in \mathcal{F}(U). \tag{9.35}$$

证明　首先, 由 I 的半连续性得

$$\mathrm{N}_{A,I}(\varnothing) = \bigwedge_{u \in U} I(A(u), 0) = I\left(\bigvee_{u \in U} A(u), 0\right) = I(1,0) = 0.$$

其次, 由于 I 是左单调的, 故对任意 $\alpha \in [0,1]$ 有 $I(\alpha, 1) = 1$, 从而 $\mathrm{N}_{A,I}(U) = \bigwedge_{u \in U} I(A(u), 1) = 1$.

最后, 对任意 $X, Y \in \mathcal{F}(U)$, 有

$$\mathrm{N}_{A,I}(X \cap Y) = \bigwedge_{u \in U} I(A(u), (X \cap Y)(u))$$

$$
\begin{aligned}
&= \bigwedge_{u\in U} I(A(u), X(u)\wedge Y(u)) \\
&= \bigwedge_{u\in U} I(A(u), X(u))\wedge I(A(u), Y(u)) \\
&= \left(\bigwedge_{u\in U} I(A(u), X(u))\right)\wedge\left(\bigwedge_{u\in U} I(A(u), Y(u))\right) \\
&= \mathrm{N}_{A,I}(X)\wedge \mathrm{N}_{A,I}(Y).
\end{aligned}
$$

即证 $\mathrm{N}_{A,I}$ 是 U 上的模糊必然性测度.

同理可证, $\Pi_{A,I}$ 是 U 上的模糊可能性测度. 并进一步可证, $\mathrm{N}_{A,I}$ 与 $\Pi_{A,I}$ 关于 N 是对偶的, 即 (9.34) 式与 (9.35) 式成立. □

由 (9.32) 式与 (9.33) 式给出模糊必然性测度与模糊可能性测度分别称为 I- 必然性测度与 I-可能性测度.

例 9.7 设 $I=\theta_T$ 是由 $[0,1]$ 上三角模 T 确定的 R- 蕴涵算子, S 是与 T 关于标准回旋非门算子 N_s 对偶的反三角模. 若 A 是 U 上的正则模糊集, 记

$$
\mathrm{N}_A(X)=\bigwedge_{x\in U}\theta_T(A(x), X(x)),\quad X\in\mathcal{F}(U), \tag{9.36}
$$

$$
\Pi_A(X)=\bigvee_{x\in U}\sigma_S(A(x), X(x)),\quad X\in\mathcal{F}(U). \tag{9.37}
$$

其中

$$
\begin{aligned}
\theta_T(\alpha,\beta)&=\sup\{\lambda\in[0,1]|T(\alpha,\lambda)\leqslant\beta\},\quad \alpha,\beta\in[0,1],\\
\sigma_S(\alpha,\beta)&=\inf\{\lambda\in[0,1]|\ S(\alpha,\lambda)\geqslant\beta\},\quad \alpha,\beta\in[0,1],
\end{aligned}
$$

则 $\mathrm{N}_A:\mathcal{F}(U)\to[0,1]$ 是 U 上的模糊必然性测度, $\Pi_A:\mathcal{F}(U)\to[0,1]$ 是 U 上的模糊可能性测度.

9.3 证据理论的基本概念

Dempster-Shafer 证据理论 (简称证据理论) 是处理不确定信息问题的又一个方法, 这个理论最初是由 Dempster 提出 [21], Shafer 进一步将该理论系统化成专著 [98], 该理论的基本结构是由 mass 函数生成的信任结构, 由信任结构可以导出一对对偶的数值型测度: 信任函数与似然函数. 信任函数的特征性质是满足次可加性, 并且信任函数与似然函数可以表示为下概率函数与上概率函数 [98]. 证据理论是比概率论更加一般化的定量处理不确定性问题的数学工具. 本节主要介绍两类信任结构及其导出的信任函数与似然函数概念.

定义 9.7　设 U 是非空论域, 集函数 $m:\mathcal{P}(U)\to[0,1]$ 称为经典 mass 函数, 若它满足以下公理 (CM1) 与 (CM2):

(CM1) $m(\varnothing)=0$;

(CM2) $\sum\limits_{A\in\mathcal{P}(U)} m(A)=1$.

若 $m(A)>0$, 则称 $A\in\mathcal{P}(U)$ 是 m 的焦元. 记 $\mathcal{M}=\{A\in\mathcal{P}(U)|m(A)>0\}$, 则序对 $(\mathcal{M},m)$ 称为 U 上的一个经典信任结构.

$m(A)$ 表示 U 中的元素属于集合 A 的基本信任程度, 或称为集合 (事件)A 的基本信任分配, 但并不对 A 的子集作任何信任分配. 在证据理论中, mass 函数通常是由专家给出, 所以一般带有一定的主观性, 虽然专家可以给一个事件赋以任意大小的信任度, 但要求所有事件的信任度的和为 1.

引理 9.1　设 $(\mathcal{M},m)$ 是 U 上的一个经典信任结构, 则 m 的焦元全体最多是可数集.

证明　对任意 $n\in\mathbb{N}$, 记

$$\mathcal{H}_n=\{A\in\mathcal{M}|m(A)>1/n\}.$$

由 (CM2) 可知, 对于每一个 $n\in\mathbb{N}$, $\mathcal{H}_n$ 中的集合个数一定是有限的, 而 $\mathcal{M}=\bigcup\limits_{n=1}^{\infty}\mathcal{H}_n$, 故 $\mathcal{M}$ 中的集合个数是可数的. □

定义 9.8　设 $(\mathcal{M},m)$ 是 U 上的一个经典信任结构, 集函数 $\mathrm{Bel}:\mathcal{P}(U)\to[0,1]$ 称为 U 上的 CC-信任函数, 若

$$\mathrm{Bel}(X)=\sum_{\{A\in\mathcal{P}(U)|A\subseteq X\}} m(A),\quad \forall X\in\mathcal{P}(U). \tag{9.38}$$

集函数 $\mathrm{Pl}:\mathcal{P}(U)\to[0,1]$ 称为 U 上的 CC-似然函数, 若

$$\mathrm{Pl}(X)=\sum_{\{A\in\mathcal{P}(U)|A\cap X\neq\varnothing\}} m(A),\quad \forall X\in\mathcal{P}(U). \tag{9.39}$$

注 9.5　由引理 9.1 知, 定义 9.8 中关于信任函数与似然函数中的两个和式 (9.38) 与 (9.39) 中非零项最多是可数项, 而收敛的正项级数和值与级数求和的次序无关, 因此定义 9.8 是合理的, 本章其他情形不再赘述.

注 9.6　CC-信任函数的两种特殊情形:

(1) 若 $\mathcal{M}$ 是 U 的分划, 则 Bel 是 U 上的内概率 (inner probability)[85].

(2) 若 $U=\{x_1,x_2,\cdots,x_n\}$ 是有限集, 且 $\mathcal{M}=\{\{x_1\},\{x_2\},\cdots,\{x_n\}\}$, 则 $\mathrm{Bel}=\mathrm{Pl}$ 是 U 上的概率测度.

$\mathrm{Bel}(X)$ 通常解释为在已知可利用的证据下 U 中的元素肯定属于 X 的信任程度, 或解释为事件 X 为真的信任程度; $\mathrm{Pl}(X)$ 通常解释为在已知可利用的证据下 U 中的元素可能属于 X 的信任程度, 或解释为事件 X 为非假的信任程度.

命题 9.1[98] 设 $(\mathcal{M}, m)$ 是 U 上的经典信任结构, $\mathrm{Bel}, \mathrm{Pl}: \mathcal{P}(U) \to [0,1]$ 为 U 上的 CC-信任函数与 CC-似然函数, 则

(1) $\mathrm{Pl}(X) = 1 - \mathrm{Bel}(\sim X)$, $\forall X \in \mathcal{P}(U)$.

(2) $\mathrm{Bel}(X) \leqslant \mathrm{Pl}(X)$, $\forall X \in \mathcal{P}(U)$.

(3) 当 U 是有限集时, 利用 Möbius 变换, 信任结构中的 mass 函数可以用 CC-信任函数来表示, 即

$$m(X) = \sum_{Y \subseteq X} (-1)^{|X-Y|} \mathrm{Bel}(Y), \quad X \in \mathcal{P}(U). \tag{9.40}$$

命题 9.1 的性质 (1) 说明, 由同一个信任结构导出的信任函数与似然函数是相互对偶的. 由命题 9.1 可知, 在有限论域中, 已知 mass 函数, 信任测度和似然测度中的任何一个就可以求其他两个. 由于一个集合 (事件) 的信任测度小于或等于该集合的似然测度, 因此, 称 $[\mathrm{Bel}(X), \mathrm{Pl}(X)]$ 为事件 X 的信任区间.

当 U 是有限集时, 信任函数与似然函数可以类似于概率测度用公理形式等价地表示.

命题 9.2[98] 设 U 是有限集, 则

(1) 集函数 $\mathrm{Bel}: \mathcal{P}(U) \to [0,1]$ 为 U 上的 CC-信任函数当且仅当满足以下公理:

(CB1) $\mathrm{Bel}(\varnothing) = 0$;

(CB2) $\mathrm{Bel}(U) = 1$;

(CB3) 对任意 $\{X_1, X_2, \cdots, X_n\} \subseteq \mathcal{P}(U)$, $n \in \mathbb{N}$, 有

$$\mathrm{Bel}\left(\bigcup_{i=1}^{n} X_i\right) \geqslant \sum_{\varnothing \neq J \subseteq \{1,2,\cdots,n\}} (-1)^{|J|+1} \mathrm{Bel}\left(\bigcap_{i \in J} X_i\right). \tag{9.41}$$

(2) 集函数 $\mathrm{Pl}: \mathcal{P}(U) \to [0,1]$ 为 U 上的 CC-似然函数当且仅当满足以下公理:

(CP1) $\mathrm{Pl}(\varnothing) = 0$;

(CP2) $\mathrm{Pl}(U) = 1$;

(CP3) 对任意 $\{X_1, X_2, \cdots, X_n\} \subseteq \mathcal{P}(U)$, $n \in \mathbb{N}$, 有

$$\mathrm{Pl}\left(\bigcap_{i=1}^{n} X_i\right) \leqslant \sum_{\varnothing \neq J \subseteq \{1,2,\cdots,n\}} (-1)^{|J|+1} \mathrm{Pl}\left(\bigcup_{i \in J} X_i\right). \tag{9.42}$$

在文献 [13] 中, 满足公理 (CB1)—(CB3) 的集函数称为具有无限序的单调 Choquet 容度 (monotone Choquet capacity of infinite order), 而满足公理 (CP1)—(CP3)

的集函数称为具有无限序的交替 Choquet 容度 (alternating Choquet capacity of infinite order). 命题 9.2 表明, 公理 (CB1)—(CB3) 与公理 (CP1)—(CP3) 是信任函数与似然函数的本质特性.

定义 9.9[171]　若对任意 $A, B \in \mathcal{P}(U)$, 有数 $D(A, B)$ 对应, 且满足

(1) $0 \leqslant D(A, B) \leqslant 1$;

(2) 对任意 $A, B \in \mathcal{P}(U)$,

$$A \subseteq B \Longrightarrow D(A, B) = 1;$$

(3) 对任意 $A, B, C \in \mathcal{P}(U)$,

$$A \subseteq B \subseteq C \Longrightarrow D(C, A) \leqslant D(B, A), \tag{9.43}$$

则称 $D : \mathcal{P}(U) \times \mathcal{P}(U) \to [0, 1]$ 是 $\mathcal{P}(U)$ 上的包含度, $D(A, B)$ 称为集合 A 包含于 B 的程度. 若 D 进一步满足以下条件:

(4) 对任意 $A, B, C \in \mathcal{P}(U)$,

$$A \subseteq B \Longrightarrow D(C, A) \leqslant D(C, B), \tag{9.44}$$

则称 D 是 $\mathcal{P}(U)$ 上的强包含度.

例 9.8　对 $A, B \in \mathcal{P}(U)$, 定义

$$D_1(A, B) = \begin{cases} 1, & A \subseteq B, \\ 0, & \text{否则}, \end{cases}$$

则易证, D_1 是 $\mathcal{P}(U)$ 上的强包含度.

例 9.9　若 U 是有限集, 对 $A, B \in \mathcal{P}(U)$, 定义

$$D_2(A, B) = \begin{cases} \dfrac{|A \cap B|}{|A|}, & A \neq \varnothing, \\ 1, & A = \varnothing. \end{cases}$$

则易证, D_2 是 $\mathcal{P}(U)$ 上的强包含度.

下述定理表明, CC-信任函数也可以用包含度来进行计算.

定理 9.9　设 $(\mathcal{M}, m)$ 是 U 上的一个经典信任结构, $\mathrm{Bel} : \mathcal{P}(U) \to [0, 1]$ 是由它导出的 CC-信任函数, 则

$$\mathrm{Bel}(X) = \sum_{A \subseteq U} m(A) D_1(A, X).$$

证明　直接验证即得. □

信任函数与似然函数还可以扩充到模糊环境中, mass 函数的焦元也可以是模糊集, 因此至少有两类信任结构: 当 mass 函数 m 的焦元集 $\mathcal{M}$ 都是经典集时称 $(\mathcal{M}, m)$ 是一个经典信任结构, 而当 mass 函数 m 的焦元集 $\mathcal{M}$ 都是模糊集时称 $(\mathcal{M}, m)$ 是一个模糊信任结构. 这两类信任结构通过与不同的必然性测度与可能性测度的合成可以生成各种不同类型的信任函数与似然函数.

利用经典信任结构还可以导出定义在模糊幂集上的信任函数与似然函数, 称为 CF-信任函数与 CF-似然函数 (这里第一个字母 C 是指信任结构是经典的, 第二个字母 F 是指信任函数与似然函数是作用在模糊集上的, 类似不再赘述).

定义 9.10　设 $(\mathcal{M}, m)$ 是 U 上的一个经典信任结构, 集函数 $\mathrm{Bel}: \mathcal{F}(U) \to [0,1]$ 称为 U 上的 CF-信任函数, 若

$$\mathrm{Bel}(X) = \sum_{A \in \mathcal{M}} m(A) \mathrm{N}_A(X), \quad \forall X \in \mathcal{F}(U). \tag{9.45}$$

集函数 $\mathrm{Pl}: \mathcal{F}(U) \to [0,1]$ 称为 U 上的 CF-似然函数, 若

$$\mathrm{Pl}(X) = \sum_{A \in \mathcal{M}} m(A) \Pi_A(X), \quad \forall X \in \mathcal{F}(U), \tag{9.46}$$

其中 $\mathrm{N}_A, \Pi_A: \mathcal{F}(U) \to [0,1]$ 分别是由经典集 A 产生的模糊必然性测度与模糊可能性测度, 即

$$\mathrm{N}_A(X) = \bigwedge_{u \in A} X(u), X \in \mathcal{F}(U),$$
$$\Pi_A(X) = \bigvee_{u \in A} X(u), X \in \mathcal{F}(U).$$

下面介绍模糊信任结构及其导出的信任函数与似然函数.

定义 9.11　设 U 是非空论域, 集函数 $m: \mathcal{F}(U) \to [0,1]$ 称为模糊 mass 函数, 若它满足以下公理 (FM1) 与 (FM2):

(FM1) $m(\varnothing) = 0$;

(FM2) $\sum\limits_{A \in \mathcal{F}(U)} m(A) = 1$.

若 $m(A) > 0$, 则称 $A \in \mathcal{F}(U)$ 是 m 的焦元. 记 $\mathcal{M} = \{A \in \mathcal{F}(U) | m(A) > 0\}$, 则序对 $(\mathcal{M}, m)$ 称为 U 上的一个模糊信任结构.

一般地, $\mathcal{M}$ 中的元素都假设为正则模糊集. 类似于引理 9.1, 对于模糊信任结构有如下引理.

引理 9.2　设 $(\mathcal{M}, m)$ 是 U 上的模糊信任结构, 则 m 的焦元全体最多是可数集.

定义 9.12　设 $(\mathcal{M}, m)$ 是 U 上的一个模糊信任结构, 经典集函数 $\mathrm{Bel}: \mathcal{P}(U) \to [0,1]$ 称为 U 上的 FC-信任函数, 若

$$\mathrm{Bel}(X) = \sum_{A \in \mathcal{M}} m(A) \mathrm{N}_A(X), \quad \forall X \in \mathcal{P}(U). \tag{9.47}$$

经典集函数 $\mathrm{Pl}: \mathcal{P}(U) \to [0,1]$ 称为 U 上的 FC-似然函数, 若

$$\mathrm{Pl}(X) = \sum_{A \in \mathcal{M}} m(A) \Pi_A(X), \quad \forall X \in \mathcal{P}(U), \tag{9.48}$$

其中 $\mathrm{N}_A, \Pi_A : \mathcal{F}(U) \to [0,1]$ 分别是由正则模糊集 A 生成的经典必然性测度与经典可能性测度, 即:

$$\mathrm{N}_A(X) = \bigwedge_{u \notin X} (1 - A(u)), \quad X \in \mathcal{P}(U),$$
$$\Pi_A(X) = \bigvee_{u \in X} A(u), \quad X \in \mathcal{P}(U).$$

定义 9.13　设 $(\mathcal{M}, m)$ 是 U 上的一个模糊信任结构, I 是 $[0,1]$ 上的模糊蕴涵算子, N 是 $[0,1]$ 上的回旋非门算子, 模糊集函数 $\mathrm{Bel}: \mathcal{F}(U) \to [0,1]$ 称为 U 上的 FF-信任函数, 若

$$\mathrm{Bel}(X) = \sum_{A \in \mathcal{F}(U)} m(A) \mathrm{N}_{A,I}(X), \quad \forall X \in \mathcal{F}(U). \tag{9.49}$$

模糊集函数 $\mathrm{Pl}: \mathcal{P}(U) \to [0,1]$ 称为 U 上的 FF-似然函数, 若

$$\mathrm{Pl}(X) = \sum_{A \in \mathcal{M}} m(A) \Pi_{A,I}(X), \quad \forall X \in \mathcal{F}(U), \tag{9.50}$$

其中 $\mathrm{N}_{A,I}$ 与 $\Pi_{A,I}$ 是由正则模糊集 A 和模糊蕴涵算子 I 合成的模糊必然性测度与模糊可能性测度, 即: $\forall X \in \mathcal{F}(U)$,

$$\mathrm{N}_{A,I}(X) = \bigwedge_{u \in U} I\big(A(u), X(u)\big),$$
$$\Pi_{A,I}(X) = \bigvee_{u \in U} \theta_{I,N}\big(N(A(u)), X(u)\big).$$

命题 9.3　若 I 是 $[0,1]$ 上的半连续混合单调蕴含算子, $N = N_s$ 是 $[0,1]$ 上的标准非门算子, 则由定义 9.13 给出的模糊信任函数 Bel 与模糊似然函数 Pl 是对偶的, 即

$$\mathrm{Bel}(X) = 1 - \mathrm{Pl}(\sim X), \quad \forall X \in \mathcal{F}(U), \tag{9.51}$$

$$\mathrm{Pl}(X) = 1 - \mathrm{Bel}(\sim X), \quad \forall X \in \mathcal{F}(U). \tag{9.52}$$

证明 由例 9.6 知, 当 I 是 $[0,1]$ 上的半连续混合单调蕴涵算子且 $N = N_s$ 是 $[0,1]$ 上的标准非门算子时, 可能性测度 $\Pi_{A,I}$ 与必然性测度 $\mathrm{N}_{A,I}$ 关于 N_s 是对偶的, 从而对任意 $X \in \mathcal{F}(U)$ 有

$$\begin{aligned}
1 - \mathrm{Pl}(\sim X) &= 1 - \sum_{A\in\mathcal{M}} m(A)\Pi_{A,I}(\sim X) \\
&= \sum_{A\in\mathcal{M}} m(A) - \sum_{A\in\mathcal{M}} m(A)\Pi_{A,I}(\sim X) \\
&= \sum_{A\in\mathcal{M}} m(A)(1 - \Pi_{A,I}(\sim X)) \\
&= \sum_{A\in\mathcal{M}} m(A)\mathrm{N}_{A,I}(X) \\
&= \mathrm{Bel}(X),
\end{aligned}$$

即 (9.51) 式成立. 对偶地, 可以立即得到 (9.52) 式. □

注 9.7 当 I 是基于反三角模 S 的 S- 蕴涵算子, T 是与 S 关于标准回旋非门算子 N_s 对偶的三角模, 则定义 9.13 中的模糊信任函数与模糊似然函数可表示如下 [148]:

$$\mathrm{Bel}(X) = \sum_{A\in\mathcal{F}(U)} m(A) \bigwedge_{x\in U} S(1 - A(x), X(x)), \quad X \in \mathcal{F}(U). \tag{9.53}$$

$$\mathrm{Pl}(X) = \sum_{A\in\mathcal{F}(U)} m(A) \bigvee_{x\in U} T(A(x), X(x)), \quad X \in \mathcal{F}(U). \tag{9.54}$$

注 9.8 若 $I = \theta_T$ 是由三角模 T 确定的 R- 蕴涵算子, S 是与 T 关于标准回旋非门算子 N_s 对偶的反三角模, 则定义 9.13 中的模糊信任函数与模糊似然函数可表示如下:

$$\mathrm{Bel}(X) = \sum_{A\in\mathcal{F}(U)} m(A) \bigwedge_{x\in U} \theta_T(A(x), X(x)), \quad X \in \mathcal{F}(U). \tag{9.55}$$

$$\mathrm{Pl}(X) = \sum_{A\in\mathcal{F}(U)} m(A) \bigvee_{x\in U} \sigma_S(A(x), X(x)), \quad X \in \mathcal{F}(U). \tag{9.56}$$

注 9.9 若 U 是有限论域, $(\mathcal{M}, m)$ 是 U 上的经典信任结构, I 是 Kleene-Dienes 蕴涵算子, 则定义 9.13 中的信任函数与似然函数退化为定义 9.10 所定义的 CF-信任函数与 CF-似然函数 [22,25,104], 即对任意 $X \in \mathcal{F}(U)$,

$$\mathrm{Bel}(X) = \sum_{A\in\mathcal{M}} m(A) \bigwedge_{x\in U} X(x). \tag{9.57}$$

$$\mathrm{Pl}(X)=\sum_{A\in\mathcal{M}}m(A)\bigvee_{x\in U}X(x). \tag{9.58}$$

注 9.10　当 U 是有限论域, $(\mathcal{M},m)$ 是 U 上的经典信任结构, 若将定义 9.13 中的 X 限制为 U 上的经典集, 则定义 9.13 中的信任函数与似然函数退化为定义 9.8 所定义的 CC-信任函数与 CC-似然函数, 即

$$\mathrm{Bel}(X)=\sum_{\{A\in\mathcal{M}\mid A\subseteq X\}}m(A),\quad X\in\mathcal{P}(U). \tag{9.59}$$

$$\mathrm{Pl}(X)=\sum_{\{A\in\mathcal{M}\mid A\cap X\neq\varnothing\}}m(A),\quad X\in\mathcal{P}(U). \tag{9.60}$$

引理 9.3　设 I 是 $[0,1]$ 上的模糊蕴涵算子, 对 $A,B\in\mathcal{F}(U)$, 定义

$$D_I(A,B)=\bigwedge_{x\in U}I(A(x),B(x))=\bigwedge_{x\in U}(A\Rightarrow_I B)(x). \tag{9.61}$$

则 D_I 满足以下性质:

(1) 若 I 是左单调的, 则对任意 $A,B,C\in\mathcal{F}(U)$,

$$A\subseteq B\Longrightarrow D_I(A,C)\geqslant D_I(B,C).$$

(2) 若 I 是右单调的, 则对任意 $A,B,C\in\mathcal{F}(U)$,

$$A\subseteq B\Longrightarrow D_I(C,A)\leqslant D_I(C,B).$$

(3) 若 I 是 CP 蕴涵算子, 则对任意 $A,B\in\mathcal{F}(U)$,

$$A\subseteq B\Longleftrightarrow D_I(A,B)=1. \tag{9.62}$$

(4) 若 I 是 NP 蕴涵算子, 则对任意 $A\in\mathcal{F}(U)$ 有 $D_I(U,A)=\bigwedge_{x\in U}A(x)$.

(5) $D_I(U,\varnothing)=0$.

(6) $D_I(U,U)=D_I(\varnothing,U)=D_I(\varnothing,\varnothing)=1$.

(7) 若 I 是混合单调的, 则对任意 $A\in\mathcal{F}(U)$ 有

$$D_I(A,U)=D_I(\varnothing,A)=1.$$

(8) 若 I 是半连续的, 则对任意 $A,A_j\in\mathcal{F}(U)$, $j\in J$, J 是指标集, 有

$$D_I\left(A,\bigcap_{j\in J}A_j\right)=\bigwedge_{j\in J}D_I(A,B_j). \tag{9.63}$$

证明 (1) 由于对任意 $a \in [0,1]$, 函数 $I(\cdot,a):[0,1]\to[0,1]$ 是单调递减的, 因此, 当 $A\subseteq B$ 时, 有

$$I(A(x),C(x)) \geqslant I(B(x),C(x)), \quad \forall x\in U.$$

从而

$$\bigwedge_{x\in U} I(A(x),C(x)) \geqslant \bigwedge_{x\in U} I(B(x),C(x)),$$

即 $D_I(A,C)\geqslant D_I(B,C)$.

(2) 由于对任意 $a\in[0,1]$, 函数 $I(a,\cdot):[0,1]\to[0,1]$ 是单调递增的, 因此, 当 $A\subseteq B$ 时, 有

$$I(C(x),A(x)) \leqslant I(C(x),B(x)), \quad \forall x\in U.$$

从而

$$\bigwedge_{x\in U} I(C(x),A(x)) \leqslant \bigwedge_{x\in U} I(C(x),B(x)),$$

即 $D_I(C,A)\leqslant D_I(C,B)$.

(3) 若 $A\subseteq B$, 即对任意 $x\in U$ 有 $A(x)\leqslant B(x)$, 由于 I 是 CP 蕴涵算子, 从而 $I(A(x),B(x))=1$, 因此 $D_I(A,B)=1$. 反之, 若 $D_I(A,B)=1$, 则由定义知 $I(A(x),B(x))=1$ 对于所有 $x\in U$ 都成立, 又由于 I 是 CP 蕴涵算子, 从而 $A(x)\leqslant B(x)$ 对于所有 $x\in U$ 都成立, 即 $A\subseteq B$.

(4)—(7) 由蕴涵算子的定义即得.

(8) 由 D_I 的定义和蕴涵算子 I 的半连续性得

$$\begin{aligned} D_I\left(A,\bigcap_{j\in J}A_j\right) &= \bigwedge_{x\in U} I\left(A(x),\bigwedge_{j\in J}A_j(x)\right) \\ &= \bigwedge_{x\in U}\bigwedge_{j\in J} I(A(x),A_j(x)) \\ &= \bigwedge_{j\in J}\bigwedge_{x\in U} I(A(x),A_j(x)) \\ &= \bigwedge_{j\in J} D_I(A,B_j). \end{aligned}$$

□

定义 9.14[171] 若对任意 $A,B\in\mathcal{F}(U)$, 有数 $D(A,B)$ 对应, 且满足:

(1) $0\leqslant D(A,B)\leqslant 1$;

(2) 对任意 $A,B\in\mathcal{F}(U)$;

$$A\subseteq B \Longrightarrow D(A,B)=1;$$

(3) 对任意 $A, B, C \in \mathcal{F}(U)$,

$$A \subseteq B \subseteq C \Longrightarrow D(C, A) \leqslant D(B, A),$$

则称 D 是 $\mathcal{F}(U)$ 上的包含度. 若进一步, D 满足以下:

(4) 对任意 $A, B, C \in \mathcal{F}(U)$,

$$A \subseteq B \Longrightarrow D(C, A) \leqslant D(C, B),$$

则称 D 是 $\mathcal{F}(U)$ 上的强包含度.

定义 9.15[171]　若对任意 $A, B \in \mathcal{F}(U)$, 有数 $D(A, B)$ 对应, 满足定义 9.14 中 (1) 和 (3), 且满足:

(2)′ 对任意 $A, B \in \mathcal{P}(U)$,

$$A \subseteq B \Longrightarrow D(A, B) = 1,$$

则称 D 是 $\mathcal{F}(U)$ 上的弱包含度.

由定义 9.14 和定义 9.15 可见, 一个 $\mathcal{F}(U)$ 上的强包含度一定是 $\mathcal{F}(U)$ 上的包含度, 而一个 $\mathcal{F}(U)$ 上的包含度一定是 $\mathcal{F}(U)$ 上的弱包含度.

定理 9.10　设 I 是 $[0,1]$ 上的蕴涵算子, $D_I: \mathcal{F}(U) \times \mathcal{F}(U) \to [0,1]$ 是由 (9.61) 式所定义的二元集函数, 则

(1) 若 I 是左单调的蕴涵算子, 则 D_I 是 $\mathcal{F}(U)$ 上的弱包含度.

(2) 若 I 是左单调的 CP 蕴涵算子, 则 D_I 是 $\mathcal{F}(U)$ 上的包含度.

(3) 若 I 是混合单调的 CP 蕴涵算子, 则 D_I 是 $\mathcal{F}(U)$ 上的强包含度.

证明　显然, 对任意 $A, B \in \mathcal{F}(U)$, 有 $0 \leqslant D_I(A, B) \leqslant 1$, 即 D_I 满足定义 9.14 的条件 (1).

(1) 若 I 是左单调的蕴涵算子, 则由引理 9.3 的性质 (1) 知, D_I 满足定义 9.14 的条件 (3). 而对于 U 中的任意经典集 A 和 B, 当 $A \subseteq B$ 时, 由于 A 和 B 都是经典集, 从而由蕴含算子 I 的定义可知, 对任意 x, 有 $I(A(x), B(x)) = 1$, 于是有 $D_I(A, B) = 1$, 即 D_I 满足定义 9.15 的条件 (2)′, 因此, D_I 是 $\mathcal{F}(U)$ 上的弱包含度.

(2) 若 I 是左单调的 CP 蕴涵算子, 则分别由引理 9.3 的性质 (1) 和 (3) 知, D_I 满足定义 9.14 的条件 (2) 和 (3), 因此, D_I 是 $\mathcal{F}(U)$ 上的包含度.

(3) 若 I 是混合单调的 CP 蕴涵算子, 则由引理 9.3 (1), (2) 和 (3) 知, D_I 满足定义 9.14 的条件 (2), (3) 和 (4), 因此, D_I 是 $\mathcal{F}(U)$ 上的强包含度. □

由于每一个 R 蕴涵算子一定是混合单调的 CP 蕴涵算子, 因此由定理 9.10 可得到如下定理.

定理 9.11 设 θ_T 是 $[0,1]$ 上由三角模 T 确定的 R- 蕴涵算子, 记

$$D_{\theta_T}(A,B)=\bigwedge_{x\in U}\theta_T(A(x),B(x)),\quad A,B\in\mathcal{F}(U),$$

则 D_{θ_T} 是 $\mathcal{F}(U)$ 上的强包含度.

由于每一个 S 蕴涵算子是混合单调的, 因此由定理 9.10 可得到以下定理.

定理 9.12 设 I 是 $[0,1]$ 上由反三角模 S 和非门算子 N 确定的 S- 蕴涵算子, 记

$$D_{S,N}(A,B)=\bigwedge_{x\in U}S(N(A(x)),B(x)),\quad A,B\in\mathcal{F}(U),$$

则 $D_{S,N}$ 是 $\mathcal{F}(U)$ 上的弱包含度.

由定义 9.13 和 (9.61) 式可以直接得到定理 9.13.

定理 9.13 设 $(\mathcal{M},m)$ 是 U 上的模糊信任结构, I 是 $[0,1]$ 上的混合单调的 CP 蕴涵算子, $\mathrm{Bel}:\mathcal{F}(U)\to[0,1]$ 是由定义 9.13 给出的 U 上 FF-信任函数, 则

$$\mathrm{Bel}(X)=\sum_{A\in\mathcal{F}(U)}m(A)D_I(A,X),\tag{9.64}$$

其中 D_I 是由 (9.61) 式定义的包含度.

注 9.11 定理 9.13 说明, 集合 X 的信任测度可以表示为 mass 函数的所有焦元的质量与焦元包含在集合 X 的包含度的乘积之和.

9.4 无限论域上模糊集的概率测度

模糊事件及其概率的概念最早是由 Zadeh[167] 定义的. 一个模糊事件是一个模糊集, 其隶属函数是 Borel 可测的, 它发生的概率就是隶属函数的期望.

设 U 是非空论域, P 是定义在 U 上的概率测度, $A\in\mathcal{F}(U)$. 若 $U=\{x_1,x_2,\cdots,x_n\}$ 是有限集, Zadeh 定义模糊集 A 的概率 $P(A)$ 如下:

$$P(A)=\sum_{i=1}^{n}A(x_i)P(\{x_i\}).\tag{9.65}$$

定义 9.16 称 $(U,\mathcal{A},P)$ 为 U 上的一个概率空间, 若 $\mathcal{A}\subseteq\mathcal{P}(U)$ 是 U 上的 σ-代数, P 是定义在 $\mathcal{A}$ 上的概率测度.

定义 9.17 模糊集 $A\in\mathcal{F}(U)$ 称为关于可测空间 $(U,\mathcal{A})$ 是可测的, 若 $A:U\to[0,1]$ 关于 $\mathcal{A}-\mathcal{B}([0,1])$ 是可测函数, 其中 $\mathcal{B}([0,1])$ 是 $[0,1]$ 上的 Borel 集全体. 记 $\mathcal{F}(U,\mathcal{A})$ 为 U 上所有 $\mathcal{A}-\mathcal{B}([0,1])$ 可测模糊集全体.

命题 9.4 设 $A\in\mathcal{F}(U)$, $A_j\in\mathcal{F}(U)$, $j\in\mathbb{N}$, N 是 $[0,1]$ 上的非门算子, 则

(1) $A \in \mathcal{F}(U, \mathcal{A}) \Longleftrightarrow \sim_N A \in \mathcal{F}(U, \mathcal{A})$.

(2) $A_j \in \mathcal{F}(U, \mathcal{A}), \forall j \in \mathbb{N} \Longrightarrow \bigcup_{j\in\mathbb{N}} A_j \in \mathcal{F}(U, \mathcal{A}), \bigcap_{j\in\mathbb{N}} A_j \in \mathcal{F}(U, \mathcal{A})$.

证明 由定义直接验证即得. □

若 $A \in \mathcal{F}(U, \mathcal{A})$, 显然, 对任意 $\alpha \in [0,1]$ 有 $A_\alpha \in \mathcal{A}$, $A_{\alpha+} \in \mathcal{A}$, 即 A_α 与 $A_{\alpha+}$ 是概率空间 $(U, \mathcal{A}, P)$ 上的可测集, 且 $P(A_\alpha) \in [0,1], P(A_{\alpha+}) \in [0,1]$. 由于函数 $f(\alpha) = P(A_\alpha)$ 与 $f_+(\alpha) = P(A_{\alpha+})$ 在闭区间 $[0,1]$ 上单调递减, 因此 $f(\alpha)$ 与 $f_+(\alpha)$ 在 $[0,1]$ 上是可积的. 由此可以导出无限论域上模糊集的概率的定义.

定义 9.18[11,12] 设模糊集 $A \in \mathcal{F}(U, \mathcal{A})$, P 是 $(U, \mathcal{A})$ 上的概率测度. 记

$$P^*(A) = \int_0^1 P(A_\alpha)\mathrm{d}\alpha, \tag{9.66}$$

则称 $P^*(A)$ 为模糊集 A 的概率.

对于单点集 $\{x\}$, 为方便起见我们 $P^*(x)$ 代替 $P^*(\{x\})$.

引理 9.4 设 W 是非空集, $A_i \in \mathcal{F}(W)$, $i = 1, 2, \cdots, n$, 则: $\forall \alpha \in [0,1]$,

(1) $\left(\bigcup_{i=1}^n A_i\right)_\alpha = \bigcup_{i=1}^n (A_i)_\alpha$.

(2) $\left(\bigcap_{i=1}^n A_i\right)_\alpha = \bigcap_{i=1}^n (A_i)_\alpha$.

证明 由模糊集的 α-截集的定义即得. □

下述命题给出了模糊概率测度的一些基本性质 [12,128].

命题 9.5 由定义 9.18 给出的模糊概率测度 P^* 满足以下性质:

(1) 若 A 是 U 上的经典集, 则 $P^*(A) = P(A)$.

(2) 若 $U = \{u_1, u_2, \cdots, u_n\}$ 是有限集, $\mathcal{A} = \mathcal{P}(U)$, 且对任意 $i \in \{1, 2, \cdots, n\}$ 有 $P(\{u_i\}) = 1/n$, 则对任意 $A \in \mathcal{P}(U)$ 或者 $A \in \mathcal{F}(U)$,

$$P^*(A) = \int_0^1 P(A_\alpha)\mathrm{d}\alpha = |A|/n.$$

(3) 对任意 $A \in \mathcal{F}(U, \mathcal{A})$,

$$P^*(A) = \int_0^1 P(A_{\alpha+})\mathrm{d}\alpha. \tag{9.67}$$

(4) 对任意 $A \in \mathcal{F}(U, \mathcal{A})$ 有 $P^*(A) \in [0,1]$ 且

$$P^*(A) + P^*(\sim A) = 1. \tag{9.68}$$

(5) P^* 是可数可加的, 即对于 $A_i \in \mathcal{F}(U, \mathcal{A})$, $i \in \mathbb{N}$, 满足 $\forall i \neq j$ 有 $A_i \cap A_j = \varnothing$, 则

$$P^*\left(\bigcup_{i=1}^\infty A_i\right) = \sum_{i=1}^\infty P^*(A_i). \tag{9.69}$$

(6) 对于 $A, B \in \mathcal{F}(U, \mathcal{A})$, 若 $P(\{x \in U | A(x) \neq B(x)\}) = 0$, 则 $P^*(A) = P^*(B)$.

(7) 对于 $A, B \in \mathcal{F}(U, \mathcal{A})$, 若 $A \subseteq B$ 且 $P^*(A) = P^*(B)$, 则 $P(\{x \in U | A(x) \neq B(x)\}) = 0$.

(8) $A, B \in \mathcal{F}(U, \mathcal{A})$, $A \subseteq B \Longrightarrow P^*(A) \leqslant P^*(B)$.

(9) 若 $U = \{u_i | i \in \mathbb{N}\}$ 是无限可数集且 $\mathcal{A} = \mathcal{P}(U)$, 则对任意 $A \in \mathcal{F}(U)$,

$$P^*(A) = \sum_{x \in U} A(x) P(x). \tag{9.70}$$

证明 (1) 若 A 是经典集, 则对任意 $\alpha \in (0,1]$ 有 $P(A) = P(A_\alpha)$, 从而 $P^*(A) = P(A)$.

(2) 若 $U = \{u_1, u_2, \cdots, u_n\}$, 且对任意 $i \in \{1, 2, \cdots, n\}$ 有 $P(\{u_i\}) = 1/n$, 则当 $A \in \mathcal{P}(U)$ 时, 由于 $P(A) = |A|/n$, 从而由 (1) 知 $P^*(A) = P(A) = |A|/n$. 若 $A \in \mathcal{F}(U)$, 则 $P^*(A) = \sum\limits_{i=1}^{n} A(x_i)/n = |A|/n$.

(3) 首先, 由于 $P(A_{\alpha+}) \leqslant P(A_\alpha)$, 因此

$$\int_0^1 P(A_{\alpha+}) \mathrm{d}\alpha \leqslant P^*(A).$$

其次, 对于单位区间 $[0,1]$ 的任意一个分割 $\{\alpha_0, \alpha_1, \alpha_2, \cdots, \alpha_k\}$, 即 $\alpha_0 = 0 < \alpha_1 < \cdots < \alpha_k = 1$, 由于 $P(A_{\alpha_j+}) \geqslant P(A_{\alpha_{j+1}}) (\forall j \in \{0, 1, 2, \cdots, k-1\})$, 因此

$$\begin{aligned}
\sum_{j=0}^{k-1} P(A_{\alpha_j+})(\alpha_{j+1} - \alpha_j) &\geqslant \sum_{j=0}^{k-1} P(A_{\alpha_{j+1}})(\alpha_{j+1} - \alpha_j) \\
&= \sum_{j=1}^{k} P(A_{\alpha_j})(\alpha_j - \alpha_{j-1}).
\end{aligned}$$

记 $\|T\| = \max\limits_{j \in \{1, 2, \cdots, k\}} (\alpha_j - \alpha_{j-1})$, 则由定积分 $\int_0^1 P(A_{\alpha+}) \mathrm{d}\alpha$ 的存在性可知

$$\begin{aligned}
\int_0^1 P(A_{\alpha+}) \mathrm{d}\alpha &= \lim_{\|T\| \to 0} \sum_{j=0}^{k-1} P(A_{\alpha_j+})(\alpha_{j+1} - \alpha_j) \\
&\geqslant \lim_{\|T\| \to 0} \sum_{j=1}^{k} P(A_{\alpha_j})(\alpha_j - \alpha_{j-1}) \\
&= \int_0^1 P(A_\alpha) \mathrm{d}\alpha = P^*(A).
\end{aligned}$$

因此, $P^*(A) = \int_0^1 P(A_{\alpha+}) \mathrm{d}\alpha$.

(4) 对任意 $A \in \mathcal{F}(U, \mathcal{A})$ 和 $\alpha \in [0,1]$, 由于 $A_\alpha = \sim (\sim A)_{(1-\alpha)+}$, 因此, $P(A_\alpha) = 1 - P((\sim A)_{(1-\alpha)+})$, 从而由 (9.67) 式得

$$\begin{aligned} P^*(A) &= \int_0^1 \big(1 - P((\sim A)_{(1-\alpha)+})\big)\mathrm{d}\alpha \\ &= 1 - \int_0^1 P\big((\sim A)_{(1-\alpha)+}\big)\mathrm{d}\alpha \\ &= 1 - \int_0^1 P\big((\sim A)_{\beta+}\big)\mathrm{d}\beta \\ &= 1 - P^*(\sim A). \end{aligned}$$

(5) 由于对任意 $i \neq j$ 满足 $A_i \cap A_j = \varnothing$, 从而对任意 $\alpha \in (0,1]$ 有 $(A_i)_\alpha \cap (A_j)_\alpha = \varnothing$, 因此, 由引理 9.4 与经典概率测度的可数可加性得

$$\begin{aligned} P^*\left(\bigcup_{i=1}^{\infty} A_i\right) &= \int_0^1 P\left(\left(\bigcup_{i=1}^{\infty} A_i\right)_\alpha\right)\mathrm{d}\alpha \\ &= \int_0^1 P\left(\bigcup_{i=1}^{\infty} (A_i)_\alpha\right)\mathrm{d}\alpha \\ &= \int_0^1 \left(\sum_{i=1}^{\infty} P\big((A_i)_\alpha\big)\right)\mathrm{d}\alpha \\ &= \sum_{i=1}^{\infty} P^*(A). \end{aligned}$$

(6) 若 $P(\{x \in U | A(x) \neq B(x)\}) = 0$, 则由于对任意 $\alpha \in [0,1]$ 有

$$A_\alpha \Delta B_\alpha \subseteq \{x \in U | A(x) \neq B(x)\},$$

其中 Δ 表示集合的对称差运算, 于是

$$P(A_\alpha \Delta B_\alpha) \leqslant P(\{x \in U | A(x) \neq B(x)\}) = 0,$$

从而

$$\begin{aligned} P(A_\alpha) &= P\big((A_\alpha - B_\alpha) \cup (A_\alpha \cap B_\alpha)\big) \\ &= P(A_\alpha - B_\alpha) + P(A_\alpha \cap B_\alpha) \\ &= P(A_\alpha \cap B_\alpha) \\ &= P(B_\alpha - A_\alpha) + P(B_\alpha \cap A_\alpha) \\ &= P\big((B_\alpha - A_\alpha) \cup (B_\alpha \cap A_\alpha)\big) \end{aligned}$$

$$= P(B_\alpha).$$

因此 $P^*(A) = P^*(B)$.

(7) 因为 $f(\alpha) = P(A_\alpha)$ 是左连续的, 因此由 $P^*(A) = P^*(B)$ 知, 对任意 $\alpha \in [0,1]$, $P(A_\alpha) = P(B_\alpha)$. 又由 $A \subseteq B$ 知, 对任意 $\alpha \in [0,1]$ 有 $A_\alpha \subseteq B_\alpha$, 从而再由 $P^*(A) = P^*(B)$ 得 $P(B_\alpha - A_\alpha) = 0$. 于是对任意满足 $A(x) < B(x)$ 的 $x \in U$, 存在 $[0,1]$ 中的有理数 β 使得 $x \in B_\beta - A_\beta$, 即

$$P(\{x \in U | A(x) \neq B(x)\}) \leqslant P\left(\bigcup_{\beta \in \Lambda} (B_\beta - A_\beta)\right),$$

其中 Λ 是 $[0,1]$ 上全体有理数构成的集合, 因此, $P(\{x \in U | A(x) \neq B(x)\}) = 0$.

(8) 由定义直接可得.

(9) 对任意 $A \in \mathcal{F}(U)$, 由于 $U = \{u_i | i \in \mathbb{N}\}$ 是可数的, 因此对应的值集 $\{A(x) | x \in U\}$ 也是可数的. 不失一般性, 不妨假设 $\{A(x) | x \in U\} = \{\alpha_i | i \in \mathbb{N}\}$, 其中

$$0 \leqslant \alpha_1 < \alpha_2 < \cdots < \alpha_k < \cdots \leqslant 1.$$

记

$$\alpha_\infty = \bigvee_{k=1}^{\infty} \alpha_k.$$

显然, $\alpha_\infty \leqslant 1$. 记

$$A_{\alpha_j=} = \{x \in U | A(x) = \alpha_j\}.$$

令 $P(A_{\alpha_j=}) = p_j$, 则

$$A_{\alpha_j} = \{x \in U | A(x) \geqslant \alpha_j\} = \bigcup_{k=j}^{\infty} A_{\alpha_k=},$$

由于 P 是可数可加的, 于是由 (9.69) 式知

$$P(A_{\alpha_j}) = P\left(\bigcup_{k=j}^{\infty} A_{\alpha_k=}\right) = \sum_{k=j}^{\infty} P(A_{\alpha_k=}) = \sum_{k=j}^{\infty} p_k.$$

对任意 $\alpha \in (0,1]$, 若 $\alpha_k < \alpha \leqslant \alpha_{k+1}$, 则

$$\begin{aligned} A_\alpha &= \{x \in U | A(x) \geqslant \alpha\} \\ &= \bigcup_{j=k+1}^{\infty} \{x \in U | A(x) = \alpha_j\} \end{aligned}$$

$$= \bigcup_{j=k+1}^{\infty} A_{\alpha_j=},$$

从而

$$P(A_\alpha) = \sum_{j=k+1}^{\infty} P(A_{\alpha_j=}) = \sum_{j=k+1}^{\infty} p_j = P(A_{\alpha_{k+1}}).$$

于是

$$\int_{\alpha_k}^{\alpha_{k+1}} P(A_\alpha)\mathrm{d}\alpha = \int_{\alpha_k}^{\alpha_{k+1}} P(A_{\alpha_{k+1}})\mathrm{d}\alpha = P(A_{\alpha_{k+1}})(\alpha_{k+1} - \alpha_k). \tag{9.71}$$

若 $\alpha_1 = 0$, 则自然有

$$\int_0^{\alpha_1} P(A_\alpha)\mathrm{d}\alpha = 0.$$

若 $\alpha_1 > 0$, 当 $\alpha \in (0, \alpha_1]$ 时, 显然有

$$A_\alpha = \{x \in U | A(x) \geqslant \alpha_1\} = U,$$

从而 $P(A_\alpha) = P(U) = 1$. 于是

$$\int_0^{\alpha_1} P(A_\alpha)\mathrm{d}\alpha = \alpha_1 P(U) = \alpha_1 = \alpha_1 P(A_{\alpha_1}). \tag{9.72}$$

当 $\alpha_\infty < 1$ 时, 则对任意 $\alpha \in (\alpha_\infty, 1]$, 有 $A_\alpha = \{x \in U | A(x) \geqslant \alpha\} = \varnothing$. 因此 $P(A_\alpha) = 0$, 从而

$$\int_{\alpha_\infty}^{1} P(A_\alpha)\mathrm{d}\alpha = 0. \tag{9.73}$$

而当 $\alpha_\infty = 1$ 时, 则上式显然成立.

由于积分函数是一个测度且级数 $\sum\limits_{x\in U} A(x)P(x)$ 是绝对收敛的, 因此由 (9.71) 式与 (9.72) 式可证

$$\sum_{j=1}^{\infty} \alpha_j p_j = \lim_{k\to\infty} \int_0^{\alpha_k} P(A_\alpha)\mathrm{d}\alpha = \int_0^{\alpha_\infty} P(A_\alpha)\mathrm{d}\alpha. \tag{9.74}$$

再利用 (9.73) 式与 (9.74) 式, 则得

$$\begin{aligned} P^*(A) &= \int_0^1 P(A_\alpha)\mathrm{d}\alpha \\ &= \int_0^{\alpha_\infty} P(A_\alpha)\mathrm{d}\alpha + \int_{\alpha_\infty}^1 P(A_\alpha)\mathrm{d}\alpha \\ &= \sum_{j=1}^{\infty} \alpha_j p_j = \sum_{x\in U} A(x)P(x). \end{aligned}$$

□

9.5 粗糙近似与证据理论的关系

本节讨论各种经典和模糊环境下由近似空间导出的下近似算子与上近似算子和由信息结构导出的信任函数与似然函数之间的关系.

9.5.1 经典粗糙集与经典信任函数

Pawlak 粗糙集

在 Pawlak 粗糙集中, U 是有限集, 经典集 $X \in \mathcal{P}(U)$ 被一个 Pawlak 近似空间 (U, R) 所描述, 集合 X 的下近似质量与上近似质量定义为

$$\underline{q}(X) = |\underline{R}(X)|/|U|, \quad \overline{q}(X) = |\overline{R}(X)|/|U|. \tag{9.75}$$

定理 9.14 设 (U, R) 是 Pawlak 近似空间, 则由 (9.75) 式定义的下近似质量函数 $\underline{q}$ 与上近似质量函数 $\overline{q}$ 是一对对偶的信任函数与似然函数, 其对应的 mass 函数为

$$m(A) = \begin{cases} |A|/|U|, & A \in U/R, \\ 0, & \text{其他}. \end{cases}$$

反之, 若 $\mathrm{Bel} : \mathcal{P}(U) \to [0, 1]$ 与 $\mathrm{Pl} : \mathcal{P}(U) \to [0, 1]$ 是有限论域 U 上一对对偶的信任函数与似然函数且满足条件: (i) Bel 的 mass 函数的焦元全体 $\mathcal{M}$ 构成了 U 的分划; (ii) $\forall A \in \mathcal{M}, m(A) = |A|/|U|$, 其中 m 是 Bel 的 mass 函数, 则存在 Pawlak 近似空间 (U, R) (即存在 U 上的等价关系 R), 使对任意 $X \in \mathcal{P}(U)$,

$$\underline{q}(X) = \mathrm{Bel}(X), \quad \overline{q}(X) = \mathrm{Pl}(X). \tag{9.76}$$

证明 前半部分见文献 [100, 101], 后半部分见文献 [160]. □

注 9.12 这个定理表明, Pawlak 近似空间 (U, R) 只对应于焦元集 $\mathcal{M}$ 构成 U 的分划且 mass 函数取值必须被限制为以公共的 $|U|$ 作为分母的有理数的信任结构 $(\mathcal{M}, m)$, 使由近似空间导出的下近似算子与上近似算子恰好可以用来表示这类信任函数与似然函数.

有限集上的串行粗糙集

在有限集上的串行粗糙集中, U 是有限论域, 经典集 $X \in \mathcal{P}(U)$ 被一个串行近似空间 (U, R) (即 R 是 U 上的串行关系) 所描述, 集合 X 的下近似质量与上近似质量定义为

$$\underline{Q}(X) = |\underline{R}(X)|/|U|, \quad \overline{Q}(X) = |\overline{R}(X)|/|U|. \tag{9.77}$$

定理 9.15　设 (U,R) 是串行近似空间, 则由 (9.77) 式定义的下近似质量函数 $\underline{Q}$ 与上近似质量函数 $\overline{Q}$ 是 U 上一对对偶的信任函数与似然函数, 其对应的 mass 函数为

$$m(A)=|j(A)|/|U|,\quad A\in\mathcal{P}(U),$$

其中 $j(A)=\{x\in U|R_s(x)=A\}$.

反之, 若 $\mathrm{Bel}:\mathcal{P}(U)\to[0,1]$ 与 $\mathrm{Pl}:\mathcal{P}(U)\to[0,1]$ 是有限论域 U 上一对对偶的信任函数与似然函数, 且对任意 $A\in\mathcal{M}$, 对应的 mass 函数 $m(A)$ 是以 $|U|$ 为分母的有理数, 则存在串行近似空间 (U,R) (即存在 U 上串行关系 R), 使对任意 $X\in\mathcal{P}(U)$,

$$\underline{Q}(X)=\mathrm{Bel}(X),\quad \overline{Q}(X)=\mathrm{Pl}(X).\tag{9.78}$$

证明　见文献 [160].　□

注 9.13　这个定理表明, 有限论域串行近似空间 (U,R) 只对应于 mass 函数取值必须被限制为以公共的 $|U|$ 作为分母的有理数的信任结构 $(\mathcal{M},m)$, 使由近似空间导出的下近似算子与上近似算子恰好可以用来表示这类信任函数与似然函数, 这个对应与上一定理不同的是 $\mathcal{M}$ 并不要求构成 U 的分划.

有限集区间粗糙集

在有限区间粗糙集中, U 与 W 都是有限集, 经典集 $X\in\mathcal{P}(W)$ 被一个区间近似空间 (U,W,R) (即 R 是从 U 到 W 上串行关系) 所描述, 集合 X 的下近似质量与上近似质量定义为

$$\underline{Q}(X)=|\underline{R}(X)|/|U|,\quad \overline{Q}(X)=|\overline{R}(X)|/|U|.\tag{9.79}$$

定理 9.16　设 (U,W,R) 是有限区间近似空间, 则由 (9.79) 式定义的下近似质量函数 $\underline{Q}$ 与上近似质量函数 $\overline{Q}$ 是 W 上一对对偶的信任函数与似然函数, 其对应的 mass 函数为

$$m(A)=|j(A)|/|U|,\quad A\in\mathcal{P}(W),$$

其中 $j(A)=\{x\in U|R_s(x)=A\}$.

反之, 若 Bel 与 Pl 是 W 上一对对偶的信任函数与似然函数且对任意 $A\in\mathcal{M}$, 对应的基本概率分配 $m(A)$ 为有理数, 则存在区间近似空间 (U,W,R) (即存在有限论域 U 及从 U 到 W 上串行关系 R), 使对任意 $X\in\mathcal{P}(W)$,

$$\underline{Q}(X)=\mathrm{Bel}(X),\quad \overline{Q}(X)=\mathrm{Pl}(X).\tag{9.80}$$

证明　见文献 [160].　□

注 9.14 这个定理表明, 有限区间近似空间 (U, W, R) 只对应于 W 上的 mass 函数取值必须被限制为有理数的信任结构 $(\mathcal{M}, m)$, 使由近似空间导出的下近似算子与上近似算子恰好可以用来表示这类信任函数与似然函数.

随机粗糙集

首先介绍随机集的概念, 所谓随机集, 直观地说就是取值为集合值的随机变量, 即集值随机变量.

定义 9.19 设 U 与 W 是两个非空论域, (U, Σ) 是一个可测空间, $(\mathcal{P}(W), \sigma(\beta))$ 是另一可测空间. 若映射 $F: U \to \mathcal{P}_0(W)$ 是 $\Sigma - \sigma(\beta)$ 可测的, 即对任意 $\alpha \in \sigma(\beta)$ 有 $\{u \in U | F(u) \in \alpha\} \in \Sigma$, 则称集值映射 F 是一个随机集.

注 9.15 当 (W, d) 是一个可分度量空间时, 集值映射 $F: U \to \mathcal{P}_0(W)$ 称为一个 (Σ-可测) 随机集, 若下列等价条件之一满足 [176]:

(1) 对任意开集 $G \subseteq W, \{x \in U | F(x) \cap G \neq \varnothing\} \in \Sigma$;

(2) 对任意 $x \in W$, $d(x, F(\cdot))$ 是 Σ-可测函数;

(3) 存在一个 Σ-可测函数序列 $f_n: U \to W, n \in \mathbb{N}$, 使得

$$F(x) = \mathrm{cl}\{f_n(x) | n \geqslant 1\}, \quad \forall x \in U,$$

其中 cl 是指取闭包.

注 9.16 当 U 和 W 是两个非空有限集时, (U, Σ) 与 (W, Σ') 是两个可测空间, 即 Σ 与 Σ' 分别为 U 上与 W 上的代数, 则集值映射 $F: U \to \mathcal{P}_0(W)$ 称为一个随机集, 若对任意 $Y \in \Sigma'$ 有

$$\{x \in U | F(x) \subseteq Y\} \in \Sigma.$$

有时这样的随机集称为 Σ-Σ' 随机集. 需要指出的是, 当 F 是随机集时,

$$\{x \in U | F(x) \cap Y \neq \varnothing\} = \sim \{x \in U | F(x) \subseteq \sim Y\} \in \Sigma, \quad \forall Y \in \Sigma'.$$

当 U 和 W 都是有限集时, 一般取 $\Sigma' = \mathcal{P}(W)$. 以下除非特别说明, 我们恒假设 U 是可数集, 且若 U 上有概率分布, 则恒假设对任意 $x \in U$ 都有 $P(x) > 0$, 即 P 是 U 上的正则概率测度.

定义 9.20 设 U 和 W 是两个非空集合, (U, Σ) 和 $(W, \mathcal{P}(W))$ 为两个可测空间, (U, Σ, P) 为正则概率空间, 集值映射 $F: U \to \mathcal{P}(W)$ 为一个 Σ-可测随机集, 称有序组 $((U, \Sigma, P), W, F)$ 为随机集近似空间, 对任意 $X \in \mathcal{P}(W)$, X 关于 $((U, \Sigma, P), W, F)$ 的下近似 $\underline{F}(X)$ 与上近似 $\overline{F}(X)$ 定义如下:

$$\underline{F}(X) = \{u \in U | F(u) \subseteq X\}. \tag{9.81}$$

$$\overline{F}(X) = \{u \in U | F(u) \cap X \neq \varnothing\}. \tag{9.82}$$

分别称 $\underline{F}$ 与 $\overline{F} : \mathcal{P}(W) \to \mathcal{P}(U)$ 为随机下近似算子与随机上近似算子, X 关于 $((U, \Sigma, P), W, F)$ 的随机下近似质量 $\underline{M}(X)$ 与随机上近似质量 $\overline{M}(X)$ 分别定义为 X 关于 $((U, \Sigma, P), W, F)$ 的下近似与上近似的概率, 即

$$\underline{M}(X) = P(\underline{F}(X)), \quad \overline{M}(X) = P(\overline{F}(X)). \tag{9.83}$$

称伴随有随机近似质量 $(\underline{M}(X), \overline{M}(X))$ 的序对 $(\underline{F}(X), \overline{F}(X))$ 为随机粗糙集, 称系统 $((U, \Sigma, P), W, \cap, \cup, \sim, \underline{F}, \overline{F})$ 为随机粗糙集代数.

注 9.17 由定义 9.20 可知, 一个随机粗糙集包含两个方面的不确定性特征: 一方面是一对近似集 $(\underline{F}(X), \overline{F}(X))$, 它们刻画了 X 在近似空间中的非数值特征, 可以看成是对 X 的定性近似描述; 另一方面是一对随机近似质量 $(\underline{M}(X), \overline{M}(X))$, 它们刻画了 X 在近似空间中的数值特征, 可以看成对 X 的定量近似描述, 同时更能反映 X 的随机不确定性. 因此, 利用随机粗糙集模型, 既可以进行定性的不确定分析, 又可以进行定量的不确定分析.

注 9.18 如果将 $F(u)$ 看成 u 的邻域, 那么这时得到的粗糙近似算子就成为邻域算子意义下的近似算子. 特别地, 若 $W = U$ 且 $\{F(u) | u \in U\}$ 构成了 U 的分划, 则所得到的系统称为随机 Pawlak 代数系统, 这样, 随机粗糙集方法可以应用于通常的随机关系数据库.

对于随机集 $F : U \to \mathcal{P}(W)$, 记

$$R = \{(u, w) \in U \times W | w \in F(u)\}. \tag{9.84}$$

则 R 是从 U 到 W 上的二元关系, 且对任意 $u \in U$ 有 $R_s(u) = F(u) \neq \varnothing$, 从而一个随机集对应于一个双论域上串行关系 (也称区间结构). 类似于一般关系下的粗糙近似, 可以得到以下定理.

定理 9.17 设 $F : (U, \Sigma, P) \to \mathcal{P}_0(W)$ 是随机集, 则近似算子 $\underline{F}$ 和 $\overline{F}$ 满足下列性质: $\forall X, Y, Y_j \in \mathcal{P}(W)$, $j \in J$, J 是任意指标集,

(1) $\underline{F}(X) = \sim \overline{F}(\sim X)$.

(2) $\overline{F}(X) = \sim \underline{F}(\sim X)$.

(3) $\underline{F}(\varnothing) = \overline{F}(\varnothing) = \varnothing$.

(4) $\underline{F}(W) = \overline{F}(W) = U$.

(5) $\underline{F}\left(\bigcap_{j \in J} Y_j\right) = \bigcap_{j \in J} \underline{F}(Y_j)$.

(6) $\overline{F}\left(\bigcup_{j \in J} Y_j\right) = \bigcup_{j \in J} \overline{F}(Y_j)$.

(7) $X \subseteq Y \Rightarrow \underline{F}(X) \subseteq \underline{F}(Y)$.

(8) $X \subseteq Y \Rightarrow \overline{F}(X) \subseteq \overline{F}(Y)$.

(9) $\underline{F}\left(\bigcup_{j\in J} Y_j\right) \supseteq \bigcup_{j\in J} \underline{F}(Y_j)$.

(10) $\overline{F}\left(\bigcap_{j\in J} Y_j\right) \subseteq \bigcap_{j\in J} \overline{F}(Y_j)$.

(11) $\underline{F}(X) \subseteq \overline{F}(X)$.

证明 由定义直接可得. □

定义 9.21 设 $F : (U, \Sigma, P) \to \mathcal{P}_0(U)$ 是随机集, 对于 $u \in U$, 若 $u \in F(u)$, 则称 u 是 F 的不动点.

定理 9.18 设 $F : (U, \Sigma, P) \to \mathcal{P}_0(U)$ 是随机集, 则以下等价:

(1) 任意的 $u \in U$ 都是 F 的不动点.

(2) $\underline{F}(X) \subseteq X$, $\forall X \subseteq U$.

(3) $X \subseteq \overline{F}(X)$, $\forall X \subseteq U$.

证明 "(1) ⇒ (2)" 对任意 $X \subseteq U$, 若 $u \in \underline{F}(X)$, 由下近似的定义得 $F(u) \subseteq X$, 由于 $u \in F(u)$, 从而 $u \in X$, 即 $\underline{F}(X) \subseteq X$.

"(2) ⇒ (3)" 对任意 $X \subseteq U$, 由 (2) 可得 $\underline{F}(\sim X) \subseteq \sim X$, 从而由定理 9.17 的对偶性质 (2) 可知

$$X = \sim(\sim X) \subseteq \sim \underline{F}(\sim X) = \overline{F}(X).$$

"(3) ⇒ (1)" 若 (3) 成立, 则对任意 $u \in U$, 有 $u \in \overline{F}(\{u\})$, 易证 $\overline{F}(\{u\}) = \{y \in U | u \in F(y)\}$, 从而 $u \in F(u)$, 即 u 是 F 的不动点. □

由定理 9.17 的性质 (6) 可知, $\overline{F}(X) = \bigcup_{x\in X} \overline{F}(\{x\})$, 若令

$$h(x) = \overline{F}(\{x\}), \quad x \in W, \tag{9.85}$$

则不难验证

$$h(x) = \{u \in U | x \in F(u)\}, \quad x \in W. \tag{9.86}$$

反之,

$$F(u) = \{y \in W | u \in h(y)\}, \quad u \in U. \tag{9.87}$$

当然

$$\overline{F}(X) = \bigcup_{x\in X} h(x), \quad X \subseteq W. \tag{9.88}$$

这里 h 的作用形式上类似于概率论中的概率分布函数, 称 h 为上近似分布函数.

对于随机集 $F:(U,\Sigma,P)\to\mathcal{P}_0(W)$, 定义映射 $j:\mathcal{P}(W)\to\mathcal{P}(U)$:

$$j(X)=\{u\in U|F(u)=X\},\quad X\in\mathcal{P}(W). \tag{9.89}$$

若 $j(X)\neq\varnothing$, 则称 X 为 j 的焦集 (focal set), 记全体焦集为 $\mathcal{J}$, 即 $\mathcal{J}=\{X\in\mathcal{P}(W)|j(X)\neq\varnothing\}$.

引理 9.5 映射 j 满足下列性质:

(J1) $\bigcup\limits_{A\subseteq W} j(A)=U$.

(J2) $\forall A,B\in\mathcal{P}(W), A\neq B\Longrightarrow j(A)\cap j(B)=\varnothing$.

证明 由定义直接可得. □

注 9.19 由引理 9.5 可知, $\{j(X)|X\in\mathcal{J}\}$ 构成了 U 的一个分划, 因此称 j 为 F 的关系分划函数.

下述引理给出了近似算子与关系分划函数之间的联系.

引理 9.6 设 $F:(U,\mathcal{P}(U),P)\to\mathcal{P}_0(W)$ 为随机集, j 为 F 的关系分划函数, 则近似算子与关系分划函数有以下表示关系:

(1) $\underline{F}(X)=\bigcup\limits_{Y\subseteq X} j(Y)=\bigcup\limits_{Y\in\mathcal{J},Y\subseteq X} j(Y),\ X\subseteq W$.

(2) $\overline{F}(X)=\bigcup\limits_{Y\cap X\neq\varnothing} j(Y)=\bigcup\limits_{Y\in\mathcal{J},Y\cap X\neq\varnothing} j(Y),\ X\subseteq W$.

(3) $j(X)=\underline{F}(X)-\bigcup\limits_{Y\subset X}\underline{F}(Y),\ X\subseteq W$.

证明 (1) 设 $X\subseteq W$, 若 $u\in\underline{F}(X)$, 则由定义可得 $F(u)\subseteq X$, 从而存在唯一的 $A\subseteq X$ 使 $F(u)=A$, 于是 $u\in j(A)$, 即 $u\in\bigcup\limits_{Y\subseteq X} j(Y)$, 因此

$$\underline{F}(X)\subseteq\bigcup_{Y\subseteq X} j(Y). \tag{9.90}$$

反之, 对任意 $u\in\bigcup\limits_{Y\subseteq X} j(Y)$, 存在 $B\subseteq X$ 使 $u\in j(B)$, 于是 $F(u)=B$, 由 $B\subseteq X$ 得 $F(u)\subseteq X$, 从而由下近似定义得 $u\in\underline{F}(X)$, 因此

$$\bigcup_{Y\subseteq X} j(Y)\subseteq\underline{F}(X). \tag{9.91}$$

由 (9.90) 式和 (9.91) 式和引理 9.5 知 (1) 成立.

(2) 由近似算子的对偶性、结论 (1) 以及引理 9.5 得

$$\begin{aligned}\overline{F}(X)&=\sim\underline{F}(\sim X)=\sim\bigcup_{Y\subseteq\sim X} j(Y)\\&=\sim\bigcup_{Y\cap X=\varnothing} j(Y)=\bigcup_{Y\cap X\neq\varnothing} j(Y)\end{aligned}$$

$$= \bigcup_{Y \in \mathcal{J}, Y \cap X \neq \varnothing} j(Y).$$

(3) 对任意 $X \subseteq W$, 若 $u \in j(X)$, 则由 (1) 知 $u \in \underline{F}(X)$. 由于 $F(u) = X$, 由引理 9.5 可推得对于 X 的任意真子集 Y, 有 $u \notin \underline{F}(Y)$(这是因为若 $u \in \underline{F}(Y)$, 则由 (1) 知存在 Y 的子集 Z 使 $u \in j(Z)$, 即 $F(u) = Z$, 这与 $F(u)$ 的值是唯一的矛盾). 从而 $u \in \underline{F}(X) - \bigcup_{Y \subset X} \underline{F}(Y)$, 因此

$$j(X) \subseteq \underline{F}(X) - \bigcup_{Y \subset X} \underline{F}(Y). \tag{9.92}$$

反之, 对任意 $y \in \underline{F}(X) - \bigcup_{Y \subset X} \underline{F}(Y)$, 由 $y \in \underline{F}(X)$ 和引理 9.5 知存在唯一 $A \subseteq X$ 使 $y \in j(A)$, 如果 $A \subset X$, 那么由 (1) 知 $y \in \bigcup_{Y \subset X} \underline{F}(Y)$, 因此只能是 $A = X$, 即 $y \in j(X)$, 从而

$$\underline{F}(X) - \bigcup_{Y \subset X} \underline{F}(Y) \subseteq j(X). \tag{9.93}$$

由 (9.92) 式和 (9.93) 式知 (3) 成立. □

定理 9.19 设 $((U, \Sigma, P), W, F)$ 是随机集近似空间, j 为 F 的关系分划函数, 则由 (9.83) 式定义的随机下近似质量函数 $\underline{M}$ 与随机上近似质量函数 $\overline{M}$ 是 W 上一对对偶的信任函数与似然函数, 其对应的 mass 函数为

$$m(A) = P(j(A)), \ A \in \mathcal{P}(W).$$

反之, 设 Bel 与 Pl 是 W 上由经典信任结构 $(\mathcal{M}, m)$ 导出的一对对偶的 CC-信任函数与 CC-似然函数, 则存在随机近似空间 $((U, \Sigma, P), W, F)$ (即存在可数论域 U, U 上的概率测度 P 以及从 U 到 W 上的随机集 F), 使得对任意 $X \in \mathcal{P}(W)$,

$$\underline{M}(X) = \mathrm{Bel}(X), \quad \overline{M}(X) = \mathrm{Pl}(X). \tag{9.94}$$

证明 "⇒" 首先证明, m 是 W 上的 mass 函数. 事实上, 由定理 9.17 的性质 (3) 有

$$m(\varnothing) = P(j(\varnothing)) = P(\varnothing) = 0.$$

因此, m 满足公理 (CM1). 又由引理 9.5 得

$$\sum_{A \subseteq W} m(A) = \sum_{A \subseteq W} P\big(j(A)\big) = P\left(\bigcup_{A \subseteq W} j(A)\right) = P(U) = 1.$$

于是 m 满足公理 (CM2). 因此, m 是 W 上的一个 mass 函数.

其次, 对任意 $X \in \mathcal{P}(W)$, 由引理 9.5 和引理 9.6 得

$$\begin{aligned}\mathrm{Bel}(X) = P\big(\underline{F}(X)\big) = P\left(\bigcup_{A\subseteq X} j(A)\right) \\ = \sum_{A\subseteq X} P\big(j(A)\big) = \sum_{A\subseteq X} m(A).\end{aligned}$$

因此, Bel 是 W 上的信任函数. 同理,

$$\begin{aligned}\mathrm{Pl}(X) = P\big(\overline{F}(X)\big) = P\left(\bigcup_{A\cap X\neq\varnothing} j(A)\right) \\ = \sum_{A\cap X\neq\varnothing} P\big(j(A)\big) = \sum_{A\cap X\neq\varnothing} m(A).\end{aligned}$$

因此, Pl 是 W 上的似然函数. 由于 Bel 与 Pl 是由同一个 mass 函数导出的, 对偶性为显然.

"$\Leftarrow$" 设 m 为 Bel 的 mass 函数, m 的焦元集为 $\mathcal{M}$. 令 $\mathcal{M} = \{X_1, X_2, \cdots\}$, 由 Bel 是信任函数知

$$\sum_{i=1}^{\infty} m(X_i) = \sum_{A\subseteq W} m(A) = 1. \tag{9.95}$$

任取可数集 $U = \{u_1, u_2, \cdots\}$, 定义集函数 $P : \mathcal{P}(U) \to [0,1]$ 如下:

$$\begin{aligned}P(\{u_i\}) = m(X_i), \quad i = 1, 2, \cdots, \\ P(A) = \sum_{u\in A} P(\{u\}), \quad A \in \mathcal{P}(U).\end{aligned}$$

由 (9.95) 式知

$$\sum_{i=1}^{\infty} P(\{u_i\}) = \sum_{u\in U} P(\{u\}) = \sum_{A\in\mathcal{M}} m(A) = 1.$$

因此, 易见 P 是定义在 U 上的正则概率测度. 定义随机集 $F : U \to \mathcal{P}_0(W)$ 如下

$$F(u_i) = X_i, \quad i = 1, 2, \cdots.$$

显然, 当 $A = X_i$ 时有 $j(A) = \{u_i\}$, 而当 $A \notin \mathcal{M}$ 时有 $j(A) = \varnothing$, 这样由 P 和 F 的构造可见对任意 $A \in \mathcal{P}(W)$ 有 $P(j(A)) = m(A)$, 从而由本定理的必要性知以 m 为 mass 函数的信任函数与似然函数分别是下近似与上近似的概率, 即 (9.94) 式成立. □

注 9.20 这个定理表明随机集近似空间 $((U, \Sigma, P), W, F)$ 对应于 W 上的任何经典信任结构 $(\mathcal{M}, m)$, 使得由近似空间导出的随机下近似算子与随机上近似算子恰好可以用来表示信任结构导出的 CC-信任函数与 CC-似然函数.

9.5.2 粗糙模糊集与 CF 信任函数

一个粗糙模糊集是由模糊集关于经典近似空间近似的结果. 下面讨论粗糙模糊集与 CF-信任函数之间的关系.

定理 9.20 设 (U,W,R) 是有限区间近似空间 (即 R 是从 U 到 W 上串行关系), $\underline{RF}(A)$ 与 $\overline{RF}(A)$ 是模糊集 $A\in\mathcal{F}(W)$ 关于近似空间 (U,W,R) 的下近似与上近似, 定义 A 关于近似空间 (U,W,R) 的下近似质量 $\underline{Q}(A)$ 与上近似质量 $\overline{Q}(A)$ 如下:

$$\underline{Q}(A)=|\underline{RF}(A)|/|U|,\quad \overline{Q}(A)=|\overline{RF}(A)|/|U|. \tag{9.96}$$

则模糊集函数 $\underline{Q}$ 与 $\overline{Q}:\mathcal{F}(W)\to[0,1]$ 是 W 上一对对偶的 CF-信任函数与 CF-似然函数, 其对应的 mass 函数为

$$m(Y)=|j(Y)|/|U|,\quad Y\in\mathcal{P}(W),$$

其中 $j(Y)=\{x\in U|R_s(x)=Y\}$.

反之, 若 Bel 与 Pl 是 W 上一对对偶的 CF-信任函数与 CF-似然函数, 且对任意 $B\in\mathcal{M}$, $m(B)$ 都是有理数, 则存在有限区间近似空间 (U,W,R) (即存在有限集 U 及从 U 到 W 上串行关系 R), 使得对任意 $A\in\mathcal{F}(W)$,

$$\underline{Q}(A)=\mathrm{Bel}(A),\quad \overline{Q}(A)=\mathrm{Pl}(A). \tag{9.97}$$

更进一步, 若 Bel 与 Pl 是 U 上一对对偶的 CF-信任函数与 CF-似然函数, 且对任意 $B\in\mathcal{M}$, $m(B)$ 都是以 $|U|$ 为公共分母的有理数, 则存在串行近似空间 (U,R) (即存在 U 上串行关系 R), 使对任意 $A\in\mathcal{F}(U)$, (9.97) 式成立.

证明 见注 9.23(2). □

注 9.21 定理 9.20 表明, 有限区间近似空间 (U,W,R) 可以对应于 W 上 mass 函数取值为有理数值的经典信任结构 $(\mathcal{M},m)$, 使由近似空间导出的粗糙模糊下近似算子与粗糙模糊上近似算子恰好可以用来表示这个信任结构导出的 CF-信任函数与 CF-似然函数, 但是对于串行近似空间 (U,R) 与相同的信任结构一般不能建立这样的关系, 如果要建立这样的关系, 那么信任结构中 mass 函数的取值必须是以 $|U|$ 为公共分母的有理数.

下面讨论随机粗糙模糊集与 CF-信任之间的关系.

所谓随机粗糙模糊集, 是指一个模糊集 $A\in\mathcal{F}(W)$ 关于一个随机集近似空间 $((U,\mathcal{P}(U),P),W,F)$ 的近似结果, 模糊集 A 的随机下近似质量 $\underline{M}(A)$ 与随机上近似质量 $\overline{M}(A)$ 定义如下:

$$\underline{M}(A)=P^*(\underline{F}(A)),\quad \overline{M}(A)=P^*(\overline{F}(A)), \tag{9.98}$$

其中,

$$\underline{F}(A)(x) = \bigwedge_{y \in F(x)} A(y), \quad \overline{F}(A)(x) = \bigvee_{y \in F(x)} A(y), \quad x \in U.$$

定理 9.21 设 $((U, \mathcal{P}(U), P), W, F)$ 是随机集近似空间, 其中 U 是可数集, 则由 (9.98) 式定义的随机下近似质量函数 $\underline{M}$ 与随机上近似质量函数 $\overline{M}$ 是 W 上一对对偶的 CF-信任函数与 CF-似然函数, 其对应的 mass 函数为

$$m(Y) = P(j(Y)), \quad Y \in \mathcal{P}(W),$$

其中 $j(Y) = \{x \in U | F(x) = Y\}$.

反之, 若 Bel 与 Pl 是 W 上一对对偶的 CF-信任函数与 CF-似然函数, 则存在随机近似空间 $((U, \mathcal{P}(U), P), W, F)$ (即存在可数集 U, U 上的概率测度 P, 以及从 U 到 W 上的随机集 F), 使对任意 $A \in \mathcal{F}(W)$,

$$\underline{M}(A) = \mathrm{Bel}(A), \quad \overline{M}(A) = \mathrm{Pl}(A). \tag{9.99}$$

证明 见注 9.23(2). □

注 9.22 这个定理表明随机集近似空间 $((U, \mathcal{P}(U), P), W, F)$ 对应于 W 上的任何经典信任结构 $(\mathcal{M}, m)$, 使由近似空间导出的随机粗糙模糊下近似算子与随机粗糙模糊上近似恰好可以用来表示由该经典信任结构导出的 CF-信任函数与 CF-似然函数.

9.5.3 模糊粗糙集与模糊信任函数

本小节讨论模糊近似空间与模糊信任结构之间的关系. 由于模糊环境下信任结构及其导出的信任函数与似然函数有各种不同形式, 我们主要讨论基于模糊蕴涵算子的信任函数与似然函数和模糊粗糙近似之间的关系, 其他形式都作为特例给出.

定义 9.22 设 U 是可数集, P 是 U 上的正则概率测度, W 是非空集合 (可以是无限的), R 是从 U 到 W 上串行模糊关系, 则称 $((U, P), W, R)$ 是一个模糊信任空间.

定理 9.22 设 $((U, P), W, R)$ 是模糊信任空间, I 是 $[0, 1]$ 上的半连续混合单调蕴涵算子, N 是 $[0, 1]$ 上的回旋非门算子, $\underline{IR}$ 与 $\overline{IR}$ 是由定义 6.2 给出的 I-模糊粗糙近似算子, 记

$$\mathrm{Bel}(A) = P^*(\underline{IR}(A)), \quad \mathrm{Pl}(A) = P^*(\overline{IR}(A)), \quad A \in \mathcal{F}(W). \tag{9.100}$$

则 $\mathrm{Bel} : \mathcal{F}(W) \to [0, 1]$ 与 $\mathrm{Pl} : \mathcal{F}(W) \to [0, 1]$ 是由定义 9.13 给出的 FF-信任函数与 FF-似然函数.

反之, 设 $(\mathcal{M}, m)$ 是 W 上的模糊信任结构, $\mathrm{Bel}: \mathcal{F}(W) \to [0,1]$ 与 $\mathrm{Pl}: \mathcal{F}(W) \to [0,1]$ 是由定义 9.13 给出的 FF-信任函数与 FF-似然函数, 则存在可数集 U, U 上的正则概率测度 P, 以及从 U 到 W 上串行模糊关系 R 使得对任意 $X \in \mathcal{F}(W)$,

$$P^*(\underline{IR}(X)) = \mathrm{Bel}(X) = \sum_{x \in U} \underline{IR}(X)(x)P(x), \tag{9.101}$$

$$P^*(\overline{IR}(X)) = \mathrm{Pl}(X) = \sum_{x \in U} \overline{IR}(X)(x)P(x). \tag{9.102}$$

证明 "⇒" 令

$$j(A) = \{x \in U | R(x,y) = A(y), \forall y \in W\}, \quad A \in \mathcal{F}(W).$$

则易证 j 满足以下性质 (J1) 与 (J2):

(J1) $A \neq B \Longrightarrow j(A) \cap j(B) = \varnothing$.

(J2) $\bigcup_{A \in \mathcal{F}(W)} j(A) = U$.

由于 R 是串行的, 因此 $j(\varnothing) = \varnothing$. 于是, $P(j(\varnothing)) = P(\varnothing) = 0$ 且

$$\sum_{A \in \mathcal{F}(W)} P\big(j(A)\big) = P\left(\bigcup_{A \in \mathcal{F}(W)} j(A)\right) = P(U) = 1.$$

定义模糊集函数 $m: \mathcal{F}(W) \to [0,1]$ 如下:

$$m(A) = P\big(j(A)\big), \quad A \in \mathcal{F}(W).$$

显然, $m(\varnothing) = 0$ 且

$$\begin{aligned}\sum_{A \in \mathcal{F}(W)} m(A) &= \sum_{A \in \mathcal{F}(W)} P\big(j(A)\big) = P\left(\bigcup_{A \in \mathcal{F}(W)} j(A)\right) \\ &= P(U) = 1.\end{aligned}$$

从而, m 是 W 上的模糊 mass 函数. 且对任意 $X \in \mathcal{F}(W)$, 由 (9.70) 式、性质 (J1) 与 (J2) 得

$$\begin{aligned}\mathrm{Bel}(X) = P^*\big(\underline{IR}(X)\big) &= \sum_{x \in U} \underline{IR}(X)(x)P(x) \\ &= \sum_{x \in U} \bigwedge_{y \in W} I\big(R(x,y), X(y)\big)P(x) \\ &= \sum_{A \in \mathcal{F}(W)} \sum_{x \in j(A)} \bigwedge_{y \in W} I\big(A(y), X(y)\big)P(x)\end{aligned}$$

$$= \sum_{A\in\mathcal{F}(W)} \bigwedge_{y\in W} I(A(y), X(y))P(j(A))$$

$$= \sum_{A\in\mathcal{F}(W)} \left[m(A) \bigwedge_{y\in W} I(A(y), X(y))\right]$$

$$= \sum_{A\in\mathcal{F}(W)} m(A)\mathrm{N}_{A,I}(X).$$

因此, Bel是由定义 9.13 给出的 FF-信任函数. 类似可证, Pl 是由定义 9.13 给出的 FF-似然函数.

"$\Leftarrow$" 由于 $\sum\limits_{A\in\mathcal{F}(W)} m(A)=1$, 由引理 9.2 知 m 的焦元全体 $\mathcal{M}$ 是一个可数集. 不失一般性, 不妨设 $\mathcal{M}$ 是无限可数集, 并且记

$$\mathcal{M} = \{A_i \in \mathcal{F}(W) | i \in \mathbb{N}\},$$

其中 A_i 是正则模糊集且 $\sum\limits_{i\in\mathbb{N}} m(A_i) = 1$. 令 $U = \{u_i | i \in \mathbb{N}\}$ 是任意一个无限可数集. 定义集函数 $P : \mathcal{P}(U) \to [0,1]$ 如下:

$$P(u_i) = P(\{u_i\}) = m(A_i), \quad i \in \mathbb{N},$$
$$P(X) = \sum_{u\in X} P(\{u\}), \quad X \in \mathcal{P}(U).$$

显然, P 是 U 上的一个概率测度.

进一步定义从 U 到 W 上串行模糊关系 R 如下:

$$R(u_i, w) = A_i(w), \quad i \in \mathbb{N}, \quad w \in W.$$

由 R 可以得到一个映射 $j : \mathcal{F}(W) \to \mathcal{P}(U)$:

$$j(A) = \{u \in U | R(u, w) = A(w), \forall w \in W\}, \quad A \in \mathcal{F}(W).$$

易见

$$j(A) = \begin{cases} \{u_i\}, & A = A_i, \\ \varnothing, & \text{否则}. \end{cases}$$

于是,

$$m(A) = \begin{cases} P(j(A)) > 0, & A \in \mathcal{M}, \\ 0, & \text{否则}. \end{cases}$$

注意到 j 满足性质 (J1) 与 (J2), 则由命题 9.5 知, 对任意 $X \in \mathcal{F}(W)$ 有

$$P^*(\underline{IR}(X)) = \sum_{x\in U} \underline{IR}(X)(x)P(x)$$

$$
\begin{aligned}
&= \sum_{x\in U}\bigwedge_{y\in W} I(R(x,y),X(y))P(x) \\
&= \sum_{A\in\mathcal{F}(W)}\sum_{x\in j(A)}\bigwedge_{y\in W} I(A(y),X(y))P(x) \\
&= \sum_{A\in\mathcal{F}(W)}\bigwedge_{y\in W} I(A(y),X(y))P(j(A)) \\
&= \sum_{A\in\mathcal{F}(W)}\left[m(A)\bigwedge_{y\in W} I(A(y),X(y))\right] \\
&= \mathrm{Bel}(X).
\end{aligned}
$$

类似可证, $P^*(\overline{IR}(X)) = \mathrm{Pl}(X)$. □

注 9.23 (1) 在定理 9.22 中, 当 I 分别取 S 蕴含算子与 R 蕴涵算子时, 可以分别得到后面的定理 9.23 与定理 9.24.

(2) 对应于定理 9.22 中的串行模糊关系 R, 可以定义一个从 U 到 W 的模糊集值映射 $F: U \to \mathcal{F}(W)$ 如下:

$$F(x)(y) = R(x,y), \quad x \in U, \quad y \in W.$$

这种 U 上带有概率测度 P 的模糊集值映射 $F: U \to \mathcal{F}(W)$ 有时也称为模糊随机变量. 它是经典随机集的一种推广形式. 因此, 定理 9.22 表明, 模糊随机近似空间 $((U,\mathcal{P}(U),P),W,F)$ 对应于 W 上的任何模糊信任结构 $(\mathcal{M},m)$, 使由近似空间导出的随机模糊粗糙下近似算子与随机模糊粗糙上近似算子恰好可以用来表示由该模糊信任结构导出的 FF-信任函数与 FF-似然函数. 而当 F 退化为随机集时, 定理 9.22 就退化为定理 9.21. 特别地, 如果 U 和 W 都是有限集, 并且 U 中集合 X 的概率定义为 $P(X) = |X|/|U|$ 时, 那么定理 9.21 就退化为定理 9.20.

定理 9.23 设 $((U,P),W,R)$ 是模糊信任空间, I 是 $[0,1]$ 上基于反三角模 S 的 S- 蕴涵算子, T 是与 S 关于标准回旋非门算子 N_s 对偶的三角模, $\underline{SR}$ 与 $\overline{TR}$ 是由定义 4.5 给出的 (S,T)-模糊粗糙近似算子, 记

$$\mathrm{Bel}(X) = P^*(\underline{SR}(X)), \quad \mathrm{Pl}(X) = P^*(\overline{TR}(X)), \quad X \in \mathcal{F}(W). \tag{9.103}$$

则 $\mathrm{Bel}: \mathcal{F}(W) \to [0,1]$ 与 $\mathrm{Pl}: \mathcal{F}(W) \to [0,1]$ 是由注 9.7 给出的 FF-信任函数与 FF-似然函数.

反之, 设 $(\mathcal{M},m)$ 是 W 上的模糊信任结构, $\mathrm{Bel}: \mathcal{F}(W) \to [0,1]$ 与 $\mathrm{Pl}: \mathcal{F}(W) \to [0,1]$ 是由注 9.7 给出的模糊信任函数与模糊似然函数, 则存在可数集 U、U 上的正则概率测度 P 及从 U 到 W 上串行模糊关系 R 使得对任意 $X \in \mathcal{F}(W)$ 有

$$P^*(\underline{SR}(X)) = \mathrm{Bel}(X) = \sum_{x\in U}\underline{SR}(X)(x)P(x), \tag{9.104}$$

$$P^*(\overline{TR}(X)) = \mathrm{Pl}(X) = \sum_{x\in U} \overline{TR}(X)(x)P(x). \tag{9.105}$$

定理 9.24　设 $((U,P),W,R)$ 是模糊信任空间, $I=\theta_T$ 是 $[0,1]$ 上由三角模 T 确定的 R- 蕴涵算子, S 是与 T 关于标准回旋非门算子 N_s 对偶的反三角模, $\underline{R}_\theta$ 与 $\overline{R}_\sigma$ 是由定义 5.1 给出的 (θ,σ)-模糊近似算子, 记

$$\mathrm{Bel}(X) = P^*(\underline{R}_\theta(X)), \quad \mathrm{Pl}(X) = P^*(\overline{R}_\sigma(X)), \quad X\in\mathcal{F}(W). \tag{9.106}$$

则 $\mathrm{Bel}:\mathcal{F}(W)\to[0,1]$ 与 $\mathrm{Pl}:\mathcal{F}(W)\to[0,1]$ 是由注 9.8 给出的 FF-信任函数与 FF-似然函数.

反之, 设 $(\mathcal{M},m)$ 是 W 上的模糊信任结构, $\mathrm{Bel}:\mathcal{F}(W)\to[0,1]$ 与 $\mathrm{Pl}:\mathcal{F}(W)\to[0,1]$ 是由注 9.8 给出的 FF-信任函数与 FF-似然函数, 则存在可数集 U, U 上的正则概率测度 P, 以及从 U 到 W 上串行模糊关系 R 使得对任意 $X\in\mathcal{F}(W)$ 有

$$P^*(\underline{R}_\theta(X)) = \mathrm{Bel}(X) = \sum_{x\in U} \underline{R}_\theta(X)(x)P(x), \tag{9.107}$$

$$P^*(\overline{R}_\sigma(X)) = \mathrm{Pl}(X) = \sum_{x\in U} \overline{R}_\sigma(X)(x)P(x). \tag{9.108}$$

定理 9.25　设 U 和 W 都是非空有限集, R 是从 U 到 W 上串行模糊关系, I 是 $[0,1]$ 上的半连续混合单调蕴含算子, N 是 $[0,1]$ 上的回旋非门算子, $\underline{IR}$ 与 $\overline{IR}$ 是由定义 6.2 给出的 I-模糊粗糙近似算子, 记

$$\underline{Q}(A) = |\underline{IR}(A)|/|U|, \quad \overline{Q}(A) = |\overline{IR}(A)|/|U|, \quad A\in\mathcal{F}(W). \tag{9.109}$$

则模糊集函数 $\overline{Q}$ 与 $\underline{Q}:\mathcal{F}(W)\to[0,1]$ 是由定义 9.13 给出的 FF-信任函数与 FF-似然函数, 其对应的 mass 函数为

$$m(A) = |j(A)|/|U|, \quad A\in\mathcal{F}(W),$$

其中 $j(A)=\{x\in U|R(x,y)=A(y),\forall y\in W\}$.

反之, 若 $(\mathcal{M},m)$ 是 W 上的模糊信任结构, 且对任意 $A\in\mathcal{M}$, $m(A)$ 都是有理数, $\mathrm{Bel}:\mathcal{F}(W)\to[0,1]$ 与 $\mathrm{Pl}:\mathcal{F}(W)\to[0,1]$ 是由定义 9.13 给出的 FF-信任函数与 FF-似然函数, 则存在有限集 U 以及从 U 到 W 上串行模糊关系 R 使得对任意 $X\in\mathcal{F}(W)$ 有

$$\underline{Q}(A) = \mathrm{Bel}(A), \quad \overline{Q}(A) = \mathrm{Pl}(A). \tag{9.110}$$

更进一步, 若所给定的模糊信任结构 $(\mathcal{M},m)$ 中对任意 $A\in\mathcal{M}$, $m(A)$ 都是以 $|U|$ 为公共分母的有理数, 则存在 U 上串行模糊关系 R 使得对任意 $X\in\mathcal{P}(U)$ 有 (9.110) 式成立.

注 9.24 这个定理表明, 有限双论域串行模糊近似空间 (U, W, R) 可以对应于 W 上的 mass 函数取值为有理数值的模糊信任结构 $(\mathcal{M}, m)$, 使得由近似空间导出的模糊粗糙下近似算子与模糊粗糙上近似算子恰好可以用来表示这个信任结构导出的 FF-信任函数与 FF-似然函数, 但是对于串行模糊近似空间 (U, R) 与相同的模糊信任结构一般不能建立这样的关系, 如果要建立这样的关系, 那么模糊信任结构中 mass 函数的取值必须是以 $|U|$ 为公共分母的有理数.

当定理 9.22 与定理 9.25 中的 X 为 W 的经典子集时, X 关于 (随机) 模糊近似空间的下近似质量与上近似质量对应于 FC-信任测度与 FC-似然测度, 这时定理 9.22 与定理 9.25 分别退化为以下两个定理.

定理 9.26 设 $((U, P), W, R)$ 是模糊信任空间, 对任意 $X \in \mathcal{P}(W)$, X 关于 (U, W, R) 的下近似 $\underline{R}(X)$ 与上近似 $\overline{R}(X)$ 是由 (3.3) 式给出的 U 上一对模糊子集, 即

$$\underline{R}(X)(x) = \bigwedge_{y \notin X} (1 - R(x, y)), \quad \overline{R}(X)(x) = \bigvee_{y \in X} R(x, y), \quad x \in U. \tag{9.111}$$

记

$$\mathrm{Bel}(A) = P^*(\underline{R}(X)), \quad \mathrm{Pl}(A) = P^*(\overline{R}(X)), \quad X \in \mathcal{P}(W), \tag{9.112}$$

则 $\mathrm{Bel} : \mathcal{P}(W) \to [0, 1]$ 与 $\mathrm{Pl} : \mathcal{P}(W) \to [0, 1]$ 是由定义 9.12 给出的 FC-信任函数与 FC-似然函数.

反之, 设 $(\mathcal{M}, m)$ 是 W 上的模糊信任结构, $\mathrm{Bel} : \mathcal{P}(W) \to [0, 1]$ 与 $\mathrm{Pl} : \mathcal{P}(W) \to [0, 1]$ 是由定义 9.12 给出的 FC-信任函数与 FC-似然函数, 则存在可数集 U, U 上的正则概率测度 P, 以及从 U 到 W 上串行模糊关系 R 使得对任意 $X \in \mathcal{P}(W)$,

$$P^*(\underline{R}(X)) = \mathrm{Bel}(X), \quad P^*(\overline{R}(X)) = \mathrm{Pl}(X). \tag{9.113}$$

定理 9.27 设 U 和 W 都是非空有限集, R 是从 U 到 W 上串行模糊关系, $\underline{R}$ 与 $\overline{R}$ 是由 (3.3) 式给出的近似算子, 记

$$\underline{Q}(A) = |\underline{R}(A)|/|U|, \quad \overline{Q}(A) = |\overline{R}(A)|/|U|, \quad A \in \mathcal{P}(W), \tag{9.114}$$

则经典集函数 $\overline{Q}$ 与 $\underline{Q} : \mathcal{P}(W) \to [0, 1]$ 是由定义 9.12 给出的 FC-信任函数与 FC-似然函数, 其对应的 mass 函数为

$$m(A) = |j(A)|/|U|, \ A \in \mathcal{F}(W),$$

其中 $j(A) = \{x \in U | R(x, y) = A(y), \forall y \in W\}$.

反之, 若 $(\mathcal{M}, m)$ 是有限论域 W 上的模糊信任结构, 且对任意 $A \in \mathcal{M}$, $m(A)$ 都是有理数, $\mathrm{Bel} : \mathcal{P}(W) \to [0, 1]$ 与 $\mathrm{Pl} : \mathcal{P}(W) \to [0, 1]$ 是由定义 9.12 给出的 FC-信

任函数与 FC-似然函数, 则存在有限集 U 及从 U 到 W 上串行模糊关系 R 使得对任意 $X \in \mathcal{P}(W)$ 有

$$\underline{Q}(A) = \mathrm{Bel}(A), \quad \overline{Q}(A) = \mathrm{Pl}(A). \tag{9.115}$$

更进一步, 若所给定的模糊信任结构 $(\mathcal{M}, m)$ 中对任意 $A \in \mathcal{M}$, $m(A)$ 都是以 $|U|$ 为公共分母的有理数, 则存在 U 上串行模糊关系 R 使得对任意 $X \in \mathcal{P}(U)$ 有 (9.115) 式成立.

由模糊粗糙集与模糊证据理论之间的关系可以得到模糊信任函数与模糊似然函数的一些重要性质.

命题 9.6　设 $(\mathcal{M}, m)$ 是 W 上的模糊信任结构, I 是 $[0,1]$ 上的半连续混合单调 NP 蕴涵算子, N 是 $[0,1]$ 上的回旋非门算子, Bel与Pl是由定义 9.13 给出的 FF-信任函数与 FF-似然函数, 则

(1) $\mathrm{Bel}(X) \leqslant \mathrm{Pl}(X)$, $\forall X \in \mathcal{F}(W)$.

(2) 若 $N = N_s$, 则 $\mathrm{Bel}(X) + \mathrm{Bel}(\sim X) \leqslant 1$, $\forall X \in \mathcal{F}(W)$.

证明　(1) 由定理 9.22, 可以找到一个模糊信任空间 $((U, P), W, R)$ 使得

$$\mathrm{Bel}(X) = P^*(\underline{IR}(X)), \quad \mathrm{Pl}(X) = P^*(\overline{IR}(X)), \quad \forall X \in \mathcal{F}(W).$$

由于 R 是串行的, 由命题 6.7 知 $\underline{IR}(X) \subseteq \overline{IR}(X)$, 于是

$$P^*(\underline{IR}(X)) \leqslant P^*(\overline{IR}(X)),$$

即 $\mathrm{Bel}(X) \leqslant \mathrm{Pl}(X)$.

(2) 若 $N = N_s$, 则由命题 9.3 知, FF-信任函数Bel与 FF-似然函数Pl是对偶的, 从而由 (1) 即知 (2) 成立. □

命题 9.7　设 $(\mathcal{M}, m)$ 是 W 上的模糊信任结构, I 是 $[0,1]$ 上的半连续混合单调 NP 蕴涵算子, Bel 是由定义 9.13 给出的模糊信任函数, 则 Bel 满足以下性质:

(1) $\mathrm{Bel}(\varnothing) = 0$.

(2) $\mathrm{Bel}(W) = 1$.

(3) 对任意 $A_i \in \mathcal{F}(W), i = 1, 2, \cdots, n$, $n \in \mathbb{N}$,

$$\mathrm{Bel}\left(\bigcup_{i=1}^{n} A_i\right) \geqslant \sum_{\varnothing \neq J \subseteq \{1,2,\cdots,n\}} (-1)^{|J|+1} \mathrm{Bel}\left(\bigcap_{i \in J} A_i\right). \tag{9.116}$$

证明　由定理 9.22 知, 存在可数集 U, U 上的正则概率测度 P, 以及从 U 到 W 上串行模糊关系 R 使得对任意 $X \in \mathcal{F}(W)$ 有

$$\mathrm{Bel}(X) = P^*\big(\underline{IR}(X)\big) = \sum_{x \in U} \underline{IR}(X)(x) P(x),$$

从而由定理 6.2 与定理 6.3 知

(1) $\mathrm{Bel}(\varnothing) = P^*\big(\underline{IR}(\varnothing)\big) = P(\varnothing) = 0$.

(2) $\mathrm{Bel}(W) = P^*\big(\underline{IR}(W)\big) = P(U) = 1$.

(3) 对任意 $X_i \in \mathcal{F}(W)$, $i = 1, 2, \cdots, n$, $n \in \mathbb{N}$, 分别利用定理 6.2、模糊集概率定义中的 (9.66) 式、引理 9.4、经典集概率的性质得

$$
\begin{aligned}
\mathrm{Bel}\left(\bigcup_{i=1}^{n} X_i\right) &= P^*\left(\underline{IR}\left(\bigcup_{i=1}^{n} X_i\right)\right) \\
&\geqslant P^*\left(\bigcup_{i=1}^{n} \underline{IR}(X_i)\right) \\
&= \int_0^1 P\left(\left(\bigcup_{i=1}^{n} \underline{IR}(X_i)\right)_\alpha\right) d\alpha \\
&= \int_0^1 P\left(\bigcup_{i=1}^{n} (\underline{IR}(X_i))_\alpha\right) d\alpha \\
&= \int_0^1 \sum_{\varnothing \neq J \subseteq \{1,2,\cdots,n\}} (-1)^{|J|+1} P\left(\bigcap_{j\in J} (\underline{IR}(X_j))_\alpha\right) d\alpha \\
&= \sum_{\varnothing \neq J \subseteq \{1,2,\cdots,n\}} (-1)^{|J|+1} \int_0^1 P\left(\bigcap_{j\in J} (\underline{IR}(X_j))_\alpha\right) d\alpha \\
&= \sum_{\varnothing \neq J \subseteq \{1,2,\cdots,n\}} (-1)^{|J|+1} \int_0^1 P\left(\left(\bigcap_{j\in J} \underline{IR}(X_j)\right)_\alpha\right) d\alpha \\
&= \sum_{\varnothing \neq J \subseteq \{1,2,\cdots,n\}} (-1)^{|J|+1} \int_0^1 P\left(\left(\underline{IR}\left(\bigcap_{j\in J} X_j\right)\right)_\alpha\right) d\alpha \\
&= \sum_{\varnothing \neq J \subseteq \{1,2,\cdots,n\}} (-1)^{|J|+1} P^*\left(\underline{IR}\left(\bigcap_{j\in J} X_j\right)\right) \\
&= \sum_{\varnothing \neq J \subseteq \{1,2,\cdots,n\}} (-1)^{|J|+1} \mathrm{Bel}\left(\bigcap_{j\in J} X_j\right).
\end{aligned}
$$

因此, (9.116) 式成立. □

对偶地, 可以得到以下命题.

命题 9.8 设 $(\mathcal{M}, m)$ 是 W 上的模糊信任结构, I 是 $[0,1]$ 上的半连续混合单调 NP 蕴涵算子, N 是 $[0,1]$ 上的回旋非门算子, Pl 是由定义 9.13 给出的模糊似然函数, 则 Pl 满足以下性质:

(1) $\mathrm{Pl}(\varnothing)=0$.

(2) $\mathrm{Pl}(W)=1$.

(3) 对任意 $A_i\in\mathcal{F}(W), i=1,2,\cdots,n,\ n\in\mathbb{N}$,

$$\mathrm{Pl}\left(\bigcap_{i=1}^{n}A_i\right)\leqslant\sum_{\varnothing\neq J\subseteq\{1,2,\cdots,n\}}(-1)^{|J|+1}\mathrm{Pl}\left(\bigcup_{i\in J}A_i\right).$$

注 9.25　由命题 9.7 和命题 9.8 知, 由定义 9.13 给出的 FF-信任函数是具有无限序的模糊单调 Choquet 容度, 而 FF-似然函数是具有无限序的模糊交替 Choquet 容度. 因此, 命题 9.6—命题 9.8 表明, 定义 9.13 及其注所给出的各种经典与模糊环境下的信任函数与似然函数仍然继承了 Shafer 的经典著作 [98] 中信任函数与似然函数所具有的一些特征性质.

参 考 文 献

[1] Abdel-Hamid A A, Morsi N N. On the relationship of extended necessity measures to implication operators on the unit interval. Information Sciences, 1995, 82: 129–145.

[2] Arenas F G. Alexandroff spaces. Acta Mathematica Universitatis Comenianae, 1999, 68: 17–25.

[3] Atanassov K T. Intuitionistic fuzzy sets. Fuzzy Sets and Systems, 1986, 20: 87–96.

[4] Atanassov K T. Intuitionistic Fuzzy Sets. Heidelberg: Physica-Verlag, 1999.

[5] Baczyński M, Jayaram B. Fuzzy Implications. Studies in Fuzziness and Soft Computing, vol. 231. Berlin: Springer, 2008.

[6] Bao Y L, Yang H L, She Y H. Using one axiom to characterize L-fuzzy rough approximation operators based on residuated lattices. Fuzzy Sets and Systems, 2018, 336: 87–115.

[7] Biacino L. Fuzzy subsethood and belief functions of fuzzy events. Fuzzy Sets and Systems, 2007, 158: 38–49.

[8] Boixader D, Jacas J, Recasens J. Upper and lower approximations of fuzzy sets. International Journal of General Systems, 2000, 29: 555–568.

[9] Chang C L. Fuzzy topological spaces. Journal of Mathematical Analysis and Applications, 1968, 24: 182–190.

[10] Che X Y, Mi J S, Chen D G. Information fusion and numerical characterization of a multi-source information system. Knowledge-Based Systems, 2018, 145: 121–133.

[11] Chen D G, Yang W X, Li F C. Measures of general fuzzy rough sets on a probabilistic space. Information Sciences, 2008, 178: 3177–3187.

[12] 陈德刚. 模糊粗糙集理论与方法. 北京: 科学出版社, 2013.

[13] Choquet G. Theory of capacities. Annales de l'institut Fourier, 1954, 5: 131–295.

[14] Chuchro M. On rough sets in topological Boolean algebras// Ziarko W. Rough Sets, Fuzzy Sets and Knowledge Discovery. Berlin: Springer-Verlag, 1994: 157–160.

[15] Chuchro M. A certain conception of rough sets in topological Boolean algebras. Bulletin of the Section of Logic, 1993, 22: 9–12.

[16] Cock M D, Cornelis C, Kerre E E. Fuzzy rough sets: The forgotten step. IEEE Transactions on Fuzzy Systems, 2007, 15(1): 121–130.

[17] Comer S. An algebraic approach to approximation of information. Fundamental Informaticae, 1991, 14: 492–502.

[18] Comer S. On connections between information system, rough sets and algebraic logic. Banach Center Publications, 1993, 28(1): 117–124.

[19] Cornelis C, Deschrijver G, Kerre E E. Implication in intuitionistic fuzzy and interval-valued fuzzy set theory: Construction, classification, application. International Journal of Approximate Reasoning, 2004, 35: 55–95.

[20] Cuzzolin F. A geometric approach to the theory of evidence. IEEE Transactions on Systems, Man, and Cybernetics, Part C: Applications and Reviews, 2008, 38(4): 522–534.

[21] Dempster A P. Upper and lower probabilities induced by a multivalued mapping. Annals of Mathematical Statistics, 1967, 38: 325–339.

[22] Denoeux T. Modeling vague beliefs using fuzzy-valued belief structures. Fuzzy Sets and Systems, 2000, 116: 167–199.

[23] Dubois D, Prade H. Rough fuzzy sets and fuzzy rough sets. International Journal of General Systems, 1990, 17: 191–208.

[24] Dubois D, Prade H. Fuzzy sets in approximate reasoning, Part 1: Inference with possibility distributions. Fuzzy Sets and Systems, 1991, 40: 143–202.

[25] Dubois D, Prade H. Evidence measures based on fuzzy information. Automatica, 1985, 21: 547–562.

[26] Dubois D, Prade H. Properties of measures of information in evidence and possibility theory. Fuzzy Sets and Systems, 1987, 24: 161–182.

[27] Dubois D, Yager R R. Fuzzy set connectives as combinations of belief structures. Information Sciences, 1992, 66: 245–275.

[28] Fang J M, Chen P W. One-to-one correspondence between fuzzifying topologies and fuzzy preorders. Fuzzy Sets and Systems, 2007, 158: 1814–1822.

[29] Fang J M. I-fuzzy Alexandrov topologies and specialization orders. Fuzzy Sets and Systems, 2007, 158: 2359–2374.

[30] Feng T, Fan H T, Mi J S. Uncertainty and reduction of variable precision multigranulation fuzzy rough sets based on three-way decisions. International Journal of Approximate Reasoning, 2017, 85: 36–58.

[31] Feng T, Mi J S. Variable precision multigranulation decision-theoretic fuzzy rough sets. Knowledge-Based Systems, 2016, 91: 93–101.

[32] Feng T, Mi J S, Zhang S P. Belief functions on general intuitionistic fuzzy information systems. Information Sciences, 2014, 271(7): 143–158.

[33] Feng T, Zhang S P, Mi J S. The reduction and fusion of fuzzy covering systems based on the evidence theory. International Journal of Approximate Reasoning, 2012, 53(1): 87–103.

[34] Feng T, Zhang S P, Mi J S. Intuitionistic fuzzy rough sets and intuitionistic fuzzy topology spaces. Information, 2011, 14(8): 2553–2562.

[35] Feng T, Zhang S P, Mi J S, et al. Reductions of a fuzzy covering decision system. International Journal of Modelling, Identification and Control, 2011, 13(3): 225–233.

[36] Franzoi L, Sgarro A. Linguistic classification: T-norms, fuzzy distances and fuzzy distinguishabilities. Procedia Computer Science, 2017, 112: 1168–1177.

[37] Greco S, Matarazzo B, Slowinski R. Rough set processing of vague information using fuzzy similarity relations// Calude C S, Paun G, Eds. Finite Versus Infinite–Contributions to an Eternal Dilemma. London: Springer-Verlag, 2002: 149–173.

[38] Halmos P R. Measure Theory. New York: Van Nostrand-Reinhold, 1950.

[39] Hao J, Li Q G. The relationship between L-fuzzy rough set and L-topology. Fuzzy Sets and Systems, 2011, 178: 74–83.

[40] Hao L, Feng T, Mi J S. Three-way decisions for composed set-valued decision tables. Journal of Intelligent and Fuzzy Systems, 2017, 33(2): 937-946.

[41] Hooshmandasl M R, Karimi A, Almbardar M, et al. Axiomatic systems for rough set-valued homomorphisms of associative rings. International Journal of Approximate Reasoning, 2013, 54: 297–306.

[42] Inuiguchi M, Greco S, Slowinski R, et al. Possibility and necessity measure specification using modifiers for decision making under fuzziness. Fuzzy Sets and Systems, 2003, 137: 151–175.

[43] Ishizuka M, Fu K S, Yao J T P. Inference procedures and uncertainty for problem-reduction method. Information Sciences, 1982, 28: 179–206.

[44] Kelley J L. General Topology. Graduate Texts in Mathematics, vol. 27. Berlin: Springer-Verlag, 1955.

[45] Klement E P. Fuzzy σ-algebras and fuzzy measurable functions. Fuzzy Sets and Systems, 1980, 4: 83–93.

[46] Klement E P, Mesiar R, Pap E. Triangular Norms. Trends in Logic, Vol. 8. Dordrecht: Kluwer Academic Publishers, 2000.

[47] Klir G J. A principle of uncertainty and information invariance. International Journal of General Systems, 1990, 17: 249–275.

[48] Klir G J, Yuan B. Fuzzy Logic: Theory and Applications. Englewood Cliffs: Prentice-Hall, 1995.

[49] Kramosil I. Belief functions generated by fuzzy and randomized compatibility relations. Fuzzy Sets and Systems, 2003, 135: 341–366.

[50] Lai H L, Zhang D X. Fuzzy preorder and fuzzy topology. Fuzzy Sets and Systems, 2006, 157: 1865–1885.

[51] Leung Y, Wu W Z, Zhang W X. Knowledge acquisition in incomplete information systems: A rough set approach. European Journal of Operational Research, 2006, 168(1): 164–180.

[52] Li L J, Mi J S, Xie B. Attribute reduction based on maximal rules in decision formal context. International Journal of Computational Intelligence Systems, 2014, 7(6): 1044–1053.

[53] Li L J, Wu X Q, Mi J S, et al. Covering reduction with application to rule learning. International Journal of Computer Science and Knowledge Engineering,2012, 6: 13–16.

[54] Li T J, Yang X P. An axiomatic characterization of probabilistic rough sets. International Journal of Approximate Reasoning, 2014, 55: 130–141.

[55] Li T J, Zhang W X. Rough fuzzy approximations on two universes of discourse. Information Sciences, 2008, 178: 892–906.

[56] Lin T Y. A rough logic formalism for fuzzy controllers: A hard and soft computing view. International Journal of Approximate Reasoning, 1996, 15: 395–414.

[57] Lin T Y. Topological and fuzzy rough sets// Slowinski R, Ed. Decision Support by Experience–Application of the Rough Set Theory. Boston: Kluwer Academic Publishers, 1992, 287–304.

[58] Lin T Y, Liu Q. Rough approximate operators: axiomatic rough set theory// Ziarko W, Ed. Rough Sets, Fuzzy Sets and Knowledge Discovery. Berlin: Springer, 1994: 256–260.

[59] Lingras P J, Yao Y Y. Data mining using extensions of the rough set model. Journal of the American Society for Information Science, 1998, 49: 415–422.

[60] Liu G L. Generalized rough set over fuzzy lattices. Information Sciences, 2008, 178: 1651–1662.

[61] Liu G L. Axiomatic systems for rough sets and fuzzy rough sets. International Journal of Approximate Reasoning, 2008, 48: 857–867.

[62] Liu G L. Using one axiom to characterize rough set and fuzzy rough set approximations. Information Sciences, 2013, 223: 285–296.

[63] Liu X D, Pedrycz W, Chai T Y, et al. The development of fuzzy rough sets with the use of structures and algebras of axiomatic fuzzy sets. IEEE Transactions on Knowledge and Data Engineering, 2009, 21: 443–462.

[64] Lowen R. Fuzzy topological spaces and fuzzy compactness. Journal of Mathematical Analysis and Applications, 1976, 56: 621–633.

[65] Lucas C, Araabi B N. Generalization of the Dempster-Shafer theory: A fuzzy-valued measure. IEEE Transactions on Fuzzy Systems, 1999, 7(3): 255–270.

[66] Ma Z M, Hu B Q. Topological and lattice structures of $\mathcal{L}$-fuzzy rough sets determined by lower and upper sets. Information Sciences, 2013, 218: 194–204.

[67] Ma Z M, Li J J, Mi J S. Some minimal axiom sets of rough sets. Information Sciences, 2015, 312: 40–54.

[68] Ma Z M, Mi J S. Boundary region-based rough sets and uncertainty measures in the approximation space. Information Sciences, 2016, 370: 239–255.

[69] Ma Z M, Mi J S. A comparative study of MGRSs and their uncertainty measures. Fundamenta Informaticae, 2015, 142(1–4): 161–181.

[70] Mathéron G. Random Sets and Integral Geometry. New York: John Wiley & Sons, 1975.

[71] Mi J S, Leung Y, Wu W Z. An uncertainty measure in partition-based fuzzy rough sets. International Journal of General Systems, 2005, 34(1): 77–90.

[72] Mi J S, Leung Y, Wu W Z. Dependence-space-based attribute reduction in consistent decision tables. Soft Computing, 2011, 15(2): 261–268.

[73] Mi J S, Leung Y, Wu W Z. Approaches to attribute reduction in concept lattices induced by axialities. Knowledge-Based Systems, 2010, 23(6): 504–511.

[74] Mi J S, Leung Y, Zhao H Y, et al. Generalized fuzzy rough sets determined by a triangular norm. Information Sciences, 2008, 178: 3203–3213.

[75] Mi J S, Wu W Z, Zhang W X. Approaches to knowledge reduction based on variable precision rough set model. Information Sciences, 2004, 159(3): 255–272.

[76] 米据生, 吴伟志, 张文修. 粗糙集的构造与公理化方法. 模式识别与人工智能, 2002, 15(3): 280–284.

[77] Mi J S, Zhang W X. An axiomatic characterization of a fuzzy generalization of rough sets. Information Sciences, 2004, 160: 235–249.

[78] Morsi N N, Yakout M M. Axiomatics for fuzzy rough sets. Fuzzy Sets and Systems, 1998, 100: 327–342.

[79] Naturman C A. Interior Algebras and Topology. Ph.D. Thesis, Department of Mathematics, University of Cape Town, 1991.

[80] Nguyen H T. Some mathematical structures for computational information. Information Sciences, 2000, 128: 67–89.

[81] Nguyen H T. Intervals in Boolean rings: Approximation and logic. Foundations of Computer and Decision Sciences, 1992, 17: 131–138.

[82] Ogawa H, Fu K S. An inexact inference for damage assessment of existing structures. International Journal of Man-Machine Studies, 1985, 22: 295–306.

[83] Ouyang Y, Wang Z D, Zhang H P. On fuzzy rough sets based on tolerance relations. Information Sciences, 2010, 180: 532–542.

[84] Pawlak Z. Rough sets. International Journal of Computer and Information Science, 1982, 11: 341–356.

[85] Pawlak Z. Rough probability. Bulletin of the Polish Academy of Sciences: Mathematics, 1984, 32: 607–615.

[86] Pawlak Z. Rough Sets: Theoretical Aspects of Reasoning about Data. Boston: Kluwer Academic Publishers, 1991.

[87] Pei Z, Pei D, Zheng L. Topology vs generalized rough sets. International Journal of Approximate Reasoning, 2011, 52: 231–239.

[88] Pomykala J A. Approximation operations in approximation space. Bulletin of the Polish Academy of Sciences: Mathematics, 1987, 35: 653–662.

[89] Qiao J, Hu B Q. The distributive laws of fuzzy implications over overlap and grouping functions. Information Sciences, 2018, 438: 107–126.

[90] Qin K Y, Pei Z. On the topological properties of fuzzy rough sets. Fuzzy Sets and Systems, 2005, 151: 601–613.

[91] Qin K Y, Yang J, Pei Z. Generalized rough sets based on reflexive and transitive relations. Information Sciences, 2008, 178: 4138–4141.

[92] Quafatou M. A-RST: a generalization of rough set theory. Information Sciences, 2000, 124: 301–316.

[93] Radzikowska A M, Kerre E E. A comparative study of fuzzy rough sets. Fuzzy Sets and Systems, 2002, 126: 137–155.

[94] Radzikowska A M, Kerre E E. Fuzzy rough sets based on residuated lattices. Transactions on Rough Sets II, 2004, LNCS, vol. 3135: 278–296.

[95] Römer C, Kandel A. Constraints on belief functions imposed by fuzzy random variables. IEEE Transactions on Systems, Man, and Cybernetics, 1995, 25(1): 86–99.

[96] Römer C, Kandel A. Applicability analysis of fuzzy inference by means of generalized Dempster-Shafer theory. IEEE Transactions on Fuzzy Systems, 1995, 3(4): 448–453.

[97] Ruan D, Kerre E E. Fuzzy implication operators and generalized fuzzy method of cases. Fuzzy Sets and Systems, 1993, 54: 23–37.

[98] Shafer G. A Mathematical Theory of Evidence. Princeton: Princeton University Press, 1976.

[99] She Y H, Wang G J. An axiomatic approach of fuzzy rough sets based on residuated lattices. Computers and Mathematics with Applications, 2009, 58: 189–201.

[100] Skowron A. The relationship between rough set theory and evidence theory. Bulletin of the Polish Academy of Sciences: Mathematics, 1989, 37: 87–90.

[101] Skowron A. The rough sets theory and evidence theory. Fundamenta Informaticae, 1990, 13: 245–262.

[102] Skowron A, Grzymala-Busse J. From rough set theory to evidence theory// Yager R R, Fedrizzi M, Kacprzyk J, Eds. Advance in the Dempster-Shafer Theory of Evidence. New York: Wiley, 1994: 193–236.

[103] Slowinski R, Vanderpooten D. A generalized definition of rough approximations based on similarity. IEEE Transactions on Knowledge and Data Engineering, 2000, 12(2): 331–336.

[104] Smets P. The degree of belief in a fuzzy event. Information Sciences, 1981, 25: 1–19.

[105] Smets P. The normative representation of quantified beliefs by belief functions. Artificial Intelligence, 1997, 92(1–2): 229–242.

[106] Smets P. The combination of evidence in the transferable belief model. IEEE Transactions on Pattern Analysis and Machine Intelligence, 1990, 12(5): 447–458.

[107] Smets P, Kennes R. The transferable belief model. Artificial Intelligence, 1994, 66:

191–243.

[108] Song X X, Wang X, Zhang W X. Independence of axiom sets characterizing formal concepts. International Journal of Machine Learning and Cybernetics, 2013, 4: 459–468.

[109] Tan A H, Wu W Z, Tao Y Z. A unified framework for characterizing rough sets with evidence theory in various approximation spaces. Information Sciences, 2018: 454–455: 144–160.

[110] Tan A H, Wu W Z, Tao Y Z. On the belief structures and reductions of multigranulation spaces with decisions. International Journal of Approximate Reasoning, 2017, 88: 39–52.

[111] Thiele H. On axiomatic characterisation of crisp approximation operators. Information Sciences, 2000, 129: 221–226.

[112] Thiele H. On axiomatic characterisation of fuzzy approximation operators I, the fuzzy rough set based case. Proceedings of International Conference on Rough Sets and Current Trends in Computing (RSCTC), Banff Park Lodge, Bariff, Canada, October 16-19, 2000: 239–247.

[113] Thiele H. On axiomatic characterisation of fuzzy approximation operators. II. the rough fuzzy set based case. Proceeding of the 31st IEEE International Symposium on Multiple-Valued Logic, 2001: 330–335.

[114] Tiwari S P, Srivastava A K. Fuzzy rough sets, fuzzy preorders and fuzzy topologies. Fuzzy Sets and Systems, 2013, 210: 63–68.

[115] Wang C Y. Single axioms for lower fuzzy rough approximation operators determined by fuzzy implications. Fuzzy Sets and Systems, 2018, 336: 116–147.

[116] Wang C Y, Hu B Q. Fuzzy rough sets based on generalized residuated lattices. Information Sciences, 2013, 248: 31–49.

[117] Wang L D, Liu X D, Qiu W R. Nearness approximation space based on axiomatic fuzzy sets. International Journal of Approximate Reasoning, 2012, 53: 200–211.

[118] Wasilewska A. Conditional knowledge representation systems-model for an implementation. Bulletin of the Polish Academy of Sciences: Mathematics, 1990, 37: 63–69.

[119] Wiweger R. On topological rough sets. Bulletin of Polish Academy of Sciences: Mathematics, 1989, 37: 89–93.

[120] Wu W Z. Knowledge reduction in random incomplete decision tables via evidence theory. Fundamenta Informaticae, 2012, 115(2–3): 203–218.

[121] Wu W Z. On some mathematical structures of T-fuzzy rough set algebras in infinite universes of discourse. Fundamenta Informaticae, 2011, 108: 337–369.

[122] 吴伟志. 粗糙近似算子的公理化刻画: 综述. 模式识别与人工智能, 2017, 30(2): 137–151.

[123] Wu W Z. Attribute reduction based on evidence theory in incomplete decision systems. Information Sciences, 2008, 178(5): 1355–1371.

[124] Wu W Z, Leung Y. Theory and applications of granular labelled partitions in multi-scale decision tables. Information Sciences, 2011, 181(18): 3878–3897.

[125] Wu W Z, Leung Y. Optimal scale selection for multi-scale decision tables. International Journal of Approximate Reasoning, 2013, 54(8): 1107–1129.

[126] Wu W Z, Leung Y, Mi J S. On characterizations of $(\mathcal{I}, \mathcal{T})$-fuzzy rough approximation operators. Fuzzy Sets and Systems, 2005, 154(1): 76–102.

[127] Wu W Z, Leung Y, Mi J S. Granular computing and knowledge reduction in formal contexts. IEEE Transactions on Knowledge and Data Engineering, 2009, 21(10): 1461–1474.

[128] Wu W Z, Leung Y, Mi J S. On generalized fuzzy belief functions in infinite spaces. IEEE Transactions on Fuzzy Systems, 2009, 17: 385–397.

[129] Wu W Z, Leung Y, Shao M W. Generalized fuzzy rough approximation operators determined by fuzzy implicators. International Journal of Approximate Reasoning, 2013, 54: 1388–1409.

[130] Wu W Z, Leung Y, Zhang W X. Connections between rough set theory and Dempster-Shafer theory of evidence. International Journal of General Systems, 2002, 31(4): 405–430.

[131] Wu W Z, Leung Y, Zhang W X. On generalized rough fuzzy approximation operators. Transactions on Rough Sets V, 2006, 4100: 263–284.

[132] Wu W Z, Li T J, Gu S M. Using one axiom to characterize fuzzy rough approximation operators determined by a fuzzy implication operator. Fundamenta Informaticae, 2015, 142(1-4): 87–104.

[133] Wu W Z, Mi J S. Some mathematical structures of generalized rough sets in infinite universes of discourse. Transactions on Rough Sets XIII, 2011, LNCS, vol. 6499: 175–206.

[134] Wu W Z, Mi J S, Zhang W X. Generalized fuzzy rough sets. Information Sciences, 2003, 151: 263–282.

[135] Wu W Z, Qian Y H, Li T J, et al. On rule acquisition in incomplete multi-scale decision tables. Information Sciences, 2017, 378: 282–302.

[136] Wu W Z, Xu Y H. On fuzzy topological structures of rough fuzzy sets. Transactions on Rough Sets XVI, 2013, LNCS, vol. 7736: 125–143.

[137] Wu W Z, Xu Y H, Shao M W, et al. Axiomatic characterizations of (S, T)-fuzzy rough approximation operators. Information Sciences, 2016, 334-335: 17–43.

[138] Wu W Z, Zhang M, Li H Z, et al. Knowledge reduction in random information systems via Dempster-Shafer theory of evidence. Information Sciences, 2005, 174(3–4): 143–164.

[139] Wu W Z, Zhang W X. Constructive and axiomatic approaches of fuzzy approximation operators. Information Sciences, 2004, 159: 233–254.

[140] 吴伟志, 张文修, 徐宗本. 粗糙模糊集的构造与公理化方法. 计算机学报, 2004, 27(2): 197–203.

[141] Wu W Z, Zhang W X. Neighborhood operator systems and approximations. Information Sciences, 2002, 144: 201–217.

[142] Wu W Z, Zhou L. On intuitionistic fuzzy topologies based on intuitionistic fuzzy reflexive and transitive relations. Soft Computing, 2011, 15(6): 1183–1194.

[143] Wybraniec-Skardowska U. On a generalization of approximation space. Bulletin of the Polish Academy of Sciences: Mathematics, 1989, 37: 51–61.

[144] Xie B, Han L W, Mi J S. Measuring inclusion, similarity and compatibility between intuitionistic fuzzy sets. International Journal of Uncertainty, Fuzziness and Knowledge-Based Systems, 2012, 20(2): 251–274.

[145] Xie B, Li L J, Mi J S. A novel approach for ranking in interval-valued information systems. Journal of Intelligent and Fuzzy Systems, 2016, 30: 523–534.

[146] 徐伟华, 米据生, 吴伟志. 基于包含度的粒计算方法与应用. 北京: 科学出版社, 2015.

[147] Xu Y H, Wu W Z, Wang G Y. On the intuitionistic fuzzy topological structure of rough intuitionistic fuzzy sets. Transactions on Rough Sets XVIII, 2014, LNCS, vol. 8449: 1–22.

[148] Yager R R. Generalized probabilities of fuzzy events from fuzzy belief structures. Information Sciences, 1982, 28: 45–62.

[149] Yager R R. On the normalization of fuzzy belief structure. International Journal of Approximate Reasoning, 1996, 14: 127–153.

[150] Yang X P. Minimization of axiom sets on fuzzy approximation operators. Information Sciences, 2007, 177: 3840–3854.

[151] Yang X P, Li T J. The minimization of axiom sets characterizing generalized approximation operators. Information Sciences, 2006, 176: 887–899.

[152] Yang X P, Yang Y. Independence of axiom sets on intuitionistic fuzzy rough approximation operators. International Journal of Machine Learning and Cybernetics, 2013, 4: 505–513.

[153] Yao Y Q, Mi J S, Li Z J. A novel variable precision (θ, σ)-fuzzy rough set model based on fuzzy granules. Fuzzy Sets and Systems, 2014, 236: 58–72.

[154] Yao Y Q, Mi J S, Li Z J. Attribute reduction based on generalized fuzzy evidence theory in fuzzy decision systems. Fuzzy Sets and Systems, 2011, 170(1): 64–75.

[155] Yao Y Q, Mi J S, Li Z J, et al. The construction of fuzzy concept lattices based on (θ, σ)-fuzzy rough approximation operators. Fundamenta Informaticae, 2011, 111(1): 33–45.

[156] Yao Y Y. Constructive and algebraic methods of the theory of rough sets. Information Sciences, 1998, 109: 21–47.

[157] Yao Y Y. Relational interpretations of neighborhood operators and rough set approx-

imation operators. Information Sciences, 1998, 111: 239–259.

[158] Yao Y Y. Two views of the theory of rough sets in finite universes. International Journal of Approximate Reasoning, 1996, 15: 291–317.

[159] Yao Y Y, Lin T Y. Generalization of rough sets using modal logic. Intelligent Automation and Soft Computing, 1996, 2: 103–119.

[160] Yao Y Y, Lingras P J. Interpretations of belief functions in the theory of rough sets. Information Sciences, 1998, 104: 81–106.

[161] Yen J. Generalizing the Dempster-Shafer theory to fuzzy sets. IEEE Transactions on Systems, Man, and Cybernetics, 1990, 20(3): 559–570.

[162] Yen J. Computing generalized belief functions for continuous fuzzy sets. International Journal of Approximate Reasoning, 1992, 6: 1–31.

[163] Yeung D S, Chen D G, Tsang E C C, et al. On the generalization of fuzzy rough sets. IEEE Transactions on Fuzzy Systems, 2005, 13: 343–361.

[164] Zadeh L A. Fuzzy sets. Information and Control, 1965, 8(3): 338–353.

[165] Zadeh L A. Fuzzy sets as a basis for a theory of possibility. Fuzzy Sets and Systems, 1978, 1: 3–28.

[166] Zadeh L A. Fuzzy sets and information granularity// Gupta M, Ragade R, Yager R R, Eds. Advances in Fuzzy Set Theory and Applications. Amsterdam: North-Holland Publishing Co., 1979: 3–18.

[167] Zadeh L A. Probability measures of fuzzy events. Journal of Mathematical Analysis and Applications, 1968, 23: 421–427.

[168] Zhang H Y, Zhang W X, Wu W Z. On characterization of generalized interval-valued fuzzy rough sets on two universes of discourse. International Journal of Approximate Reasoning, 2009, 51(1): 56–70.

[169] Zhang M, Xu L D, Zhang W X, et al. A rough set approach to knowledge reduction based on inclusion degree and evidence reasoning theory. Expert Systems, 2003, 20: 298–304.

[170] Zhang W X, Leung Y. Theory of including degrees and its applications to uncertainty inferences. Soft Computing in Intelligent Systems and Information Processing. New York: IEEE, 1996: 496–501.

[171] 张文修, 梁怡, 徐萍. 基于包含度的不确定推理. 北京: 清华大学出版社, 2007.

[172] Zhang W X, Mi J S. Incomplete information system and its optimal selection. Computers and Mathematics with Applications, 2004, 48(5–6): 691–698.

[173] Zhang W X, Mi J S, Wu W Z. Approaches to knowledge reductions in inconsistent systems. International Journal of Intelligent Systems, 2010, 18(9): 989–1000.

[174] 张文修, 米据生, 吴伟志. 不协调目标信息系统的知识约简. 计算机学报, 2003, 26(1): 12–18.

[175] 张文修, 王国俊, 刘旺金, 等. 模糊数学引论. 西安: 西安交通大学出版社, 1991.

[176] 张文修. 集值随机过程. 北京: 科学出版社, 1996.

[177] 张文修, 吴伟志. 基于随机集的粗糙集模型 (I). 西安交通大学学报, 2000, 34(12): 75–79.

[178] 张文修, 吴伟志. 基于随机集的粗糙集模型 (II). 西安交通大学学报, 2001, 35(4): 425–429.

[179] 张文修, 吴伟志, 梁吉业, 等. 粗糙集理论与方法. 北京: 科学出版社, 2001.

[180] Zhang X H, Zhou B, Li P. A general frame for intuitionistic fuzzy rough sets. Information Sciences, 2012, 216: 34–49.

[181] Zhang Y L, Li J J, Wu W Z. On axiomatic characterizations of three pairs of covering based approximation operators. Information Sciences, 2010, 180: 274–287.

[182] Zhang Y L, Luo M K. On minimization of axiom sets characterizing covering-based approximation operators. Information Sciences, 2011, 181: 3032–3042.

[183] Zhou L, Wu W Z. Characterization of rough set approximations in Atanassov intuitionistic fuzzy set theory. Computers and Mathematics with Applications, 2011, 62(1): 282–296.

[184] Zhou L, Wu W Z. On generalized intuitionistic fuzzy rough approximation operators. Information Sciences, 2008, 178(11): 2448–2465.

[185] Zhou L, Wu W Z, Zhang W X. On intuitionistic fuzzy rough sets and their topological structures. International Journal of General Systems, 2009, 38(6): 589–616.

[186] Zhou L, Wu W Z, Zhang W X. On characterization of intuitionistic fuzzy rough sets based on intuitionistic fuzzy implicators. Information Sciences, 2009, 179(7): 883–898.

[187] Zhou N L, Hu B Q. Axiomatic approaches to rough approximation operators on complete completely distributive lattices. Information Sciences, 2016, 348: 227–242.

[188] Zhu W, Wang F Y. Reduction and axiomization of covering generalized rough sets. Information Sciences, 2003, 152: 217–230.

[189] 祝峰, 何华灿. 粗集的公理化. 计算机学报, 2000, 33(3): 330–333.

[190] Ziarko W. Variable precision rough set model. Journal of Computer and System Sciences, 1993, 46(1): 39–59.

索　　引

Z

其他